가장 쉬운 수학

가장 쉬운 수학

초판 1쇄 인쇄일 2024년 7월 25일
초판 1쇄 발행일 2024년 8월 07일

지은이 김용희 · 박구연
펴낸이 김지영 펴낸곳 지브레인Gbrain
편집 김현주
제작 · 관리 김동영

출판등록 2001년 7월 3일 제2005-000022호
주소 (04021) 서울시 마포구 월드컵로7길 88 2층
전화 (02)2648-7224 팩스 (02)2654-7696

ISBN 978-89-5979-798-1(03410)

가장 쉬운 수학

김용희·박구연 **지음**

지브레인

작가의 말

수학은 재미있다? 재미없다? 수학은 생활에서는 필요가 없다? 있다?!

여러분에게 수학이란 어떤 분야인가? 지루하고 따분하기만 한 학문이라면 수학의 시작을 살펴볼 필요가 있다.

고대 바빌로니아인들은 좀 더 풍요롭고 안정된 삶을 살기 위해서는 시간과 계절의 변화에 따른 체계적인 기준이 필요하다는 것을 깨달았다. 그 결과 그들은 하루, 시간, 분 등의 단위를 발명하고 여기에 수학을 도입한 뒤 농사, 전쟁, 항로 개척, 토지 측량, 기후 예측 등을 통해 생산적인 일에 많은 성과를 낼 수 있었다. 이집트의 나일 강의 범람이 수학적 계산이 절대적으로 필요했던 신의 축복인 것도 여러분은 잘 알 것이다. 홍수가 날 때마다 비옥해지지만 경계가 사라져버리는 토지로 인해 측량에 필요한 수학적 계산법이 발전할 수밖에 없었던 것이다. 이밖에도 생활을 편리하게 하기 위해 시작한 발명과 발견에 수학적 지식이 필요했다는 것은 우리 모두가 알고 있는 사실이다. 그런데도 왜 수학은 생활과 동떨어진 것처럼 보이는 걸까?

'인간의 어떠한 탐구도 수학적으로 보이지 않는다면 과학으로 보일 수 없다'고 했던 레오나르도 다빈치의 말처럼 수학은 사고파는 일상생활이나 내 재산을 계산하고 관리하는 것뿐만 아니라 과학적 문제해결에도 꼭 필요한 기초과학이다. 그리고 여러 인문학과 만나면 더 많은 것을 우리 미래에게 선물할 수 있는 신의 도구이다. 건축학뿐만 아니라 물리학과 천문학의 눈부신 발전 역시 수학이 없었다면 이루어질 수 없었기 때문이다. 그래서 우리 삶과 역사의 한 축인 수학을 잘 이해하고 재미있게 받아들이기를 바라는 마음으로 학생들을 만나왔다. 하지만 그래도 여전히 어렵게 수학을 만나는 학생들을 보면서 또 수학을 공부하고 싶지만 꼭 알아야 할 수학 분야의 핵심 정의와 그 응용 방법이나 활용법을 찾지 못해 방황하는 분들에게 쉽게 만날 수 있는 수학을 소개하고 싶었다.

《가장 쉬운 수학》에서는 그동안 소개했던 〈가장 쉬운 수학 시리즈〉 중 기본과 그 핵심만을 담았다. 방정식을 시작으로 도형, 함수, 미분, 적분으로 연결되는 수학의 유기적 관계와 풀면 풀수록 재미있는 증명의 세계를 만나며 수학의 기초를 쉽게 배워보는 것도 좋을 것이다.

만약 더 깊은 내용을 원한다면 《가장 쉬운 수학》의 각 분야를 보면 도움이 될 것이다. 기본 공식과 증명법, 증명 과정 그리고 이를 이해할 수 있는데 큰 도움이 되는 도표와 그래프 위주로 소개한 만큼, 기초 수학을 맛만 보는 것이 아니라 제대로 이해하고 싶은 사람들에게 꼭 필요한 책이 되길 바라는 마음이다.

박구연

PART 2 도형

PART 3 함수

PART 4 미분

PART 5 적분

PART 1

방정식

방정식의 역사

방정식은 2,000여 년 전 중국 한나라의 수학책 《구장산술》에서 시작한다. 이 책에서는 우리가 현재 연립방정식이라고 부르고 있는 것을 풀 때, 계수들을 마방진과 같은 틀 안에 써 놓고 행렬과 비슷한 방법으로 해를 구했다. 중국에서는 치수공사에도 쓰였다고 전해지고 있으며, 송나라 때에는 방진을 이용하여 방정식에 관하여 많은 빛을 발하던 때도 있었다.

영어로 방정식을 뜻하는 equation은 equal과 어원이 같으며, 두 양이 서로 같다는 뜻이다. 이집트의 파피루스, 바빌로니아의 점토판에도 방정식을 풀었던 흔적이 있을 정도로 인류가 방정식을 풀기 시작한 것은 굉장히 오래 전부터였다. 방정식에 대한 체계적인 연구는 고대 그리스의 디오판토스가 시작했다. 그러나 방정식이라고 해도 고대에는 식이라는 것이 없었고 모두 문어체로 기술되어 있었다. 인도에서도 5세기에 방정식이 발달하였으며 인도의 수학자

브라마 굽타가 수학 저서에 현대의 이차방정식과 비슷한 풀이법을 실었다. 르네상스 시대에 유럽에는 방정식이 전해져서 더욱 발전했다. 독일의 기하학자이자 화가로 유명한 뒤러가 동판화 멜랑콜리에 그려넣은 방진이 유명했다. 사우디 아라비아의 알콰리즈미는 6세기에 이항과 동류항의 정리를 쓴 알제브라에 관한 저서를 기술하기도 했다.

현대식 기호 체계를 확립한 것은 14세기 때의 비에트이며, 가우스는 대수방정식의 근의 존재 증명이라는 논문을 제출한 바 있다. 그리고 15세기에서 16세기에 걸쳐 이탈리아에서는 삼차방정식과 사차방정식에 대한 연구가 이루어졌고, 카르다노와 페라리는 사칙연산과 거듭제곱근을 써서 각각 삼차방정식과 사차방정식의 근의 공식을 유도하는 데 성공했다. 이는 지금도 어렵게 여겨지는 부분으로 그 당시에는 상당한 업적이었다.

19세기에는 아벨과 갈루아에 의해 5차 이상의 방정식은 근의 공식을 만들 수 없다는 것이 증명되기도 했다. 그리고 카르다노에 의해 방정식의 근에 허수가 등장하기도 했다. 우리나라도 조선 15세기 숙종 때 영의정을 지낸 최석정이 구수략에 방진을 실어서 방정식을 학문적으로 많이 이용했다. 현대에도 방정식은 많은 연구를 하고 있다.

선형계획법, 슈뢰딩거 방정식, 미분방정식 등 방정식은 수학 뿐 아니라 사회 과학이나 인문 과학 등 여러 분야에서 없어서는 안 될 중요한 학문으로 발전해 나가고 있다.

방정식이란?

방정식이란 미지수의 값에 따라 참이 되거나 거짓이 되는 등식을 말한다. 미지수는 x, y, z 같은 알파벳을 주로 사용하며 경우에 따라서는 a, b, c를 사용하기도 한다. 방정식에서 구하고자 하는 것은 미지수의 값이다. 방정식을 풀다 보면 미지수의 값이 없거나 여러 개인 경우도 있다.

방정식은 활용문제를 풀 때 식을 잘 세워야 한다. 식을 세우는 것이 어렵다면 그림을 그려보는 것도 좋다.

방정식은 차수에 따라 일차방정식, 이차방정식, 삼차방정식, 사차방정식…으로 나누며, 식과 미지수의 개수에 따라 연립이 아닌 방정식과 연립방정식으로 나눈다. 이 책에서는 일차방정식부터 사차방정식까지 범위를 정하고, 연립방정식과 부정방정식까지 설명하고 있다.

일차방정식은 문자식에 대해 이해하고 등식의 성질과 이항을 이용한 사칙연산으로 풀며, 이차방정식은 완전제곱, 인수분해, 근의 공식 등을 이용하여 푼다. 삼·사차방정식의 고차방정식은 근의 공식이 너무 복잡하여 인수정리, 조립제법, 인수분해 등의 방법으로 문제를 해결한다.

수학 마술의 시작! 일차방정식

일차방정식 Linear Equation 은 최고차항의 차수가 1인 방정식이다. 대수방정식 중 가장 기본적인 방정식이며, 이집트인과 그리스인이 고대부터 이용했다.

방정식을 하기 전 먼저 미지수를 알기 위해서는 문자와 식을 알아야 한다. 우선 문자와 식을 통하여 방정식에 하나하나 접근해 보자.

일차방정식에 필요한 도구 문자와 식

문자와 수의 규칙

방정식은 숫자와 문자를 사용해 식을 나타낸다. 수량의 관계를 문자를 사용해 나타낸 것을 문자식이라고 하는데, 이러한 문자식을 사용해 여러 가지 관계와 법칙을 나타낼 수 있다. 다음 두 개의 그림을 보자.

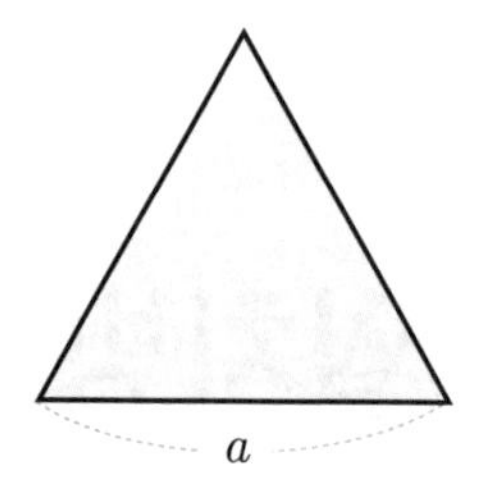

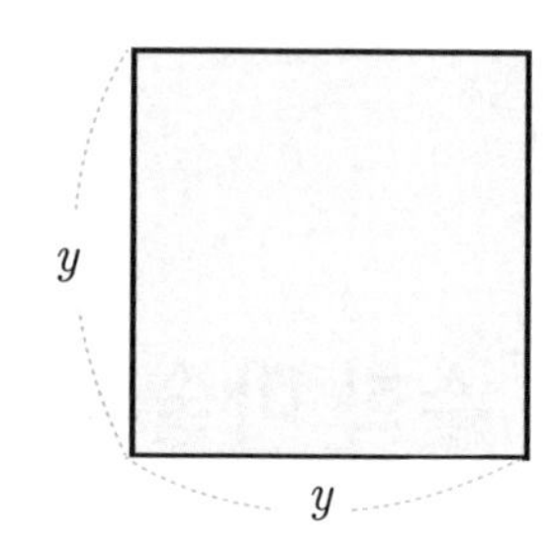

왼쪽에는 한 변의 길이가 a인 정삼각형이 있다. 정삼각형의 둘레는 길이가 같은 변의 길이 a를 세 개 더한 것이므로 $3a$가 된다. 오른쪽의 그림은 한 변의 길이가 y인 정사각형의 둘레는 $4y$가 된다. 이렇게 변의 길이를 나타내는 미지수가 무엇이냐에 따라 문자식은 달라지게 된다. 문자식의 특징에는 우선적으로 곱셈기호의 생략이 있으며, 아래와 같다.

(1) 수와 문자, 문자와 문자의 곱셈 사이에는 곱셈 기호 ×를 생략한다.

$$(-2)\times a=-2a,\ a\times b=ab$$

(2) 문자와 수의 곱셈에서는 수를 항상 문자 앞에 쓴다.

예를 들어서 $7\times a=7a$, $b\times(-1)=-b$이다. $7\times a=7a$는 쉽게 이해가 가지만 $b\times(-1)=(-1)b$라고 반문할 수도 있다. 그러나 수학에서는 $(-1)b$가 아니라 $-b$로 쓰며, 1을 생략한다.

(3) 문자끼리의 곱은 알파벳 순서대로 쓴다.

$$a \times b = ab,\ c \times b \times x = bcx$$

여기서 알파벳 순서대로 쓴 후 ×기호를 생략한다.

(4) 같은 문자의 곱은 지수를 사용해 거듭제곱의 형태로 나타낸다.

$$b \times b \times b = b^3,\ d \times bd = bd^2$$

위의 네 개의 곱셈 규칙에 따라 문자식을 사용해보면 $2 \times 3 = 2 \cdot 3$이 된다는 것도 알 수 있다. 계산 과정에서는 ×를 사용해도 되지만 답을 표기할 때는 ×를 생략한다. 문자식에 관하여는 곱셈 기호의 생략을 꼭 기억해야 한다.

또한 문자식에는 나눗셈 기호를 생략하는 경우가 있다.

$a \div b = a \times \frac{1}{b} = \frac{a}{b}$이다.

$bc \div d = \frac{bc}{d},\ (-4) \div ac = \frac{-4}{ac} = -\frac{4}{ac}$이다.

즉 −기호를 앞에 쓴다.

실력 Up

문제 1 백의 자릿수가 x, 십의 자릿수가 y, 일의 자릿수가 z인 자연수를 문자식으로 나타내시오.

풀이 세 자리 자연수에서 백의 자릿수, 십의 자릿수, 일의 자릿수가 정해지지 않았으므로, $100x+10y+1\times z=100x+10y+z$ 로 나타낸다.

답 $100x+10y+z$

문제 2 $2x\div 7\times y$를 곱셈 기호화 나눗셈 기호를 생략하여 나타내시오.

풀이 $2x\div 7\times y=2x\times \frac{1}{7}\times y=\frac{2x}{7}\times y=\frac{2xy}{7}$

답 $\frac{2xy}{7}$

문제 3 700g의 a%를 문자식으로 나타내시오.

풀이 $700\times \frac{a}{100}=7a$

답 $7a$(g)

문자식에서 시작하는 대입

대입代入은 문자를 사용한 식에서 그 식에 포함한 문자에 어떤 수가 주어지는 경우, 식에 들어 있는 문자 대신에 수를 넣는 것을 말한다. 문자식에 숫자를 넣으면 그 값은 구체적이 된다. 예를 들어 500원짜리 연필 x자루와 300원짜리 지우개 2개의 값은 $500x+300\times2=500x+600$(원)이다. 여기서 500원짜리 연필의 개수가 주어지지 않았기 때문에 연필의 값은 $500x$로 쓸 수 있지만, 연필의 개수가 3개로 주어지면 1500원이 된다. 즉 $x=3$ 을 대입하여 그 값을 정하게 된다.

$\frac{1}{7}x+6$의 문자식에서 $x=7$을 대입하면, $\frac{1}{7}\times7+6=7$이 된다. $x=-1$일 때, x^2과 $-x^2$의 차이에 대해 알아보자.

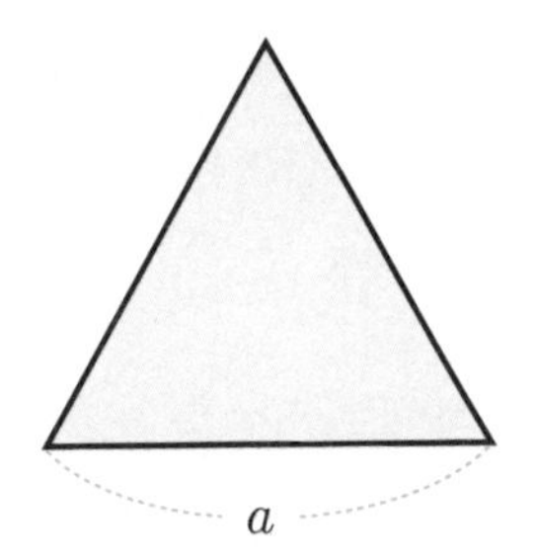

x^2에 $x=-1$을 대입하면, $x^2=(-1)^2=1$이 된다. 그러나 $-x^2$은 $(-1)\times x^2$인 것을 감안하여 $-x^2=(-1)\times(-1)^2=-1$이다. 여기서 주의할 것은 음수를 대입할 때에는 괄호를 쳐서 대입해야 한다는 점이다.

대입을 통하여 도형 문제를 풀어보자. 한 변의 길이가 a인 정삼각형이 있다. 이 정삼각형의 둘레를 l로 하면 $l=3a$가 된다.

가로, 세로의 길이가 a, b인 직사각형은 둘레 $l=2a+2b$가 된다. 또한 넓이 $S=ab$이다. 여기서 가로, 세로의 길이가 숫자로 주어진다면 쉽게 구할 수 있다. 원주와 원의 넓이는 반지름을 r로 할 때 원주 $l=2\pi r$이다. 그리고 원의 넓이 $S=\pi r^2$이 된다.

실력 Up

문제 아래 그림은 두 개의 반원과 하나의 직사각형이 붙어 있는 것이다. 이 도형의 넓이를 구하시오.

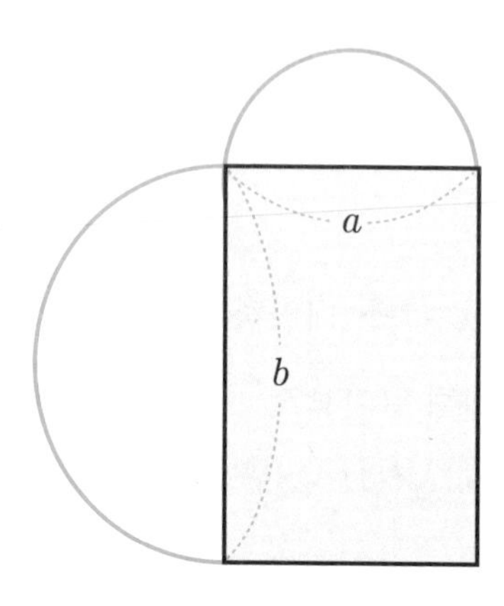

풀이 반지름의 길이가 $\frac{a}{2}$인 반원과 $\frac{b}{2}$인 반원의 넓이를 먼저 구하면, 반지름의 길이가 $\frac{a}{2}$인 반원은 $\pi\times\left(\frac{a}{2}\right)^2\div2=\pi\times\frac{a^2}{4}\times\frac{1}{2}=\frac{\pi a^2}{8}$, 반지름의 길이가 $\frac{b}{2}$인 반원의 넓이는 $\pi\times\left(\frac{b}{2}\right)^2\div2=\pi\times\frac{b^2}{4}\times\frac{1}{2}=\frac{\pi b^2}{8}$이다. 그리고 직사각형의 넓이는 ab이다. 따라서 두 개의 반원과 한 개의 직사각형의 넓이의 합은 $\frac{\pi a^2}{8}+\frac{\pi b^2}{8}+ab=\frac{\pi}{8}(a^2+b^2)+ab$이다.

답 $\frac{\pi}{8}(a^2+b^2)+ab$

단항식과 다항식

대입에 대해 알아보았으면, 단항식과 다항식에 대해 알아보자.

$3x+7y+8$의 식을 보자. 이식에서 $3x$, $7y$, 8을 항이라 한다. $\frac{1}{7}x+3$에서 항은 $\frac{1}{7}x$와 3이 된다. 만약 $2x$, $4y$, 11이 각각 있다면 이것은 단항식單項式이다. 단항식은 말 그대로 항이 하나인 식이다. $37x-4y$는 항이 2개이며, $\frac{1}{26}x+47y+9$는 항이 3개이다. 이처럼 항이 두 개 이상인 식을 다항식多項式이라 한다. 그러면 다시 $\frac{1}{26}x+47y+9$의 식에서 $\frac{1}{26}$, 47처럼 문자 앞의 숫자는 각각 무엇으로 정의할까? $\frac{1}{26}$, 47은 계수係數, 9는 상수常數이다.

다항식의 차수

어떤 문자에 관한 차수가 1인 다항식을 그 문자에 관한 일차식이라 한다. 문제를 풀 때는 가장 높은 차수가 1차인지 확인을 해야 한다. x^2+2x+3은 $2x$라는 일차항이 있어도 x^2이 가장 높은 이차항이므로 일차식이 아니다. $x+7$에서 차수가 가장 큰 항은 x이다. 여기서 7은 상수항으로 차수를 따지지 않는다(상수항은 차수가 없다). x의 차수는 1이므로 $x+7$은 일차식이다. 그러나 xy^2+4의 경우에는 $x\times y\times y+4$이므로 x의 차수가 1차이지만 y의 차수가 2차이므로 3차식이 된다. 마찬가지로 x^2y^3의 경우에도 $x\times x\times y\times y\times y$이므로 x에 관한 2차, y에 관한 3차로 5차식이 된다.

실력 Up

문제 다음 중에서 일차식은?

① x^3+9 ② $\frac{1}{3}x$ ③ $0\times x+4$

④ $\frac{1}{3}x^5+x$ ⑤ $x^4+x^2+\frac{1}{2}$

풀이 ① x^3+9는 가장 높은 차수가 3차이므로 3차식이다.

② $\frac{1}{3}x$는 단항식으로 1차식이다.

③ $0\times x+4$은 $0\times x$가 0이되고, 값이 4가 되어 0이므로 상수식이 된다.

④ $\frac{1}{3}x^5+x$는 가장 높은 차수가 5차이므로 5차식이 된다.

⑤ $x^4+x^2+\frac{1}{2}$은 가장 높은 차수가 4차이므로 4차식이 된다.

답 ②

$x+2x$와 $y+4y$는 간단히 계산하면 $3x$와 $5y$가 된다. 이는 $x+2x$는 1개의 x와 2개의 x가 더해져서 $3x$가 되기 때문이다. $y+4y$는 y가 5개이므로 $5y$가 된다. $x+2x=1\times x+2x=(1+2)x=3x$가 되어 $y+4y=1\times y+4y=(1+4)y=5y$가 된다. 이처럼 문자와 차수가 같은 항을 동류항同類項이라고 하는데, $x+2x$에서 x, $2x$는 차수가 1차인 항이며, 서로 더할 수 있다. 즉 x와 $2x$는 동류항이다. $y+4y$에서 y와 $4y$도 동류항이다. 동류항의 계산은 계수끼리

의 합과 차의 계산이 가능하다. 따라서 다음과 같이 나타낼 수 있다.

$$ax+bx=(a+b)x$$

$$ax-bx=(a-b)x$$

수의 다항식 나눗셈은 문자항이 나오더라도 그 문자항을 숫자라 생각하고 계산할 수 있다.

$(8x-4)\div 2$의 경우를 보자. $8x-4$를 분자로 하고 2를 분모로 하면 $\frac{8x-4}{2}$로 나타낸다.

이때 $\frac{8}{2}x-\frac{4}{2}$를 두 개의 항으로 나누어 쓴 후 x의 계수 $\frac{8}{2}$과 상수항 $-\frac{4}{2}$를 약분하면 $4x-2$가 된다.

$\frac{x+7}{8}-\frac{3x+8}{4}$도 계산하는 식으로 생각해보자. 분모를 8로 통분하면 $\frac{x+7-6x-16}{8}$이 된다. 이 경우 분자의 동류항끼리 먼저 계산하며 $\frac{-5x-9}{8}=-\frac{5x}{8}-\frac{9}{8}$이 된다.

일례로 계산하다가 $-\frac{x+7}{2}$은 $-\frac{x}{2}+\frac{7}{2}$인지 $-\frac{x}{2}-\frac{7}{2}$인지 혼동할 때가 있다. $-\frac{x+7}{2}=-1\times\left(\frac{x+7}{2}\right)=-\frac{x}{2}-\frac{7}{2}$이 된다.

$-a\times(b+c)=-ab-ac$이며, $-a(b-c)=-ab+ac$이다.

실력 Up

문제 1 $6x+8x+9x$를 계산하시오.

풀이 $6x+8x+9x=(6+8+9)x=23x$

답 $23x$

문제 2 $3(a+7)-2(a+1)$를 계산하시오.

풀이 $3(a+7)-2(a+1)$

$=3a+3\times7-2a-2=a+19$

답 $a+19$

문제 3 $\frac{2}{9}(a+1)-\frac{1}{3}(a-4)$ 를 계산하시오.

풀이 $\frac{2}{9}(a+1)-\frac{1}{3}(a-4)$

동류항끼리 먼저 나열한다.

$=\frac{2}{9}a+\frac{2}{9}-\frac{1}{3}a+\frac{4}{3}$

$=\frac{2}{9}a-\frac{1}{3}a+\frac{2}{9}+\frac{4}{3}$

분모를 9로 통분한다.

$=\frac{2}{9}a-\frac{3}{9}a+\frac{2}{9}+\frac{12}{9}$

계산이 끝날 때까지는 중간에 약분을 하지 않는 것이 더 편리하다.

$=-\frac{a}{9}+\frac{14}{9}$

답 $-\frac{a}{9}+\frac{14}{9}$

등식과 방정식, 항등식은 무엇이 다를까?

등식

$3x+100=2x+700$과 같이 등호 '='를 사용해 두 수 또는 식이 같음을 나타낸 식을 등식等式이라 한다.

$$\underbrace{3x+100}_{\text{좌변}}=\underbrace{2x+700}_{\text{우변}}$$

양변

등식에서 등호의 왼쪽에 있는 부분을 좌변, 오른쪽에 있는 부분을 우변이라 하고, 좌변과 우변을 통틀어 양변이라고 한다. 등식은 좌변과 우변이 균형을 이룬 지렛대라 할 수 있다.

$2x+8=9$는 등식이고, $2x+7$이거나 $8>-9$는 등식이 아니다. 왜냐하면, $2x+7$은 등호가 없고, $8>-9$는 부등호를 사용하였기 때문이다.

등식에는 참인 등식과 거짓인 등식이 있다. $2+8=10$은 참인 등식이며, $2-1=7$은 거짓인 등식이다. 계산 결과에 따라 참인 등식과 거짓인 등식이 있는 것이다.

방정식

등식 $2x=x+2$는 x에 2를 대입할 때만 좌변과 우변이 같으므로 참이 되고, 그 외의 값을 대입하면 좌변과 우변의 값이 다르므로 거짓이 된다. 이처럼 x 값에 따라 참이 되기도 하고, 거짓이 되기도 하는 등식을 x에 대한 방정식이라고 한다. 문자 x를 미지수라 하고, 방정식의 참이 되게 하는 x를 그 방정식의 해 또는 근이라고 한다.

등식 $4x-3=1$은 $x=1$일 때 참이 되고, $x=2$일 때 거짓이 되므로 방정식이다. 따라서 1은 방정식 $4x-3=1$의 해이다. 마지막으로 등식이 방정식이 되기 위해서는 미지수가 있어야 한다.

항등식

$x+x=2x$와 같이 x에 어떤 값을 대입하여도 등식이 항상 참이 되는 것이 있다. 이러한 등식을 x에 대한 항등식이라 한다.

항등식은 좌변과 우변을 계산하였을 때 좌변과 우변이 같은 식이 되는 특성이 있다. 그러나 $0=0$과 같은 좌변과 우변이 숫자로만 이루어져 있는 등식은 항등식이 아니다. 대입할 미지수가 적어도 $0\times x=0$같이 되어 있어야만 하기 때문이다. 항등식은 미지수 x에 대입할 값이 있어야 한다.

실력 Up

문제 1 다음 중 등식인 것을 찾으시오.

① $x+3x$ ② $2x-3=7$ ③ $x>6$

④ $x+y=5$ ⑤ $x+3x>2$

풀이 ① $x+3x$은 문자식이다.

② $2x-3=7$은 등식이다.

③ $x>6$ 부등호가 있는 부등식이다. 따라서 등식이 아니다.

④ $x+y=5$ 미지수가 x, y 두 개인 등식이다.

⑤ $x+3x>2$ 부등식이다.

답 ②, ④

문제 2 다음 등식에서 x에 대한 항등식을 모두 찾으시오.

① $2x-1=x-1$ ② $2x+2=2(x+1)$

③ $3x-1=-1+3x$ ④ $4x+1=3x+1$

풀이 ① $2x-1=x-1$은 좌변과 우변의 x에 관한 계수가 각각 2, 1이므로 다르기 때문에 항등식이 아니다. $x=0$을 대입하였을 때만 성립하므로 방정식이다.

② $2x+2=2(x+1)$의 경우 좌변과 우변을 정리하면 $2x+2=2x+2$이므로 항등식이다.

③ $3x-1=-1+3x$에서 우변의 $-1+3x$를 $3x-1$로 순서만 바꾸어주면 항등식이 됨을 알 수 있다.

④ $4x+1=3x+1$은 $x=0$일 때 성립하므로 방정식이다.

답 ②, ③

등식의 성질

등식의 양변에 같은 수를 더하거나 빼거나 곱하거나 0이 아닌 수로 나누어도 등식은 성립한다. 등식에 가감승제가 있는 것이다. 따라서 등식의 성질에는 다음의 네 가지가 있다. 등식의 성질은 방정식에 이용하므로 반드시 알아 두자.

등식의 성질 (1) 양변에 같은 수를 더하여도 등식은 성립한다.

$$a=b\text{이면 } a+c=b+c$$

등식의 성질 (1)을 이용하여 간단한 방정식을 풀어보자.

$x-4=8$의 경우,

$$x-4=8$$

$$x-4+4=8+4 \quad \text{등식의 성질 (1)}$$

양변에 4를 더한다

$$\therefore x=12$$

등식의 성질 (2) 양변에 같은 수를 빼어도 등식은 성립한다.

$$a=b\text{이면 } a-c=b-c$$

등식의 성질 (2)를 이용하여 간단한 방정식을 풀어보자.

$x+6=12$의 경우,

$$x+6=12$$

$$x+6-6=12-6 \quad \text{등식의 성질 (2)}$$

양변에 6을 뺀다

$\therefore x=6$

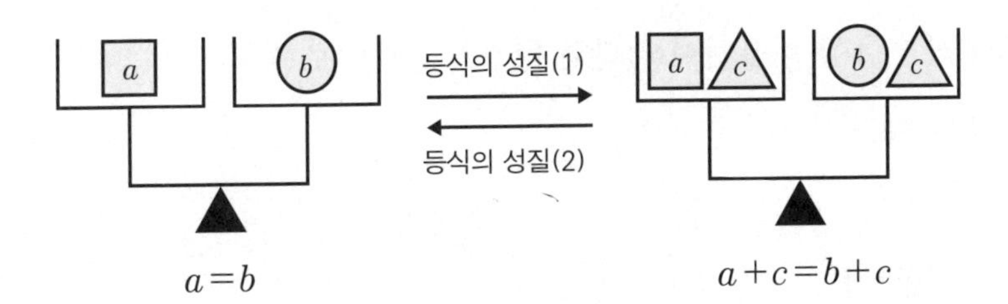

⇨ 평형을 이루고 있는 저울에 무게가 같은 추를 더하거나 빼어도 저울은 평형을 유지하게 된다.

등식의 성질 (3) 등식의 양변에 같은 수를 곱하여도 등식은 성립한다.

$$a=b\text{이면 } a\times c=b\times c$$

등식의 성질 (3)을 이용하여 간단한 방정식을 풀어보자.

$\frac{1}{6}x=7$일 때,

$$\frac{1}{6}x=7$$

$$\frac{1}{6}x\times 6=7\times 6$$ 등식의 성질 (3)

양변에 6을 곱한다

$$\therefore x=42$$

등식의 성질 (4) 등식의 양변을 0이 아닌 수로 나누어도 등식은 성립한다.

$$a=b\text{이면, } \frac{a}{c}=\frac{b}{c}\ (c\neq 0)$$

등식의 성질 (4)를 이용하여 간단한 방정식을 풀어보자.

$5x=10$일 때,

$$5x=10$$

$$\frac{5x}{5}=\frac{10}{5}$$ 등식의 성질 (4)

양변을 5로 나눈다

$$\therefore x=2$$

여기서 주의할 것은 $c\neq 0$이라는 것인데, 유리수의 형태 $\frac{\text{분자}}{\text{분모}}$에서 보듯이 분모가 0이면 유리수가 존재하지 않는다. 등식도 마찬가지로 0으로 나누게 되면 분모가 0이 되므로 등식이 성립하지 않는다.

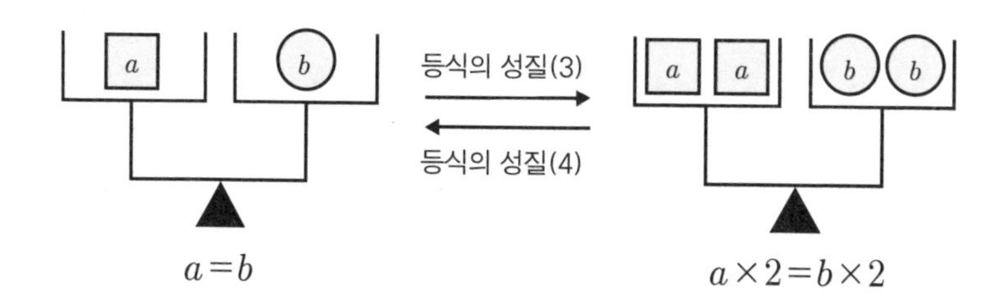

⇨ 평형을 이루고 있는 저울에 무게가 같은 추를 배수로 늘리거나 배수로 줄여도 저울은 평형을 유지하게 된다. 위의 그림은 무게가 같은 추를 두 배로 늘리거나 줄인 것을 나타냈다. 무게가 같은 추를 2배, 3배, 4배, …로 줄이거나 늘려도 등식은 성립한다.

실력 Up

문제 1 다음 중 틀린 것을 찾으시오.

① $a=b$이면 $a+c=b+c$이다.

② $a=b$이면 $a-c=b-c$이다.

③ $ac=bc$이면 $a=b$이다.

④ $\frac{a}{c}=\frac{b}{c}$이면 $a=b$이다. $(c\neq 0)$

⑤ $a+c=b+c$이면 $a=b$이다.

풀이 ③에서 $a=1, b=2$일 때 $c=0$이라면 성립하지 않음을 알 수 있다.

답 ③

문제 2 $2(x-4)=x+20$을 풀어 보시오.

풀이 $2(x-4)=x+20$

좌변을 정리하면

$2x-8=x+20$

양변에 8을 더하면

$2x=x+28$

양변에 x를 빼면

$\therefore\ x=28$

답 $x=28$

알고 보면 쉬운 일차방정식

일차방정식은 (일차식)=0의 형태로 나타낼 수 있는 방정식을 말한다. 등식 $6x+1=2x-9$가 $4x+10=0$이 되면 이 식은 일차방정식이다. 등식 $7x+5=12+7x$는 $-7=0$이 되어 이 등식은 일차방정식이 아니다. $7x^2+2x+3=7x^2+4$의 경우는 어떠할까? 이 식을 정리하면, $2x-1=0$이 된다. (일차식)=0이므로 일차방정식이다. 따라서 일차방정식은 x에 관한 일차방정식 $ax+b=0$에서 $a\neq0$ 조건에 만족해야 한다.

모든 일차방정식에 등식의 성질을 이용하면 좋겠지만 실제로는 대부분 이항을 이용하여 문제를 푼다. 이항移項은 등식의 한 변에 있는 항을 그 부호를 바꾸어 다른 변으로 옮기는 것을 말한다. 이항을 하기 전에 (일차식)=0으로 바꾸어야 한다는 개념을 알 필요가 있다. 좌변은 미지수의 항을 가지고 우변은 상수항을 가지는 형태가 되어야 하는 것이다.

예를 들어 $8x+9=2x+3$이라는 등식에서 우변에 있는 $2x$를 좌변으로 이항해보자.

$$8x+9=2x+3$$

$$\Rightarrow \quad 8x+9-2x=3$$

동류항 $8x$와 $2x$를 먼저 계산하면,

$$\Rightarrow \quad 6x+9=3$$

좌변의 상수항 9를 우변으로 이항하면,

$$\Rightarrow \quad 6x=3-9$$

$$\Rightarrow \quad \therefore x=-1$$

실력 Up

문제 $5x-4=-2x+10$을 풀어 보시오.

풀이 우변에 있는 $-2x$를 좌변으로 이항하여 정리하면,

$5x-4+2x=10$

$7x-4=10$

좌변에 있는 -4를 우변으로 이항하여 정리하면,

$7x=10+4$

$7x=14$

양변을 7로 나누면,

$\frac{7x}{7}=\frac{14}{7}$ $\therefore x=2$

답 $x=2$

일차방정식이 특수한 해를 가지는 경우

일차방정식 중에는 특수한 해를 가지는 등식이 있는데, 다음의 두 가지 경우가 있다.

(1) 수 전체의 집합을 해로 가지는 경우, 즉 모든 해가 항상 성립하는 경우이다.

항등식이 가장 적절한 예이다. $2x+1=1+2x$에서 좌변과 우변이 같은 등식이며, 정리하면 $0\times x=0$이 되어 해가 무수히 많게 됨을 알 수 있다. 일차방정식을 풀었을 때 $0\times x=0$으로 정리가 되면 수 전체의 집합을 해로 가지게 된다.

(2) 해집합이 공집합을 가지는 경우이다. 즉 해가 없는 경우이다.

$2x+1=2x+4$의 경우를 예로 들면 $0\times x=3$이 된다. 이때 0에 어떤 수를 곱하여도 만족하는 x는 구할 수 없다.

실력 Up

문제 등식 $\dfrac{2x-1}{2}=a+x$의 해가 모든 수일 때, a의 값을 구하시오.

풀이 항등식의 성질을 이용한다.

$$\frac{2x-1}{2}=a+x$$

양변에 2를 곱하면,

$$2x-1=2(a+x)$$

$$2a=-1 \qquad \therefore\ a=-\frac{1}{2}$$

답 $a=-\dfrac{1}{2}$

일차방정식의 활용문제에 도전!

일차방정식의 활용문제는 식을 얼마나 잘 세우느냐에 따라 결정된다. 일차방정식의 활용문제는 수량 관계를 방정식으로 잘 나타내야 하고, 여러 응용문제를 아울러 많이 풀어보는 것이 효과적이다.

일차방정식의 문제를 해결하는 방법은 문제를 정확히 파악하고, 무엇을 미지수로 놓을 것인지부터 정해야 한다. 그리고 그 미지수와 문제에서 요구하는 의도에 맞게끔 문제의 식을 설정하고, 방정식을 풀어야 한다. 마지막으로 검토를 반드시 해야 한다.

도형에 관한 일차방정식의 활용문제

도형은 방정식에서 많은 부분을 차지한다. 그만큼 활용한 문제가 많으며, 일상생활에서 쓰이는 경우도 종종 있다. 도형에 관한 일차방정식의 활용문제는 길이와 넓이를 묻는 문제가 많다.

일차방정식의 활용문제에서 가장 먼저 도형에 관한 활용문제를 풀어보자.

직사각형의 가로의 길이가 세로의 길이보다 4cm 더 길고, 둘레가 56cm이다. 이 직사각형의 세로의 길이를 구하라는 문제가 나온다면, 가장 먼저 길이가 미지수라는 것을 알아야 한다. 미지수 x를 가장 먼저 생각했으면 그림을 그려 본다.

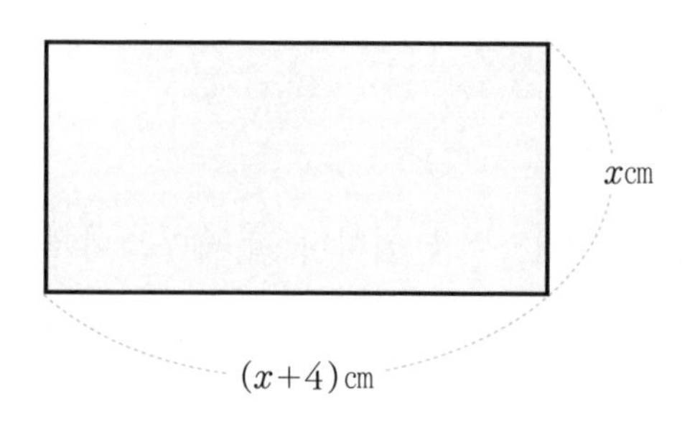

가로의 길이를 $(x+4)$cm, 세로의 길이를 $x$cm로 하면 직사각형의 둘레가 56cm이므로 $2(x+4)+2x=56$으로 식을 설정할 수 있다. 이 식을 풀면 $x=12$이다. 즉 가로의 길이는 $(x+4)$cm이므로 16cm이고, 세로의 길이는 $x$cm이므로 12cm이다. 다른 방법은 가로의 길이를 $x$cm로 하고, 세로의 길이를 $(x-4)$cm로 하는 방법이다. 그림으로 나타내면 다음과 같다.

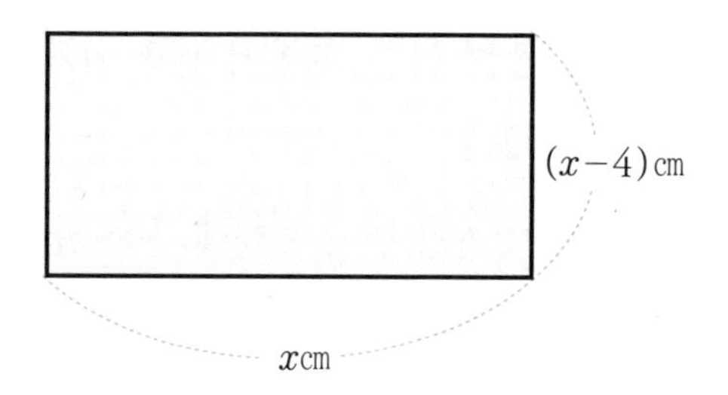

식을 세우면 $2x+2(x-4)=56$, $x=16$이 된다. 여기서 가로의 길이는 16cm, 세로의 길이는 12cm로 같은 결과를 얻는다.

실력 Up

문제 가로, 세로의 길이가 각각 8cm, 4cm인 직사각형이 있다. 가로의 길이를 $x$cm, 세로의 길이를 3cm 길게 하였더니 넓이가 38cm^2 만큼 커졌다. 늘어난 가로의 길이를 구하시오.

풀이 가로, 세로의 길이가 각각 8cm, 4cm인 직사각형의 넓이는 32cm^{2}이다. 여기에서 가로의 길이가 $x$cm, 세로의 길이가 3cm 늘어났으므로 다음의 그림처럼 나타낼 수 있다.

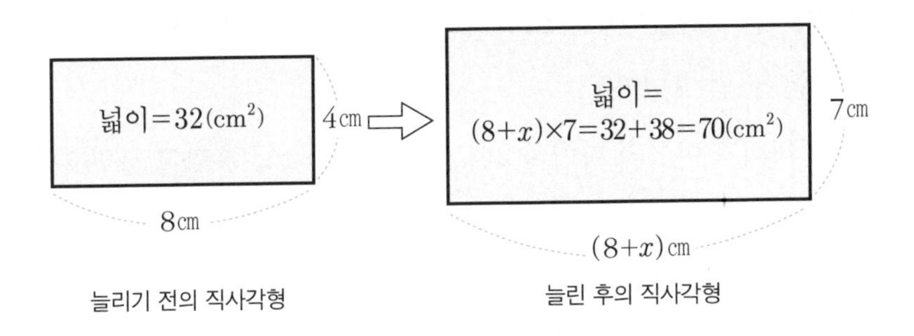

늘어난 가로의 길이를 $(8+x)$cm로 하고, 세로의 길이를 7cm로 하면, 늘린 후의 직사각형의 넓이는 $(8+x)\times7=70$이다. 따라서 $x=2$가 되며 늘어난 가로의 길이는 2cm이다.

답 2cm

나이에 관한 일차방정식의 활용문제

이번에는 일차방정식의 활용에 관한 문제에서 나이에 관한 문제를 알아보도록 하자. 나이에 관한 문제는 보통 두 사람 나이의 합과 차를 알고, 몇 년 후에 몇 살이 되는지에 관한 문제가 주를 이룬다. 아버지와 아들의 나이의 합이 50일 때 아버지의 나이는 x로 하자. 아들의 나이는 $(50-x)$가 된다. 그리고 아버지의 나이와 아들의 나이의 차가 30살이면 아버지의 나이를 $(x+30)$, 아들의 나이를 x로 정하면서 일차방정식의 활용으로 해결해 나가면 된다.

그리고 몇 년 후로 문제에서 주어졌을 때, 나이에 x년 후를 더하기도 한다. 이때는 아버지의 나이와 아들의 나이가 주어지는 경우가 많다. 그러면 다음의 예제를 풀어보자.

올해 아버지는 50살, 아들은 12살이다. 아버지의 나이가 아들의 나이의 2배가 되는 것은 몇 년 후인가?

아버지의 나이가 아들의 나이의 2배가 되는 해를 x년 후라고 하면 x년 후의 아들의 나이는 $(12+x)$가 되며, 아버지의 나이는 $(50+x)$이다. 이때, 아버지의 나이가 아들의 나이의 2배이므로 식은 $50+x=2(12+x)$로 세울 수 있다.

$\therefore x=26$이므로 26년 후에 아버지는 76살, 아들은 38살이 된다.

실력 Up

문제 현재 아버지의 나이는 수진이의 나이의 6배이지만 12년 후에는 3배가 된다. 수진이는 현재 몇 살인지 구하시오.

풀이 수진이의 나이를 x로 하면, 아버지의 나이는 $6x$가 된다. 12년 후에는 아버지의 나이가 $(6x+12)$이고, 수진이의 나이는 $(x+12)$가 된다. 식을 세우면 $6x+12=3(x+12)$가 된다. 이 식을 풀면 $x=8$이며, 수진이는 현재 8살이다.

답 8세

거리, 속력, 시간에 대한 일차방정식의 활용문제

거리, 속력, 시간에 대한 일차방정식의 활용문제는 출제 빈도가 높다. 그리고 난이도가 조금씩만 높아져도 오랜 시간이 걸릴 수 있고, 대체적으로 여러분이 어렵다고 생각할 수도 있다. 이 문제는 과학과도 연관이 깊으므로, 많은 관심을 가져야 할 것이다.

거리, 속력, 시간에 관한 문제에서 가장 먼저 알아야 할 공식은 다음과 같다.

$$\text{거리}=\text{속력}\times\text{시간}$$

$$\text{속력}=\frac{\text{거리}}{\text{시간}}$$

$$\text{시간}=\frac{\text{거리}}{\text{속력}}$$

위의 세 개의 공식은 '거리=속력×시간'에서 나온 것이다. 그림으로 그려보면 다음과 같다.

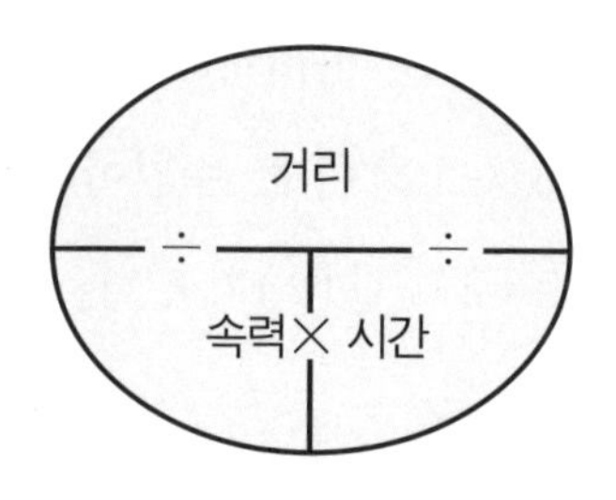

위의 마우스 그림에서 거리는 일정한 속력으로 일정한 시간만큼 이동한 위치를 뜻할 수 있다. 따라서 '거리=속력×시간'으로 한다. 그러면 속력은 어떻게 나타낼까? 속력은 '거리=속력×시간'을 이용하여 식을 유도할 수 있다.

$$거리=속력\times 시간$$

양변을 시간으로 나누면,

$$\frac{거리}{시간}=속력$$

좌변과 우변의 위치를 바꾸면,

$$속력=\frac{거리}{시간}$$

그리고 시간을 나타낼 때에는 다음과 같은 순서대로 유도할 수 있다.

$$거리=속력\times 시간$$

양변을 속력으로 나누면,

$$\frac{거리}{속력}=시간$$

좌변과 우변의 위치를 바꾸면,

$$시간=\frac{거리}{속력}$$

거리의 공식을 통하여 속력과 시간을 유도할 수 있음을 알 수 있다.

거리, 속력, 시간에 대한 일차방정식의 활용문제를 풀어보자.

창준이는 토요일에 뒷동산에 있는 산책로를 걸었다. 갈 때는 3km/h로 걷고, 올 때는 4km/h로 걸었더니 1시간 10분이 걸렸다. 산책로의 거리를 구하시오.

산책로의 길이를 $x$km로 하면 갈 때는 $\frac{x}{3}$시간, 올 때는 $\frac{x}{4}$시간으로 $\frac{7}{6}$시간(1시간 10분)이 걸렸다. 식을 세우면 $\frac{x}{3}+\frac{x}{4}=\frac{7}{6}$이다.

$\therefore x=2$이다. 즉 산책로의 거리는 2km이다.

실력 Up

문제 한 버스가 30km/h 속력으로 출발했다. 10분 후에 같은 지점에서 40km/h의 속력으로 출발한 승용차는 몇 분 후에 버스와 만나겠는지 구하시오.

풀이 이 문제에서는 버스의 속력과 승용차의 속력이 나타나 있다. 그러나 거리는 주어지지 않았고, 시간도 주어지지 않았다. 문제에서 질문하는 것은 시간이므로, 시간을 미지수 x로 하자. 그리고 한 버스가 '30km/h의 속력으로 움직인 거리=10분 후에 40km/h의 속력으로 출발한 승용차가 움직인 거리'이므로 거리는 나와 있지 않아도 '거리=속력×시간'을 이용하여 풀어볼 수가 있다.

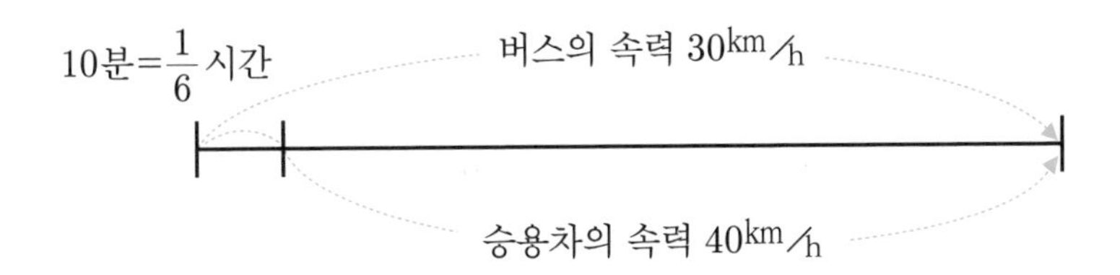

$$30\times\left(\frac{1}{6}+x\right)=40\times x \quad \therefore x=\frac{1}{2}$$

단위가 시간이므로 $\frac{1}{2}$시간은 30분이 된다.

답 30분

농도에 관한 일차방정식의 활용문제

일차방정식의 활용에서 농도에 관한 문제는 자주 출제되는 문제이다. 이런 경우 농도만 공식에 맞게 문제가 주어진다면 별다른 어려움이 없지만, 실제로 농도를 이용하여 소금의 양이나 소금물의 양을 물어보는 문제가 많고 중간에 혼합하는 문제도 많다. 농도의 공식은 다음과 같다.

$$\text{농도}(\%)=\frac{\text{소금의 양}}{\text{소금물의 양}}\times 100$$

즉 농도는 소금물(소금물+소금)의 양에 소금의 양이 얼마나 녹아있는지를 나타내는 정도이다. 소금물이나 소금의 양 대신에 설탕물이나 설탕을 쓰기도 하고, 과학 시간에 나오는 혼합물로 문제가 나오기도 한다. 이런 경우에는,

$$\text{소금물의 양}=\frac{100}{\text{농도}}\times\text{소금의 양},$$

$$\text{소금의 양}=\frac{\text{소금물의 양}}{100}\times\text{농도}$$로 유도한다.

소금물 100g 중에 녹아 있는 소금의 양이 20g일 때 소금물의 농도는 $\frac{20}{100}\times 100=20\%$이다. 또, 6%의 소금물 200g 중에 녹아 있는 소금의 양은

$\frac{6}{100}\times200=12$g이 된다.

실력 Up

문제 5%의 소금물 200g이 있다. 이것에 몇 g의 물을 증발시키면 10%의 소금물이 되겠는지 구하시오.

풀이 5%의 소금물 200g에는 소금의 양이 $\frac{5}{100}\times200=10$g이 녹아 있다. 여기에 증발시키는 물의 양을 xg이라고 하면, 가열 후 농도는 10%이고, 소금물의 양은 $(200-x)$g이 된다. 소금의 양은 $\frac{10}{100}\times(200-x)$ $=\frac{1}{10}(200-x)$g이다. 이 실험을 나타낸 그림은 다음과 같다.

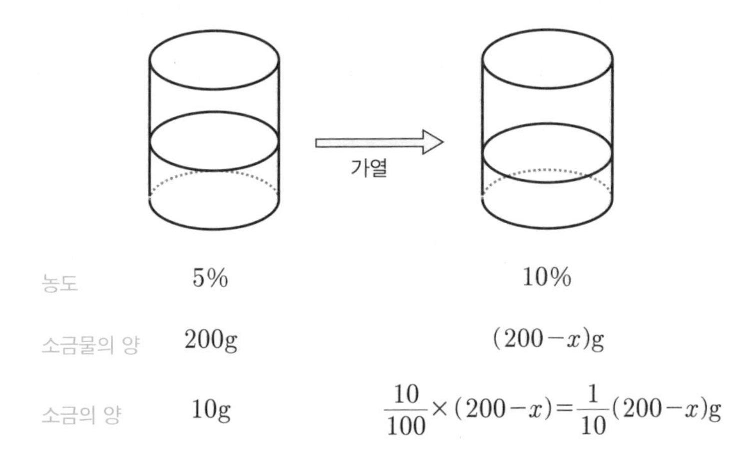

식을 세울 때에 변화가 없는 것이 하나 있다. 이것은 소금의 양이다. 가열을 하더라도 소금의 양은 변화가 없기 때문에 소금의 양을 기준으로 식을 세우면 다음과 같다.

$\frac{1}{10} \times (200-x)=10$

$\therefore x=100$

답 100g

일의 능률에 관한 일차방정식의 활용문제

일의 능률에 관한 문제는 일차방정식의 활용에서 자주 나오는 문제로, 풀어나가는 유형만 기억한다면 크게 어려움이 없는 문제이기도 하다. 보통 작업량과 작업 일수에 관한 문제가 나오며 여러 번의 연습을 요한다. 어떤 일을 x일 동안에 완성하면 하루에 일한 양은 전체의 $\frac{1}{x}$이다. 그리고 항상 전체의 일의 양을 1로 정하고 식을 세운다.

이에 대한 예제를 풀어보자.

어떤 일을 마치는데, 성훈이는 15일, 창섭이는 12일 걸린다고 한다. 이 일을 창섭이가 4일 동안 한 후 성훈이가 이어 한다면 성훈이는 며칠 동안 일을 하게 되는가?

전체의 일을 1로 하고, 식은 $\frac{1}{12} \times 4+\frac{1}{15}x=1 \quad \therefore x=10$

성훈이는 10일 동안 일을 해야 한다.

실력 Up

문제1 어떤 일을 완성하는데, 용규 혼자서 하면 10일이 걸리고, 용규와 성일이 가 같이 하면 6일이 걸린다고 한다. 성일이 혼자서 이 일을 완성하려면 며칠이 걸리는지 구하시오.

풀이 전체 일을 1로 하고, 용규가 하루에 일할 수 있는 양은 $\frac{1}{10}$, 성일이가 하루에 일할 수 있는 일의 양을 x로 하면, 식은 $\left(\frac{1}{10}+x\right)\times 6=1$이며, $x=\frac{1}{15}$

여기서 $\frac{1}{15}$은 전체 일인 1을 마치는데 15일이 걸린다는 의미이다.

답 15일

시계에 관한 일차방정식의 활용문제

시계에 관한 일차방정식의 문제를 까다롭다고 생각하는 분들이 많다. 이런 경우 응용문제일수록 시간이 더 많이 걸리고 식을 세우는 것도 어려워한다. 이런 분들에게는 다음의 방법을 권하고 싶다.

시계에 관한 문제가 나오면 그림을 그려보자. 그럼 시각화되어 쉽게 문제를 해결할 수 있을 것이다. 분침과 시침을 떠올린 뒤 분침과 시침은 1시간 동안 몇 도씩 움직이는지 그려보자.

그림에서 본 바와 같이 분침은 1시간인 60분 동안 $360°$를 움직이므로 1분에 $6°$씩 움직인다. 그러면 분침이 x분 동안 움직이는 크기는 $6x°$이다. 시침은 1시간인 60분에 $30°$를 움직이므로 1분에 $0.5°$씩 움직인다. 시침이 x분 동안 움직이는 각의 크기는 $0.5x°$이다. 이를 통해 시침은 분침보다 12배 느리다는 것을 알 수 있다.

시계 문제에서는 시침과 분침이 이루는 각을 묻는 문제가 많다. 거꾸로 시침과 분침이 이루는 각이 주어지고 시각을 묻는 문제도 많다.

시침과 분침이 1시와 2시 사이에서 일치하는 시각을 구하는 문제는 대략 다음과 같이 그릴 수 있다.

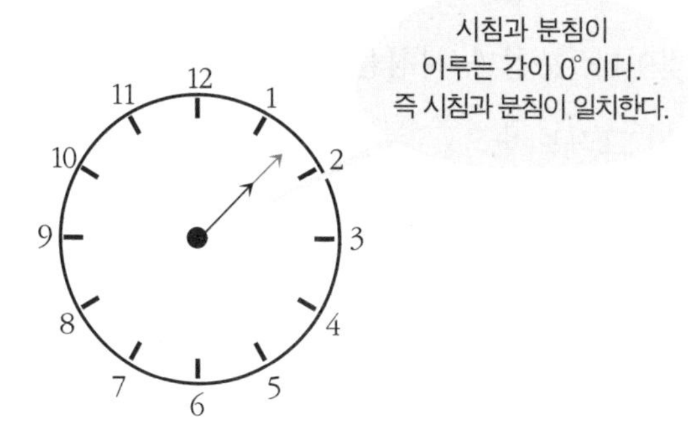

시침은 1시부터 시작하므로 1시가 움직인 각 30°부터 시작해야 한다. 그리고 분침은 항상 숫자 12를 가리키는 지점에서 시작한다. 식을 세우면,

$$30+0.5x=6x \quad \therefore x=5\frac{5}{11}$$

즉 1시와 2시 사이에서 시침과 분침이 일치하는 시각은 1시 $5\frac{5}{11}$분이다. 문제를 풀다보면 시각은 물론 자연수가 나오지만 분은 양의 유리수로 나오는 경우가 종종 있다.

실력 Up

문제 7시와 8시 사이에서 시침과 분침이 180°를 이루는 시각을 구하시오.

풀이 다음과 같이 그림을 그리면 시침과 분침이 이루는 각이 180°이고, 시침이 분침보다 앞서 있다.

일차방정식을 세우면,

$$0.5x+210-6x=180 \quad \therefore x=5\frac{5}{11}$$

7시와 8시 사이에서 시침과 분침이 180°를 이루는 시각은 7시 $5\frac{5}{11}$분이다.

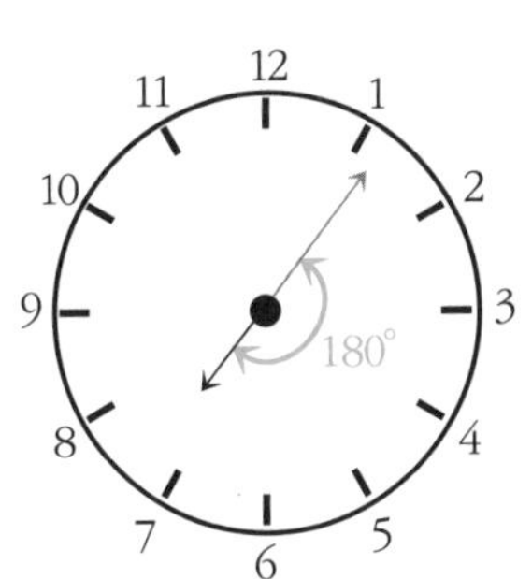

답 7시 $5\frac{5}{11}$분

증가와 감소에 관한 일차방정식의 활용문제

일차방정식에서 증가와 감소에 관한 문제는 학생 수와 인구수의 증가와 감소에 관한 문제가 많다. 처음의 양 P에 대하여 x% 증가한 후의 양은 $\mathrm{P}\times\left(1+\frac{x}{100}\right)$ 이다. x% 감소한 후의 양은 $\mathrm{P}\times\left(1-\frac{x}{100}\right)$ 이다. 이 개념을 토대로 문제를 풀어나가면 된다.

예제를 풀어보자.

작년 T 고등학교의 남녀 신입생 수는 500명이었다. 올해는 남녀 신입생 수를 증원하여 533명이 되었다. 올해 남녀 신입생 수를 6%, 7%로 각각 정했다면 남학생 수는 몇 명인가?

이 문제에서 작년 남자 신입생 수를 x명으로 하면, 작년 여자 신입생 수는 $(500-x)$명이다. 올해는 남학생 수가 작년보다 6% 증가하였으므로 $x\times(1+0.06)=1.06x$명이 되고, 여자 신입생 수는 7% 증가하였으므로 $(500-x)\times(1+0.07)=1.07(500-x)$명이 된다. 이에 대한 도표는 다음과 같다.

	작년		올해
남자 신입생 수	x(명)	6% 증가 →	$1.06x$(명)
여자 신입생 수	$500-x$(명)	7% 증가 →	$1.07(500-x)$(명)

올해의 남녀 신입생 수를 기준으로 식을 세우면, $1.06x+1.07(500-x)=533$, 이 식을 풀면 $x=200$, 올해 남자 신입생 수는 $1.06\times200=212$명이다. 올해 여자 신입생 수는 $1.07\times(500-200)=321$명이다. 남자 신입생 수가

212명이므로 전체 533명에서 212명을 뺀 321명으로 풀어도 된다.

실력 Up

문제 A 시市는 작년에 비하여 남자 수가 20% 증가하였고, 여자 수는 30% 감소했다. 작년 인구는 20만 명이었고, 올해는 인구가 21만 명이라면 올해 A 시의 남자 수와 여자 수를 각각 구하시오.

풀이 A 시의 작년 남자 수를 x명, 여자 수를 $(200000-x)$명으로 하자.

식은 $1.2x+(1-0.3)\times(200000-x)=210000$

$\therefore x=140000$

올해 A 시의 남자 수는 $1.2\times140000=168000$명

올해 A 시의 여자 수는 $0.7\times(200000-140000)=42000$명

답 남자는 168000명, 여자는 42000명

가격에 관한 일차방정식의 활용문제

가격에 관한 문제는 정가, 원가, 물가 상승률, 이익금액 등을 이용하여 문제를 풀어나간다. 이런 문제는 미지수를 어떤 것으로 정할 것인지가 중요하다.

정가는 원가에 이익을 더한 것이다. 우리가 생각하는 정가는 판매하는 가격으로 생각해도 된다. 그러므로 원가에 이익을 붙여서 판매자가 팔면 그것이

정가가 되는 것이다.

$$정가 = 원가 + 이익$$

그리고 이익금액=원가×이익률이라는 식도 기억할 필요가 있다. 이익금액은 원가에 이익이 될 비율을 곱한 것이다. x원의 물건에 20%의 이익이 된다면 이익금액은 $0.2 \times x = 0.2x$원이 된다.

다음 예제를 통하여 문제를 풀어보자.

어떤 물건의 원가에 30%의 이익을 붙여서 정가를 정했다. 이 정가에서 800원을 할인하여 팔았더니 10%의 이익을 얻었다. 이 물건의 원가를 구하시오.

이 문제에서 가장 먼저 원가를 x원으로 정해야 한다.

그러면 정가$= x(1+0.3) = 1.3x$가 된다. 계속해서 정가에서 800원을 할인하였으므로 정가에서 800원을 빼면 된다. 그리고 원가의 10%의 이익을 낸 것도 우변에 식을 쓴다. $1.3x - 800 = x(1+0.1)$,

$\therefore x = 4000$ 즉 원가는 4,000원이 된다.

실력 Up

문제 같은 가격으로 구입한 상품을 P 가게에서는 구입가의 20%의 이익을, S 가게에서는 25%의 이익을 붙여서 정가를 정했다. 그리고는 P 가게에서는 정가보다 2,000원 싸게 팔고 S 가게에서는 정가의 14%를 인하하여 팔았더니 두 가게의 판매가는 같아졌다. 이 물건의 구입가를 구하시오.

풀이 구입가를 x원으로 하면, P 가게의 정가는 $1.2x$원, S 가게는 $1.25x$원이 된다. P 가게는 정가에서 2,000원을 싸게 팔았으므로 $(1.2x-2000)$원이 판매가가 된다. S 가게는 14%를 할인하였으므로 $1.25\times(1-0.14)x=1.075x$원이 판매가가 된다.

	정가	판매가
P 가게	$1.2x$원	$(1.2x-2000)$원
S 가게	$1.25x$원	$1.075x$원

식은 $1.2x-2000=1.075x \quad \therefore x=16000$

답 16,000원

수에 관한 일차방정식의 활용문제

수에 관한 문제에서는 수의 규칙에 관한 일차방정식의 활용문제가 종종 나온다. 이런 경우에는 아래의 규칙을 이해한다면 문제를 푸는 데 많은 도움이 될 것이다.

연속하는 두 정수 $x, x+1$ 또는 $x-1, x$

연속하는 세 정수 $x-1, x, x+1$ 또는 $x, x+1, x+2$

연속하는 세 짝수 $x-2, x, x+2$ 또는 $x, x+2, x+4$

연속하는 세 홀수 $x-2, x, x+2$ 또는 $x, x+2, x+4$

두 수의 차가 7이고, 큰 수의 2배는 작은 수의 3배이다. 큰 수와 작은 수를 각각 구하라는 문제가 있다면, 우선적으로 큰 수를 $x+7$, 작은 수를 x로 하면 된다. 그리고 큰 수의 2배는 작은 수의 3배이므로 식을 세우면, $(x+7)\times2=x\times3$ $\therefore x=14$가 된다. 이에 따라 큰 수가 $x+7$이므로 21이 되고, 작은 수가 x이므로 14가 된다.

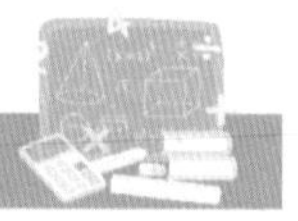

실력 Up

문제 십의 자릿수는 주어지지 않고, 일의 자릿수는 3인 두 자릿수의 자연수가 있다. 이 두 자릿수의 자연수에서 십의 자릿수와 일의 자릿수를 바꾸면 45가 작아진다고 한다. 두 자릿수의 자연수를 구하시오.

풀이 십의 자릿수가 주어지지 않고, 일의 자릿수가 3이므로 $10x+3$으로 나타낼 수 있다. 그리고 십의 자릿수와 일의 자릿수를 바꾼 수는 $3\times10+x=30+x$로 나타낼 수 있다. 식은 $10x+3-(30+x)=45$

$\therefore x=8$

따라서 십의 자릿수가 8이고, 일의 자릿수가 3인 자연수가 된다. 구하려는 자연수는 83이다.

답 83

의자에 관한 일차방정식의 활용문제

의자의 개수가 정해져 있고, 그 의자에 앉는 사람의 수 역시 정해져 있다. 이때 의자의 개수가 4개, 사람의 수가 51명이라면, 한 의자에 앉는 사람의 수는 몇 명일까?

$51 \div 4 = 12 \cdots 3$이므로 한 의자에 12명이 앉고, 3명의 사람은 앉지 못하게 된다. 의자 4개에는 사람이 앉을 수 있지만 3명의 사람은 앉지 못하게 되는 것이다. 그렇다면 13명씩 앉힌다면 의자는 3개에 $13 \times 3 = 39$명의 사람이 앉게 되고, 마지막 한 개의 의자에는 12명이 앉게 되어 한 명이 앉을 자리가 생긴다.

이러한 개념으로 의자에 관한 일차방정식의 활용문제가 주어지게 된다. 만약 의자의 개수가 주어지지 않고 의자에 사람을 앉혔을 때, 앉는 사람과 앉지 못하는 사람의 수가 주어진다면 문제를 풀 수 있을지 생각해보자.

의자의 개수를 x개로 하고, 5명씩 앉혔을 때에는 앉지 못하는 사람이 3명으로 하자. 그러나 6명씩 앉히게 되었을 때 마지막 의자(x번째 의자)는 비지만 그 앞의 의자인 $(x-1)$번째 의자는 한 명이 앉을 수 있는 자리가 남는다고 해보자. 그림은 다음과 같다.

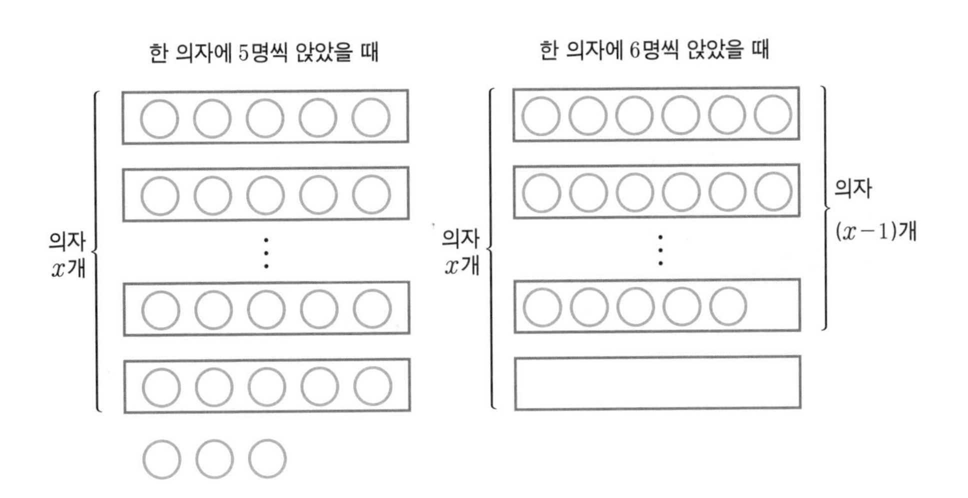

그림에서 ○은 사람 수를 뜻하며, 의자가 x개인 것은 변하지 않는다. 왼쪽 그림의 식은 '의자의 개수×사람 수'로 세우면, $5x+3$이 된다. 오른쪽 그림은 한 의자에 6명씩 앉혔을 때 의자 1개가 남게 되므로 의자는 $(x-1)$개만 필요하다는 것을 나타내는 식으로 세워야 한다. 이에 따라 식을 세우면 $6(x-1)-1$이 된다. 마지막에 1을 빼는 이유는 사람이 앉을 수 있는 자리가 하나 남았다는 의미이다. 이 식을 우변에 세운다. 이를 다시 일차방정식으로 나타내면, $5x+3=6(x-1)-1 \quad \therefore x=10$, 의자의 개수는 10개이다. 그리고 사람 수는 우변의 식과 좌변의 식에 $x=10$을 대입하면, 53명이라는 것을 알 수 있다. 이러한 문제는 그림을 그리면서 푸는 것이 효과적이다.

병렬 연결이 생각나는 연립일차방정식

미지수가 x, y인 연립일차방정식

미지수가 x인 일차방정식이 있고, 미지수가 x, y인 x, y에 관한 일차방정식이 있다. 이 일차방정식은 x, y 두 개의 미지수를 푸는 것이다. 미지수가 x, y로 2개이고, 차수가 모두 1인 방정식을 x, y에 관한 일차방정식이라 한다. x, y에 관한 일차방정식은 아래와 같이 나타낸다.

$$ax+by+c=0 \ (a, b, c\text{는 상수}, a \neq 0, b \neq 0)$$

미지수 x, y에 대한 일차방정식 $ax+by+c=0$임을 참이 되게 하는 x, y의 값 또는 그 순서쌍 (x, y)를 이 방정식의 해 또는 근이라 한다. 즉 x, y를 구하는 것이다. 또한, 일차방정식의 해를 구하는 것을 일차방정식을 푼다고 한다. 미지수 x, y에 관한 일차방정식의 해 (x, y)를 좌표평면 위에 나타낸 것을 미지수가 2개인 일차방정식의 그래프라 한다. 일차방정식의 해를 좌표평면 위에 나타내면 x, y가 자연수나 정수일 때 그래프는 점으로 나타나고, 수 전체의 원소일 때 직선으로 나타난다.

일차방정식의 해를 점으로 나타낸 그래프를 그려보자.

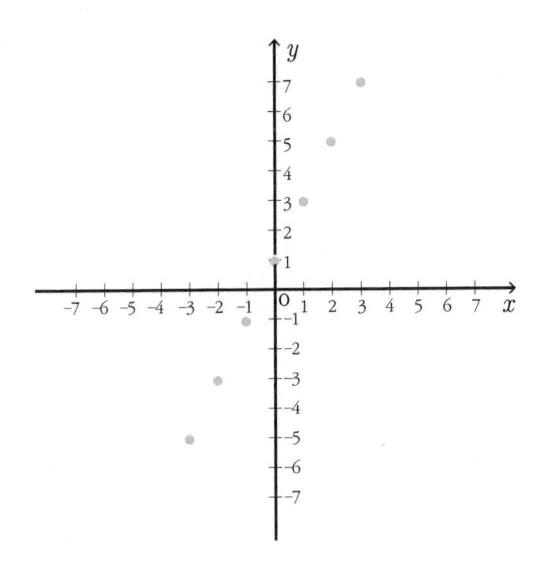

위의 그래프는 $2x-y+1=0$의 해 중에서 좌표평면 위에 7개의 정수 집합을 나타낸 것이다. 7개의 정수가 이 그래프의 해가 되며, $(-3, -5)$, $(-2, -3)$, $(-1, -1)$, $(0, 1)$, $(1, 3)$, $(2, 5)$, $(3, 7)$로 위치를 나타낼 수 있다. 그래프 좌표의 위치를 더 많이 표시한다면 수많은 정수의 집합을 점의 위치로 그릴 수 있다. 해를 나타내는 대응표는 아래처럼 나타낼 수 있다.

x	$\cdots$	-3	-2	-1	0	1	2	3	$\cdots$
y	$\cdots$	-5	-3	-1	1	3	5	7	$\cdots$

$2x-y+1=0$의 점 집합을 연결하여 그래프로 나타내면 다음과 같다.

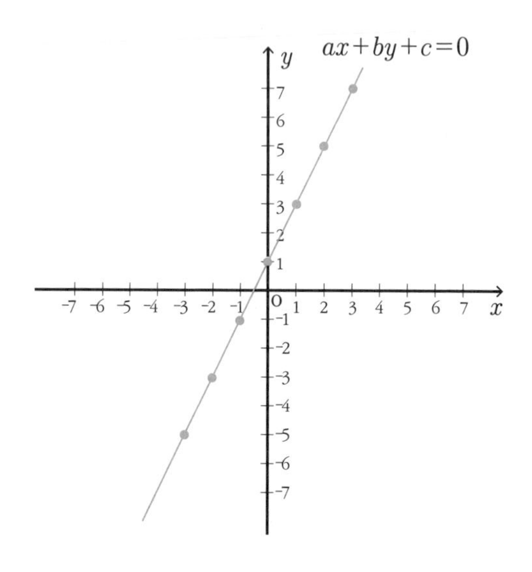

위의 그래프는 실수의 범위에서 무한한 원소가 해이다. 그리고 그래프를 그릴 때에는 두 개의 점을 잇는 것으로 그래프를 완성할 수 있다.

$ax+by+c=0$과 $a'x+b'y+c'=0$의 그래프가 점(p, q)에서 만나면, 다음의 그래프처럼 그릴 수 있는데, 점(p, q)가 두 직선의 교점, 즉 해가 된다.

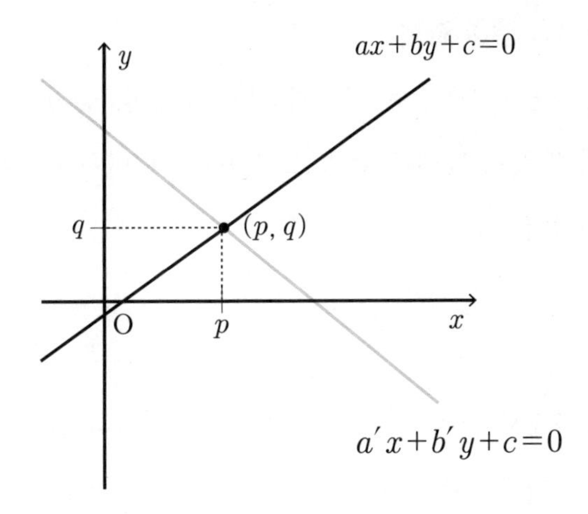

미지수가 2개인 두 일차방정식을 한 쌍으로 묶어 놓은 것을 연립일차방정식 또는 연립방정식이라 한다. 미지수가 두 개이면, 이원二元이라 하며 미지수가 두 개인 연립방정식을 이원연립일차방정식이라 한다. 그러나 이 책에서는 연립일차방정식으로 명명하기로 한다.

연립일차방정식의 두 방정식을 동시에 만족시키는 x, y의 값 또는 그 순서쌍 (x, y)를 연립일차방정식의 해 또는 근이라고 한다. 또한 연립일차방정식의 해를 구하는 것을 연립일차방정식을 푼다고 한다. $ax+by+c=0$과 $a'x+b'y+c'=0$의 그래프를 연립일차방정식으로 나타내면 다음과 같다.

$$\begin{cases} ax+by+c=0 \\ a'x+b'y+c'=0 \end{cases}$$

해를 풀어보면 $x=p$, $y=q$가 된다. 물론 해가 무수히 많거나 없는 특수한 경우도 있다.

연립일차방정식의 풀이 방법

연립일차방정식을 푸는 방법에는 가감법, 대입법, 등치법, 치환법이 있다. 그리고 이 네 가지 풀이 방법은 뒤에 소개하는 연립이차방정식에도 자주 쓰이니 잘 기억해야 한다.

• 가감법

연립일차방정식에서 많이 쓰이는 풀이 방법 중 하나이다. 가감법加減法은 연립방정식의 두 방정식에서 좌변은 좌변끼리 우변은 우변끼리 더하거나 빼어서 한 미지수를 소거하여 연립일차방정식을 푸는 방법이다.

연립일차방정식 $\begin{cases} x+y=3 \\ 2x-3y=7 \end{cases}$ 을 가감법으로 풀어보자.

$$\begin{cases} x+y=3 & \cdots① \\ 2x-3y=7 & \cdots② \end{cases}$$

①의 식×2를 하면,

↓

$$\begin{array}{rl} 2x+2y=6 & \cdots①' \\ -\big)\ 2x-3y=7 & \cdots② \\ \hline 5y=-1 & \end{array}$$

①′의 식-②의 식을 하면,

↓

$$\therefore\ y=-\frac{1}{5}$$

↓

다시 $\begin{cases} x+y=3 & \cdots① \\ 2x-3y=7 & \cdots② \end{cases}$

①의 식이나 ②의 식에 $y=-\frac{1}{5}$ 을 대입하면, $x=\frac{16}{5}$

↓

$$\therefore\ x=\frac{16}{5},\ y=-\frac{1}{5}$$

다른 방법으로 가감법을 생각해볼 수도 있다.

$$\begin{cases} x+y=3 & \cdots ① \\ 2x-3y=7 & \cdots ② \end{cases}$$

①의 식×3을 하면,

↓

$$\begin{array}{rl} & 3x+3y=9 \quad \cdots ①' \\ +) & 2x-3y=7 \quad \cdots ② \\ \hline & 5x \qquad\ \ =16 \end{array}$$

①′의 식+②의 식을 하면,

↓

$$\therefore\ x=\frac{16}{5}$$

↓

다시 $\begin{cases} x+y=3 & \cdots ① \\ 2x-3y=7 & \cdots ② \end{cases}$

①의 식이나 ②의 식에 $x=\frac{16}{5}$을 대입하면, $y=-\frac{1}{5}$

↓

$$\therefore\ x=\frac{16}{5},\ \ y=-\frac{1}{5}$$

· **대입법**

대입법[代入法]은 연립일차방정식 중 한 일차방정식을 두 개의 미지수 중 어느 한 미지수부터 푼 후, 그것을 다른 일차방정식에 대입하여 연립일차방정식을 푸는 방법이다.

$$\begin{cases} x+y=7 & \cdots ① \\ 2x+3y=8 & \cdots ② \end{cases}$$

⬇

①에서 $y=-x+7$ ⋯①′ 　①′의 식을 ②의 식에 대입하면,

⬇

$2x+3(-x+7)=8$

$\therefore x=13,\ y=-6$

• 등치법

등치법[等值法]은 두 방정식을 같은 미지수부터 푼 후 대입법과 같은 방법으로 연립일차방정식을 푸는 방법이다. 대입법의 일종이라고 할 수 있다.

$\begin{cases} A=B \\ A=C \end{cases}$ 형태의 연립방정식은 $B=C$의 형태로 놓고 푼다.

$\begin{cases} y=x+1 \\ y=3x-5 \end{cases}$ 를 풀어보는 문제가 있다면,

$y=x+1=3x-5$로 놓고, $x+1=3x-5$를 푼다.

$\therefore x=3, y=4$

• 치환법

치환법[置換法]은 분모에 문자가 있는 경우와 같이 식이 복잡할 때, 치환하여 연립일차방정식을 푸는 방법이다. 문자가 직접 계산하기 복잡한 식의 형태를 가질 때 단순한 식으로 바꾸어주면서 푸는 방법이기도 하다.

$\begin{cases} \dfrac{1}{x+1}+\dfrac{4}{y+2}=3 \\ \dfrac{24}{x+1}+\dfrac{28}{y+2}=9 \end{cases}$ 인 연립일차방정식을 치환한다면 $\dfrac{1}{x+1}$을 X로, $\dfrac{1}{y+2}$을 Y로 치환한다.

치환을 하고 다시 식을 정리하면, $\begin{cases} X+4Y=3 \\ 24X+28Y=9 \end{cases}$ 가 된다.

예제로 $\begin{cases} \dfrac{1}{x}+\dfrac{2}{y}=4 \\ \dfrac{3}{x}+\dfrac{1}{y}=-1 \end{cases}$ 을 풀어보자.

여기서 $\dfrac{1}{x}$을 X로 하고, $\dfrac{1}{y}=Y$로 하자.
그러면 식은 다음과 같이 치환된다.

$$\begin{cases} X+2Y=4 & \cdots ① \\ 3X+Y=-1 & \cdots ② \end{cases}$$

여기서 가감법에 의하여,

$\begin{cases} X+2Y=4 & \cdots ① \\ 3X+Y=-1 & \cdots ② \end{cases}$ 를 풀면

$$X=-\frac{6}{5},\ Y=\frac{13}{5}$$

구하고자 하는 $x=-\dfrac{5}{6}$, $y=\dfrac{5}{13}$이다.

여기서 관심을 가져야 할 점은 X, Y를 푸는 것이 문제의 목표가 아니라 x, y를 푸는 것이 문제의 목표라는 점이다. 막상 X, Y를 풀고 끝까지 다 풀었다고 생각하는 경우가 많은데 x, y가 나올 때까지 푸는 것에 주의하자.

실력 Up

문제 1 $\begin{cases} 2x+3y=28 \\ 2x-26y=57 \end{cases}$ 을 풀어 보시오.

풀이 가감법에 의하여 ①의 식－②의 식을 하면,

$$\begin{array}{rr} 2x+3y=28 & \cdots① \\ -\underline{)\ 2x-26y=57} & \cdots② \\ 29y=-29 & \end{array}$$

①의 식이나 ②의 식에 $y=-1$을 대입하면 $x=\dfrac{31}{2}$

답 $x=\dfrac{31}{2}$, $y=-1$

문제 2 $\begin{cases} \dfrac{7}{x+y}+\dfrac{3}{x-y}=9 \\ \dfrac{4}{x+y}-\dfrac{2}{x-y}=-2 \end{cases}$ 을 풀어 보시오.

풀이 치환법에 의하여 $\dfrac{1}{x+y}=X$, $\dfrac{1}{x-y}=Y$로 하자.

$$\begin{cases} \dfrac{7}{x+y}+\dfrac{3}{x-y}=9 & \cdots① \\ \dfrac{4}{x+y}-\dfrac{2}{x-y}=-2 & \cdots② \end{cases} \Rightarrow \begin{cases} 7X+3Y=9 & \cdots①' \\ 4X-2Y=-2 & \cdots②' \end{cases}$$

가감법에 의하여 ①′ 의 식×4－②′ 의 식×7을 하면,

$$
\begin{array}{rl}
 & 28X+12Y=36 \quad \cdots ①'' \\
-) & 28X-14Y=-14 \cdots ②'' \\ \hline
 & 26Y=50
\end{array}
$$

$\therefore Y=\dfrac{25}{13}$

①″의 식이나 ②″의 식에 $Y=\dfrac{25}{13}$ 를 대입하면,

$X=\dfrac{6}{13}$, $Y=\dfrac{25}{13}$

$X=\dfrac{1}{x+y}=\dfrac{6}{13}$, $Y=\dfrac{1}{x-y}=\dfrac{25}{13}$ 이므로,

$$
\begin{cases}
\dfrac{1}{x+y}=\dfrac{6}{13} & \cdots ③ \\
\dfrac{1}{x-y}=\dfrac{25}{13} & \cdots ④
\end{cases}
$$
을 풀어야 한다.

역수를 놓으면,

$$
\begin{cases}
x+y=\dfrac{13}{6} & \cdots ③' \\
x-y=\dfrac{13}{25} & \cdots ④'
\end{cases}
$$

③′의 식, ④′의 식을 가감법에 의하여 풀면,

$x=\dfrac{403}{300}$, $y=\dfrac{247}{300}$

이 문제에서는 X, Y를 구하는 것이 아니라 x, y를 구하는 것임을 유의한다.

답 $x=\dfrac{403}{300}$, $y=\dfrac{247}{300}$

연립일차방정식에서 계수가 소수나 분수인 경우

연립일차방정식의 문제에서 계수가 소수나 분수일 때는 등식의 성질을 이용하여 양변에 최소공배수를 곱하여 정수로 만들어 풀면 된다.

$\begin{cases} \frac{3}{2}x+\frac{1}{4}y=7 & \cdots ① \\ 0.2x+0.4y=8 & \cdots ② \end{cases}$ 인 연립일차방정식이 주어졌을 때는 ①의 식에는 계수의 최소공배수인 4를 양변에 곱하고, ②의 식은 양변에 10을 곱하여 소숫점을 정수로 바꾼 후 연립일차방정식을 푼다.

$$\begin{cases} \frac{3}{2}x+\frac{1}{4}y=7 & \cdots ① \\ 0.2x+0.4y=8 & \cdots ② \end{cases} \Rightarrow \begin{cases} 6x+y=28 & \cdots ①' \\ 2x+4y=80 & \cdots ②' \end{cases}$$

연립일차방정식의 양변에 최소공배수를 곱하여 간단히 한 후 풀어야 한다.

연립일차방정식의 해가 부정일 때

연립일차방정식의 해는 부정일 때와 불능일 때가 있는데, 부정不定이란 한자어에서 본 바와 같이 그 해를 정할 수 없다는 의미이다. 이때는 해가 무수히 많다라고 더 많이 쓰인다. 둘 다 동의어이므로 이 뜻을 알아두어야 한다. 연립일차방정식의 해가 부정인 예제를 풀어보자.

연립일차방정식 $\begin{cases} 3x+6y=2 \\ 6x+12y=4 \end{cases}$ 를 보면,

$\begin{cases} 3x+6y=2 & \cdots ① \\ 6x+12y=4 & \cdots ② \end{cases}$ 에서 ①의 식을 양변에 2를 곱한 식이 ②의 식이라는 것을

알 수 있다.연립일차방정식에서 두 개의 식이 같은 식이면 $6x+12y=4$의 경우와 같이 x, y가정해지지 않아서 부정이 된다. $6x+12y=4$의 그래프를 그려보려면 임의의 두 점 $\left(0, \frac{1}{3}\right)$, $\left(-1, \frac{5}{6}\right)$을 좌표평면에 표시한 후 이으면 된다.

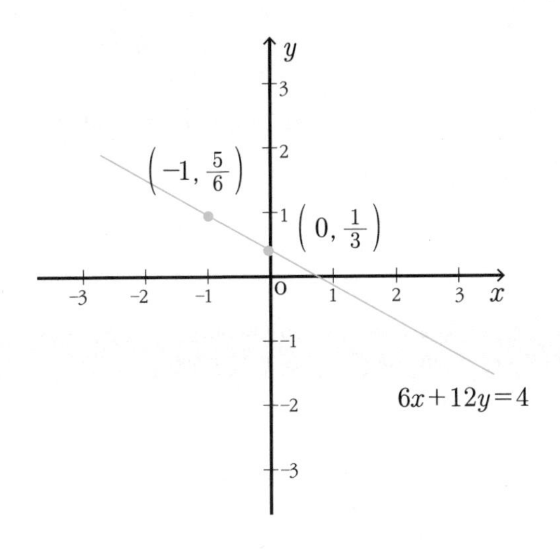

위 그래프처럼 연립일차방정식의 해는 직선 위의 무수한 점이 된다.

연립일차방정식의 해가 불능일 때

연립일차방정식의 해가 불능不能이라는 의미는 해가 가능하지 않다. 즉 해가 없다는 의미이다.

$\begin{cases} 6x+2y=7 \\ 12x+4y=9 \end{cases}$ 의 예를 통해 살펴보자.

$$\begin{cases} 6x+2y=7 & \cdots ① \\ 12x+4y=9 & \cdots ② \end{cases}$$ ①의 식 × 2 − ②의 식을 하면,

$$\begin{array}{rl} 12x+4y=14 & \cdots ①' \\ -\underline{)\ 12x+4y=9\quad} & \cdots ② \\ 0\times x+0\times y=5 & \end{array}$$

여기서 $0\times x+0\times y=5$를 만족시키는 x, y의 해는 없다. 이때 불능이라 하며, '해가 없다'라고 더 많이 부른다.

실력 Up

문제 1 연립일차방정식 $\begin{cases} 2x+ay=-3 \\ 4x+8y=b \end{cases}$의 해가 무수히 많을 때, $a+b$의 값을 구하시오.

풀이 $\begin{cases} 2x+ay=-3 \\ 4x+8y=b \end{cases}$의 해가 무수히 많으므로,

$$\begin{cases} 2x+ay=-3 & \cdots ① \\ 4x+8y=b & \cdots ② \end{cases}$$ ①의 식×2−②의 식을 하면,

$$\begin{array}{rl} 4x+2ay=-6 & \cdots ①' \\ -\underline{)\ 4x+8y=b\qquad\qquad} & \cdots ② \\ 0\times x+(2a-8)y=-6-b & \end{array}$$ ①′의 식−②의 식을 하면,

$\therefore a=4,\ b=-6$

$a+b=-2$

답 -2

문제2 연립일차방정식 $\begin{cases} x+2y=3 \\ 3x+ay=1 \end{cases}$ 의 해가 없을 때, a값을 구하시오.

풀이 $\begin{cases} x+2y=3 & \cdots ① \\ 3x+ay=1 & \cdots ② \end{cases}$

①의 식×3－②의 식을 하면,

$3x+6y=9 \quad \cdots ①'$

$-)\ 3x+ay=1 \quad \cdots ②$

$0\times x+(6-a)y=8$

①′ 의 식－②의 식을 하면

$\therefore a=6$

답 $a=6$

살짝 까다로운 연립일차방정식의 활용문제

연립일차방정식의 활용문제는 일차방정식의 활용문제와 비슷한 방식으로 접근해야 하는데 조금 더 까다롭다. 이 경우 연립일차방정식의 활용문제가 일차방정식으로 식을 세워서 풀리는 경우도 있다. 문제의 형태가 거의 유사하기 때문이다. 차이점은 연립일차방정식은 x에 관한 식으로 세우고 푸는 반면에 연립일차방정식은 x, y에 관하여 두 개의 식을 세우고 푼다는 것이다.

연립일차방정식의 활용을 풀어나가는 순서는 다음과 같다.

1. 미지수를 세운다.
문제의 뜻을 파악하고 x, y를 결정한다.

2. 방정식을 세운다.
x, y를 사용해 방정식을 세운다.

3. 방정식을 푼다.
연립일차방정식을 대입법, 가감법, 등치법, 치환법 중에서 필요한 방법으로 푼다.

4. 검토한다.
식을 잘 설정했는지 확인한 뒤 x, y를 대입하여 제대로 풀었는지 검토한다.

연립일차방정식에서 중요한 것은 x, y로 이루어진 일차방정식을 두 개의 식으로 반드시 세워야 하는 것이다. 간혹, 일차방정식에 익숙해져서 x만을 이용해서 푸는 것은 옳지 않음을 미리 언급한다.

나이에 관한 연립일차방정식의 활용문제

나이에 관한 문제는 보통 두 사람의 나이 비교를 한 후, 미래나 과거의 나이를 묻는다. 예를 하나 들어보자.

현재 아버지와 아들의 나이의 차는 30이다. 지금부터 16년 후에는 아버지의 나이는 아들의 나이의 2배가 된다고 한다. 현재 아버지와 아들의 나이를 각각 구하시오.

일차방정식으로 식을 세우면, 아버지의 나이는 $(x+30)$, 아들의 나이는 x가 된다. 계속해서 좌변에는 아버지의 나이를, 우변에는 아들의 나이를 놓으면 $x+30+16=(x+16)\times 2 \quad \therefore x=14$이다.

이에 따라 아버지의 나이는 $(x+30)$이므로 44살이고, 아들의 나이는 x이므로 14살이다.

이번에는 연립일차방정식으로 식을 세워서 풀어보자. 이때는 아버지의 나이를 x로, 아들의 나이를 y로 놓을 수 있다. 이렇게 해서 미지수 두 개가 결정되었다. 아버지의 나이와 아들의 나이 차는 30이므로, $x-y=30$이라는 식을 세울 수 있다. 16년 후에 관한 식은 $x+16=(y+16)\times 2$로 세우고 연립일차방정식은 아래와 같다.

$$\begin{cases} x-y=30 \\ x+16=(y+16)\times 2 \end{cases}$$

$\therefore x=44, y=14$

아버지는 44살이고, 아들은 14살이다.

연립일차방정식은 이렇게 x, y를 미지수로 결정하고 문제를 풀면 된다.

실력 Up

문제 어머니와 아들의 나이의 합은 46이고, 차는 32라고 할 때, 어머니와 아들의 나이를 각각 구하시오.

풀이 어머니의 나이를 x로 하고, 아들의 나이를 y로 하자.

$$\begin{cases} x+y=46 \\ x-y=32 \end{cases}$$

$\therefore x=39,\ y=7$

답 어머니 39살, 아들 7살

거리,속력,시간에 관한 연립일차방정식의 활용문제

거리, 속력, 시간에 관한 문제도 연립일차방정식에서 미지수 x, y를 정하고 문제를 풀어나가야 한다. 특히, 어렵다고 생각하는 문제는 그림을 그려보며 식을 세우는 방법이 쉽고 정확하다. 눈으로만 푸는 것은 활용문제에서 좋지 못한 습관이며, 거리, 속력, 시간에 관한 문제에서는 더욱 그러하다. 때문에 '거리=속력×시간'의 공식을 꼭 기억하면서 푸는 연습을 해야 한다. 예제를 풀어보자.

청조네 집에서 100km 떨어진 해수욕장까지 자동차로 갔다. 처음에는 60km/h로 국도를 가는 도중에 80km/h로 고속도로를 이용해서 목적지에 도착하는데 1시간 30분이 걸렸다. 국도와 고속도로를 이용한 거리를 각각 구하시오.

이 문제에서 가장 먼저 미지수를 결정할 것이 있다. 국도를 이용한 거리를 $x$km, 고속도로를 이용한 거리를 $y$km로 정한다.

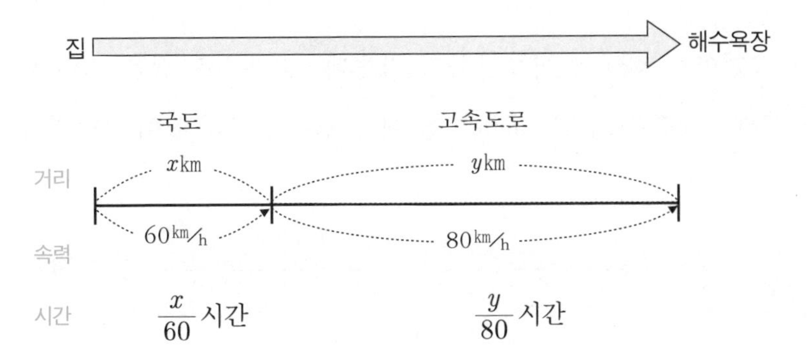

이런 문제에서는 우선 거리에 관한 식으로 $x+y=100$을 세우고, 두 번째로는 시간에 대한 식으로 $\frac{x}{60}+\frac{y}{80}=1.5$를 세운다. 그러면 다음과 같은 연립일차방정식이 세워진다.

$$\begin{cases} x+y=100 \\ \frac{x}{60}+\frac{y}{80}=1.5 \end{cases}$$

$\therefore x=60, y=40$

청조는 집에서 해수욕장까지 가는데 국도는 60km, 고속도로는 40km를 이용한 것이다.

실력 Up

문제 윤철이는 집에서 11km 떨어진 박물관까지 가는데 처음에는 3km/h로 걷다가 도중에 5km/h로 걸어서 3시간이 걸렸다. 이때 윤철이가 3km/h로

걸은 거리는 몇 km인지 구하시오.

풀이 윤철이가 집에서 박물관까지 가는데, 3km/h로 걸은 거리를 $x$km, 5km/h로 걸은 거리는 $y$km로 할 때, 그림은 다음과 같이 나타낼 수 있다.

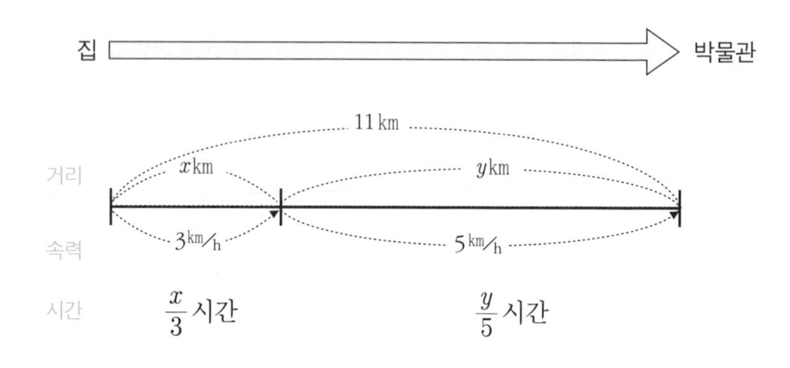

위의 그림을 보고, 거리와 시간에 관한 연립일차방정식을 세우면 된다. 연립일차방정식은 아래와 같다.

$$\begin{cases} x+y=11 \\ \frac{x}{3}+\frac{y}{5}=3 \end{cases}$$

위의 식을 풀면 $x=6$, $y=5$

답 6km

농도에 관한 연립일차방정식의 활용문제

농도에 관한 문제에서 농도, 소금의 양, 소금물의 양을 구하는 공식은 일차방정식이나 연립일차방정식 모두 동일하다. 이런 유형의 문제들은 미지수 x,

y를 정하는 것이 다르다는 것 이외에는 커다란 차이가 없지만 농도 문제는 그림을 그려보면 문제 해결이 보다 쉬워진다. 또 방정식에서 거의 빠지지 않은 활용문제 분야이므로 천천히 생각해보는 습관을 가져야 한다. 다음의 예제를 보면서 농도에 관한 연립일차방정식을 풀어보도록 하자.

5%의 소금물과 10%의 소금물을 섞어서 7%의 소금물 450g을 만들려고 한다. 이때, 5%의 소금물과 10%의 소금물을 각각 몇 g씩 섞으면 되는가?

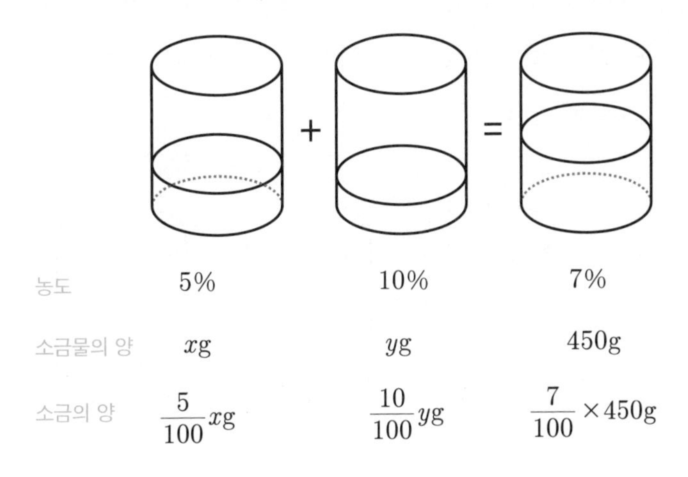

소금물의 양과 소금의 양을 기준으로 연립일차방정식을 세우면,

$$\begin{cases} x+y=450 \\ \frac{5}{100}x+\frac{10}{100}y=\frac{7}{100}\times 450 \end{cases}$$

풀이하면 $x=270$, $y=180$이다. 따라서 5%의 소금물 270g, 10%의 소금물 180g을 섞으면 된다.

실력 Up

문제 4%의 식염수와 9%의 식염수를 섞어 6%의 식염수 500g을 만들려고 한다. 이때 필요한 9%의 식염수의 양을 구하시오.

풀이 식염수는 세척할 때 쓰는 용도의 소금물이다. 따라서 소금과 물로 이루어진 액체이다. 4%의 식염수의 양을 xg, 9%의 식염수의 양을 yg으로 할 때, 4%의 식염수와 9%의 식염수를 섞어 6%의 식염수 500g을 만든 그림은 다음과 같다.

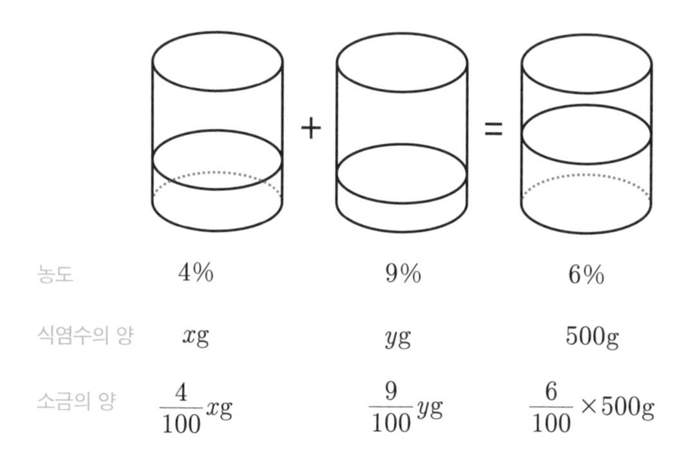

농도	4%	9%	6%
식염수의 양	xg	yg	500g
소금의 양	$\frac{4}{100}x$g	$\frac{9}{100}y$g	$\frac{6}{100}\times 500$g

식염수의 양에 관하여 연립일차방정식을 세우면, $x+y=500$, 소금의 양에 관하여 식을 세우면 $\frac{4}{100}x+\frac{9}{100}y=\frac{6}{100}\times 500$이다.

$$\begin{cases} x+y=500 \\ \frac{4}{100}x+\frac{9}{100}y=\frac{6}{100}\times 500 \end{cases}$$

위의 연립일차방정식을 풀어보면 $x=300$, $y=200$, 따라서 필요한 9%의 식염수의 양은 200g이다.

답 200g

◇◇

증가와 감소에 관한 연립일차방정식의 활용문제

증가와 감소에 관한 문제는 x가 p% 증가한 후 전체의 양 $\left(1+\frac{p}{100}\right)x$, x가 p% 감소한 후 전체의 양 $\left(1-\frac{p}{100}\right)x$의 의미를 기억하면 된다. 다음 예제를 풀어보자.

어떤 농가가 재배하는 사과는 아오리와 부사이다. 작년에는 아오리와 부사가 600상자 수확되었고, 올해는 아오리의 수확이 7% 증가하고, 부사의 수확은 5% 감소되어서 수확량은 전체적으로 1% 감소했다. 수확량은 상자의 단위로 계산되며, 올해 아오리와 부사의 수확량을 각각 구하시오.

여기서 사과의 종류인 아오리의 수확량을 x상자, 부사의 수확량을 y상자로 하자. 작년에는 아오리와 부사의 수확량이 600상자였으므로, $x+y=600$으로 식을 세울 수 있다.

올해의 아오리는 7% 증가하였고, 부사는 5% 감소하였으므로, 아오리의 증가량과 부사의 감소량을 더하면 작년 수확량보다 1% 감소한 식이 만들어진다.

$$\begin{cases} x+y=600 \\ \frac{7}{100}x-\frac{5}{100}y=-\frac{1}{100}\times600 \end{cases}$$

위의 연립일차방정식을 풀면 $x=200$, $y=400$

올해 아오리의 수확량은 $200\times\left(1+\frac{7}{100}\right)=214$ 상자이며, 부사의 수확량은 $400\times\left(1-\frac{5}{100}\right)=380$ 상자이다.

실력 Up

문제 S 중학교의 작년 학생 수는 960명이었다. 올해 학생 수는 작년보다 남학생 수는 10% 감소하고, 여학생 수는 10% 증가했으나 전체적으로는 4명이 감소했다. 올해 여학생 수를 구하시오.

풀이 S 중학교의 작년 남학생 수는 x명, 작년 여학생 수는 y명으로 하자.

$$\begin{cases} x+y=960 \\ -\frac{10}{100}x+\frac{10}{100}y=-4 \end{cases}$$

위의 연립일차방정식을 풀면, $x=500$, $y=460$

작년 여학생 수는 460명이고, 올해 여학생 수는 $460\times1.1=506$명이다.

답 506명

가격에 관한 연립일차방정식의 활용문제

가격에 관한 문제는 일차방정식에서 이용한 '정가=원가+이익'의 공식을 주로 활용한다. '이익금=원가×이익률'의 공식에 관한 문제는 비율 고치는 것에 주의하면서 문제를 해결해야 한다. 그리고 가격에 관한 연립일차방정식은 물건의 개수가 첫 번째 식이고, 가격의 정가 또는 이익률에 관한 식이 두 번째 식인 경우가 많다. 이 점을 기억하면서 식을 세우는 것도 많은 도움이 될 것이다. 다음 예제를 풀어보자.

어느 상점에서 원가가 100원인 상품 P와 원가가 200원인 상품 Q를 합하여 400개를 구입해서 P는 25%, Q는 15%의 이익을 남기도록 정가를 정했다. 하나도 남김없이 전부 판매하면 11,000원의 이익이 날 때, 상품 P, Q를 각각 몇 개씩 구입하였는지 구하시오.

이 문제에서 구입한 상품 P의 개수를 x개, 구입한 상품 Q의 개수를 y개로 할 때, $x+y=400$라는 식을 세울 수 있다. 그리고 이익률에 관한 식은 $\frac{25}{100}\times 100\times x+\frac{15}{100}\times 200\times y=11000$이다.

$$\begin{cases} x+y=400 \\ \frac{25}{100}\times 100\times x+\frac{15}{100}\times 200\times y=11000 \end{cases}$$

위의 연립일차방정식을 풀면 $x=200$, $y=200$이며, 상품 P의 개수 200개, 상품 Q의 개수는 200개이다.

수에 관한 연립일차방정식의 활용문제

수에 관한 연립일차방정식의 활용문제는 미지수 x, y의 관계를 먼저 알고, 그 수에 적합한 식을 세워야 한다. 이는 곧 x와 y의 관계에서 2개의 식을 잘 세운 후 검토해야 한다.

예를 들면 두 개의 자연수가 있다. 큰 수와 작은 수의 합은 250이고, 큰 수에서 작은 수를 나누면 몫은 4가 된다고 한다. 큰 수와 작은 수를 구한다면 식은 아래처럼 세울 수 있다.

$$\begin{cases} x+y=250 \\ x\div y=4 \end{cases}$$

여기서 $x\div y=4$에서 양변에 y를 곱해서 $x=4y$를 $x+y=250$에 대입하여 푼다. 위의 연립일차방정식을 풀면 $x=200$, $y=50$이다. 따라서 큰 수와 작은 수는 200과 50이다.

실력 Up

문제 백의 자릿수가 2인 세 자릿수의 자연수가 있다. 각 자릿수의 숫자를 모두 더하면 12이고, 십의 자릿수와 일의 자릿수를 바꾼 수는 처음 수보다 54가 작아진다고 한다. 세 자릿수인 처음 수를 구하시오.

풀이 백의 자릿수는 2이고, 십의 자릿수는 x, 일의 자릿수는 y로 하면 세 자릿수는 $200+10x+y$가 되며, 십의 자릿수와 일의 자릿수를 바꾼 수는 $200+10y+x$가 된다. 문제에서 각 자릿수의 숫자를 모두 더하면 12로 하였으므로 $2+x+y=12$의 식이 완성되고, 식을 정리하면 $x+y=10$이다. 그리고 십의 자릿수와 일의 자릿수를 바꾸니 처음 수는 바꾼 수보다 54가 더 작아진다고 하였으므로 $200+10x+y=200+10y+x+54$가 되어서, 정리하면 $x-y=6$가 된다.

$$\begin{cases} x+y=10 \\ x-y=6 \end{cases}$$

위의 식을 풀면 $x=8$, $y=2$이므로, 세 자릿수의 자연수는 282이다.

답 282

자연 현상의 이해를 돕는 이차방정식

이차방정식의 정의와 해

이차방정식의 정의

이차방정식은 등식의 우변에 있는 모든 항을 좌변으로 이항하여 간단히 하였을 때, (x에 관한 이차식)$=0$인 형태로 나타내는 방정식을 말한다.

이차방정식의 일반형은 $ax^2+bx+c=0$이며, $a\neq0$인 조건에 유의한다. 만약 $a=0$이면 일차방정식이 된다.

$\left(\frac{1}{a}+1\right)x^2+bx+c=0$ 인 방정식이 이차방정식이 되기 위한 조건이 무엇이냐고 질문한다면 x^2의 계수인 $\frac{1}{a}+1\neq0$ 이면 성립하므로 $a\neq-1$이다. 그리고 이차방정식의 가장 높은 차수는 항상 2차이다.

일차방정식의 해 또는 근은 $ax+b=0$(단, $a\neq0$)의 참이 되게 하는 x값이며, 이차방정식의 해 또는 근은 $ax^2+bx+c=0$(단, $a\neq0$)을 참이 되게 하는 x값이다. 이차방정식은 해가 없거나 한 개이거나 두 개이다. 이차방정식에서는 해보다는 근으로 더 많이 부른다. 그리고 근을 α, β로 많이 쓰며, α는 알파, β는 베타로 읽는다. 이차방정식은 실수 체계에서 실근을 가지지만, 허수 체계에서는 허근을 가진다. 이것은 실수 체계에서 근을 가지지 않을 때 허수 체계에서는 허근을 가진다는 의미이다.

$x(x+3)=0$인 이차방정식을 보자. 이 이차방정식에서 우변은 0이므로 좌변이 0이 되기 위해서는 x가 0 또는 -3이면 성립한다. 따라서 $x=0$ 또는 -3은 해 또는 근이 된다.

$x^2=0$을 풀면 $x=0$이다. 이 경우에는 근이 1개이다. 여기까지는 실수인 근을 가지고, 이차방정식이 실수 체계이다. 그리고 $x^2=-1$이면, 실수 체계에서는 근이 없다.

그러나 허수 체계에서는 $x=\pm i$로 허근을 가진다.

이차방정식의 그림자 인수분해

이차방정식의 근을 구하기 위해서 인수분해를 학습하는 것은 중요하다. 이차방정식의 풀이방법에서 인수분해가 차지하는 비중은 크기 때문이다. 그러니 인수분해를 통해서 이차방정식을 가까이 접근하도록 하자.

인수분해란 하나의 다항식을 두 개 이상의 다항식의 곱으로 나타내는 것을 말한다. 두 개 이상의 곱으로 이루어진 다항식을 나열하면 식을 전개한다고 하고, 전개한 식을 다시 두 개 이상의 다항식의 곱으로 나타내면 인수분해가 된다. 전개와 서로 반대가 되는 개념이다.

$$(x+1)(x+3) \underset{\text{인수분해}}{\overset{\text{전개}}{\rightleftarrows}} x^2+4x+3$$

인수분해에서 가장 먼저 해야 하는 것은 공통인수를 묶는 것이다. m을 공통인수라고 한다면 $ma+mb=m(a+b)$이 된다. 이것은 숫자를 넣어 확인할 수 있는데, $m=2$, $a=3$, $b=4$라고 할 때 $2\times3\times2\times4=2(3+4)=14$이므로 성립이 된다. 이 식은 어떠한 숫자를 대입해 보아도 성립한다. 따라서 $ma+mb=m(a+b)$이다. 물론, $m(a+b)=ma+mb$는 식을 전개한 것이며, 분배법칙이 된다. 그리고 $ma+mb+mc=m(a+b+c)$로 인수분해가 되는 것도 옳다는 것을 알게 될 것이다.

그러면 $(a+b)(c+d)+(a+b)(e+f)$는 어떻게 인수분해가 될까? $(a+b)$를 공통인수라고 하면, $(a+b)(c+d+e+f)$로 인수분해가 된다.

인수분해 중에는 완전제곱식이 있다. $(a+b)^2$을 전개하면 $a^2+2ab+b^2$이다. $a^2+2ab+b^2$는 항이 세 개인 다항식이다. 이 다항식을 인수분해하면 $(a+b)^2$이다. 왜 그렇게 되는지 하나하나 살펴보기로 하자.

$a^2+2ab+b^2$에서,

$a^2+2ab+b^2$

a	b	ab
a ↗ ①	b	

$a^2+2ab+b^2$을 인수분해하는 방법은 이차항 a^2을 $a\times a$로 나누고, 상수항 b^2을 $b\times b$로 나누는 것이다. ①에서 보는 바와 같이 $a\times b=ab$가 된다.

$$a^2+2ab+b^2$$

$$\begin{array}{ccc} a & b & ab \\ a & \textcircled{2} \rightarrow b & ab \end{array}$$

②에서는 $a\times b$는 ab가 된다.

$$a^2+2ab+b^2$$

$$\begin{array}{cccc} a & b & & ab \\ a & b & + & ab \\ & & & \overline{2ab} \end{array}$$

$ab+ab=2ab$이며, 일차항의 $2ab$와 같으므로 인수분해가 가능하다.

$$a^2+2ab+b^2$$

$$\begin{array}{cccc} \boxed{a \quad + \quad b} & & & ab \\ \boxed{a \quad + \quad b} & & + & ab \\ & & & \overline{2ab} \end{array}$$

같은 줄의 $a+b$와 $a+b$를 곱하면, $(a+b)^2$이 된다. 따라서 $a^2+2ab+b^2$을 인수분해하면, $(a+b)^2$이 된다.

이번에는 $a^2-2ab+b^2$을 인수분해하여 보자.

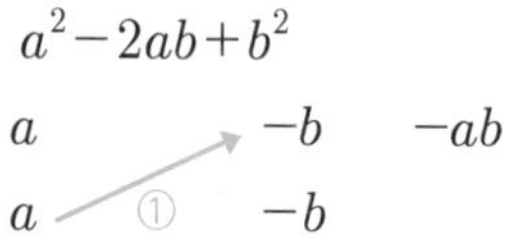

$$
\begin{array}{lll}
a^2-2ab+b^2 & & \\
a & -b & -ab \\
a \ \ ① & -b &
\end{array}
$$

a^2을 $a \times a$로 나누고, 상수항 b^2을 $b \times b$로 나눈다.

①에서 보는 바와 같이 $a \times (-b) = -ab$이다.

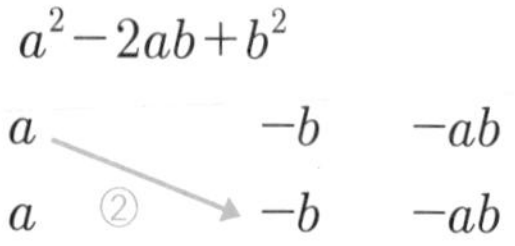

$$
\begin{array}{lll}
a^2-2ab+b^2 & & \\
a & -b & -ab \\
a \ \ ② & -b & -ab
\end{array}
$$

②에서 보는 바와 같이 $a \times (-b) = -ab$이다.

$$
\begin{array}{llr}
a^2-2ab+b^2 & & \\
a & -b & -ab \\
a & -b & +\ -ab \\
\hline
 & & -2ab
\end{array}
$$

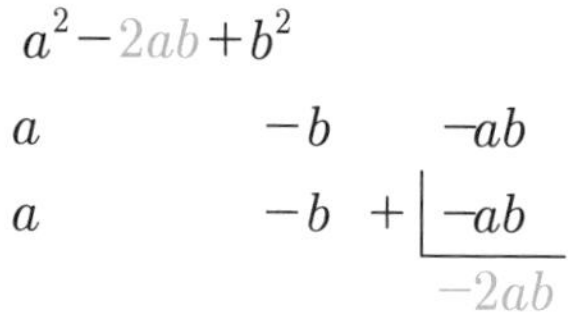

$(-ab)+(-ab)=-2ab$이고, 일차항도 $-2ab$이므로 인수분해가 가능하다.

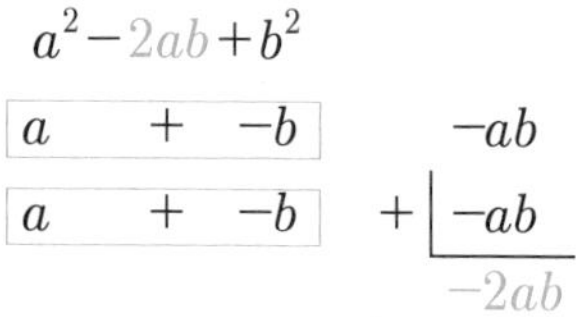

$$
\begin{array}{lllr}
a^2-2ab+b^2 & & & \\
a & + & -b & -ab \\
a & + & -b & +\ -ab \\
\hline
 & & & -2ab
\end{array}
$$

같은 줄의 $(a+(-b))$와 $(a+(-b))$의 곱은 $(a-b)^2$이므로,

$a^2-2ab+b^2=(a-b)^2$이다.

앞서 말한 것을 요약하자면, $a^2+2ab+b^2=(a+b)^2$, $a^2-2ab+b^2=(a-b)^2$이다. 그리고 $a^2-b^2=(a+b)(a-b)$이다. 이것은 꼭 기억하자.

다음은 $x^2+(a+b)x+ab$를 인수분해하는 방법을 과정으로 나타낸 것이다.

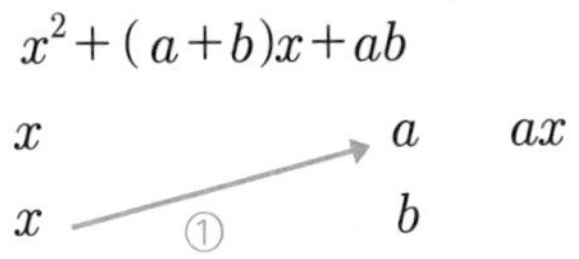

$$
\begin{array}{lll}
x^2+(a+b)x+ab & & \\
x & a & ax \\
x \nearrow ① & b &
\end{array}
$$

처음에는 이차항 x^2을 $x\times x$로 나누고, 상수항 ab를 $a\times b$로 나눈다. 그리고 ①과 같이 곱하여 ax를 만든다.

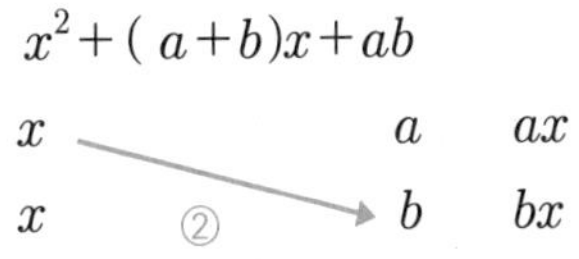

$$
\begin{array}{lll}
x^2+(a+b)x+ab & & \\
x \searrow ② & a & ax \\
x & b & bx
\end{array}
$$

②와 같이 x와 b를 곱하여 bx를 만든다.

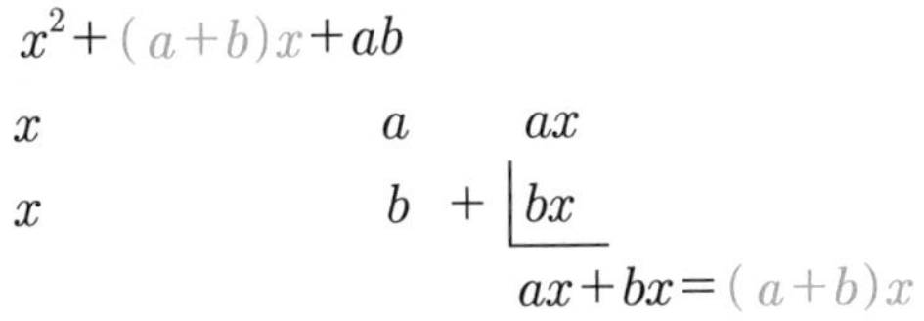

$$
\begin{array}{llll}
x^2+(a+b)x+ab & & & \\
x & a & & ax \\
x & b & + & bx \\
 & & & ax+bx=(a+b)x
\end{array}
$$

$ax+bx=(a+b)x$가 되므로, 인수분해가 가능하다. 일차항도 $(a+b)x$이므로, 같은 줄에 있는 $(x+a)$와 $(x+b)$를 곱하면 인수분해가 된 것이다.

$$x^2+(a+b)x+ab$$

$$\begin{array}{ccccc} x & + & a & & ax \\ x & + & b & + & \underline{bx} \\ & & & & ax+bx=(a+b)x \end{array}$$

즉 $x^2+(a+b)x+ab=(x+a)(x+b)$이다.

숫자로 예를 들어, x^2+5x+4를 인수분해해 보자.

가장 먼저 이차항 x^2은 $x\times x$로 나누고 상수항 4는 1×4로 나눈다.

$$\begin{array}{lll} x^2+5x+4 & & \\ x & 1 & x \\ x \quad ① & 4 & \end{array}$$

①에서 보는 바와 같이 $x\times 1=x$이다.

$$\begin{array}{lll} x^2+5x+4 & & \\ x & 1 & x \\ x \quad ② & 4 & 4x \end{array}$$

②에서 보는 바와 같이 $x\times 4=4x$이다.

$$\begin{array}{llll} x^2+5x+4 & & & \\ x & 1 & & x \\ x & 4 & + & \underline{4x} \\ & & & 5x \end{array}$$

$x+4x=5x$가 되므로 인수분해가 성립하는 것이다.

$$\begin{array}{ccccc} & x^2+5x+4 & & \\ \boxed{x \quad + \quad 1} & & x \\ \boxed{x \quad + \quad 4} & + & 4x \\ & & 5x \end{array}$$

같은 줄에 있는 $(x+1)$과 $(x+4)$를 곱하면, $x^2+5x+4=(x+1)(x+4)$이다.

이번에는 x^2-5x+4를 인수분해해 보자. x^2+5x+4와 일차항의 계수가 음인 것이 차이점이다. 이런 경우는 상수항 4가 되기 위하여 -1과 -4를 곱하여 4가 되는 것을 생각한다.

$$\begin{array}{lll} x^2-5x+4 & & \\ x & -1 & -x \\ x \nearrow ① & -4 & \end{array}$$

①에서 보는 바와 같이 $x\times(-1)=-x$이다.

$$\begin{array}{lll} x^2-5x+4 & & \\ x & -1 & -x \\ x \searrow ② & -4 & -4x \end{array}$$

②에서 보는 바와 같이 $x\times(-4)=-4x$이다.

$$
\begin{array}{llll}
x^2-5x+4 & & & \\
x & -1 & & -x \\
x & -4 & + & \underline{-4x} \\
 & & & -5x
\end{array}
$$

$-x+(-4x)=-5x$이고, 일차항이 $-5x$이므로 인수분해가 가능하다.

$$
\begin{array}{llll}
x^2-5x+4 & & & \\
\boxed{x \quad + \quad -1} & & & -x \\
\boxed{x \quad + \quad -4} & & + & \underline{-4x} \\
 & & & -5x
\end{array}
$$

같은 줄에 있는 $(x-1)$과 $(x-4)$를 곱하면 $x^2-5x+4=(x-1)(x-4)$이다.

이번에는 $acx^2+(ad+bc)x+bd$를 인수분해해 보자. 이차항 $acx^2=ax\times cx$로 나누고, $bd=b\times d$로 나눈다.

$$
\begin{array}{llll}
acx^2+(ad+bc)x+bd & & & \\
ax & & b & bcx \\
cx & ① & d &
\end{array}
$$

①에서 보는 바와 같이 $cx\times b=bcx$이다.

$$
\begin{array}{llll}
acx^2+(ad+bc)x+bd & & & \\
ax & & b & bcx \\
cx & ② & d & adx
\end{array}
$$

②에서 보는 바와 같이 $ax\times d=adx$이다.

$$
\begin{array}{llll}
acx^2+(ad+bc)x+bd & & & \\
ax & b & & bcx \\
cx & d & + & adx \\
\hline
 & & & (ad+bc)x
\end{array}
$$

$bcx+adx=(ad+bc)x$이므로 일차항 $(ad+bc)x$와 같다.

$$
\begin{array}{llll}
acx^2+(ad+bc)x+bd & & & \\
\boxed{ax \quad + \quad b} & & & bcx \\
\boxed{cx \quad + \quad d} & & + & adx \\
\hline
 & & & (ad+bc)x
\end{array}
$$

같은 줄에 있는 $ax+b$와 $cx+d$를 곱한다.

$acx^2+(ad+bc)x+bd$는 $(ax+b)(cx+d)$로 인수분해가 된다.

숫자로 예를 들어, $27x^2+30x+8$을 인수분해해 보자.

$$
\begin{array}{lll}
27x^2+30x+8 & & \\
3x & 2 & 18x \\
9x \nearrow ① & 4 &
\end{array}
$$

①에서 보는 바와 같이 $9x\times2=18x$이다.

$$
\begin{array}{lll}
27x^2+30x+8 & & \\
3x & 2 & 18x \\
9x \quad ② \searrow & 4 & 12x
\end{array}
$$

②에서 보는 바와 같이 $3x\times4=12x$이다.

$$
\begin{array}{llll}
27x^2+30x+8 & & & \\
3x & 2 & & 18x \\
9x & 4 & + & \underline{12x} \\
 & & & 30x
\end{array}
$$

$18x+12x=30x$이며 일차항 $30x$와 같으므로 인수분해가 가능하다.

$$
\begin{array}{llllll}
27x^2+30x+8 & & & & & \\
\boxed{3x} & + & 2 & & & 18x \\
\boxed{9x} & + & 4 & & + & \underline{12x} \\
 & & & & & 30x
\end{array}
$$

같은 줄의 $3x+2$와 $9x+4$를 곱하면 $(3x+2)(9x+4)$로 인수분해가 된다.

이번에는 $12x^2-2x-4$를 인수분해해 보자. 가장 먼저, 공통인수인 2를 묶어서 $2(6x^2-x-2)$로 나타낸 다음, $6x^2-x-2$를 인수분해한다.

$$
\begin{array}{lll}
6x^2-x-2 & & \\
3x & -2 & -4x \\
2x \nearrow ① & 1 &
\end{array}
$$

①에서 보는 바와 같이 $6x^2-x-2$은 $6x^2$을 $3x\times2x$로 나누고 -2는 -2×1로 나눈다. $2x\times(-2)=-4x$이다.

$$
\begin{array}{lll}
6x^2-x-2 & & \\
3x & -2 & -4x \\
2x \searrow ② & 1 & 3x
\end{array}
$$

②에서 보는 바와 같이 $3x \times 1 = 3x$이다.

$$
\begin{array}{llll}
6x^2 - x - 2 & & & \\
3x & -2 & & -4x \\
2x & 1 & + & 3x \\
\hline
 & & & -x
\end{array}
$$

$-4x+3x=-x$이며 일차항도 $-x$이므로 인수분해가 가능하다.

$$
\begin{array}{llll}
6x^2 - x - 2 & & & \\
\boxed{3x \quad + \quad -2} & & & -4x \\
\boxed{2x \quad + \quad 1} & & + & 3x \\
\hline
 & & & -x
\end{array}
$$

같은 줄에 있는 $3x+(-2)$와 $2x+1$을 곱하면, $6x^2-x-2=(3x-2)(2x+1)$로 인수분해가 된다.

여기서 관심을 가져야 할 것은 $12x^2-2x-4$을 인수분해하는 것이고, 2가 공통인수이므로 그 수를 곱해서 $2(3x-2)(2x+1)$이 인수분해가 끝난 것이 된다.

핵심 공략! 이차방정식의 풀이 방법

인수분해를 이용한 풀이

인수분해는 이차방정식에서 근을 구할 때 광범위하게 쓰이는 방법이다. 그러면 인수분해를 이용하여 이차방정식을 어떤 방법으로 푸는지 알아보자.

(1) $AB=0$의 성질을 이용한다.

① $AB=0$이면 $A=0$ 또는 $B=0$이다.

AB는 인수분해가 된 이차식이다.

② $(x-a)(x-b)=0$이면 $x=a$ 또는 b이다.

근을 쓸 때에는 작은 근을 먼저 쓰고 큰 근을 나중에 쓴다.

(2) 인수분해를 이용한 이차방정식의 풀이는 이차방정식을 두 일차식의 곱으로 나타내어 $AB=0$의 성질을 이용하여 푼다.

(3) 인수분해를 이용한 이차방정식의 풀이순서는 다음과 같다.

① $ax^2+bx+c=0$의 형태로 정리하여 좌변을 인수분해한다.

② $(x-a)(x-b)=0$의 형태로 인수분해가 되면 $x=a$ 또는 b,

$(ax-b)(cx-d)=0$의 형태로 인수분해되면 해는 $x=\frac{b}{a}$ 또는 $\frac{d}{c}$

인수분해를 이용한 이차방정식의 풀이방법은 가장 기본적인 것이며, 이차방정식이 인수분해가 될 때만 가능하다. $x^2+x-2=0$을 인수분해해 근을 구하면, $(x+2)(x-1)=0$에서 $x=-2$ 또는 1이 된다. $2x^2-3x+1=0$을 인수분해해 근을 구하면, $(2x-1)(x-1)=0$에서 $x=\frac{1}{2}$ 또는 1이 된다.

실력 Up

문제 $2x^2+3x+1=0$의 근을 인수분해한 후 구하시오.

풀이 $(2x+1)(x+1)=0$으로 인수분해가 되므로 $x=-\frac{1}{2}$ 또는 -1

답 $x=-\frac{1}{2}$ 또는 -1

완전제곱식 형태에서 이차방정식의 중근

이차방정식의 두 근이 중복되어 서로 같을 때, 이 근을 중근이라고 한다. 이차방정식이 중근을 가질 조건은 (완전제곱식)$=0$의 형태이어야 한다.

중근重根은 이중근二重根이라고도 한다. 근이 중복되었다는 의미이며, 같은 근이 1개라서 중근으로 부른다.

$(x-2)^2=4$의 이차방정식을 보자. 이 방정식을 정리하면 $x^2-4x=0$이 되고, 인수분해하면 $x(x-4)=0$로 $x=0$ 또는 4이다. 이 방정식은 근이 두 개이므로 중근이 아니다.

$(x-2)^2=0$의 이차식을 보면, $x=2$가 되어 중근이다. 이처럼 (완전제곱식)$=0$의 형태가 되어야만 중근을 갖는다. 주의할 것은 이차방정식을 완전히 인수분해하고 나서 근을 풀어야 하는 것이다.

실력 Up

문제 $(x+1)^2=0$과 $(x+1)^2=4$는 중근을 갖는지 확인하시오.

풀이 $(x+1)^2=0$은 $x=-1$을 중근으로 갖는다.

그리고 $(x+1)^2=0$은 (완전제곱식)$=0$의 형태이므로 중근을 갖게 됨을 알 수 있다.

$(x+1)^2=4$는 이항하고 인수분해하여 정리하면, $(x+3)(x-1)=0$이므로 $x=-3$ 또는 1이다. 근이 2개이므로 중근이 아니다. 그리고 (완전제곱식)$\neq0$인 형태이므로 중근을 갖지 않음을 확인할 수 있다.

답 $(x+1)^2=0$은 중근을 갖고, $(x+1)^2=4$는 중근을 갖지 않는다.

제곱근을 이용한 이차방정식의 풀이

제곱근을 이용한 이차방정식의 풀이는 좌변은 완전제곱식이고 우변은 상수일 때 푸는 방법이다. 따라서 이차방정식을 완전제곱식의 형태로 정리하고 나서 제곱근을 씌우면서 문제를 푸는 것이다. 아래 3가지의 제곱근을 이용한 풀이를 보자.

(1) $x^2=k(k\geq0)$의 해는 $x=\pm\sqrt{k}$

(2) $ax^2=k(a\neq0, ak>0)$의 해는 $x=\pm\sqrt{\dfrac{k}{a}}$

(3) $(x-a)^2=k(k\geq0)$의 해는 $x=a\pm\sqrt{k}$

$x^2=1$이면 $x=\pm1$인 것은 쉽게 풀 수 있다. 이것은 $x^2=k$에서 $k=1$이기 때문에 성립하는 것이다. 실수 체계는 $k\geq0$인 조건에 한해서 이차방정식의 풀이를 해결할 수 있다. 허수 체계는 $k<0$인 경우도 포함하는데, $x^2=-1$이면 $x=\pm\sqrt{-1}=\pm i$가 된다.

실수 체계와 허수 체계에서 이렇게 차이가 나는 것은 실수 체계는 실수의 범위까지 근을 찾고, 허수 체계는 복소수의 범위까지 근을 찾기 때문이다(실수 체계는 중3 과정, 허수 체계는 고등 수학에 해당된다).

$ax^2=k$에서 양변을 a로 나눈 후 $x^2=\frac{k}{a}$를 풀면 $x=\pm\sqrt{\frac{k}{a}}$이다.

예를 들어 $7x^2=\frac{1}{3}$을 풀어보면, $x^2=\frac{1}{21}$

$$x=\pm\sqrt{\frac{1}{21}}$$

$$\therefore x=\pm\frac{\sqrt{21}}{21}$$

$(x-a)^2=k$의 해는 양변에 제곱근을 씌우면 $x=a\pm\sqrt{k}$가 된다. 여기서 $k\geq0$인 경우는 실수 체계이고, 허수 체계는 $k<0$인 경우에도 구한다.

$(x-2)^2=4$의 예를 들어보자.

이 이차방정식을 풀이하면 $x=0$ 또는 4로 근이 실수의 범위 내에 존재한다. 그러나 $(x-2)^2=-4$의 경우를 보면 $x=2\pm2i$가 된다. 이것은 k의 값이 음수이기 때문이다. 이때 근은 복소수의 범위에 속한다.

실력 Up

문제1 $4(x-1)^2=16$을 풀어 보시오.

풀이 $4(x-1)^2=16$에서 양변을 4로 나누면,

$(x-1)^2=4$

$x-1=\pm2$

$\therefore x=-1$ 또는 3

답 $x=-1$ 또는 3

완전제곱식을 이용한 이차방정식의 풀이

완전제곱식을 이용한 이차방정식의 풀이는 연습이 많이 필요하다. 이차방정식의 풀이에서 좌변이 인수분해가 되지 않을 때 완전제곱식을 이용하여 풀어 볼 수 있다. 완전제곱식을 이용한 방법은 다음의 절차를 따른다.

① 이차항의 계수로 양변을 나누어 이차항의 계수를 1로 만든다.

② 상수항을 우변으로 이항한다.

③ 양변에 $\left(\frac{\text{일차항의 계수}}{2}\right)^2$을 더한다.

④ 좌변을 완전제곱식으로 고친다.

⑤ 제곱근을 이용하여 이차방정식을 푼다.

$2x^2+3x-1=0$을 완전제곱식으로 풀어보도록 하자.

$2x^2+3x-1=0$

양변을 이차항의 계수인 2로 나눈다.

$x^2+\frac{3}{2}x-\frac{1}{2}=0$

상수항 $\frac{1}{2}$을 우변으로 이항한다.

$x^2+\frac{3}{2}x=\frac{1}{2}$

양변에 $\left(\frac{\frac{3}{2}}{2}\right)^2=\left(\frac{3}{4}\right)^2$을 더한다.

$x^2+\frac{3}{2}x+\left(\frac{3}{4}\right)^2=\frac{1}{2}+\left(\frac{3}{4}\right)^2$

좌변을 완전제곱식으로 고친다.

$\left(x+\frac{3}{4}\right)^2=\frac{17}{16}$

$x+\frac{3}{4}=\pm\frac{\sqrt{17}}{4}$

$\therefore\ x=\frac{-3\pm\sqrt{17}}{4}$

실력 Up

문제 $x^2+10x+9=0$을 완전제곱식으로 푸는 순서대로 전개하면서 풀어 보시오.

풀이 $x^2+10x+9=0$

이차항의 계수가 1이므로 양변을 이차항의 계수로 나눌 필요는 없다. 다음 단계인 상수항을 우변으로 이항한다.

$x^2+10x=-9$

양변에 $\left(\frac{10}{2}\right)^2=5^2$을 더한다.

$x^2+10x+5^2=-9+5^2$

좌변을 완전제곱식으로 고친다.

$(x+5)^2=16$

$x+5=\pm 4$

$\therefore x=-9$ 또는 -1

답 $x=-9$ 또는 -1

근의 공식을 이용한 이차방정식의 풀이

이차방정식을 풀 때 인수분해가 되지 않는 경우에는 근의 공식을 많이 이용한다. 근의 공식은 이차방정식의 만능공식이다. 따라서 근의 공식을 정확히 암기하고 있어야 이차방정식의 근을 구하는 데에 유용하다. 종종 근의 공식을 유도하는 문제가 서술형으로 나오기도 하므로 평소에 공식을 유도하는 연습을 해야 한다.

근의 공식은 이차방정식 $ax^2+bx+c=0$에서 식을 유도한다.

$$ax^2+bx+c=0$$

양변을 이차방정식의 이차항 계수인 a로 나누면,

$$x^2+\frac{b}{a}x+\frac{c}{a}=0$$

상수항을 우변으로 이항하면,

$$x^2+\frac{b}{a}x=-\frac{c}{a}$$

양변에 $\left(\frac{\frac{b}{a}}{2}\right)^2=\left(\frac{b}{2a}\right)^2$을 더하면,

$$x^2+\frac{b}{a}x+\left(\frac{b}{2a}\right)^2=-\frac{c}{a}+\left(\frac{b}{2a}\right)^2$$

좌변을 완전제곱식으로 고치면,

$$\left(x+\frac{b}{2a}\right)^2=\frac{b^2-4ac}{4a^2}$$

양변에 제곱근을 씌우면,

$$x+\frac{b}{2a}=\pm\frac{\sqrt{b^2-4ac}}{2a}$$

$$\therefore x=\frac{-b\pm\sqrt{b^2-4ac}}{2a}$$

근의 공식은 $x=\frac{-b\pm\sqrt{b^2-4ac}}{2a}$ 를 이용하며, 이차방정식의 일차항 계수가 짝수인 경우에도 쓰이는 공식이 있다. 일차항의 계수가 짝수인 경우에 많이 쓰이며, 계수가 클 때와 식의 계산을 쉽게 할 때 많이 쓰인다. 이차방정식에서 일차항의 계수가 짝수인 경우 근의 공식을 유도해보자.

$$ax^2+2b'x+c=0$$

양변을 이차방정식의 이차항 계수인 a로 나누면,

$$x^2+\frac{2b'}{a}x+\frac{c}{a}=0$$

상수항을 우변으로 이항하면,

$$x^2+\frac{2b'}{a}x=-\frac{c}{a}$$

양변에 $\left(\frac{\frac{2b'}{a}}{2}\right)^2=\left(\frac{b'}{a}\right)^2$을 더하면,

$$x^2+\frac{2b'}{a}x+\left(\frac{b'}{a}\right)^2=-\frac{c}{a}+\left(\frac{b'}{a}\right)^2$$

좌변을 완전제곱식으로 고치면,

$$\left(x+\frac{b'}{a}\right)^2=\frac{b'^2-ac}{a^2}$$

양변에 제곱근을 씌우면,

$$x+\frac{b'}{a}=\pm\sqrt{\frac{b'^2-ac}{a^2}}$$

$$\therefore x=\frac{-b'\pm\sqrt{b'^2-ac}}{a}$$

근의 공식에서 일차항의 계수가 짝수인 경우에 공식이 따로 있지만, 보통 근의 공식을 쓰고 약분을 하면 일차항의 계수가 짝수인 경우의 근의 공식과 결과는 같게 된다. 그렇지만 $x=\frac{-b\pm\sqrt{b^2-4ac}}{2a}$ 는 꼭 기억하길 바란다.

실력 Up

문제 $x^2-2x-2=0$을 근의 공식을 이용하여 풀어 보시오.

풀이 $x^2-2x-2=0$은 일차항의 계수가 짝수이므로 $ax^2+2b'x+c=0$에서

$a=1,\ b'=-1,\ c=-2$이므로

$$x=\frac{-b'\pm\sqrt{b'^2-ac}}{a}=\frac{-(-1)\pm\sqrt{(-1)^2-1\times(-2)}}{1}$$

$$=1\pm\sqrt{3}$$

답 $x=1\pm\sqrt{3}$

이차방정식의 활용 속으로

이차방정식의 활용에서는 근의 판별, 근과 계수와의 관계 활용문제를 풀도록 하겠다.

이차방정식의 근의 판별은 판별식 D에 관한 것이며, 근과 계수의 관계는 이차방정식의 근의 합과 곱이 계수와 어떤 연관이 있는지 알아보는 것이다. 이차방정식의 근의 부호와 근의 분리는 두 근의 합과 곱의 부호, 대칭축의 위치, 판별식 D의 부호, 주어진 상수의 함숫값을 구해보는 것이다. 일차방정식 및 연립일차방정식과 마찬가지로 이차방정식의 활용문제도 식을 세우는 절차와 이에 따른 문제를 풀어보도록 한다.

이차방정식의 근의 판별

계수가 실수인 이차방정식 $ax^2+bx+c=0$의 판별식 $D=b^2-4ac$로 할 때,

1. $D>0$이면 서로 다른 두 근을 갖는다(서로 다른 두 실근을 갖는다).
2. $D=0$이면 중근을 갖는다.
3. $D<0$이면 근이 없다(서로 다른 두 허근을 갖는다).

$D>0$일 때 이차방정식은 두 개의 근을 갖는다. 고등 수학에서는 서로 다른 두 개의 실근을 갖는다고 한다. 실근은 실수의 범위 내에서 존재하는 근이기 때문에 실근이라고 구체적으로 쓴다. 이차방정식이 근을 갖는 조건은 1번과 2번의 조건이 되어야 하므로 $D\geq 0$이다. 3번에서 $D<0$인 경우는 근이 없다. 고등 수학에서는 서로 다른 두 허근을 갖는다고 하는데, 이것은 실수 체계는 근을 갖지 않지만 허수 체계는 서로 다른 두 개의 허근을 갖는다는 의미이다.

판별식 D를 계산할 때 이차방정식의 일차항 계수가 짝수이면 $\frac{D}{4}=b'^2-ac$로 판별할 수 있다. 일차항 계수가 짝수인 이차방정식의 일반형은 $ax^2+2b'x+c=0$이다.

판별식 $D=(2b')^2-4ac=4b'^2-4ac$이며, 양변을 4로 나누면 $\frac{D}{4}=b'^2-ac$가 된다. 여기서 $\frac{D}{4}$는 근의 공식 $x=\frac{-b'\pm\sqrt{b'^2-ac}}{a}$에서 제곱근 안의 b'^2-ac로써, 판별식이 되는 것이다.

예제로 $x^2+7x+9=0$의 근을 판별해보자.

판별식 $D=7^2-4\times1\times9=49-36=13>0$이므로, 서로 다른 두 개의 실근을 갖는다. 인수분해가 되지 않으므로 근의 공식을 활용하여 $x=\frac{-7\pm\sqrt{13}}{2}$을 구할 수 있다.

실력 Up

문제 $x^2+bx+8=0$ 이 중근을 갖을 때, b의 값을 구하시오.

풀이 $D=b^2-4\times1\times8=0$

$b^2=32$

$\therefore b=\pm4\sqrt{2}$

답 $\therefore b=\pm4\sqrt{2}$

이차방정식에서 근과 계수의 관계

이차방정식에서 근과 계수의 관계는 '비에타의 정리'라고도 한다.

이차방정식 $ax^2+bx+c=0$의 두 근을 α, β로 하면,

(1) $\alpha+\beta=-\dfrac{b}{a}$　　(2) $\alpha\beta=\dfrac{c}{a}$

위의 두 가지 공식을 알고 있어야 이차방정식의 근과 계수의 관계에 대한 다양한 응용문제를 풀 수 있다. 여러분은 근의 공식에 의해서 $ax^2+bx+c=0$의 근은 $x=\dfrac{-b\pm\sqrt{b^2-4ac}}{2a}$ 임을 알고 있다.

두 근을 α, β로 하면

$$\alpha=\frac{-b+\sqrt{b^2-4ac}}{2a},\ \beta=\frac{-b-\sqrt{b^2-4ac}}{2a}$$ 로 하자.

$$\alpha+\beta=\frac{-b+\sqrt{b^2-4ac}}{2a}+\frac{-b-\sqrt{b^2-4ac}}{2a}$$

$$=-\frac{2b}{2a}=-\frac{b}{a}$$

$$\alpha\beta=\frac{-b+\sqrt{b^2-4ac}}{2a}\times\frac{-b-\sqrt{b^2-4ac}}{2a}$$

$$=\frac{(-b)^2-(b^2-4ac)}{4a^2}=\frac{4ac}{4a^2}=\frac{c}{a}$$

그렇다면 $|\alpha-\beta|$는 어떤 공식이 있을까? $|\alpha-\beta|$는 문제에서 자주 나오는 편이다. 만약 기억이 나지 않는다면 식을 유도해서 공식을 활용하는 것이 중요하다.

$$|\alpha-\beta|=\sqrt{(\alpha-\beta)^2}=\sqrt{(\alpha+\beta)^2-4\alpha\beta}=\sqrt{\left(-\frac{b}{a}\right)^2-4\times\frac{c}{a}}$$

$$=\sqrt{\frac{b^2}{a^2}-\frac{4c}{a}}=\sqrt{\frac{b^2-4ac}{a^2}}=\frac{\sqrt{b^2-4ac}}{\sqrt{a^2}}=\frac{\sqrt{b^2-4ac}}{|a|}$$

그리고 이차방정식 $ax^2+bx+c=0$일 때 a, b, c가 유리수이면 한 근이 $p+q\sqrt{m}$이면 다른 한 근은 $p-q\sqrt{m}$이다. 예를 들어서, 이차방정식 $ax^2+bx+c=0$이 $5+\sqrt{3}$의 한 근을 가진다면 다른 한 근은 $5-\sqrt{3}$을 갖는다. 이와 같은 방법으로 고등 수학에서는 이차방정식 $ax^2+bx+c=0$의 하나의 허근이 $p+qi$일 때, 또 다른 하나의 허근은 $p-qi$이다.

이차방정식에서 두 근 α, β가 주어졌을 때는 $a(x-\alpha)(x-\beta)=0$으로 놓는다. 인수분해를 했을 때, 두 근이 α, β이어야 이차방정식이 성립하는 것이다.

이차항의 계수는 정해지지 않을 때에는 구해야 한다. 그리고 x^2의 계수가 1이고, 두 근 α, β가 주어졌을 때 이차방정식은 $x^2-(\alpha+\beta)x+\alpha\beta=0$이 된다.

실력 Up

문제 $px^2+4x+q=0$의 한 근이 $\frac{1}{2-\sqrt{3}}$ 일 때 p, q의 값을 구하시오(단 p, q는 유리수이다).

풀이 한 근이 $\frac{1}{2-\sqrt{3}}$ 이라고 주어졌으므로 α로 하면, $\alpha=\frac{1}{2-\sqrt{3}}=2+\sqrt{3}$, 다른 한 근 $\beta=2-\sqrt{3}$ 이다.

$\alpha+\beta=-\frac{4}{p}=4,\ p=-1$

$\alpha\beta=\frac{q}{p}=1,\ p=-1$이므로 $q=-1$

답 $p=q=-1$

이차방정식의 활용문제

이차방정식의 활용문제 절차는 주어진 미지수 x에 대하여 이차식을 세우고, 그 이차방정식을 이용하여 풀면 된다. 주어진 조건에 만족하는 근을 찾고, 마지막 단계에서 검토를 한다. 특히 식을 완성한 후 이차방정식이 맞는지 확인하는 것은 중요하다.

도형에 관한 이차방정식의 활용문제

도형에 관한 이차방정식의 활용문제는 아래 5가지 공식을 기본으로 알고 있어야 문제를 푸는데 수월할 것이다.

(1) 직사각형의 넓이=(가로의 길이)×(세로의 길이)

(2) 정사각형의 넓이=(한 변의 길이)^2

(3) 삼각형의 넓이=$\frac{1}{2}$×(밑변의 길이)×(높이)

(4) 반지름의 길이가 r인 원의 넓이=πr^2

(5) 직사각형의 둘레=2×{(가로의 길이)+(세로의 길이)}

도형의 문제는 사각형의 경우 가로의 길이와 세로의 길이를 늘린 후 넓이의 변화에 관한 식을 세우는 것이 있다. 삼각형의 경우에도 높이에 따라 밑변의 길이 변화도 동시에 고려하면서 넓이가 어떻게 변하는지에 관한 식이 많다.

원의 넓이도 반지름 길이의 변화가 원의 넓이를 늘리는지, 줄이는지를 결정하기 때문에 반지름을 미지수로 정하고 푼다.

실력 Up

문제 가로, 세로의 길이의 비가 2 : 1인 직사각형이 있다. 가로의 길이를 6㎝ 늘리고, 세로의 길이를 2㎝ 줄였더니 처음 넓이의 3배보다 40㎠가 줄었다. 처음 직사각형의 가로의 길이와 세로의 길이를 구하시오.

풀이 직사각형의 가로의 길이와 세로의 길이의 비가 2 : 1이므로 $2x : x$로

하면,

$(2x+6)(x-2)=2x\times x\times 3-40$

$2x^2-4x+6x-12=6x^2-40$

$4x^2-2x-28=0$

양변을 2로 나누면,

$2x^2-x-14=0$

근의 공식에 의해 x를 구하면,

$$x=\frac{-(-1)\pm\sqrt{(-1)^2-4\times 2\times(-14)}}{2\times 2}=\frac{1\pm\sqrt{113}}{4}$$

x는 길이이므로 양수이어야 한다. 따라서 $x=\frac{1+\sqrt{113}}{4}$이다.

가로의 길이 $2x=2\times\frac{1+\sqrt{113}}{4}=\frac{1+\sqrt{113}}{2}$,

세로의 길이 $x=\frac{1+\sqrt{113}}{4}$

답 가로의 길이 $\frac{1+\sqrt{113}}{2}$cm, 세로의 길이 $\frac{1+\sqrt{113}}{4}$cm

포물선 운동에 관한 이차방정식의 활용문제

포물선 운동에 관한 문제는 쏘아올린 물체에 관하여 높이나 시간을 구하는 문제이다.

높이=(시간에 대한 이차식)일 때

(1) 높이 hm에 도달하는 시간 $t \Rightarrow$ (t에 대한 이차식)$=h$를 푼다.

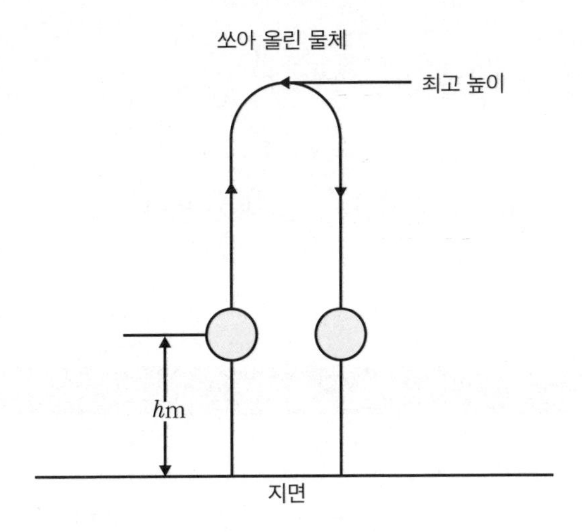

⇒ 올라갈 때, 내려올 때의 두 번이다.

(단, hm가 최고높이일 때는 한 번)

(2) 물체가 지면에 떨어졌을 때의 높이는 0이다.

지면에서 40m/s로 똑바로 쏘아올린 로켓의 x초 후의 높이가 $(40x-5x^2)$m 라고 할 때, 발사한 지 몇 초 후에 로켓의 높이가 80m인지를 구하는 문제가 있다면, 높이에 관한 이차방정식이 $(40x-5x^2)$이므로 $40x-5x^2=80$으로 식을 세우면 된다.

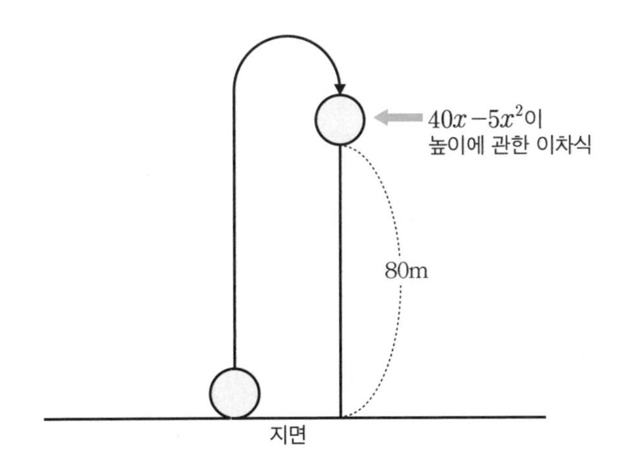

이차방정식을 정리하면, $5(x-4)^2=0$

$$\therefore x=4$$

로켓의 높이가 80m일 때 시간은 4초 후가 된다.

실력 Up

문제 지면에서 6m 높이로 똑바로 차올린 공의 t초 후의 높이는 $(-t^2+2t+6)$m라고 한다. 차올린 공이 지면에 떨어질 때까지 걸리는 시간을 구하시오.

풀이 지면에서 쏘아 올린 후 땅에 떨어지면 높이는 0이 된다. 높이에 관한 이차식이 $-t^2+2t+6$이므로, 이차방정식을 세우면 $-t^2+2t+6=0$이다. 근의 공식을 이용하면 $t=1\pm\sqrt{7}$이며, $t>0$이므로 $t=1+\sqrt{7}$

답 $(1+\sqrt{7})$초 후

수에 관한 이차방정식의 활용문제

수에 관한 이차방정식의 활용문제는 수에 대하여 성질을 기억하고 세우는 것이 식을 접근하는 데 도움이 될 것이다.

(1) 연속하는 두 자연수 ⇒ x, $x+1$로 놓는다.

(2) 연속하는 두 짝수 ⇒ x, $x+2$로 놓는다.

(3) 연속하는 두 홀수 $\Rightarrow 2x-1,\ 2x+1$로 놓는다(단 $x \geq 1$).

(4) 연속하는 세 자연수 $\Rightarrow x-1,\ x,\ x+1$로 놓는다(단 $x \geq 2$).

(5) 연속하는 세 짝수나 홀수

$\Rightarrow x-2,\ x,\ x+2$로 놓는다(단 $x \geq 3$).

(6) 연속하는 두 정수 $\Rightarrow x,\ x+1$ 또는 $x-1,\ x$

(7) 연속하는 세 정수 $\Rightarrow x-1,\ x,\ x+1$ 또는 $x,\ x+1,\ x+2$

(8) 십의 자릿수 x, 일의 자릿수 $y \Rightarrow 10x+y$

(9) 1에서 n까지의 자연수의 합$=\dfrac{n(n+1)}{2}$

(10) n각형의 대각선 개수$=\dfrac{n(n-3)}{2}$개

수에 관한 이차방정식의 활용문제를 풀어보자.

연속하는 세 자연수가 있다. 가장 큰 수의 제곱은 나머지 두 수의 제곱의 합보다 21이 작다고 할 때, 세 자연수의 합을 구하시오.

이 문제에서 연속하는 세 자연수를 $x-1, x, x+1$로 하면, 이차방정식은 아래와 같이 세울 수 있다.

$$(x+1)^2=(x-1)^2+x^2-21$$

이차방정식을 정리하면,

$$x^2-4x-21=0$$

인수분해를 하면,

$$(x-7)(x+3)=0$$

$$\therefore x=-3 \text{ 또는 } 7$$

x는 양수이므로 7이고, 연속하는 세 자연수의 합은 $(x-1)+x+(x+1)=6+7+8=21$이다.

만약 $x+1$, $x+2$, $x+3$으로 연속하는 자연수를 미지수로 정하면 결과가 같을까?

이차방정식을 세우면 다음과 같다.

$(x+3)^2=(x+1)^2+(x+2)^2-21$

이차방정식을 정리하면,

$x^2=25$

$\therefore x=\pm5$

x는 양수이므로 5가 만족하며, $x+1$, $x+2$, $x+3$이 연속하는 세 자연수이므로 $x=5$를 대입하면 6, 7, 8이다. 따라서 연속하는 세 자연수의 합은 21이다.

세 자연수를 $x-1$, x, $x+1$으로 정하거나 $x+1$, $x+2$, $x+3$으로 정하여도 결과는 같다.

실력 Up

문제 연속하는 두 홀수의 곱이 143일 때, 두 홀수를 구하시오.

풀이 연속하는 두 홀수를 $2x-1$, $2x+1$이라고 할 때 이차방정식을 세우면,

$(2x-1)(2x+1)=143$

식을 정리하면,

$4x^2-144=0$

$x^2=36$

$\therefore x=\pm6$

$x\geq1$이므로 $x=6$, 연속하는 두 홀수는 11, 13이다.

답 11, 13

3장 알수록 신기한 고차방정식

고차방정식은 차수가 3차 이상의 방정식을 말한다. 일차방정식은 가장 높은 차수가 일차이고, $ax+b=0$이 일반적인 식이며 이차방정식은 $ax^2+bx+c=0$, 삼차방정식은 $ax^3+bx^2+cx+d=0$, 사차방정식은 $ax^4+bx^3+cx^2+dx+e=0$이 일반적인 식이다. 고차방정식 하면, 주로 삼 · 사차방정식을 말한다.

삼차방정식은 1541년에 이탈리아의 수학자 카르다노의《위대한 술법》이라는 저서에 그 해법이 소개되어 있다. 사차방정식의 해법도 소개되어 있지만, 근의 공식이 너무 복잡하고 어렵다(오차방정식은 약 300년 후에 수학자 아벨에 의해서 푸는 것이 불가능함이 증명되었다).

이 단원에서는 삼 · 사차 방정식을 근의 공식으로 풀지 않고 인수정리, 조립제법, 인수분해, 치환, 완전제곱식 등으로 푸는 방법을 소개한다. 하나하나씩 풀어보면서 어렵게 느껴지는 고차방정식에 조금씩 자신감을 가져보자.

높은 삼·사차 방정식의 풀이

인수정리로 푸는 방법

인수정리로 푸는 방법은 방정식의 틀을 하나로 크게 보고, 방정식의 하나의 근을 α로 할 때 $f(\alpha)=0$을 만족시키는 것을 시작으로 인수정리를 하면서 문제를 푸는 것이다.

$f(x)=(x-\alpha)Q(x)$로 한다면, 이 식을 만족하는 근이 α이면, $f(\alpha)=0$이 된다.

그렇다면 $f(x)=(x-\alpha)(x-\beta)Q'(x)$가 0을 만족하는 x는 무엇일까? $x=\alpha$ 또는 β가 된다. α 또는 β를 대입하면 이 식은 0을 만족시키는 것이다.

예를 들어서 삼차방정식을 인수분해하였더니, $2(x-2)(x-3)(x+10)=0$이 되었다면, $x=2$ 또는 3 또는 -10이다.

$2(x-2)(x-3)(x+10)=0$의 삼차방정식은 $x=2$ 또는 3 또는 -10의 근을 가지고 있다고 하며, $(x-2)(x-3)(x+10)$을 인수로 가지고 있다. 물론 인수는 1, $(x-2)$, $(x-3)$, $(x+10)$, …등의 여러 개를 가지고 있다.

삼차방정식에서 인수 한 개를 알고 있다면, 그 인수로 인수분해가 될 것을 짐작할 수 있다. 하나의 인수로 인수분해가 되면, 그 다음 이차식은 직접 인수분해를 할 수 있거나 근의 공식을 통하여도 인수분해를 할 수 있다.

$x^3-6x^2+11x-6=0$의 삼차방정식을 보도록 하자. 이 삼차방정식에서 좌변을 0으로 만들 수 있는 x를 생각해보자. 여기에서 상수항은 -6으로, 상수항 -6의 약수를 나열해 보면, ±1, ±2, ±3, ±6이 있다.

$x=1$을 대입하면 삼차방정식 $x^3-6x^2+11x-6=0$이 $(1)^3-6\times(1)^2+11\times1-6=0$으로 만족하게 되어서 $(x-1)$을 인수로 가지게 된다. 이에 따

라 $(x-1)Q(x)$의 형태가 된다. 그러면 이 삼차방정식의 근을 구하기 위해서는 $(x-1)(x-\alpha)(x-\beta)=0$이 되어야 하는데, 이것을 푸는 순서는 다음과 같다.

$(x-1)(\square+\square+\square)=0$

2차항 1차항 상수항

$(x-1)(x^2+\square+\square)=0$

맨 처음 x와 x^2이 곱해져서 x^3이 되게 한다.

㉠

$(x-1)(x^2-5x+\square)=0$

㉡

㉠과 ㉡의 합이 $-6x^2$이 되게끔 만든다. 여기서 ㉠은 $-1\times x^2$이고, ㉡은 $x\times(-5x)$이다.

$(x-1)(x^2-5x+6)=0$

마지막으로 -1과 곱해서 -6이 나오려면 6을 곱해야 한다.

이제 $(x-1)(x^2-5x+6)=0$은 $(x-1)(x-2)(x-3)=0$이므로 $x=1$ 또는 2 또는 3이다.

조립제법으로 푸는 방법

삼차방정식은 조립제법으로 해를 구하기도 한다. 이제 조립제법에 대해 알아보자. 가장 먼저, $x^3-6x^2+11x-6=0$의 계수를 쓴다.

$$\begin{array}{|cccc} 1 & -6 & 11 & -6 \\ & & & \\ \hline \end{array}$$

그리고 $x=1$일 때, $x^3-6x^2+11x-6=0$의 값을 만족하므로, 계수를 나열한 왼편에 1을 놓는다.

$$
\begin{array}{c|cccc}
1 & 1 & -6 & 11 & -6 \\
 & & & & \\
\hline
\end{array}
$$

x^3의 계수인 1을 그냥 맨 밑으로 놓고 맨 왼쪽에 있는 1과 곱하여 x^2의 계수 밑에 놓는다.

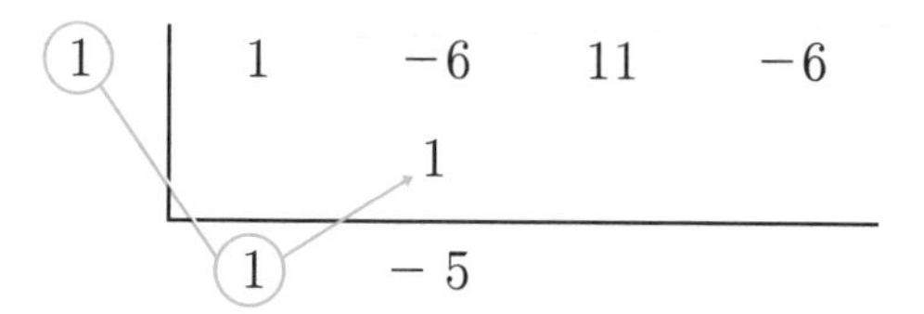

원 안의 수끼리 곱한다.

그리고 −6과 1을 더해서 −5를 아래에 써 넣는다. 다음 단계에서는 1과 −5를 곱하여 x의 계수 아래에 수를 써넣고 위의 수와 더한다.

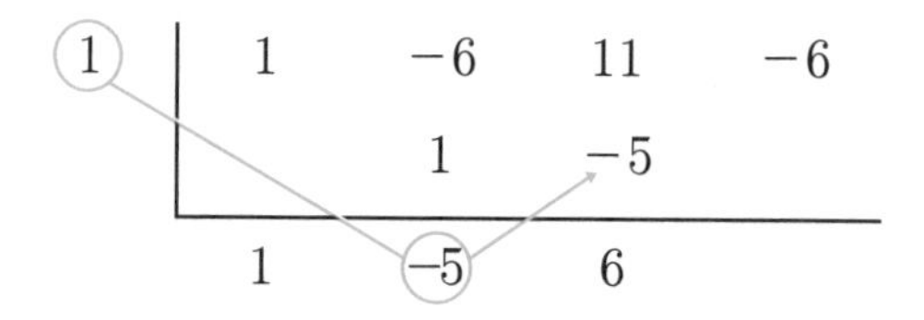

마지막으로 1과 6을 곱하여 6이 되면, 상수항과 6의 합이 0이 되므로 조립제법이 끝난 것이다.

$$
\begin{array}{c|ccc|c}
1 & 1 & -6 & 11 & -6 \\
 & & 1 & -5 & 6 \\
\hline
 & 1 & -5 & 6 & 0 \\
\end{array}
$$

이 조립제법이 끝나면 $(x-1)(x^2-5x+6)=0$이 된다. 그러나 이차식 x^2-5x+6이 인수분해가 되지 않았으므로 완전히 끝난 것은 아니다.

$x^2-5x+6=(x-2)(x-3)$이므로, $(x-1)(x-2)(x-3)=0$이 조립제법과 인수분해가 끝난 것이며, 근은 $x=1$ 또는 2 또는 3이 된다.

조립제법으로 한 문제 더 풀어보고 인수분해를 하도록 하자.

인수분해는 꼭 정수의 범위 내에서 되는 것은 아니다. 그리고 인수분해를 하기 어려울 때는 근의 공식을 이용하여 실근이나 허근을 구할 수 있다. 삼차방정식은 근의 공식이 복잡하므로 보통 처음에 x값에 정수를 대입하였을 때 식 전체가 0이 성립하는 것을 찾아서 이차방정식과 일차식과의 곱으로 만든 후 근을 찾는다.

$x^3-x^2+x-6=0$을 조립제법으로 일차적으로 해결하도록 하자.

상수항 -6의 약수를 생각해보면, ±1, ±2, ±3, ±6 있다. 좀 절차가 복잡하고 까다롭다고 생각되는 이유는 여기 8개의 정수를 대입해서 일일이 0이 나오는지 확인해야 하기 때문이다.

가장 먼저, $x=1$을 대입하였더니 $x^3-x^2+x-6=0$을 $f(x)$로 하였을 때에 $f(1)=1^3-1^2+1-6=-5$이므로 0이 아니다. 때문에 $(x-1)$을 인수로 가지지 않으므로 조립제법에 쓸 수 없다.

$x=-1$을 대입하여도 $f(-1)=-9$이므로 $(x+1)$을 인수로 가지지 않는다.

$x=2$를 대입하였더니 $f(2)=0$이 되어서, $(x-2)$를 인수로 가진다. 조립제법을 사용하면,

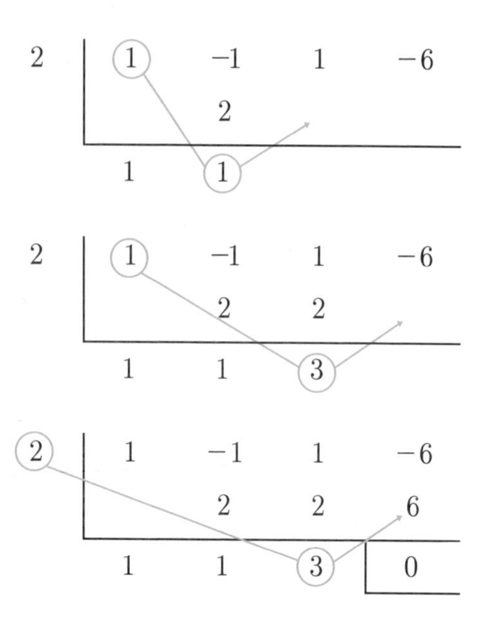

조립제법을 한 후 $(x-2)(x^2+x+3)=0$으로 이차방정식이 완성되었지만 x^2+x+3은 인수분해가 되지 않는다. 그러므로 $x^2+x+3=0$은 근의 공식에 의해 근을 찾는다. 이차방정식에서 근의 공식은 $x=\dfrac{-b\pm\sqrt{b^2-4ac}}{2a}$ 이므로,

$a=1$, $b=1$, $c=3$을 통해 $x=\dfrac{-1\pm\sqrt{1^2-4\times1\times3}}{2\times1}=\dfrac{-1\pm\sqrt{11}\,i}{2}$가 된다.

따라서 $x=2$ 또는 $\dfrac{-1\pm\sqrt{11}\,i}{2}$가 된다. 하나의 실근과 두 개의 허근을 가지므로 이러한 삼차방정식은 조립제법을 하고 나서 근의 공식을 이용한다.

이번에는 사차방정식을 풀어보도록 하자. 사차방정식은 근이 없거나 1개일 수도 있고, 2개일 수도, 3개일 수도 4개일 수도 있다. 사차방정식도 인수를 찾으면 조립제법으로 해결한 후, 근의 공식으로 풀 수가 있다.

$x^4+2x^3-3x^2-4x=0$인 사차방정식이 있다. 여기서 관심이 가는 것은 상수항이 없다는 사실이다. 상수항이 없다면 x를 인수로 'x곱하기 3차식의 형태'

로 할 수 있다.

우선 $x(x^3+2x^2-3x-4)=0$으로 나타낼 수 있다.

삼차방정식 $x^3+2x^2-3x-4=0$을 풀기 위해서는 −4의 약수를 생각해본다.

±1, ±2, ±4 중에서 $f(x)=0$을 만족시키는 x를 생각해본다.

$f(1)=1^3+2\times1^2-3\times1-4=-4$이므로 성립하지 않는다.

$f(-1)=(-1)^3+2\times(-1)^2-3\times(-1)-4=0$을 만족하므로 $(x+1)$을 인수로 가진다. 이젠 조립제법을 이용하면,

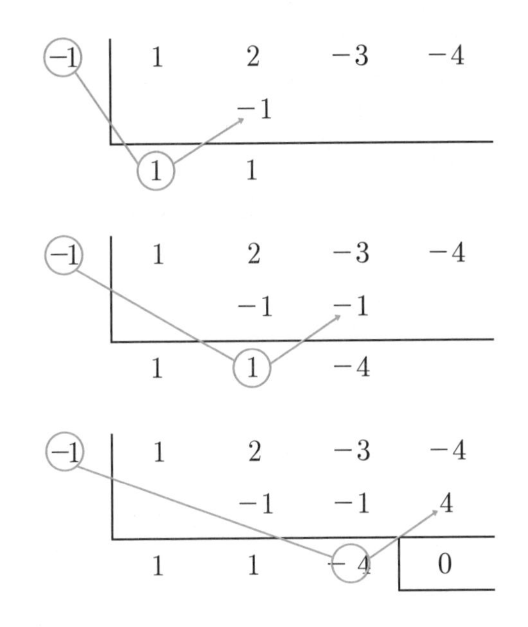

사차방정식 $x^4+2x^3-3x^2-4x=0$은 $x(x+1)(x^2+x-4)=0$으로 인수분해되었지만 아직 $x^2+x-4=0$의 근을 구하지 않았다. 그런데 한 가지 생각해볼 수 있는 것은 x^2+x-4는 인수분해가 되지도 않지만 판별식 $D=b^2-4ac>0$이라는 사실이다. 판별식이 0보다 크다면 두 개의 실근을 가지게 된다. 그

래서 인수분해가 되지 않고, 근의 공식으로 풀어야 한다.

근의 공식에 의해 $x=\frac{-1\pm\sqrt{17}}{2}$, 따라서 $x=-1$ 또는 0 또는 $\frac{-1\pm\sqrt{17}}{2}$ 이다.

실력 Up

문제 $x^3+3x^2-4=0$을 풀어 보시오.

풀이 $f(1)=0$이 성립한다. $(x-1)$을 인수로 가지게 되며, 조립제법으로 풀면,

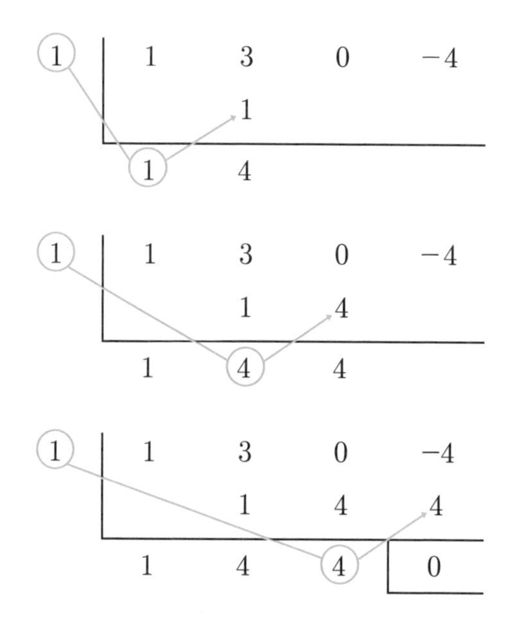

$x^3+3x^2-4=0$에서 $(x-1)(x^2+4x+4)=(x-1)(x+2)^2=0$이므로 $x=-2$ 또는 1

답 $x=-2$ 또는 1

◇◇◇

치환으로 푸는 방법

이제까지 삼·사차 방정식의 근을 구하는 방법으로 인수정리와 조립제법에 대해 알아보았다. 지금까지 설명한 방법으로 삼·사차 방정식을 풀어도 되지만, 치환하여 푸는 방법도 있다.

사차방정식 중에는 복이차방정식Biquadratic equations이 있다. 복이차방정식은 $ax^4+bx^2+c=0$의 형태인 방정식이다. $x^2=t$로 치환 가능한데 치환은 복잡한 식을 단순화하는 데 많이 필요한 풀이방법이다. 그래서 $ax^4+bx^2+c=0$에서 $x^2=t$라 치환하면, $at^2+bt+c=0$이 되며, 이것을 인수분해한 후에 풀면 된다.

$x^4-5x^2-6=0$의 문제를 풀어보자.

여기서 $x^2=t$로 치환하면 $t^2-5t-6=0$이라는 t에 관한 이차방정식이 된다. t에 관한 이차방정식은 $(t-6)(t+1)=0$으로 인수분해가 된다. $t=-1$ 또는 6이 되는데, 아직 끝난 것이 아니다. 구하는 근은 t가 아니고 x이기 때문이다.

그러면 $t=-1$일 때 $x^2=-1$이므로 $x=\pm i$이다. $t=6$일 때 $x^2=6$이므로 $x=\pm\sqrt{6}$이다. 따라서, $x=\pm\sqrt{6}$ 또는 $\pm i$이다.

완전제곱식으로 푸는 방법

$x^4+5x^2+9=0$의 사차방정식은 어떻게 풀까? 치환해서 풀면 대단히 복잡해지므로 $A^2-B^2=0$의 방식으로 푸는데, 이차식을 뒤로 빼고 x^4+9를 우선 이용하여 완전제곱식을 만든다. $x^4+9=(x^2+3)^2-6x^2$이다.

그러나 이것은 A^2-B^2으로 하기에 부적절하다.

이번에는 $x^4+9+5x^2=(x^2+3)^2-x^2$을 유도해낸다. 그렇다면, $x^4+5x^2+9=0$은 $(x^2+3)^2-x^2=(x^2+3+x)(x^2+3-x)=0$이 된다.

식을 정리하면, $(x^2+x+3)(x^2-x+3)=0$이 된다. 근의 공식을 이용하면, $x=\frac{-1\pm\sqrt{11}i}{2}$ 또는 $\frac{1\pm\sqrt{11}i}{2}$이다.

상반방정식을 푸는 방법

상반방정식Symmetric equations은 $ax^4+bx^3+cx^2+bx+a=0$처럼 x^2을 중심으로 좌우대칭인 계수를 가진 방정식을 말한다. 상반방정식은 풀이 방법이 정해져 있다. 우선, 양변을 x^2으로 나눈 후, $x+\frac{1}{x}=t$로 치환하여 t에 관한 이차방정식으로 푸는 것이다.

$x^4+4x^3-3x^2+4x+1=0$을 풀어보도록 하자.

$x^4+4x^3-3x^2+4x+1=0$에서

x^2을 인수로 정한 뒤 정리하면,

$$x^2\left(x^2+4x-3+\frac{4}{x}+\frac{1}{x^2}\right)=0$$

완전제곱식을 만들기 위하여 순서를 바꾸어 나열하면,

$$x^2\left\{\left(x^2+\frac{1}{x^2}\right)+4\left(x+\frac{1}{x}\right)-3\right\}=0$$

$x^2+\frac{1}{x^2}$을 $\left(x+\frac{1}{x}\right)^2-2$의 형태로 고쳐 쓰면,

$$x^2\left\{\left(x+\frac{1}{x}\right)^2-2+4\left(x+\frac{1}{x}\right)-3\right\}=0$$

$$x^2\left\{\left(x+\frac{1}{x}\right)^2+4\left(x+\frac{1}{x}\right)-5\right\}=0$$

$x+\frac{1}{x}=t$로 치환하면,

$$x^2(t^2+4t-5)=0$$

t에 관한 이차식을 인수분해하면,

$$x^2(t+5)(t-1)=0$$

t를 다시 $x+\frac{1}{x}$로 대입하면,

$$x^2\left(x+\frac{1}{x}+5\right)\left(x+\frac{1}{x}-1\right)=0$$

x^2을 $x\times x$로 나누어 각각의 일차식 앞에 놓으면,

$$\underbrace{x\left(x+\frac{1}{x}+5\right)}_{\text{전개}}\underbrace{x\left(x+\frac{1}{x}-1\right)}_{\text{전개}}=0$$

각각 전개하면,

$$(x^2+5x+1)(x^2-x+1)=0$$

근의 공식을 이용하여 x의 값을 구하면,

$$\therefore x=\frac{-5\pm\sqrt{21}}{2} \quad \text{또는} \quad \frac{1\pm\sqrt{3}i}{2}$$

이 문제는 가장 먼저 x^2의 인수로 묶은 다음, 완전제곱의 형태로 만든 다음 t로 치환한 후 문제를 푸는 방법이다. 두 이차식의 곱으로 인수분해가 되기 때문에 나중에는 근의 공식을 이용하여 푸는 것이다.

실력 Up

문제 $2x^4-5x^3+x^2-5x+2=0$을 풀어 보시오.

풀이 $2x^4-5x^3+x^2-5x+2=0$

x^2을 인수로 정한 뒤 정리하면,

$$x^2\left(2x^2-5x+1-\frac{5}{x}+\frac{2}{x^2}\right)=0$$

완전제곱을 하기 위하여 순서를 바꾸어 나열하면,

$$x^2\left(2x^2+\frac{2}{x^2}-5x-\frac{5}{x}+1\right)=0$$

$$x^2\left\{2\left(x^2+\frac{1}{x^2}\right)-5\left(x+\frac{1}{x}\right)+1\right\}=0$$

$$x^2\left\{2\left(x+\frac{1}{x}\right)^2-4-5\left(x+\frac{1}{x}\right)+1\right\}=0$$

$x+\frac{1}{x}=t$로 치환하면,

$$x^2(2t^2-5t-3)=0$$

t에 관한 이차식을 인수 분해하면,

$$x^2(2t+1)(t-3)=0$$

t를 다시 $x+\frac{1}{x}$로 대입하면,

$$x^2\left\{2\left(x+\frac{1}{x}\right)+1\right\}\left(x+\frac{1}{x}-3\right)=0$$

x^2을 $x\times x$로 나누어 각각의 일차식 앞에 놓으면,

$$\underbrace{x\left(2x+\frac{2}{x}+1\right)}_{\text{전개}}\underbrace{x\left(x+\frac{1}{x}-3\right)}_{\text{전개}}=0$$

각각 전개하면,

$$(2x^2+x+2)(x^2-3x+1)=0$$

근의 공식을 이용하여 x의 값을 구하면,

$$\therefore x=\frac{-1\pm\sqrt{15}i}{4} \text{ 또는 } \frac{3\pm\sqrt{5}}{2}$$

답 $x=\frac{-1\pm\sqrt{15}i}{4}$ 또는 $\frac{3\pm\sqrt{5}}{2}$

삼차방정식에서 근과 계수의 관계

이차방정식에서는 $ax^2+bx+c=0$에서 두 근을 α, β라고 할 때, 두 근의 합은 $\alpha+\beta=-\frac{b}{a}$, 두 근의 곱은 $\alpha\beta=\frac{c}{a}$임을 이미 설명했다. 삼차방정식은 $ax^3+bx^2+cx+d=0$에서 세 근을 α, β, γ로 할 때, 세 근의 합과 두 근끼리 곱의 합, 세 근의 곱을 구할 수 있다.

이차방정식의 두 근의 합이 $-\frac{b}{a}$인 것처럼 삼차방정식의 세 근의 합인 $\alpha+\beta+\gamma=-\frac{b}{a}$이다($\gamma$는 감마라고 읽는다). 그리고 이차방정식에는 두 근의 곱을 구했지만, 삼차방정식에서는 두 근끼리 곱의 합은 $\alpha\beta+\beta\gamma+\gamma\alpha=\frac{c}{a}$이다. 또한 세 근의 곱 $\alpha\beta\gamma=-\frac{d}{a}$이다.

사차방정식은 $ax^4+bx^3+cx^2+dx+e=0$이 일반형이며, α, β, γ, δ의 네 개의 근을 가진다고 하면, 네 개의 근의 합은 이·삼차 방정식과 같이 $\alpha+\beta+\gamma+\delta=-\frac{b}{a}$이다($\delta$는 델타라고 읽는다). 그리고 서로 다른 두 근끼리 곱의 합은 $\alpha\beta+\alpha\gamma+\alpha\delta+\beta\gamma+\beta\delta+\gamma\delta=\frac{c}{a}$이다. 서로 다른 세 근끼리 곱의 합은 $\alpha\beta\gamma+\alpha\beta\delta+\alpha\gamma\delta+\beta\gamma\delta=-\frac{d}{a}$이다. 마지막으로 모든 근의 곱 $\alpha\beta\gamma\delta=\frac{e}{a}$이다.

이차방정식이 두 근 α, β를 가지면 $x^2-(\alpha+\beta)x+\alpha\beta=0$의 방정식을 만들 수 있다. 마찬가지로 세 근을 α, β, γ로 한다면 $x^3-(\alpha+\beta+\gamma)x^2+(\alpha\beta+\beta\gamma+\gamma\alpha)x-\alpha\beta\gamma=0$으로 할 수 있다.

사차방정식은 네 개의 근 α, β, γ, δ로 $x^4-(\alpha+\beta+\gamma+\delta)x^3+(\alpha\beta+\alpha\gamma+\alpha\delta+\beta\gamma+\beta\delta+\gamma\delta)x^2-(\alpha\beta\gamma+\alpha\beta\delta+\alpha\gamma\beta+\beta\gamma\delta)x+\alpha\beta\gamma\delta=0$이 된다.

이제 예로 삼차방정식 $x^3-2x^2+3x+1=0$을 통해 살펴보자.

여기서 우리는 세 근을 α, β, γ라고 할 때, $x^3-(\alpha+\beta+\gamma)x^2+(\alpha\beta+\beta\gamma+\gamma\alpha)x-\alpha\beta\gamma=0$으로 삼차방정식을 세울 수 있다.

$$x^3-2x^2+3x+1=0$$

서로 같다

$$x^3-(\alpha+\beta+\gamma)x^2+(\alpha\beta+\beta\gamma+\gamma\alpha)x-\alpha\beta\gamma=0$$

위에서 나타난 바와 같이 서로 같은 식임을 알면,

$\alpha+\beta+\gamma=2$, $\alpha\beta+\beta\gamma+\gamma\alpha=3$, $\alpha\beta\gamma=-1$임을 알 수 있다. 대체적으로 문제에서 세 개의 근에 대해 물어보면, 세 근의 합과 두 근끼리 곱의 합, 세 근의 곱을 물어보는 것이며, 이 세 가지를 기억하면 빠르게 해결할 수가 있다.

그런데 만약 $\frac{1}{\alpha}+\frac{1}{\beta}+\frac{1}{\gamma}$을 물어보는 문제가 있다면, 먼저 통분을 하고 문제를 푼다.

이때는 $\frac{1}{\alpha}+\frac{1}{\beta}+\frac{1}{\gamma}=\frac{\alpha\beta+\beta\gamma+\gamma\alpha}{\alpha\beta\gamma}=\frac{3}{-1}=-3$ 이 된다.

실력 Up

문제 $x^3-x^2+2x-1=0$의 세 근을 α, β, γ라 할 때, $\alpha^2+\beta^2+\gamma^2$을 구하시오.

풀이 $x^3-x^2+2x-1=0$에서 $\alpha+\beta+\gamma=1$, $\alpha\beta+\beta\gamma+\gamma\alpha=2$, $\alpha\beta\gamma=1$임을 알 수 있다.

$$\alpha^2+\beta^2+\gamma^2=(\alpha+\beta+\gamma)^2-2(\alpha\beta+\beta\gamma+\gamma\alpha)$$
$$=1^2-2\times2=-3$$

답 -3

◇◇

켤레근과 허근의 성질

삼차방정식에서 세 개의 근이 나올 때 한 근이 무리수이면 다른 한 근도 무리수인데 이때 서로 켤레근이 된다. 즉 $p+q\sqrt{m}$이 한 근이면 다른 한 근은 $p-q\sqrt{m}$이 된다. 또한 켤레근이 $p+qi$와 $p-qi$가 된다. 이것은 이차방정식에서도 마찬가지로 삼차방정식에도 적용이 되는 것이다. 다음은 이것을 정리한 것이다.

삼차방정식 $ax^3+bx^2+cx+d=0$에서

(1) a, b, c, d가 유리수일 때, 한 근이 $p+q\sqrt{m}$이면 $p-q\sqrt{m}$도 근이다.
(단 p, q는 유리수이며, $q\neq0$, $\sqrt{m}$은 무리수)

(2) a, b, c, d가 실수일 때, 한 근이 $p+qi$이면 $p-qi$도 근이다.
(단 p, q는 실수이며, $q\neq0$, $i=\sqrt{-1}$)

삼차방정식에서 허근의 성질을 알아보면, 사차방정식 $x^3=1$의 한 허근을 ω로 할 때, $\omega^3=1$임을 알 수 있다. 대입만 해본 것이다. ω는 '오메가'로 읽는다. 그리고 ω의 켤레근을 $\overline{\omega}$로 할 때, 대입하면 $\overline{\omega}^3=1$이다.

그리고 $x^3=1$

$x^3-1=0$

$(x-1)(x^2+x+1)=0$에서,

한 허근을 ω로 할 때, $\omega^2+\omega+1=0$이 성립한다. 켤레근을 $\overline{\omega}$로 할 때 $\overline{\omega}^2+\overline{\omega}+1=0$도 성립한다. 여기서 $\omega\neq 1$이 왜 안 되는지 궁금할 수가 있는데, $\omega=1$이 되면 실근이 되기 때문에 여기에서 ω는 항상 허근만을 생각한다.

그리고 $x^2+x+1=0$이 성립하므로, 이 방정식의 두 근을 ω, $\overline{\omega}$로 할 때 두 켤레근이 되므로 $\omega+\overline{\omega}=-1$, $\omega\overline{\omega}=1$이 된다. 이것을 정리하면 아래처럼 쓸 수 있다.

삼차방정식 $x^3=1$의 한 허근을 ω로 하면,

(1) $\omega^3=1$, $\overline{\omega}^3=1$

(2) $\omega^2+\omega+1=0$, $\overline{\omega}^2+\overline{\omega}+1=0$

(3) $\omega+\overline{\omega}=-1$, $\omega\overline{\omega}=1$

(4) $\omega^2=\overline{\omega}=\frac{1}{\omega}$

x의 한 허근을 ω로 하고, $\omega^3=1$일 때 켤레근 $\overline{\omega}$가 있다고 하면, $\overline{\omega}^3=1$이 된다. 그리고 $\omega^5+\omega^4+1$을 구하기 위해서는 $\omega^5=\omega^3\times\omega^2=1\times\omega^2=\omega^2$이고, $\omega^4=\omega^3\times\omega=1\times\omega=\omega$이다. 식을 간단히 하면, $\omega^5+\omega^4+1=\omega^2+\omega+1$이다. $\omega^3=1$에서 $\omega^2+\omega+1=0$이므로 계산하면 0이 된다.

거꾸로 $\omega^2+\omega+1=0$임을 이용하여, $\omega^3=1$이면 ω^9은 $(\omega^3)^3=1^3=1$임을 알 수 있다.

실력 Up

문제 삼차방정식 $x^3=1$의 한 허근을 ω라 할 때, $\frac{1}{\omega^4}+\frac{1}{\omega^5}$을 구하시오.

풀이 먼저 $\omega^3=1$인 것을 알면, $\omega^4=\omega^3\times\omega=1\times\omega=\omega$,

$\omega^5=\omega^3\times\omega^2=1\times\omega^2=\omega^2$이다.

이에 따라 식은 $\frac{1}{\omega^4}+\frac{1}{\omega^5}=\frac{1}{\omega}+\frac{1}{\omega^2}$이 된다.

ω의 차수가 낮아진 것이다. 구하고자 하는 값을 통분하면 $\frac{1}{\omega}+\frac{1}{\omega^2}$

$=\frac{\omega+1}{\omega^2}$이다.

이번에는 $x^3=1$을 ω를 대입하여 식을 변형하면

$(\omega-1)(\omega^2+\omega+1)=0$에서 $\omega^2+\omega+1=0$임을 알 수 있다.

$\omega+1=-\omega^2$이므로 $\frac{\omega+1}{\omega^2}=\frac{-\omega^2}{\omega^2}=-1$이 된다.

답 -1

세트로 묶인 방정식! 연립방정식

연립일차방정식의 소거법

연립방정식 중에는 미지수가 x, y, z 3개인 연립일차방정식이 있다. $x+4y+z=0$은 x, y, z에 관한 일차방정식이다. 여기서 x, y, z를 실수의 범위에서 구하라고 한다면, x, y, z가 무수히 많아서 구할 수 없음을 알게 된다. 그래서 $2x+3y-z=6$의 일차방정식을 나란히 연립방정식으로 하면 구할 수 있는지 해보니 다음과 같다.

$$\begin{cases} x+4y+z=0 \\ 2x+3y-z=6 \end{cases}$$

위의 연립일차방정식이 나와서 위의 방정식과 아래의 방정식을 더했더니, $3x+7y=6$이라는 방정식이 나오게 되었다. 역시, 미지수가 3개이고 식이 2개이므로 구할 수 없다.

일반적으로 x, y, z에 관한 연립일차방정식(또는 삼원일차연립방정식)은 3개의 일차방정식을 설정해야만 x, y, z의 소거에 의해 풀 수가 있다. 따라서 하나의 일차방정식 $4x+2y+3z=2$를 하나 더 놓는다. 연립일차방정식을 세우면 아래와 같다.

$$\begin{cases} x+4y+z=0 \\ 2x+3y-z=6 \\ 4x+2y+3z=2 \end{cases}$$

위의 연립일차방정식을 풀어보는 첫 번째 방법은 x, y, z 중에서 어느 한 미지수를 없앤 후 두 개의 미지수로 된 연립일차방정식으로 바꾸는 것이다. 미지수 중 어떤 것을 먼저 소거할지 결정하는 방법은 세 가지로, x를 소거한 후 y, z의 연립일차방정식으로 풀어보자. 각각의 일차방정식에 번호를 메기고 난 후, x를 없애기 위하여 ①의 식에 2를 곱한다. 그리고 난 후 ②의 식을 뺀다.

$$\begin{cases} x+4y+z=0 & \cdots ① \\ 2x+3y-z=6 & \cdots ② \\ 4x+2y+3z=2 & \cdots ③ \end{cases}$$

$$\begin{cases} x+4y+z=0 & \cdots ① \\ 2x+3y-z=6 & \cdots ② \end{cases}$$

①의 식×2−②의 식을 하면,

$$\begin{array}{rl} 2x+8y+2z=0 & \cdots ①' \\ -)\ \ 2x+3y-z=6 & \cdots ② \\ \hline 5y+3z=-6 & \cdots ④ \end{array}$$

$5y+3z=-6$을 ④의 식이라 하면, 이번에는 ②의 식×2−③의 식을 해보자.

$$\begin{array}{rl} 4x+6y-2z=12 & \cdots ②' \\ -\underline{)\,4x+2y+3z=2} & \cdots ③ \\ 4y-5z=10 & \cdots ⑤ \end{array}$$

$4y-5z=10$을 ⑤의 식이라 하면, ④와 ⑤의 식이 y, z의 연립일차방정식이기 때문에 이 연립일차방정식을 풀면 된다.

두 연립일차방정식의 y의 계수가 각각 5,4이므로 최소공배수인 20을 만들기 위하여 ④의 식에는 4를 곱하고, ⑤의 식에는 5를 곱한다.

$$\begin{cases} 5y+3z=-6 & \cdots ④ \\ 4y-5z=10 & \cdots ⑤ \end{cases}$$

④의 식×4-⑤의 식×5를 하면,

$$\begin{cases} 20y+12z=-24 & \cdots ④' \\ 20y-25z=50 & \cdots ⑤' \end{cases}$$

④′의 식-⑤′ 의 식을 하면,

$$\begin{array}{rl} 20y+12z=-24 & \cdots ④' \\ -\underline{)\,20y-25z=50} & \cdots ⑤' \\ 37z=-74 & \\ \therefore z=-2 & \end{array}$$

④의 식에 $z=-2$를 대입하면, $y=0$이 된다. ①의 식이나 ②의 식에서 $x=2$가 됨을 알 수 있다. 따라서 $x=2$, $y=0$, $z=-2$이다.

이번에는 두 번째 방법으로 y를 소거하는 방법으로 풀어보자. 앞서 했던 x를 소거하는 방법과 마찬가지로 각각의 일차방정식에 나란히 번호를 메기면 아래와 같다.

$$\begin{cases} x+4y+z=0 & \cdots ① \\ 2x+3y-z=6 & \cdots ② \\ 4x+2y+3z=2 & \cdots ③ \end{cases}$$

①, ②, ③의 식에서 일차방정식을 보면, y의 계수가 4, 3, 2이다. ①의 식 y 계수 4는 ③의 식 y계수의 2배이므로 ①의 식－③의 식×2를 계산하면, y가 소거되어 x와 z에 대한 식이 된다. ③의 식에 2를 곱하면 ③′가 된다.

$$\begin{array}{rl} x+4y+z=0 & \cdots ① \\ -\underline{)\ 8x+4y+6z=4} & \cdots ③' \\ -7x-5z=-4 & \cdots ④ \end{array}$$

①의 식과 ②의 식에는 y의 계수가 각각 4, 3이므로 최소공배수인 12를 만들기 위하여 3과 4를 각각 곱한다. ①의 식×3－②의 식×4로 만든다. ①의 식×3은 ①′의 식으로, ②의 식×4는 ②′의 식으로 놓는다.

$$\begin{array}{rl} 3x+12y+3z=0 & \cdots ①' \\ -\underline{)\ 8x+12y-4z=24} & \cdots ②' \\ -5x+7z=-24 & \cdots ⑤ \end{array}$$

④의 식과 ⑤의 식을 연립일차방정식으로 놓으면,

$$\begin{cases} -7x-5z=-4 & \cdots ④ \\ -5x+7z=-24 & \cdots ⑤ \end{cases}$$

④의 식과 ⑤의 식을 보면 x의 계수가 -7과 -5이므로 최소공배수인 35를 만들기 위해서는 ④의 식×5－⑤의 식×7을 계산한다.

$$\begin{array}{r} -35x-25z=-20 \\ -\underline{)\,-35x+49z=-168} \\ -74z=148 \\ \therefore z=-2 \end{array}$$

$z=-2$이므로, ④의 식에 $z=-2$를 대입하면 $x=2$, ①의 식에 x, z를 대입하면 $y=0$이다.

마지막 세 번째 방법은 z를 소거하는 방법으로 연립일차방정식을 풀어보는 것이다.

$$\begin{cases} x+4y+z=0 & \cdots① \\ 2x+3y-z=6 & \cdots② \\ 4x+2y+3z=2 & \cdots③ \end{cases}$$

①의 식과 ②의 식의 합은 z를 바로 소거시키므로 x, y에 관한 연립일차방정식이 된다.

$$\begin{array}{rl} x+4y+z=0 & \cdots① \\ +\underline{)\,2x+3y-z=6} & \cdots② \\ 3x+7y=6 & \cdots④ \end{array}$$

②의 식×3+③의 식을 하면,

$$\begin{array}{rl} 6x+9y-3z=18 & \cdots②' \\ +\underline{)\,4x+2y+3z=2} & \cdots③ \\ 10x+11y=20 & \cdots⑤ \end{array}$$

이제는 ④의 식과 ⑤의 식을 풀면 된다.

④의 식×10−⑤의 식×3을 하면,

$$\begin{array}{rl} 30x+70y=60 & \cdots ④' \\ -\underline{)\ 30x+33y=60} & \cdots ⑤' \\ 37y=0 & \\ \therefore y=0 & \end{array}$$

⑤의 식에서 $y=0$을 대입하면 $x=2$가 된다. 그리고 z의 값은 ①의 식에 x, y를 대입하면 $z=-2$이다.

실력 Up

문제 다음 연립일차방정식을 풀어 보시오.

$$\begin{cases} x+y-z=6 \\ x-3y+5z=2 \\ 2x+y-4z=-3 \end{cases}$$

풀이

$$\begin{cases} x+y-z=6 & \cdots ① \\ x-3y+5z=2 & \cdots ② \\ 2x+y-4z=-3 & \cdots ③ \end{cases}$$

①의 식−②의 식을 하면, y, z에 관한 식이 나온다.

$$\begin{array}{rl} x+y-z=6 & \cdots ① \\ -\underline{)\ x-3y+5z=2} & \cdots ② \\ 4y-6z=4 & \cdots ④ \end{array}$$

①의 식×2−③의 식을 하면, y, z에 관한 식이 나온다.

$$\begin{array}{rl} 2x+2y-2z=12 & \cdots①' \\ -\underline{)\ 2x+y-4z=-3} & \cdots③ \\ y+2z=15 & \cdots⑤ \end{array}$$

④의 식-⑤의 식×4를 하면,

$$\begin{array}{rl} 4y-6z=4 & \cdots④ \\ -\underline{)\ 4y+8z=60} & \cdots⑤' \\ -14z=-56 & \end{array}$$

$\therefore z=4$

⑤의 식에서 $y=7$, ①의 식에서 $x=3$이다.

답 $x=3,\ y=7,\ z=4$

일차방정식과 이차방정식으로 이루어진 연립이차방정식

연립이차방정식 중에는 일차방정식과 이차방정식으로 이루어진 연립이차방정식이 있다. 이 방정식의 풀이방법은 일차방정식을 어느 한 문자에 대해 정리한 후 이차방정식에 대입하는 것이다. 다음 연립이차방정식을 풀어보자.

$$\begin{cases} x+y=8 & \cdots① \\ x^2+y^2=40 & \cdots② \end{cases}$$

①의 식인 일차방정식과 ②의 식인 이차방정식이 있으면 먼저 ①의 식인 $x+y=8$을 y에 관해 정리하면 $y=8-x$이다. 이 식을 ②의 식 y에 대입하면 x에 관한 식이 되어 문제를 풀 수 있다. 문제를 푸는 방법은 다음과 같다.

$y=8-x \quad x^2+y^2=40$ (대입) $\Rightarrow$ $x^2+(8-x)^2=40$

$2x^2-16x+24=0$

$2(x-2)(x-6)=0$

$\therefore x=2$ 또는 6

$\begin{cases} x=2 \\ y=6 \end{cases}$ 또는 $\begin{cases} x=6 \\ y=2 \end{cases}$

실력 Up

문제 다음 연립이차방정식을 풀어 보시오.

$$\begin{cases} x+y=4 \\ x^2+xy+y^2=13 \end{cases}$$

풀이 $\begin{cases} x+y=4 & \cdots① \\ x^2+xy+y^2=13 & \cdots② \end{cases}$

①의 식을 $y=4-x$로 하고, ②의 식에 있는 y에 대입하면,

$x^2+x(4-x)+(4-x)^2=13$

$x^2+4x-x^2+16-8x+x^2=13$

$x^2-4x+3=0$

$\therefore x=1$ 또는 3

$\begin{cases} x=1 \\ y=3 \end{cases}$ 또는 $\begin{cases} x=3 \\ y=1 \end{cases}$

답 $\begin{cases} x=1 \\ y=3 \end{cases}$ 또는 $\begin{cases} x=3 \\ y=1 \end{cases}$

두 개의 이차방정식으로 이루어진 연립이차방정식

두 개의 이차방정식으로 이루어진 연립이차방정식은 인수분해, 상수항 소거, 이차항 소거 등으로 일차방정식을 만든 후 이차방정식과 연립하여 푼다. 예제를 통해 인수분해를 한 후 대입하여 풀어보자.

$\begin{cases} x^2-xy-2y^2=0 \\ 2x^2+y^2=9 \end{cases}$ 를 풀어보도록 하면,

$\begin{cases} x^2-xy-2y^2=0 & \cdots① \\ 2x^2+y^2=9 & \cdots② \end{cases}$ 에서

①의 식에서 이차방정식을 인수분해한다.

인수분해하면 $(x-2y)(x+y)=0$이다. 여기서 $x=2y$ 또는 $x=-y$이다.

②의 식에 $x=2y$를 대입하면, $2x^2+y^2=9$

$$2\times(2y)^2+y^2=9$$

$$9y^2=9$$

$$y=\pm1$$

$x=2y$에 의해서 $x=\pm2$

이번에는 ②의 식에 $x=-y$를 대입하면,

$$2x^2+y^2=9$$

$$2\times(-y)^2+y^2=9$$
$$3y^2=9$$
$$y=\pm\sqrt{3}$$

$x=-y$에 의해서 $x=\mp\sqrt{3}$

이 문제를 풀면,

$\begin{cases} x=-\sqrt{3} \\ y=\sqrt{3} \end{cases}$ 또는 $\begin{cases} x=\sqrt{3} \\ y=-\sqrt{3} \end{cases}$ 또는 $\begin{cases} x=2 \\ y=1 \end{cases}$ 또는 $\begin{cases} x=-2 \\ y=-1 \end{cases}$ 이다.

이번에는 상수항을 소거한 후 인수분해하여 대입하는 문제를 풀어보자.

$\begin{cases} 2x^2+xy-20y^2=16 \\ x^2+xy-8y^2=12 \end{cases}$ 를 풀어보면,

$\begin{cases} 2x^2+xy-20y^2=16 & \cdots ① \\ x^2+xy-8y^2=12 & \cdots ② \end{cases}$ 에서,

①의 식과 ②의 식의 상수항을 최소공배수인 48로 만들기 위해, ①의 식 ×3－②의 식×4를 계산한다.

$$\begin{array}{rl} 6x^2+3xy-60y^2=48 & \cdots ①' \\ -\underline{)\ 4x^2+4xy-32y^2=48} & \cdots ②' \\ 2x^2-xy-28y^2=0 & \end{array}$$

$2x^2-xy-28y^2=0$을 인수분해하면, $(2x+7y)(x-4y)=0$

$x=4y$ 또는 $x=-\dfrac{7}{2}y$

$x=4y$일 때 ①의 식에 대입하면,

$$2x^2+xy-20y^2=16$$

$$2\times(4y)^2+(4y)\times y-20y^2=16$$

$$16y^2=16$$

$$y=\pm1$$

$y=\pm1$일 때 $x=\pm4$

이번에는 $x=-\frac{7}{2}y$를 대입하면,

$$2x^2+xy-20y^2=16$$

$$2\times\left(-\frac{7}{2}y\right)^2+\left(-\frac{7}{2}y\right)\times y-20y^2=16$$

$$y^2=16$$

$$y=\pm4$$

$y=\pm4$일 때, $x=\mp14$

이 연립이차방정식의 해는,

$\begin{cases} x=-4 \\ y=-1 \end{cases}$ 또는 $\begin{cases} x=4 \\ y=1 \end{cases}$ 또는 $\begin{cases} x=14 \\ y=-4 \end{cases}$ 또는 $\begin{cases} x=-14 \\ y=4 \end{cases}$ 이다.

별명은 디오판토스의 방정식! 부정방정식

방정식 $x+y=2$의 해를 순서쌍 (x, y)를 나열하려면 해가 무한개여서 다 쓸 수 없다. 그래프로 그려보면 다음과 같다.

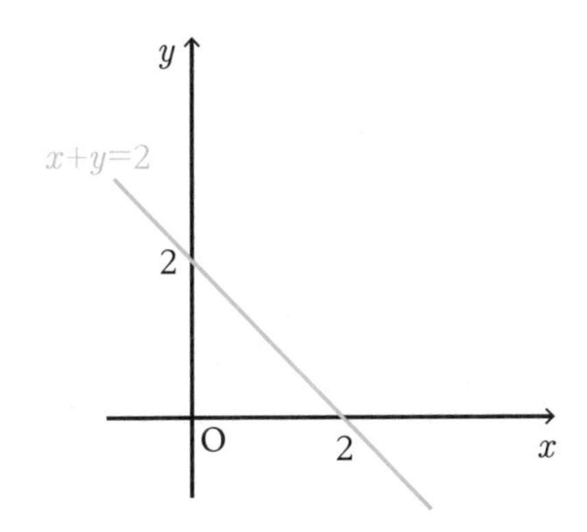

$x+y=2$의 그래프는 무한한 점의 집합임을 알 수 있다. 그러나 x, y를 자연수로 구하면 $x=1, y=1$일 때 $x+y=2$의 그래프가 성립됨을 알 수 있다.

$x+y=2$와 같이 근의 개수가 무한한 방정식을 부정방정식不定方程式이라 한다. 그리고 부정방정식은 식 하나로 풀기는 어려워서 제한조건이 붙는 경우가 많다. 고학력으로 올라갈수록 부정방정식은 더 큰 비중을 차지한다. $x+y=2$에서 x, y가 자연수인 것을 찾으면 순서쌍 $(1, 1)$이 근이다. 제한조건이 붙음으로써, 근이 유한개有限個가 된다.

정수 조건의 부정방정식은 (일차식)×(일차식)=(정수)의 형태로 풀 수 있는데, $xy-x-y-1=0$을 보면 $(x-1)(y-1)=2$의 형태인 (일차식)×(일차식)=(정수)의 형태가 된다. 단 조건은 x, y는 정수이다.

$(x-1)(y-1)=2$를 만족하려면,

$$1 \times 2 \rightarrow x=2, \quad y=3$$

$$-1 \times -2 \rightarrow x=0, \quad y=-1$$

$$2 \times 1 \rightarrow x=3, \quad y=2$$

$$-2 \times -1 \rightarrow x=-1, \quad y=0$$

만족하는 해를 순서쌍으로 나타내면, $(2, 3)$, $(0, -1)$, $(3, 2)$, $(-1, 0)$이다. 제한조건이 자연수이면 $(2, 3)$, $(3, 2)$가 된다.

이번에는 실수 조건의 부정방정식에 대해 알아보자. 실수 조건의 부정방정식 풀이방법은 A, B가 실수이고, $A^2+B^2=0$의 형태이면, $A=0$, $B=0$임을 이용하는 것이다.

$x^2+y^2-2x+4y+5=0$을 풀어보도록 하자.

$$x^2+y^2-2x+4y+5=0$$
$$(x^2-2x+1)+(y^2+4y+4)=0$$
$$(x-1)^2+(y+2)^2=0$$

여기서 $(x-1)^2$과 $(y+2)^2$이 0이 되어야 등식이 성립한다.

따라서 $x=1,\ y=-2$

또한 실수 조건의 부정방정식에서는 판별식 D를 이용하여 푸는 방법이 있다. 이차방정식이 주어지면 내림차순을 한 후 판별식 $D\geq 0$임을 이용하여 푸는 것이다.

$(x^2+16)(y^2+1)-16xy=0$을 만족하는 실수 x, y에 대해 $|x|+|y|$의 값을 풀어본다면, 가장 먼저 전개를 한다.

$$(x^2+16)(y^2+1)-16xy=0$$
식을 전개한다.
$$x^2y^2+x^2+16y^2+16-16xy=0$$
x에 관하여 내림차순을 한다.
$$(y^2+1)x^2-16yx+16y^2+16=0$$

다음의 그림에서 가와 나 조건에 해당하므로, $\frac{D}{4}\geq 0$임을 이용한다.

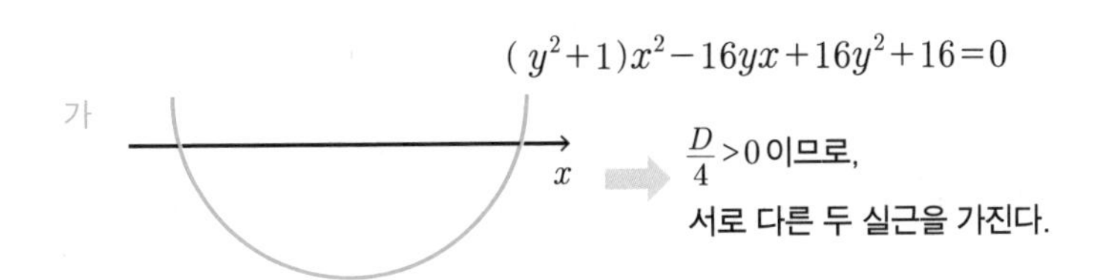

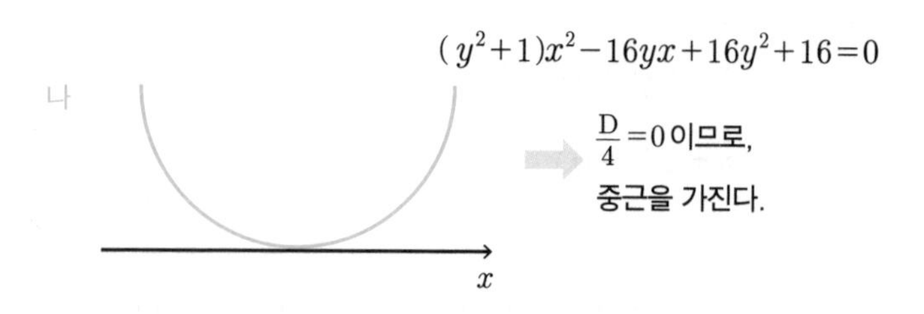

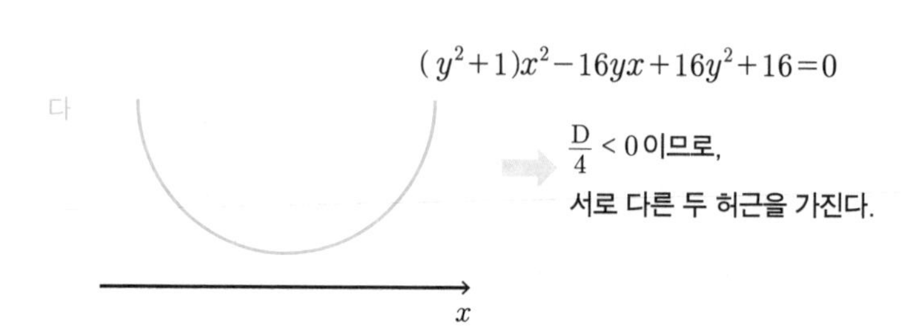

$\frac{D}{4}=(-8y)^2-(y^2+1)(16y^2+16)\geq 0$

$64y^2-16y^4-16y^2-16y^2-16\geq 0$

$-16(y^4-2y^2+1)\geq 0$

$-16(y^2-1)^2\geq 0$

$-16\{(y+1)(y-1)\}^2\geq 0$ 양변에 -1을 곱하면, 부등호의 위치가 바뀌게 되므로,

$16\{(y+1)(y-1)\}^2\leq 0$

양변을 16으로 나누면,

$\{(y+1)(y-1)\}^2\leq 0$

제곱식은 음이 될 수 없으므로,

$y=\pm 1$이다.

$y=-1$일 때, $(x^2+16)(y^2+1)-16xy=0$에 대입하면, $x=-4$이다.

$y=1$일 때 $(x^2+16)(y^2+1)-16xy=0$에 대입하면 $x=4$이다.

따라서 $|x|+|y|=5$

PART 2

도형

세상을 구성하고 있는 기본 도형

내 눈 앞에 있던 물체가 사라졌다 나타난다?

기억나는 영화 속 장면이 있다.

아이들이 장난으로 물건을 떨어뜨렸는데 바닥으로 떨어지기 전에 물건이 사라진다. 놀란 아이들이 주변을 두리번거릴 때 공중 어딘가에서 물건이 나타난다. 그리고 다시 사라진다. 그 뒤로도 물건은 계속해서 사라지고 나타나고를 반복한다. 다른 세상, 즉 다른 차원과 만나는 지점에 도달할 때마다 다른 차원으로 갔다가 다시 이 세상으로 오는 것을 반복한 것이다.

차원이 다르다는 건 무엇일까?

점을 하나 찍어보자. 이 점은 크기도 부피도 없이 그저 위치만 나타낸다. 이것을 0차원이라고 한다.

이 점이 일직선으로 움직이면 선이 된다. 길이만 가지는 이 선이 1차원이다. 그리고 1차원에서는 선을 따라 앞뒤로만 움직일 수 있다.

1차원의 선이 수직으로 무한하게 넓어지면 면이 된다. 넓이를 가지는 이 면이 2차원이다. 비행기 게임이나 모양 맞추기 게임을 떠올리면 이해가 쉽다. 앞뒤, 좌우로만 움직일 수 있는 세상이 바로 2차원이다.

2차원의 평면이 수직으로 무한하게 넓어지면 입체가 된다. 부피를 갖게 되는 이 입체를 우리는 3차원이라고 한다. 이제부턴 앞뒤, 좌우 그리고 위아래로도 움직일 수 있다. 이는 '아바타' 영화를 떠올리면 쉽게 이해될 것이다. 우리가 보고 있는 영화 중 평면으로 느껴지는 화면이 이차원 화면(2D), 입체적으로 느껴지는 화면이 3차원 화면(3D)이다.

도형

바로 이 점, 선, 면을 가지고 만들어지는 모양을 우리는 도형이라고 한다. 그래서 점, 선, 면은 도형의 기본요소가 된다.

어떠한 사물이나 도형에 사용하는 용어의 뜻을 명확하게 정한 것을 정의라 하며 수학에서 정의는 수학자들끼리의 약속을 의미한다.

예를 들면 '이등변삼각형'의 뜻은 '두 변의 길이가 같은 삼각형'으로, 이것이 이등변삼각형의 정의가 된다. 또 점, 선, 면이 모여서 이차원 공간을 차지하는 도형을 만들면 그 도형을 평면도형으로 부르고 삼차원 공간을 차지하는 도형을 만들면 입체도형으로 부른다.

평면도형에는 여러 가지 종류가 있는데 변의 개수에 따라 삼각형, 사각형, 오각형 등으로 나뉘는 다각형과 곡선으로 이루어진 원, 부채꼴 등이 있다.

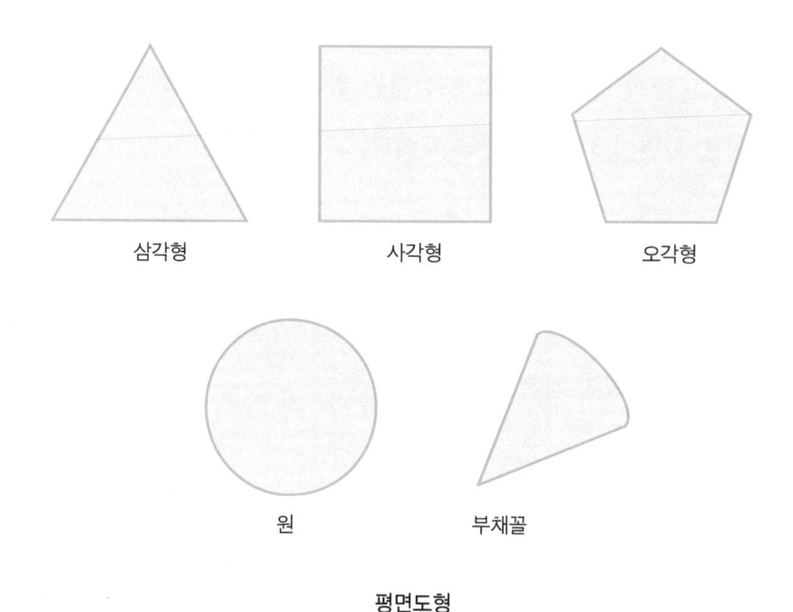

평면도형

입체도형에는 면의 개수에 따라 사면체, 육면체 등 다면체와 평면도형이 축을 따라 회전한 회전체인 원기둥, 원뿔, 구 등이 있다. 물론 우리가 살고 있는 건물이나 자동차, 생활용품 등은 모두 입체도형을 응용하여 만든 것이다.

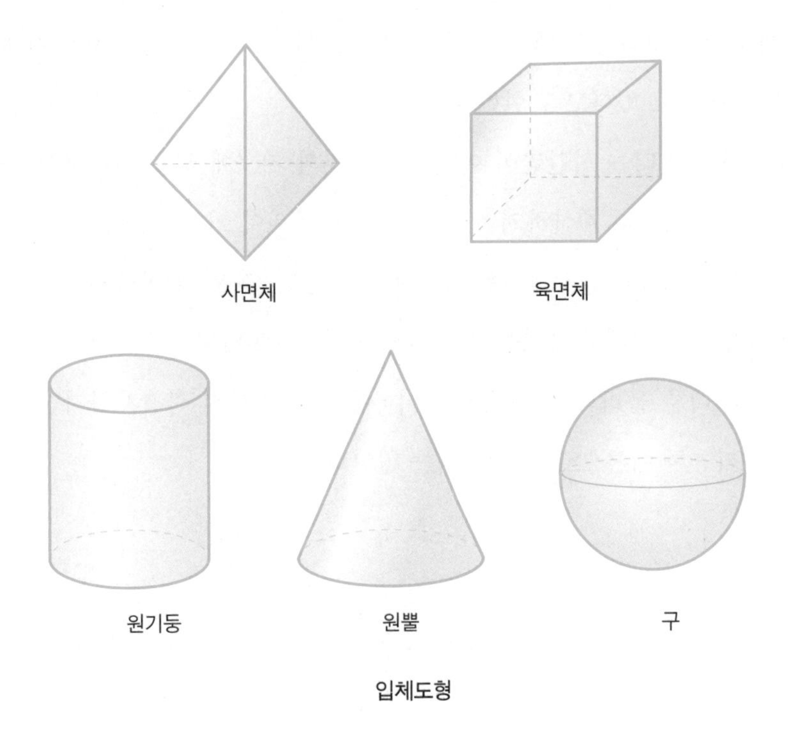

입체도형

4차원부터는 수학과 물리, 천문학 등 분야에 따라 차원에 대한 개념이 다른데 수학은 '공간'만을 다루며, 물리나 천문학 쪽에서는 '시간'까지 차원으로 넣는다.

수학에서 4차원의 예로는 초입방체(하이퍼큐브)를 들 수 있는데 3차원의 입체를 수직으로 쭈욱 넓힌 것으로, 쉽게 상상하기는 어렵지만 앞의 차원에서 수직으로 공간을 확장시키는 개념으로 새로운 차원이 만들어진다는 것을 기억하면 된다.

여러분은 '저 사람은 4차원이야'란 말을 들어본 적이 있을 것이다. 여기서 4차원 역시 수학의 4차원을 말하는 것일까?

물리나 천문학 쪽 4차원은 3차원의 공간에 1차원인 시간을 합친 4차원 시공간을 가르킨다. 우리가 사는 세상 역시 3차원 공간에 1차원 시간을 합친

4차원 시공간을 가리킨다. 하지만 일반적으로 말할 때는 공간만 이야기해서 3차원 세상에 살고 있다고 표현한다.

그런데 4차원부터는 시간만이 아니라 에너지와 지구에 작용하는 여러 가지 힘까지 모두 차원으로 계산하기 때문에 다양한 차원이 가능해진다. 예를 들어 시간을 차원에 넣었을 경우 4차원 세상에서는 앞뒤, 좌우, 위아래로의 이동뿐 아니라 과거 현재 미래를 오가는 시간여행이 가능해진다.

이 외에도 이론 물리학자들의 초끈 이론은 11차원까지 확장시켰지만 수학적 계산만 가능한 이론으로, 증명되지는 않았다.

각

도형의 또 다른 기본요소에는 각이 있다. 각이란 한 점에서 시작하는 두 개의 반직선이 이루는 도형을 말한다. 그림으로 나타내면 다음과 같다.

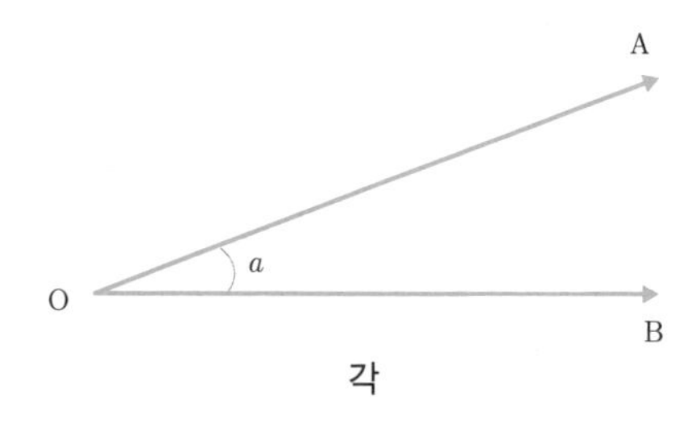

각

보통 ∠AOB라고 읽으며, ∠BOA, ∠O, ∠a로도 표현할 수 있다.

각은 크기에 따라 예각, 직각, 둔각, 평각으로 분류한다. 그렇다면 각은 어디에서부터 출발했을까?

반직선이 시작점에서 한 바퀴 돌아 제자리로 돌아오면 360°라 하는데 이것은 고대 바빌로니아 사람들이 정한 값이다. 태양을 신으로 받들 만큼 태양에 관심이 많았던 고대인들은 매일 태양의 움직임을 주의깊게 관찰해 조금씩 자리를 이동한다는 것을 알아냈다. 또한 조금씩 움직인 태양이 처음 자리로 돌아오는 데 360일이 걸리는 것을 보고 원의 각을 360°로 정했다. 즉 원의 각 360°에서 모든 각이 출발한 것이다.

이제 다양한 종류의 각에 대해 살펴보자.

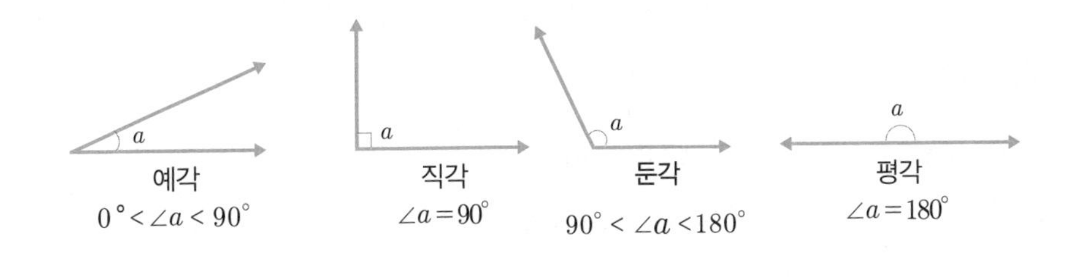

각의 종류

두 직선이 만날 때 생기는 각은 교각, 두 직선이 한 점에서 만날 때 생기는 여러 각 중에서 서로 마주 보는 각은 맞꼭지각이라고 한다. 따라서 아래 그림에서 $\angle a$와 $\angle b$가 맞꼭지각이 된다.

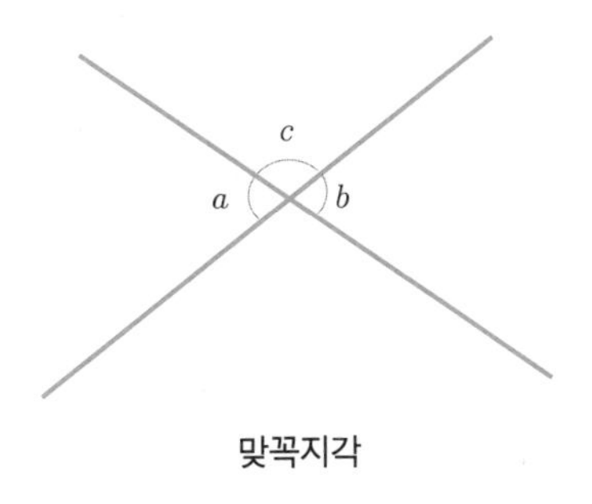

맞꼭지각

이 맞꼭지각은 서로 크기가 같다고 알려져 있다. 그렇다면 정말 크기가 같을까? 맞꼭지각의 성질만 외우고 왜 그런지 생각해본 적이 없다면 이번 기회에 증명해보자.

우리는 평각의 크기가 180°라는 사실을 알고 있다.

따라서 $\angle a$와 $\angle c$를 더하면 평각이므로 180°이다. 계속해서 $\angle b$와 $\angle c$를 더하면? 물론 평각이므로 180°이다. 이에 따라 $\angle a$와 $\angle b$의 크기가 같다는 것을 알 수 있다. 이처럼 맞꼭지각의 서로 같은 크기에 대한 증명은 의외로 간단하고 쉽다. 각이 나오면 먼저 직각은 90°이고 평각은 180°라는 걸 떠올리기만 해도 답의 절반은 찾아낸 것이다!!

&을 통해 이제 여러분이 알고 있는 도형의 기본 성질을 활용해보자.

실력 Up

문제 1 다음 그림에서 $\angle$BOD의 크기를 구하시오.

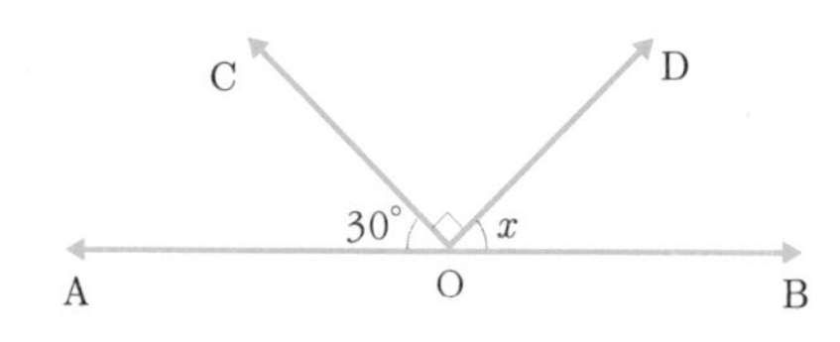

풀이 $\angle$AOB의 크기는 평각으로 180°이다. 그리고 $\angle$COD가 직각(90°)이므로 $\angle$AOC와 $\angle$BOD의 크기를 더한 값이 90°이어야 한다.

그런데 $\angle$AOC가 30°이므로 $\angle$BOD는 60°이다.

답 $\angle \mathrm{BOD}=60^\circ$

문제 2 다음 그림에서 a의 값을 구하시오.

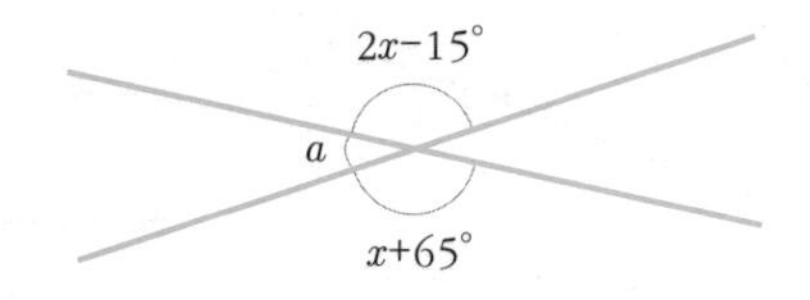

풀이 $a+x+65°$는 평각이므로 $180°$이다.

a의 값을 구하려면 x의 값을 먼저 알아야 한다.

그리고 맞꼭지각의 크기는 서로 같다.

따라서 $2x-15°=x+65°$이므로 $x=80°$이다.

x값을 식에 대입하면 $a+80°+65°=180°$이므로 $a=35°$이다.

답 $a=35°$

직선, 평면, 공간의 위치 관계

그렇다면 평면에서 두 직선의 위치 관계는 어떻게 될까? 한 점에서 만나는 경우가 있고 완전히 일치하는 경우도 있다. 또한 영원히 만나지 않는 평행의 관계도 있다.

그림으로 살펴보면 다음과 같다.

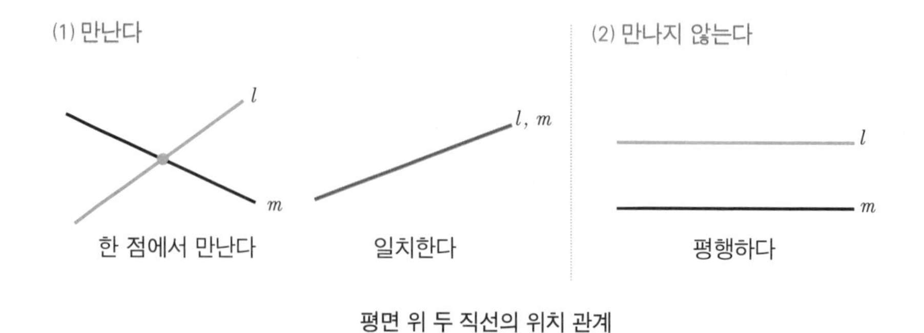

평면 위 두 직선의 위치 관계

(1)에서 두 직선의 교각이 직각일 때 두 직선을 직교 또는 수직관계라 하고 기호로 나타내면 ⊥이 된다. 이때 한 직선을 다른 직선의 수선이라고 하고 만약 이 수선이 선분의 중점을 지나면 그 직선을 수직이등분선이라고 한다.

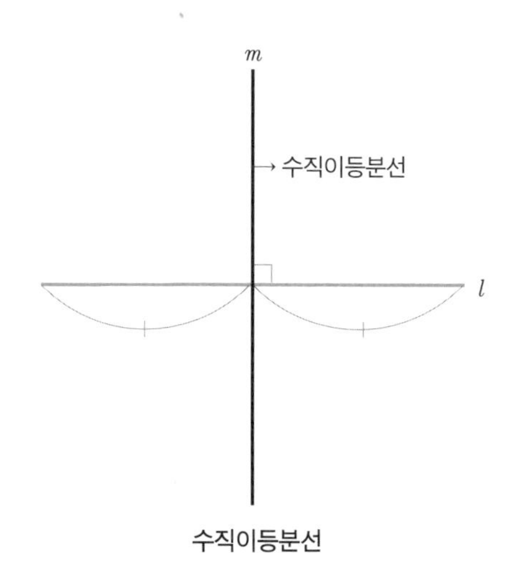

수직이등분선

따라서 문제에서 수직이등분선이라는 말이 나오면 직각과 수선으로 나누어진 선분의 두 길이가 같다는 것을 떠올리면 된다.

(2)처럼 평면에서 두 직선이 영원히 만나지 않는 경우는 평행이고 //로 표시한다. 평면을 강조하는 이유는, 공간에서 두 직선이 만나지 않는 경우가 평행 관계도 있지만 꼬인 위치도 있기 때문이다. 혹시 한번이라도 '엄마와 나는 영원한 평행선이야. 엄마는 날 이해 못 해'라는 생각을 해봤다면 이는 평행이 아니라 꼬인 위치일 수 있다.

그림으로 표현하면 다음과 같다.

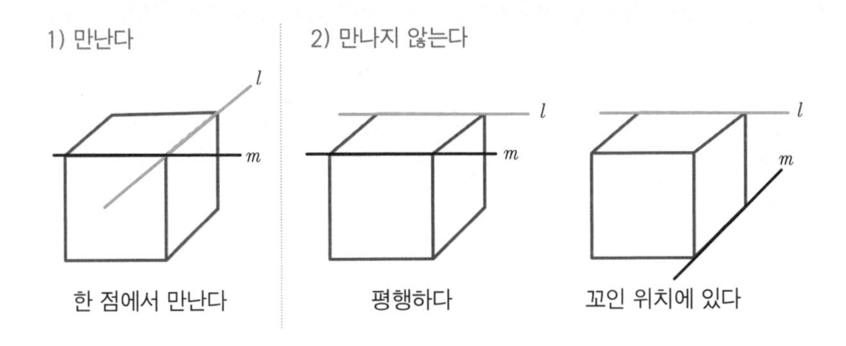

공간에서 두 직선의 위치 관계

동위각과 엇각

서로 다른 두 직선이 한 직선과 만날 때를 살펴보자.

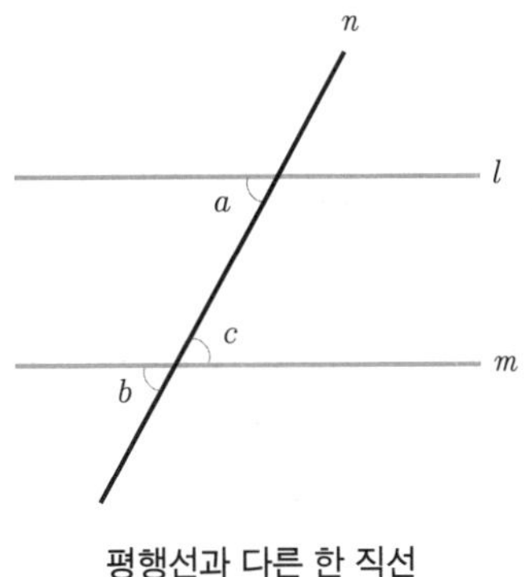

평행선과 다른 한 직선

이렇게 두 직선이 다른 한직선과 만나는 경우, 같은 위치에 있는 $\angle a$와 $\angle b$를 동위각, $\angle a$와 $\angle c$처럼 안쪽에서 서로 엇갈린 각을 엇각이라고 한다.

만약 두 직선이 평행한 상태에서 다른 한 직선과 만난다면 이때 동위각과 엇각의 크기는 같다. 이를 바꾸어 말하면, 동위각과 엇각의 크기가 같으면 두 직선은 평행하다고 볼 수 있다.

실력 Up

문제 다음 그림에서 $l//m$일 때, $\angle x$의 크기를 구하시오

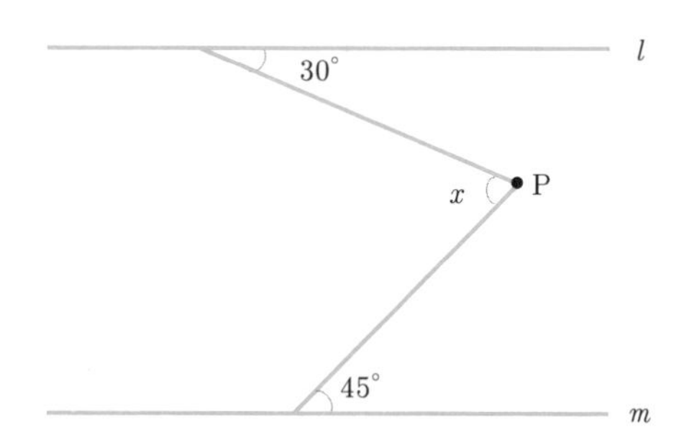

풀이 먼저 점 P를 지나면서 직선 l과 m에 평행인 직선을 긋는다. 그리고 엇각의 크기는 서로 같다는 성질을 이용한다.

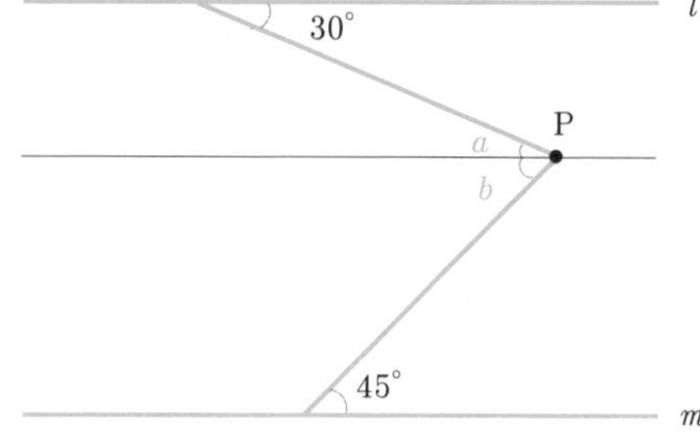

$\angle x$가 직선에 의해 둘로 나뉘었다. 위쪽 부분을 $\angle a$, 아래쪽 부분을 $\angle b$라고 하면,

$\angle a$는 직선 l과 엇각으로 크기가 같다. 따라서 $30°$이다.

$\angle b$는 직선 m과 엇각으로 크기가 같다. 따라서 $45°$이다.

$\therefore \angle x = \angle a + \angle b = 75°$

답 $\angle x = 75°$

합동과 닮음

무엇이 무엇이 똑같은가 ♬

젓가락 두 짝이 똑같아요. ♪

이렇게 젓가락 두 짝처럼 서로 모양과 크기가 같은 두 도형 사이의 관계를 합동이라고 한다. 이는 다시 말해 두 도형이 합동이려면 대응하는 변의 길이가 같고, 대응하는 각의 크기 역시 같아야 한다. 즉 두 도형을 겹쳤을 때 완전히 꼭 맞아야 합동이 된다.

다음 두 삼각형을 살펴보자.

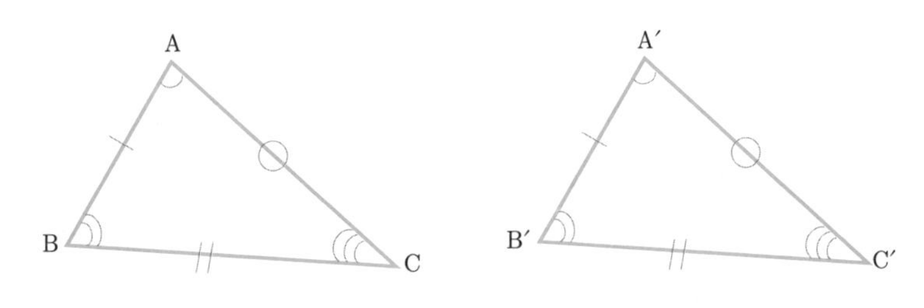

합동인 삼각형

$\triangle$ABC를 옮겨서 $\triangle$A′B′C′와 포개면 두 삼각형이 꼭 맞는다.

두 삼각형을 통해서 우리가 알 수 있는 사실로는 어떤 것이 있을까?

① 세 변의 길이가 같다(SSS합동). [S=변, A=각]

② 두 변의 길이가 같고 그 사이에 끼인 각의 크기도 같다(SAS 합동).

③ 한 변의 길이가 같고 그 변의 양 끝각의 크기도 같다(ASA 합동).

이 세 가지가 삼각형의 합동조건이다.

그렇다면 만약 대응하는 각의 크기만 같다면 두 도형을 합동이라고 할 수 있을까?

네모난 필통과 노트북을 떠올려보자.

둘 다 사각형 모양이다. 물론 네 각의 크기도 서로 같다.

어떤가, 합동이라고 느껴지는가?

합동은 아니지만 모양이 닮았다는 것은 알 수 있다. 이처럼 대응하는 각의 크기가 같을 경우 두 도형은 닮은 도형이 된다. 그리고 이 관계를 두 도형의 닮음이라고 한다.

기원전 600년 경 그리스의 수학자 탈레스는 이 닮음을 이용하여 이집트의 피라미드 높이를 계산했다. 아무것도 없던 시절, 단지 손에 들고 있던 지팡이(막대) 하나로 피라미드의 높이를 구해낸 그의 천재성에 구경하던 이집트의 파라오와 사람들은 깜짝 놀랐다.

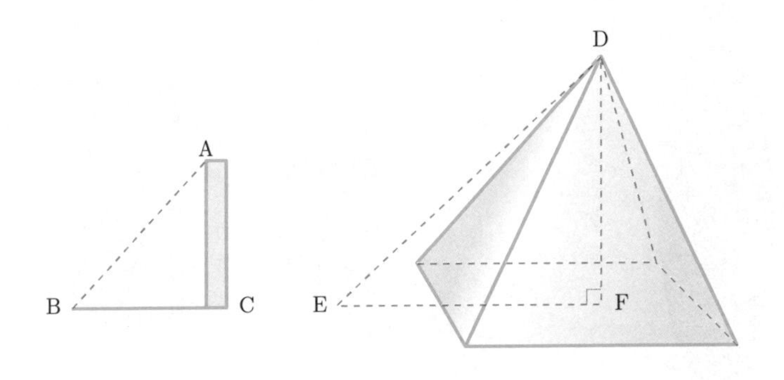

$$\overline{AC} : \overline{BC} = \overline{DF} : \overline{EF}$$

막대와 피라미드 그림자를 이용한 높이 측정

그가 사용한 방법은 다음과 같다.

먼저 막대의 그림자 길이와 막대의 높이 그리고 피라미드의 그림자 길이를 잰다. 계속해서 막대의 그림자 길이와 막대의 높이 사이의 비율을 계산한다. 이 비율로 피라미드의 그림자 길이를 이용해 피라미드의 높이를 계산한다.

그가 사용한 방법을 응용해 우리 집의 높이를 재어 보는 것도 재미있을 것이다. 이때 필요한 물품 역시 막대자 하나면 된다.

두 도형이 닮음의 관계에 있을 때 대응하는 각 변의 길이 사이에 비례관계의 성립을 이제 여러분은 확실히 이해했을 것이다.

이 닮음비를 이용하면 태양의 크기도 구할 수 있다.

종이에 바늘로 구멍을 뚫어 태양 빛을 통과시켜보자. 이때 우리 눈 속의 수정체가 볼록렌즈 역할을 하기 때문에 눈을 다칠 수도 있으니 태양 빛을 눈으로 직접 보지 않도록 주의해야 한다.

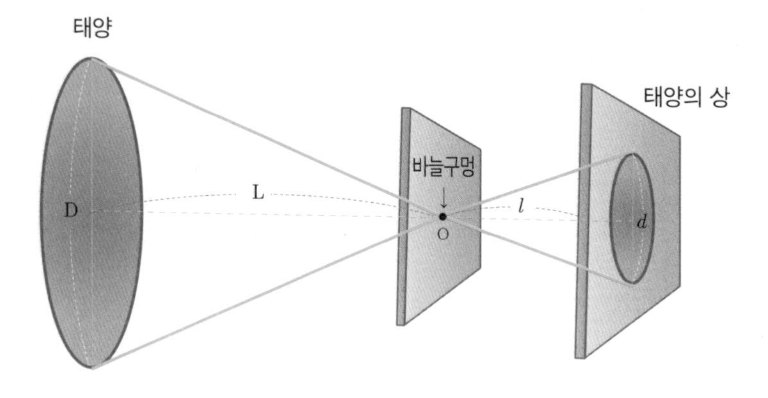

태양의 크기 측정

바늘구멍으로 들어온 빛이 종이 위에 상을 맺도록 위치를 잘 조정하면 위 그림처럼 바늘구멍 O를 중심으로 양쪽에 삼각형 두 개가 위치한다. 이는 O를 맞꼭지각으로 하는 닮은꼴 삼각형이다.

태양의 지름을 D, 종이에 나타난 태양의 상의 지름을 d, 지구에서 태양까지의 거리를 L, 바늘구멍에서 태양의 상까지의 거리를 l이라 하자.

자, 두 삼각형은 닮은꼴이므로 비례식을 세우면 다음과 같다.

$$\mathrm{D} : d = \mathrm{L} : l$$
$$\therefore \mathrm{D} = d\frac{\mathrm{L}}{l}$$

여러분은 방금 닮음비를 이용해 태양의 크기를 구한 것이다.

태양의 크기만 아니라 달의 크기도 닮음비로 구할 수 있다. 지도를 나타낼 때 사용하는 축척도 이런 원리라 할 수 있다. 미니어처를 모으고 있다면 그 미니어처를 자세히 살펴보자. 그럼 미니어처 역시 닮음비를 이용하여 만든 것임을 깨닫게 될 것이다.

실력 Up

문제 1 다음 그림에서 $l // m$일 때, $\angle d$의 크기를 구하시오.

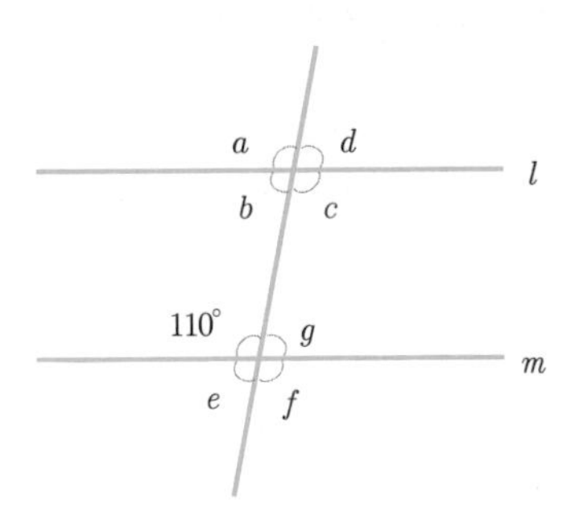

풀이 $l // m$이면 $\angle a$의 크기는 $110°$와 동위각이므로 $110°$이다.

$\angle a + \angle d = 180°$이므로 $\angle d = 180° - 110° = 70°$이다.

답 $\angle d = 70°$

문제 2 다음 그림은 직사각형 모양의 종이를 접은 것이다.

$\angle ACB = 40°$일 때 $\angle x$의 크기를 구하시오.

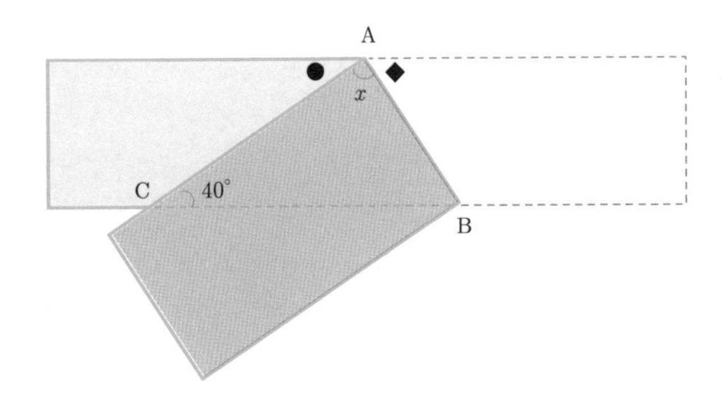

풀이 그림의 평각 A를 셋으로 나누어 왼쪽 부분을 ●, 중앙 부분은 x, 오른쪽 부분을 ◆로 하면 ●$+x+$◆$=180^\circ$ 이다. $\angle ACB=40^\circ$ 이면 ●의 크기도 엇각으로 40° 이다. x와 ◆는 접히면서 겹친 부분이므로 크기가 같다.

즉 ●$+x+$◆$=$●$+2x=180^\circ$,

따라서 $2x=140^\circ$, 즉 $\angle x=70^\circ$ 이다.

답 $\angle x=70^\circ$

2장 신기한 다각형의 세계

이집트의 피라미드를 보면 그 크기와 정교함에 놀라게 된다. 그걸 가능하게 만든 이집트인들의 수학 지식은 어떻게 얻게 되었을까?

이집트의 수학은 신의 선물이라고 불리던 나일강 덕분에 발달했다. 해마다 나일강은 상류의 기름진 흙을 쓸어와 하류의 토양을 풍성하게 해주었기 때문이다. 이집트는 태양신 라의 아들인 파라오가 다스리는 나라로, 이집트의 백성들은 파라오가 나누어준 땅을 경작해서 생활했다. 따라서 추수가 끝나면 토지 면적에 따라 파라오에게 세금을 냈다. 그런데 이 나일강은 강의 범람을 통해 기름진 흙을 선물함과 동시에 토지의 지형을 바꾸어 새롭게 생성되거나 사라지는 면적도 만들어냈다. 그래서 홍수가 지나고 나면 표시해두었던 토지들의 경계선이 대부분 사라지고 없었다.

세금을 걷기 위해서는 그 토지들을 제대로 관리해야 했던 파라오에게는 골치 아픈 일이 아닐 수 없었다. 때문에 관리들은 토지를 다시 측량하고 넓이를 계산하는 방법을 항상 고민할 수밖에 없었다. 그 결과 여러 가지 도형의 넓이를 구하는 방법이 개발되었다. 이런 역사적 배경을 바탕으로 이집트의 수학은 비약적으로 발전해 피라미드를 짓거나 신전, 건축물을 짓는데 필요한 생활형 계산법이 활성화되었다.

다각형의 성질

다각형은 여러 개의 선분만으로 이루어진 평면도형을 말한다. 다각형을 이루는 선분을 변, 변과 변이 만나는 점을 꼭짓점이라고 하며 변의 개수에 따라 삼각형, 사각형 등으로 부른다. 그중 변의 길이와 각의 크기가 같은 다각형이 정다각형이다.

다각형에서 이웃하는 두 변으로 이루어진 안쪽 각을 내각, 각 변의 연장선이 이웃하는 변과 이루는 각을 외각이라고 하며 이웃하지 않은 두 꼭짓점을 이은 선분이 대각선이다.

이제 삼각형을 이용해 내각과 외각에 대하여 알아보자.

먼저 삼각형의 세 내각의 합을 구하시오.

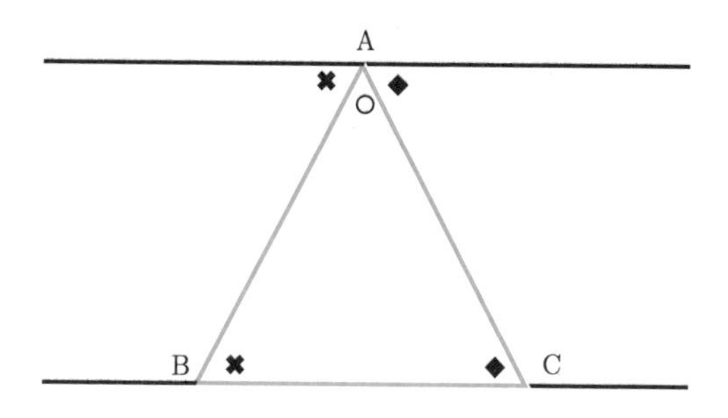

그림처럼 평행하는 두 직선 사이에 삼각형이 위치할 때 엇각은 크기가 같다

는 성질을 이용하면 삼각형의 세 내각의 합이 180° 인 것을 알 수 있다. 이를 직접 확인하고 싶다면 종이에 삼각형을 그리고 세 조각으로 찢어서 세 각을 모아보거나 아니면 삼각형을 접어서 세 각을 모아보면 된다.

계속해서 삼각형의 내각과 외각의 관계를 알아보자.

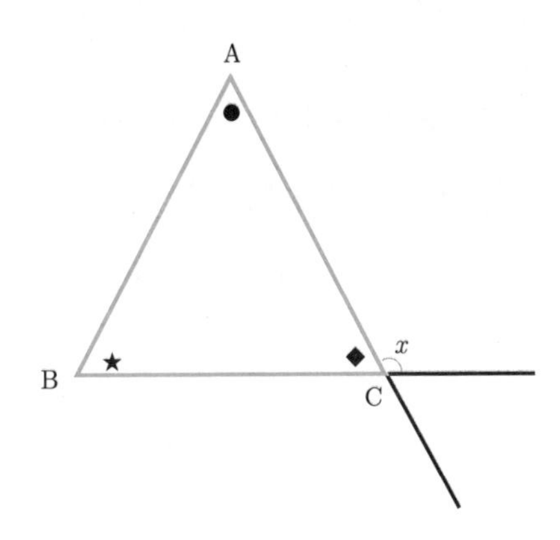

그림에서 $\angle x$는 ◆의 외각으로, $\angle x+$◆는 180°(평각)이다. 그런데 삼각형의 세 내각의 합 역시 180°이므로 $\angle x=$●+★인 것, 즉 삼각형의 한 외각의 크기는 그와 이웃하지 않은 두 내각의 크기의 합과 같음을 확인할 수 있다.

그렇다면 다각형 내각의 크기의 합은 어떻게 구할 수 있을까?

가장 간단하며 쉬운 방법은 대각선을 그어보는 것이다. 그렇게 함으로써 모든 다각형은 여러 개의 삼각형으로 나누어진다는 사실을 알 수 있다. 이 나누어진 삼각형의 개수를 구한 후 거기에 삼각형의 세 내각의 합인 180°를 곱해주면 그 다각형의 내각의 합이 된다.

이 사실만 기억해두면 쉽게 어떤 도형이든 내각과 외각의 합을 구할 수 있다. 이제 실제로 오각형 내각의 합을 구하시오.

오각형에 대각선을 그으면 세 개의 삼각형으로 나누어진다.

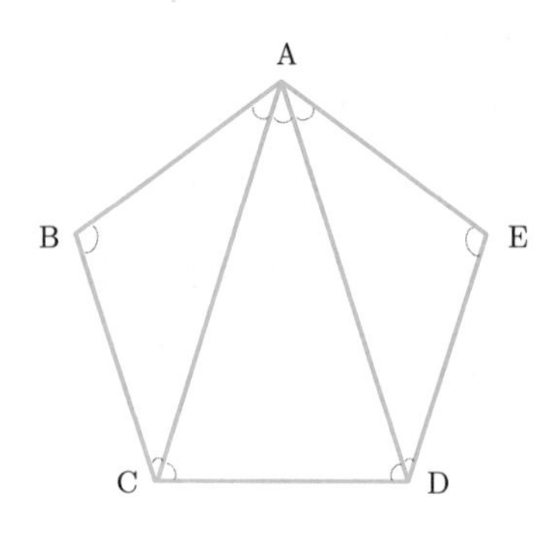

따라서 오각형 내각의 크기의 합은 $180^\circ \times 3 = 540^\circ$ 이다.

계속해서 외각의 크기의 합은 얼마일까?

정삼각형과 정육각형을 이용하여 외각의 크기의 합을 구하시오.

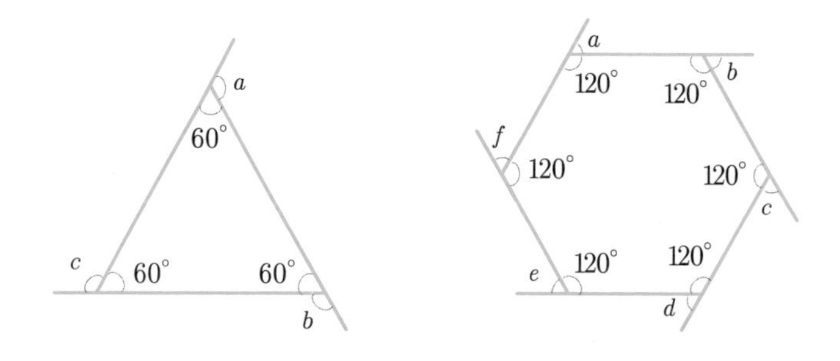

정삼각형의 각 꼭짓점마다 있는 내각과 외각의 합은 180° 이다. 따라서 $\angle a = 180^\circ - 60^\circ = 120^\circ$ 으로, $\angle b$와 $\angle c$도 120° 이다. 이에 따라 세 외각의 합은 360° 이다.

다른 방법으로 보면 꼭짓점이 세 개이므로 모든 내각과 외각의 합은 $180^\circ \times 3 = 540^\circ$ 이다. 여기서 세 내각의 합인 180° 를 빼면 360° 가 된다.

마찬가지로 정육각형의 각 꼭짓점마다 있는 내각과 외각의 합은 180° 이므로 $\angle a = 180^\circ - 120^\circ = 60^\circ$ 이다.

따라서 $\angle b$와 $\angle c$, $\angle d$와 $\angle e$, $\angle f$도 60°씩이므로 여섯 외각의 합은 360°이다.

다른 다각형들의 외각의 크기의 합도 이런 방법으로 구할 수 있다. 그런데 놀랍게도 다각형의 외각의 크기의 합은 모두 360°이다.

삼각형

실생활에서 삼각형과 관련된 건축물이나 장난감, 그 외 용품들은 많이 보이지 않는다. 그런데도 우리는 삼각형을 가장 먼저 공부하게 된다.

플라톤은 '직선으로 둘러싸인 면은 모두 삼각형으로 나눌 수 있으므로 삼각형은 가장 기본적인 도형이다'라고 말했다. 굳이 그 말을 모르더라도 앞에서 다각형을 삼각형으로 나누어 내각의 합을 구한 것을 떠올려보면 삼각형의 중요성을 이해할 수 있다. 삼각형은 도형에서 기본이 되는 도형이기 때문에 삼각형에 대해서 알면 다른 도형들에 대해서도 쉽게 이해할 수 있는 것이다.

1) 여러 가지 삼각형

흔히 세 변으로 이루어진 도형을 삼각형이라고 한다. 하지만 세 변을 가졌다는 것만으로 삼각형을 그릴 수는 없다. 고대 수학자들은 눈금 없는 자와 컴퍼스만으로 도형을 그리는 작도를 했다. 그들은 이 작도를 통해 도형의 여러 가지 성질도 파악할 수 있었고, 눈금 없는 자와 컴퍼스만으로 그리기를 고집했기 때문에 오히려 더 많은 것들을 알아낼 수 있었다. 그런 만큼 여러분도 이제 직접 작도를 해보자. 그런데 작도를 하기 전에 먼저 알아야 할 것이 있다.

작도를 통해 삼각형을 그리기 위해서는 필요한 조건이 있는데 이것을 삼각형의 결정조건이라고 한다.

① 세 변의 길이가 주어질 때–물론 두 변의 길이의 합이 나머지 한 변의 길이보다 커야 한다는 조건이 따른다.
② 두 변의 길이와 그 사이에 끼인 각의 크기를 알 때
③ 한 변의 길이와 그 양 끝각의 크기를 알 때

이때 우리는 삼각형을 그릴 수 있다. 이렇게 삼각형을 그리다 보면 여러 가지 삼각형이 나온다. 먼저 각의 크기로 구분하면 세 각이 모두 90° 보다 작은 예각삼각형, 한 각이 90° 인 직각삼각형, 한 각이 90° 보다 큰 둔각삼각형이 있다.

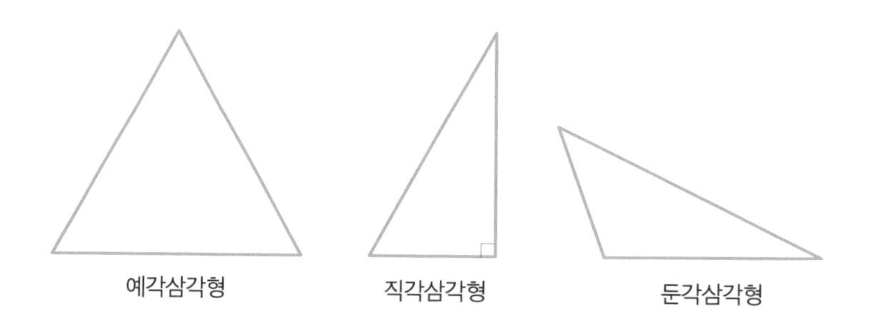

또 변의 길이 관계로 보면 두 변의 길이가 같은 이등변삼각형과 세 변의 길이가 같은 정삼각형이 있다.

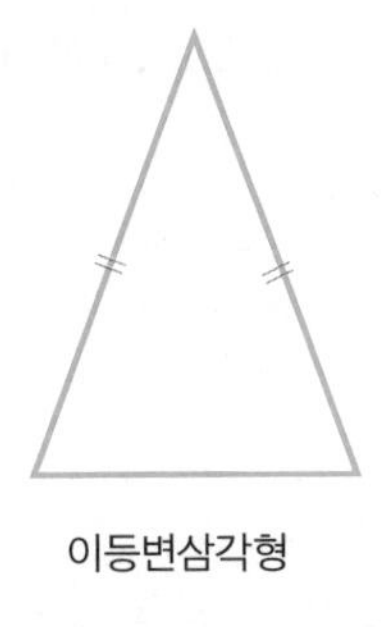

이등변삼각형

정삼각형

지금부터 이등변삼각형과 직각삼각형을 통해 삼각형의 성질을 알아보자.

2) 삼각형의 성질

여러 가지 삼각형 중 먼저 이등변삼각형을 살펴보자.

이등변삼각형은 두 변의 길이가 같은 삼각형이다.

이제 직접 노트에 이등변삼각형 ABC를 그리고 꼭지각 A를 이등분하는 선을 그어 대변과 만나는 점을 D로 놓는다.

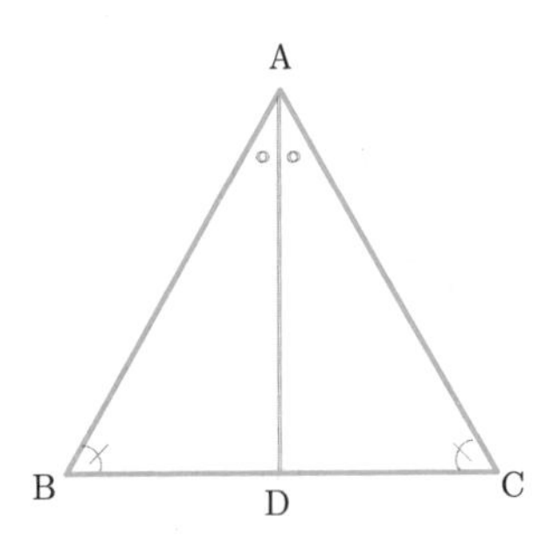

이를 통해 △ABD와 △ACD라는 두 개의 삼각형이 생겼다.

이 두 삼각형 사이에는 어떤 관계가 있을까? 먼저 △ABC가 이등변삼각형이므로 양 빗변인 $\overline{AB}=\overline{AC}$이다. 또 꼭지각을 이등분하였으므로

$\angle BAD = \angle CAD$이며, 이등분선인 $\overline{AD}$는 공통변이므로 길이가 같다.

그러므로 두 삼각형은 합동(SAS합동)이다.

이를 통해서 알 수 있는 사실은,

① $\angle ABD$와 $\angle ACD$의 크기가 같다.

－즉 이등변삼각형은 두 밑각의 크기가 같음을 알 수 있다.

② $\angle ADB$와 $\angle ADC$의 크기도 같다.

－$\angle ADB$와 $\angle ADC$의 합은 $180°$이므로 $\angle ADB$와 $\angle ADC$의 크기는 각각 $90°$이다.

③ $\overline{BD}$와 $\overline{CD}$의 길이가 같다.

따라서 이등변삼각형의 꼭지각을 이등분하는 선은 대변을 수직이등분한다는 것을 알 수 있다.

이를 거꾸로 생각하면 두 밑각의 크기가 같은 삼각형은 이등변삼각형인 걸까?

이제부터 이 명제가 참인지 한번 증명해보자.

증명이란 이미 알고 있는 옳은 사실이나 밝혀진 성질들을 이용하여 주어진 문장이 참임을 보이는 것이다. 이때 주어진 문장은 참인지 거짓인지 분별할 수 있어야 하는데 이러한 문장이나 식을 명제라고 한다.

위의 문장을 다시 명제로 쓰면,

'삼각형에서 두 밑각의 크기가 같으면 이등변삼각형이다'가 된다.

여기에서 두 밑각의 크기가 같다는 것은 가정이고 이등변삼각형은 결론이다.

이 증명된 명제 중에서 기본이 되는 명제가 바로 정리이다.

그럼 이제 주어진 명제를 증명해보자.

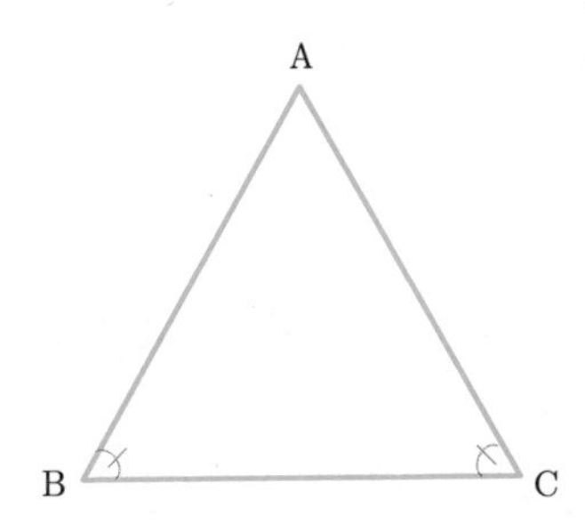

가정 $\triangle$ ABC에서 $\angle$B = $\angle$C이면

결론 $\overline{AB} = \overline{AC}$이다.

증명 $\triangle$ ABC의 $\angle$A를 이등분하면서 $\overline{BC}$와 만나는 선을 긋는다. 이때 만나는 점을 D라고 한다.

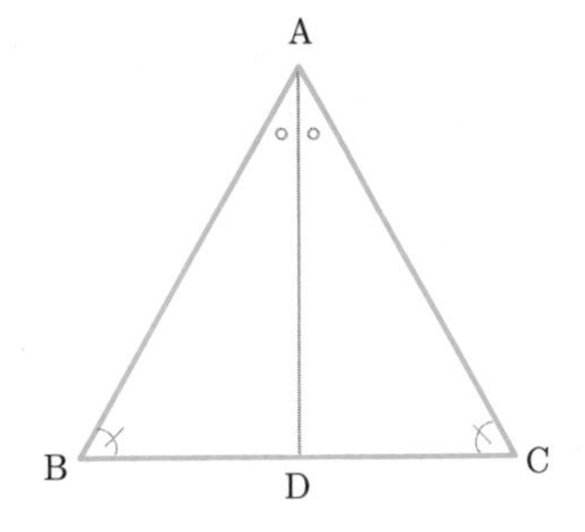

$\triangle$ABD와 $\triangle$ACD를 보면

$\angle$B = $\angle$C (가정) …①

$\angle$BAD = $\angle$CAD ($\angle$A를 이등분하였으므로) …②

그런데 삼각형의 세 내각의 합은 180°이므로 ①, ②를 통해서

$$\begin{aligned}\angle ADB &= 180^\circ - \angle BAD - \angle B \\ &= 180^\circ - \angle CAD - \angle C \\ &= \angle ADC\end{aligned}$$

따라서 $\angle ADB = \angle ADC = 90^\circ$

그리고 $\overline{AD}$는 공통인 변이므로,

$\triangle ABD \equiv \triangle ACD$ (ASA합동)

$\therefore\ \overline{AB} = \overline{AC}$

이등변삼각형

정의 두 변의 길이가 같은 삼각형

성질 두 밑각의 크기가 서로 같다.

꼭지각의 이등분선은 밑변을 수직이등분한다.

빛의 반사법칙

놀이동산에서 거울의 집에 가본 적이 있는가? 그곳에는 빛의 반사를 이용해 거울에 비친 내 모습이 크고 작고 기괴하고 뚱뚱해 보이도록 해놓아 다양한 모습의 나를 볼 수 있다.

그런데 친구나 가족과 놀러갔다면 좀더 재미있고 신기한 실험을 해보자. 친구들 다섯 명이 거울면에 평행하게 같은 거리만큼 떨어져서 나란히 서보자.

내가 B의 위치에 서 있다면 이때 내가 볼 수 있는 친구는 누구일까?

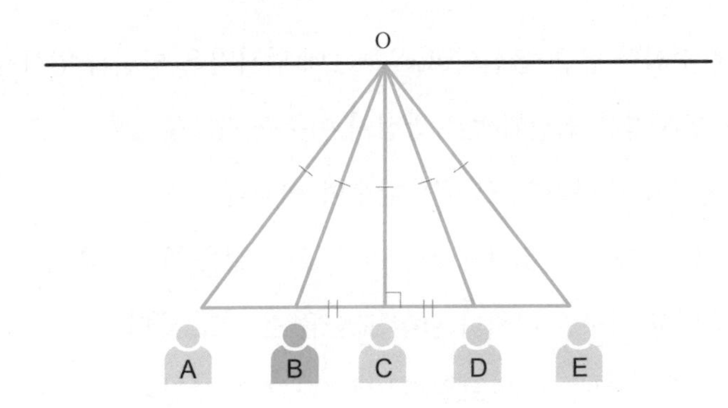

친구들이 선 위치를 선으로 쭉 그으면 삼각형이 여러 개 그려진다. 이 중에서 △BOD를 살펴보자. △BOC≡△DOC(SAS합동)이므로 △BOD는 이등변삼각형이다. 즉 ∠BOC=∠DOC인 것이다. 이에 따라 D를 지난 빛이 거울면에서 반사되어 B의 눈으로 들어온다. 즉 B는 D를 볼 수 있다.

이는 빛의 성질 때문이다. 빛은 직진하는 성질이 있고 다른 물체와 부딪치면 반사되거나 꺾이는 성질을 가지고 있다.

콘서트 현장에서 쏟아지는 레이저의 모습을 관찰하면 빛이 직진한다는 것을 확인할 수 있다. 그리고 거울은 이 빛의 반사를 이용해 물체가 보이는 원리이다. 즉 빛은 거울면에 닿으면 반사되는데 이때 입사각과 반사각의 크기가 같은 상태로 반사된다.

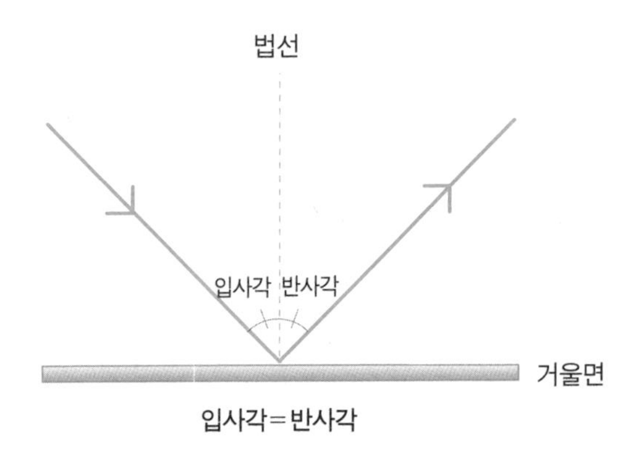

입사각=반사각

거울면에 수직인 선을 법선이라고 하는데 입사각은 법선과 입사광선이 이루는 각도를, 반사각은 법선과 반사광선이 이루는 각도를 말한다.

이때 입사각과 반사각의 크기는 같으며 이것을 빛의 반사법칙이라고 한다. 이런 빛의 성질 때문에 우리는 거울이나 호수 같은 매끄러운 면에 우리 모습을 비출 수 있고 지구 어디서나 달의 모습을 볼 수도 있다.

자, 그럼 A의 눈에는 누가 보일까? 그렇다. E가 보인다.

이제 이등변삼각형의 성질을 이해했을 것이다. 이번에는 직각삼각형에 대해 알아보자.

직사각형이나 정사각형을 한 대각선에 따라 자르면 직각삼각형이 된다.

직각삼각형은 한 각의 크기가 $90°$이므로 한 예각의 크기만 알아도 나머지 각의 크기를 구할 수 있다. 삼각형의 세 내각의 합은 $180°$이기 때문이다. 이를 기억하며 다음 질문을 살펴보자.

빗변의 길이와 한 예각의 크기가 같은 직각삼각형 두 개가 있다. 이 두 직각삼각형 사이에 어떤 관계가 있을까?

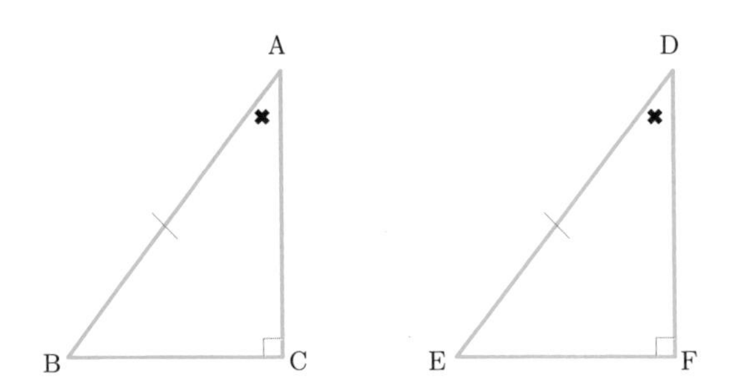

$\angle A = \angle D$이고 $\angle C = \angle F = 90°$이므로 삼각형 세 내각의 합은 $180°$임을 이용하면,

$\angle A + 90° + \angle B = 180°$, $\angle D + \angle E + 90° = 180°$

$\angle B = 90° - \angle A$, $\angle E = 90° - \angle D$

$\angle A = \angle D$이므로 $\angle B = 90° - \angle A = 90° - \angle D = \angle E$

$\overline{AB} = \overline{DE}$이므로 두 직각삼각형은 합동이다. 이것을 RHA합동이라고 한다.

그렇다면 빗변의 길이와 다른 한 변의 길이가 각각 같을 때 두 직각삼각형은 어떤 관계일까?

다음 두 직각삼각형 $\triangle ABC$와 $\triangle DEF$에서 $\overline{AB} = \overline{DE}$이고 $\overline{AC} = \overline{DF}$일 때 두 직각삼각형 사이의 관계를 알아보자.

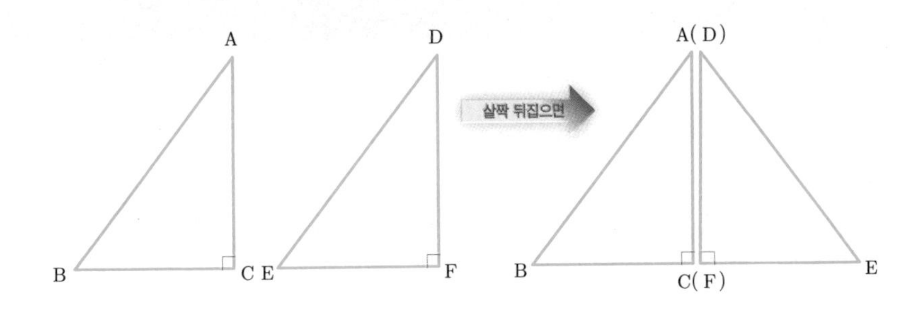

도형을 뒤집어서 붙여 보니 점 A와 점 D가 겹쳐지고 점 C와 점 F가 겹쳐졌다.

$\angle ACB + \angle ACE = 180°$이므로 세 점 B, C, E는 한직선 위에 있다. 따라서 $\angle ACB$는 $\angle DFE$와 $90°$이다. 여기서 $\triangle ABC$와 $\triangle DEF$를 RHA합동이라고 한다.

한편 $\overline{AB} = \overline{DE}$이므로 $\triangle ABE$는 이등변삼각형이다.

이등변삼각형의 두 밑각의 크기는 같으므로 $\angle B = \angle E$이다.

합동인 직각삼각형 두 개를 붙이니 이등변삼각형이 되었다.

두 직각삼각형의 합동조건

(R : 직각, H : 빗변, A : 각, S : 변)

- 빗변의 길이와 한 예각의 크기가 같다(RHA합동).
- 빗변의 길이와 다른 한 변의 길이가 같다(RHS합동).

실력 Up

문제 1 다음 그림과 같이 두 변의 길이($\overline{AB}=\overline{AC}$)가 서로 같을 때, $\angle BAC$ 의 크기를 구하시오.

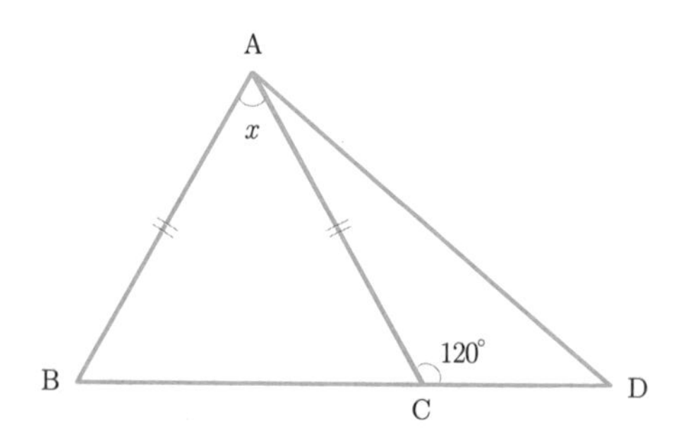

풀이 $\overline{AB}=\overline{AC}$ 이므로 $\angle B=\angle ACB$이다.

$\angle DCA+\angle ACB=120^\circ+\angle ACB=180^\circ$

$\angle ACB=60^\circ=\angle B$

$\angle ACB+\angle B+\angle BAC=60^\circ+60^\circ+\angle BAC=180^\circ$

답 $\angle BAC=60^\circ$

문제 2 다음 그림과 같이 $\triangle ABC$의 $\overline{BC}$의 중점 D에서 $\overline{AB}$와 $\overline{AC}$에 내린 수선의 발을 각각 E, F로 하자. 이에 따라 $\overline{DE}=\overline{DF}$이고 $\angle B=70°$일 때 $\angle A$의 크기를 구하시오.

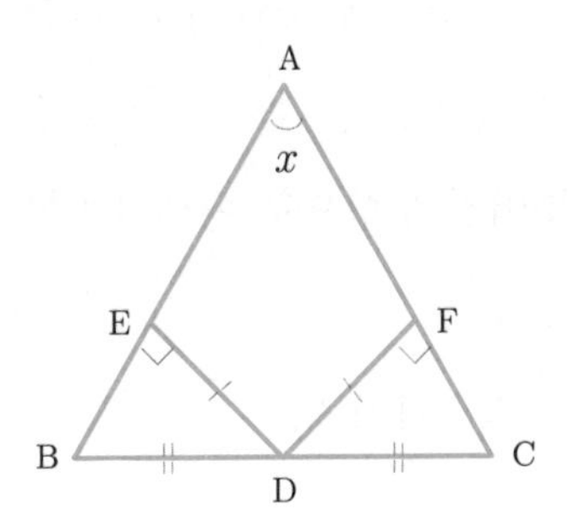

풀이 일단 주어진 조건을 확인하자.

$\triangle DEB$와 $\triangle DFC$는 직각삼각형이다.

$\overline{BC}$의 중점을 D로 하면,

$\overline{BD}=\overline{CD}$,

$\overline{DE}=\overline{DF}$

따라서 직각삼각형의 합동조건 '빗변과 다른 한변의 길이가 같다(RHS 합동)'를 만족한다.

이에 따라 $\triangle DEB \equiv \triangle DFC$

$\angle B=70°$이므로 $\angle C=70°$이고

삼각형의 세 내각의 합은 $180°$이므로,

$\angle A+\angle B+\angle C=\angle A+70°+70°=180°$

답 $\angle A=40°$

사각형

지금까지 삼각형을 살펴보았으니 도형의 기본은 끝난 것이다. 기본이 끝난 것을 축하한다. 그렇다고 여기에서 만족할 수는 없는 법! 자 이제부터 사각형에 대해서 알아보자.

사각형은 네 변으로 이루어진 도형으로 평행사변형, 마름모, 사다리꼴, 직사각형, 정사각형 등이 있다.

먼저 사각형 내각의 합을 확인해보자.

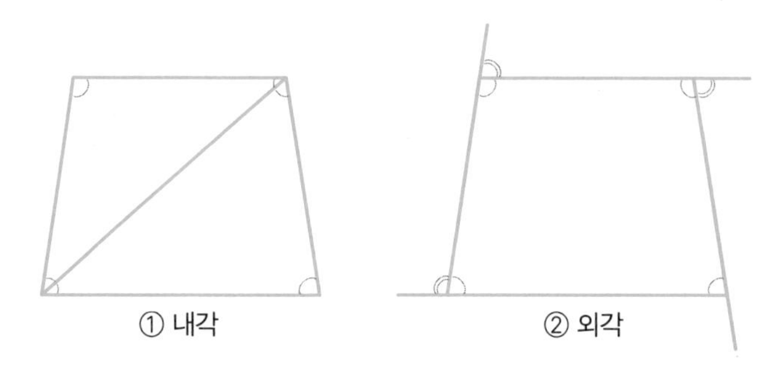

먼저 대각선을 그으면 삼각형 두 개가 생긴다.

삼각형의 세 내각의 합은 $180°$ 이므로 $180° \times 2 = 360°$. 즉 사각형의 내각의 합은 $360°$ 이다.

그렇다면 사각형의 외각의 합은 어떻게 될까?

그림 ②를 살펴보자. 각 꼭짓점에서의 외각과 내각의 합은 $180°$ 임이 보일 것이다. 따라서 전체 외각과 내각의 합은 $180° \times 4 = 720°$ 이다. 여기서 내각의 합을 빼면 외각의 합이 된다.

$720° - 360° = 360°$

이에 따라 사각형 외각의 합 역시 $360°$이다. 여기까지 이해했다면 사각형의 기본을 이해한 것이다. 그렇다면 지금부터는 여러 가지 사각형을 통해 각 사각형의 성질을 알아보자.

1) 여러 가지 사각형

두 쌍의 대변이 각각 평행인 사각형을 평행사변형이라고 한다.

평행사변형에 대해서 우리는 무엇을 알 수 있을까?

$\overline{AB} // \overline{DC}$, $\overline{AD} // \overline{BC}$인 평행사변형에 임의로 대각선을 하나 그어보자.

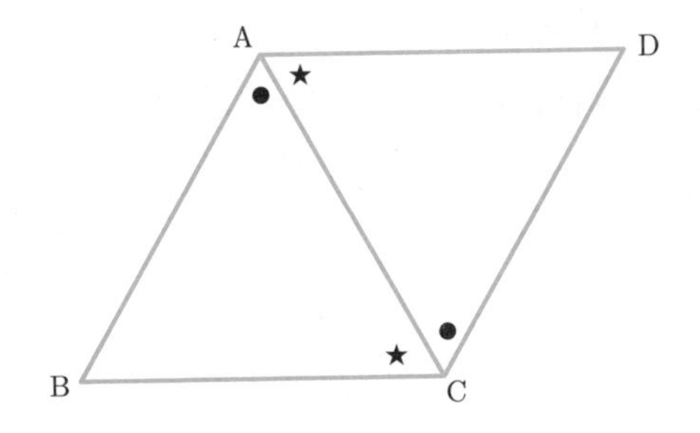

위의 그림처럼 $\triangle ABC$와 $\triangle ADC$라는 두 개의 삼각형으로 나뉘어졌다.

$\overline{AB} // \overline{DC}$이므로 $\angle BAC = \angle DCA$ (엇각),

$\overline{AD} // \overline{BC}$이므로 $\angle BCA = \angle DAC$ (엇각)인 것은 이제 쉽게 알 수 있을 것이다.

또 $\overline{AC}$는 공통변이므로 $\triangle ABC \equiv \triangle ADC$ (ASA합동)

따라서 $\angle B = \angle D$, $\angle A = \angle C$이고 $\overline{AD} = \overline{BC}$, $\overline{AB} = \overline{DC}$이다.

계속해서 나머지 하나의 대각선도 마저 그려 두 대각선이 만나는 점을 E로 표시한다.

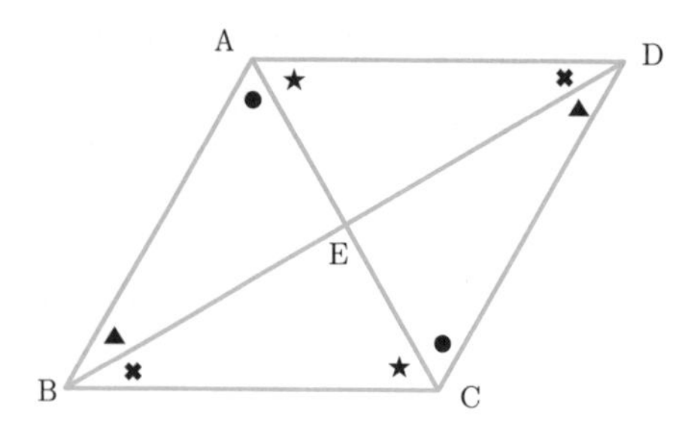

네 개의 삼각형 $\triangle$AEB, $\triangle$BEC, $\triangle$CED, $\triangle$DEA로 나뉘었다. 평행선에 직선이 지날 때 엇각의 크기는 같다는 성질을 이용하면,

$\angle BAC = \angle DCA$,

$\angle BCA = \angle DAC$,

$\angle ABD = \angle CDB$,

$\angle CBD = \angle ADB$.

이에 따라 다음과 같은 결론을 내릴 수 있다.

$\triangle AEB \equiv \triangle CED$

$\triangle BEC \equiv \triangle DEA$

따라서 $\overline{BE} = \overline{DE}$, $\overline{AE} = \overline{CE}$ 이다.

이를 통해 우리는 평행사변형의 두 대각선이 서로 다른 대각선을 이등분한다는 성질을 이해했다.

그렇다면 한 쌍의 대변이 평행하고 그 길이가 같으면 그 사각형도 평행사변형이 될까?

지금까지 배운 것을 떠올리며 증명해보자. 먼저 대각선을 하나 긋는다.

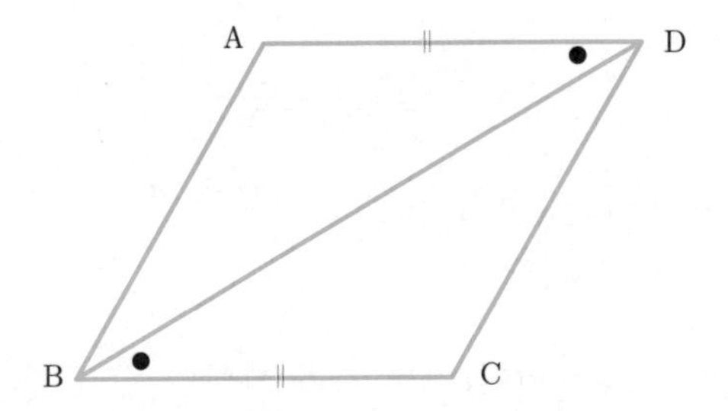

명제 $\overline{AD} // \overline{BC}$이고 $\overline{AD} = \overline{BC}$이면 평행사변형이다.

가정 $\overline{AD} // \overline{BC}$, $\overline{AD} = \overline{BC}$

결론 □ ABCD는 평행사변형이다.

증명 $\overline{AD} // \overline{BC}$이므로,

$\angle ADB = \angle CBD$이며

$\overline{AD} = \overline{BC}$이다.

또 $\overline{BD}$는 공통변이므로

$\triangle ABD \equiv \triangle CDB$(SAS합동)이다.

이에 따라 $\angle CDB = \angle ABD$이며

엇각이 서로 같으므로 $\overline{AB} // \overline{DC}$이다.

$\therefore$ 두 쌍의 대변이 각각 평행하므로 □ ABCD는 평행사변형이다.

평행사변형

정의 두 쌍의 대변이 각각 평행한 사각형.

성질
- 두 쌍의 대각의 크기는 각각 같다.
- 두 쌍의 대변의 길이는 각각 같다.
- 두 대각선이 서로 다른 대각선을 이등분한다.
- 한 쌍의 대변이 평행하고 그 길이가 같다.

그러면 네 변의 길이가 같은 사각형인 마름모의 성질은 어떨까?

네 변의 길이가 같은 사각형이므로 두 쌍의 대변의 길이 또한 각각 같다. 이 말은 마름모는 평행사변형이며, 따라서 평행사변형의 성질을 만족한다는 의미이다. 이에 따라 마름모의 두 대각선은 서로 다른 대각선을 이등분한다.

A
B
D
O
C

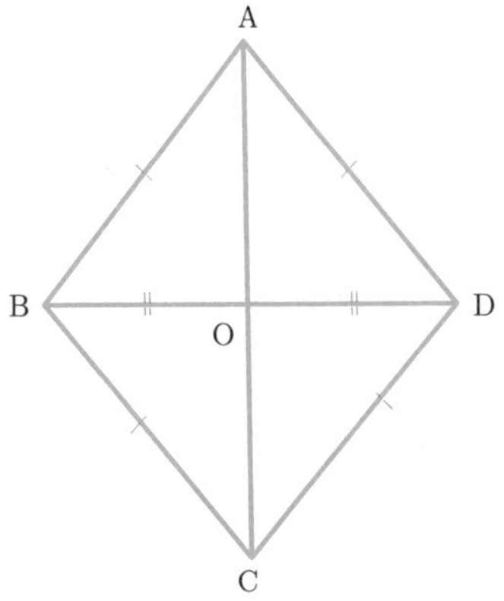

그런데 마름모에는 이 성질만 존재할까? 이를 확인하기 위해 대각선을 그어보자. 아래 그림을 보면 떠오르는 것이 있을 것이다.

이면지나 노트 등을 찢어 만든 딱지가 떠오른다면 당신은 일찍부터 도형을 연구한 놀이 연구가거나 공부 대신 놀이를 즐긴 개구쟁이였을 것이다!

$\overline{AB}=\overline{AD}$ (마름모의 정의)

$\overline{BO}=\overline{DO}$ (평행사변형의 성질)

$\overline{AO}$는 공통인 변이므로

$\triangle ABO \equiv \triangle ADO$(SSS합동)가 성립하는데, 이 뜻은 $\angle AOB$와 $\angle AOD$의 크기가 같다는 의미이다.

그런데 $\angle AOB + \angle AOD = 180°$(평각)이므로,

$\angle AOB = \angle AOD = 90°$.

즉 $\overline{AC} \perp \overline{BD}$임을 알 수 있다.

마름모의 두 대각선이 수직으로 만나면서 서로 이등분함을 알 수 있다.

마름모

정의 네 변의 길이가 같은 사각형

성질 두 대각선은 서로 다른 것을 수직이등분한다.

쓰레기 종량제 시행 후 과자봉지나 라면봉지를 버릴 때 딱지 모양으로 접어서 버리는 알뜰한 살림꾼이 있다. 그런데 그 딱지의 모양은 마름모일까? 자고로 수학은 이런 환경 속에서 증명하고 확인하는 재미가 쏠쏠하니 직접 증명해 보자.

긴 띠 모양으로 모양을 맞춘 후 딱지를 접어보자.

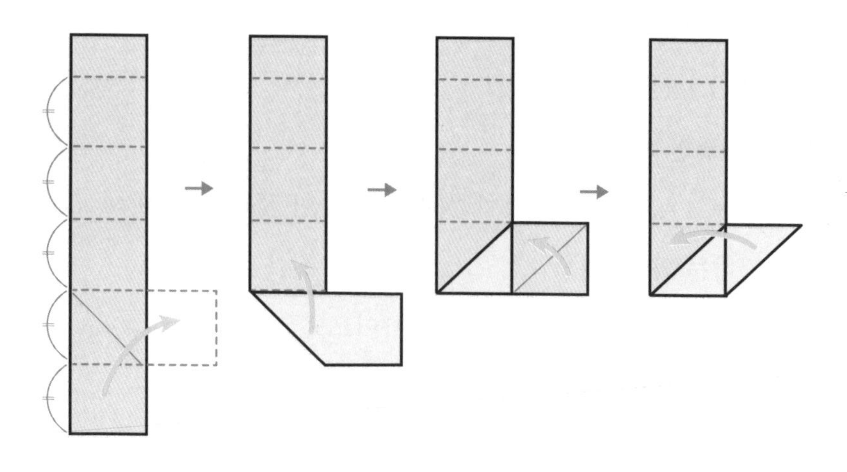

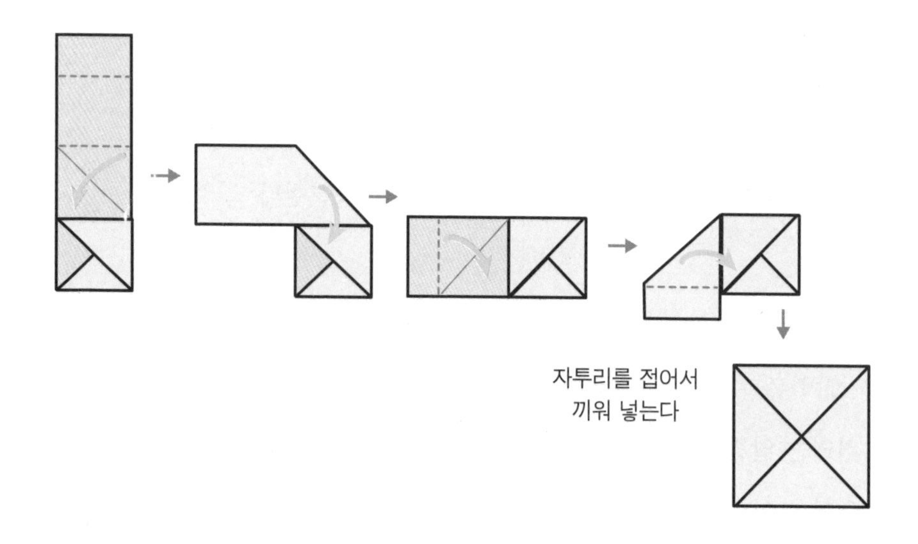

직접 접어보면 열심히 대각선을 직각으로 맞추고 있는 자신을 발견하게 될 것이다. 두 대각선이 서로 다른 것을 수직으로 이등분하게 만들고 있는 것이다. 바로 마름모의 성질이다.

그런데 접힌 딱지를 보면 네 각의 크기가 직각으로 같다. 그리고 네 각의 크기가 같은 사각형은 직사각형이다. 또 네 각의 크기가 같다는 것은 두 쌍의 대각의 크기가 같다는 것이므로 직사각형은 평행사변형이다. 따라서 평행사변형의 성질인 두 대각선이 서로 다른 대각선을 이등분한다.

딱지 하나에도 이런 수학의 비밀이 숨어 있다니 얼마나 멋진가! 이 성질을 이용해 직사각형에 대해 좀 더 알아보자.

□ ABCD에 대각선을 그어서 만나는 점을 O로 놓는다.

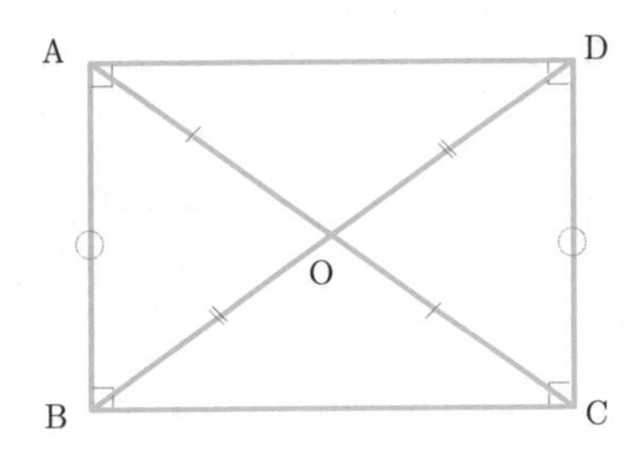

$\angle A = \angle B = \angle C = \angle D$ (직사각형의 정의)

$\overline{AO} = \overline{CO}$, $\overline{BO} = \overline{DO}$ (평행사변형의 성질)

$\overline{AB} = \overline{DC}$ (평행사변형의 성질)

$\triangle ABC$와 $\triangle DCB$를 살펴보면,

$\overline{AB} = \overline{DC}$이고 $\overline{BC}$는 공통변, $\angle B = \angle C$이므로 합동이다(SAS합동).

$\therefore \overline{AC} = \overline{BD}$

즉 두 대각선의 길이가 같음을 알 수 있다.

직사각형

정의 네 각의 크기가 같은 사각형

성질 두 대각선의 길이가 같고, 서로 다른 대각선을 이등분한다.

따라서 딱지는 네 변의 길이와 네 각의 크기가 모두 같은 사각형인 것이다. 그리고 네 변의 길이와 네 각의 크기가 모두 같은 사각형은 정사각형이다.

네 변의 길이가 같으므로 정사각형은 마름모이고 네 각의 크기가 같으므로 직사각형이기도 하다. 따라서 정사각형은 마름모의 성질과 직사각형의 성질을 모두 가져야 한다.

이는 곧 정사각형의 두 대각선은 서로 길이가 같고, 서로 다른 대각선을 수직이등분한다는 것을 뜻한다.

이를 뒤집어 생각하면, 두 대각선의 길이가 같고 서로 다른 대각선을 수직이등분하는 사각형이 있다면 그 사각형은 정사각형인 것일까? 수학은 증명이 맛이니 증명해보자.

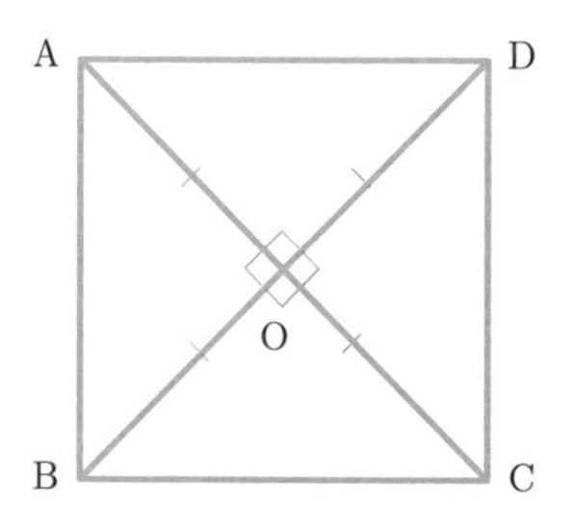

가정 $\overline{OA}=\overline{OC}=\overline{OB}=\overline{OD}$

$\overline{AC} \perp \overline{BD}$

결론 □ ABCD는 정사각형이다.

즉 $\angle A=\angle B=\angle C=\angle D$, $\overline{AB}=\overline{BC}=\overline{CD}=\overline{DA}$

증명 $\overline{OA}=\overline{OC}=\overline{OB}=\overline{OD}$,

$\angle AOB=\angle BOC=\angle COD=\angle DOA=90^\circ$

$\triangle AOB\equiv\triangle BOC\equiv\triangle COD\equiv\triangle DOA$ (SAS합동)

$\therefore\ \overline{AB}=\overline{BC}=\overline{CD}=\overline{DA}$

또한 $\triangle AOB$, $\triangle BOC$, $\triangle COD$, $\triangle DOA$는 모두 이등변삼각형이므로 이등변삼각형의 두 밑각의 크기는 같다는 성질에 따라 $\angle A=\angle B=\angle C=\angle D$

$\therefore$ □ ABCD는 정사각형이다.

그러므로 알뜰한 당신이 접은 봉지딱지는 정사각형이다.

정사각형

정의 네 변의 길이와 네 각의 크기가 모두 같은 사각형

성질 두 대각선의 길이가 같고, 서로 다른 대각선을 수직이등분한다.

계속해서 다른 형태의 사각형을 살펴보자.

한 쌍의 대변이 평행한 사각형은 사다리꼴의 조건이 된다. 사다리꼴의 모양은 다양해서 한 쌍의 대변이 평행하다는 것 말고는 같은 성질을 찾기가 어려운 만큼, 등변사다리꼴만 살펴보아도 사다리꼴의 조건을 확인할 수 있다.

등변사다리꼴은 한 쌍의 대변이 평행하고, 밑변의 양 끝각의 크기가 같은 사다리꼴이다. 과연 이 성질이 확실히 존재하는지 등변사다리꼴에도 대각선을 그려서 확인해보자.

□ ABCD에서 $\overline{AD}/\!/\overline{BC}$, $\angle B=\angle C$일 때를 살펴보자.

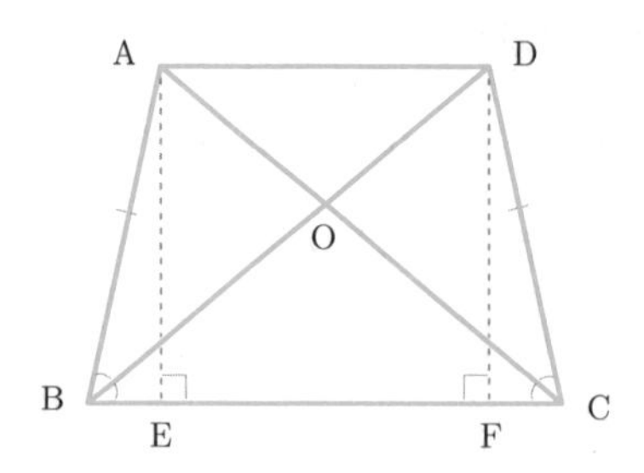

먼저 꼭짓점 A와 꼭짓점 D에서 밑변에 수선을 내려 만나는 점을 E, F로 한다.

$\angle B = \angle C$, $\angle AEB = \angle DFC = 90^\circ$이므로 $\angle BAE = \angle CDF$이다.

또한 $\overline{AD} // \overline{BC}$이므로 $\overline{AE} = \overline{DF}$.

그러므로 직각삼각형 $\triangle ABE \equiv \triangle DCF$ (ASA합동) 이다.

$\therefore\ \overline{AB} = \overline{DC}$

이를 통해 알 수 있는 것은 등변사다리꼴은 평행하지 않은 두 변의 길이가 같다는 것이다. 또 다른 성질을 확인해보자.

$\triangle ABC$와 $\triangle DCB$에서

$\angle B = \angle C$, $\overline{AB} = \overline{DC}$

$\overline{BC}$는 공통변이므로,

$\triangle ABC \equiv \triangle DCB$ (SAS합동)

$\therefore\ \overline{AC} = \overline{DB}$

등변사다리꼴에서는 두 대각선의 길이가 같음을 알 수 있다.

등변사다리꼴

정의 한 쌍의 대변이 평행하고, 밑변의 양 끝각의 크기가 같은 사다리꼴이다.

성질 두 대각선의 길이가 같고, 평행하지 않은 두 변의 길이가 같다.

사실 여러분에게 딱지를 소개한 이유는 딱지를 직접 접어보는 것만으로도 여러 가지 모양의 사각형 사이에는 어떤 관계가 있다는 것을 알 수 있기 때문이다.

한 쌍의 대변이 평행하면 사다리꼴이다. 여기에 나머지 한 쌍의 대변도 평행하면 평행사변형이 된다. 그리고 평행사변형의 한 각이 90°이면 네 각이 모두 직각이 되어 직각사각형이 된다. 또한 평행사변형에서 이웃한 두 변의 길이가 같으면 네 변의 길이가 같아져 마름모가 된다. 직사각형에서 이웃한 두 변의 길이가 같거나 마름모의 한 내각이 직각이 되면 정사각형이 된다. 이런 식으로 여러 가지 사각형은 서로 속하기도 하고 별개로 존재하기도 한다.

이를 벤다이어그램으로 표현하면 다음과 같다.

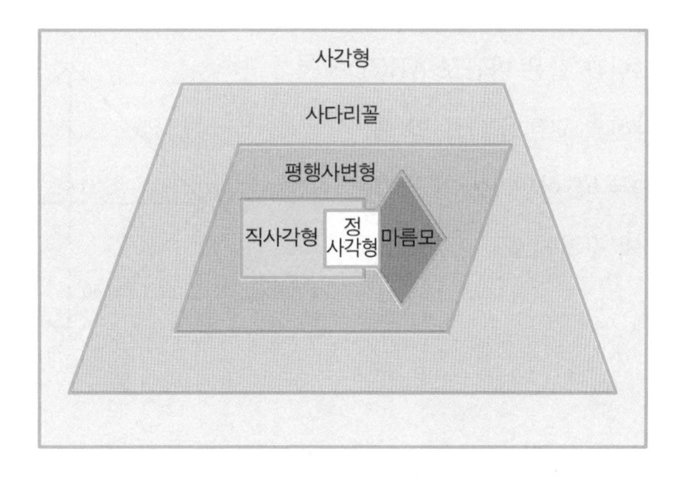

실력 Up

문제 1 다음 그림과 같은 평행사변형 □ABCD에서 $\angle ACB=50^\circ$, $\angle ADB=20^\circ$일 때 $\angle x+\angle y$의 값를 구하시오.

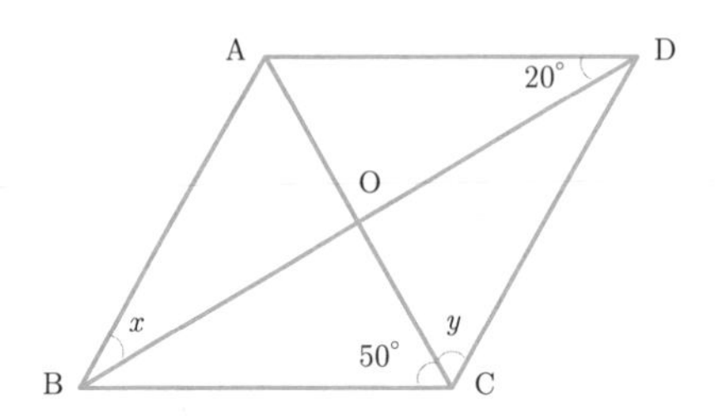

풀이 $\overline{AD}//\overline{BC}$이므로 $\angle ACB=\angle CAD=50^\circ$ (엇각)

$\overline{AB}//\overline{DC}$이므로 $\angle x=\angle CDB$ (엇각)

$\triangle ACD$에서 $\angle CAD+\angle ADB+\angle x+\angle y=180^\circ$

$\angle x+\angle y=180^\circ-(50^\circ+20^\circ)=110^\circ$

답 $\angle x+\angle y=110^\circ$

문제 2 다음 그림과 같은 마름모 ABCD에서 두 대각선의 교점을 O로 할 때, $\angle BCO=40^\circ$이면 $\angle x$의 크기는 얼마인지 구하시오.

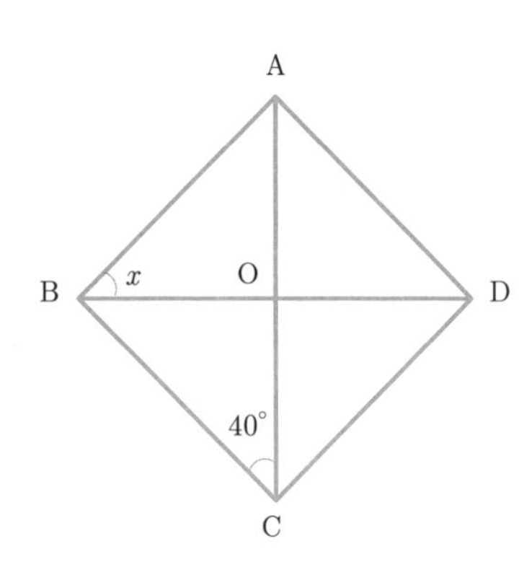

풀이 마름모 ABCD에서 대각선으로 만들어진 $\triangle AOB$와 $\triangle COB$를 보면,

$\overline{AB}=\overline{BC}$ (마름모의 정의)

$\overline{AC}\perp\overline{BD}$ (마름모의 성질)

$\overline{BO}$는 공통변이다.

그러므로 $\triangle AOB\equiv\triangle COB$(RHS합동)이 된다.

따라서 $\angle BAO=\angle BCO=40^\circ$

삼각형의 내각의 합은 180°이므로,

$\angle x+\angle BAO+90^\circ=180^\circ$에서 $\angle x=50^\circ$

답 $\angle x=50^\circ$

도형의 닮음과 응용

삼각형의 닮음

앞에서 탈레스는 닮음을 이용해 막대기의 높이와 막대기 그림자의 길이로 피라미드의 높이를 측정했다. 그렇다면 닮음은 뭘까? 여기서 닮음에 대해 좀 더 알아보도록 하자.

닮음이란 한 도형을 일정한 비율로 확대하거나 축소한 것이 다른 도형과 합동이 될 때, 두 도형의 관계를 말한다. 이때 두 도형을 닮은 도형이라고 하고 기호로는 $\backsim$로 표시한다. 그리고 두 닮은 도형에서 대응하는 변의 길이의 비는 닮음비, 대응하는 변의 길이를 줄여서 대응변, 대응하는 각의 크기를 대응각이라고 한다.

이를 확인하기 위해 두 정삼각형 ABC와 DEF를 살펴보자. △DEF는 △ABC를 2배 확대한 것이다.

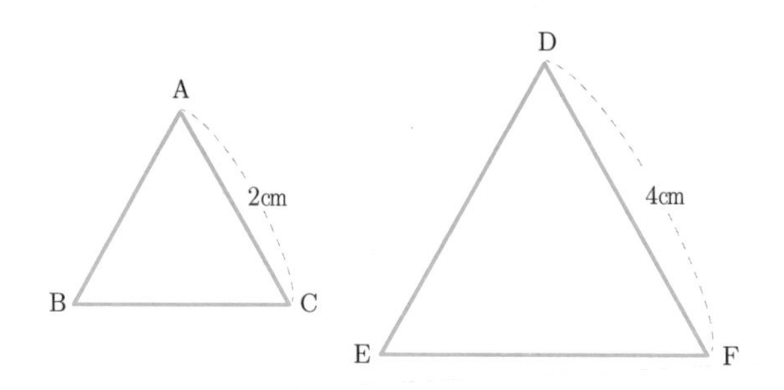

∠A와 ∠D, ∠B와 ∠E, ∠C와 ∠F는 서로 대응하는 각이며 크기도 같다.

$\overline{AB}$와 $\overline{DE}$, $\overline{BC}$와 $\overline{EF}$, $\overline{CA}$와 $\overline{FD}$는 서로 대응하는 변이면서 닮음비가 1 : 2로 길이의 비가 일정하다.

일반적으로 두 닮은 평면도형은 다음과 같은 성질을 가진다.

평면도형에서 닮은 도형의 성질

1. 대응각의 크기가 서로 같다.
2. 대응변의 비는 일정하다.
   (대응변의 비는 대응변에 관한 길이의 비와 같은 의미이다)

그렇다면 두 삼각형이 닮은 도형이 되려면 대응변의 비가 일정하고 대응각의 크기 또한 같으면 된다. 그런데 이 중 몇 가지만 같아도 닮음이 되는 경우가 있다.

합동의 조건을 떠올리면 좀 더 이해하기 쉬울 것이다.

먼저 대응변 세 쌍의 비가 같은 삼각형을 그려보자.

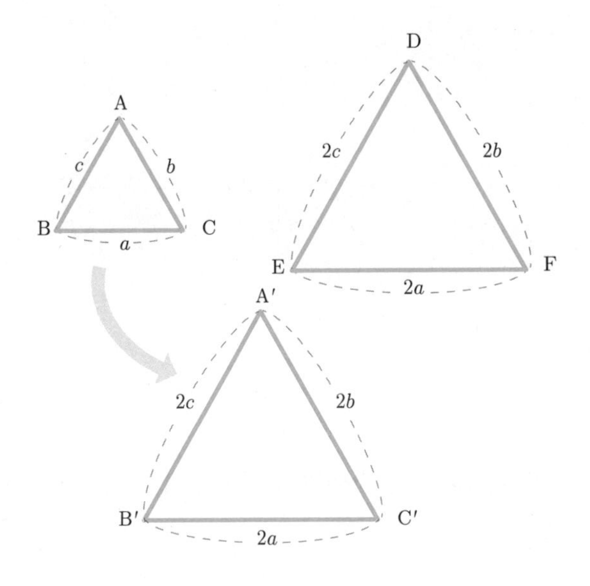

△ABC의 각 변을 2배씩 늘여서 △A′B′C′를 그려본다.

△A′B′C′와 △DEF는 합동이다(SSS합동).

따라서 △ABC∽△DEF이 성립된다.

이런 닮음을 SSS닮음이라고 한다.

그렇다면 대응변 두 쌍의 비가 같고 그 사이 끼인 각의 크기가 같은 삼각형은 어떨까?

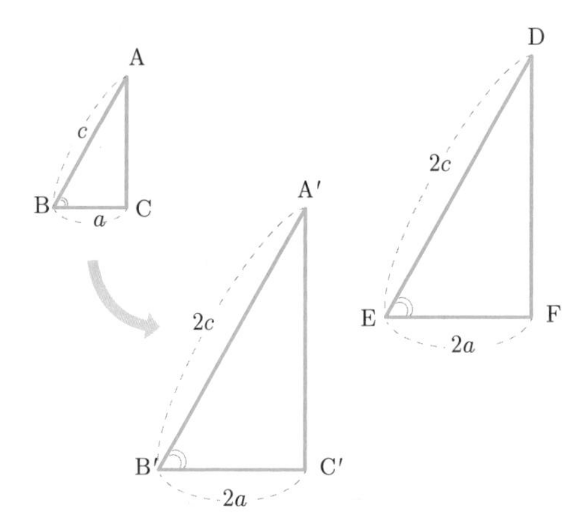

$\triangle$ABC의 두 변 AB와 BC를 2배씩 늘리고 $\angle B = \angle B'$인 $\triangle A'B'C'$를 그려 본다.

$\triangle A'B'C'$와 $\triangle$DEF는 합동(SAS합동)이기 때문에

$\triangle ABC \backsim \triangle DEF$이다.

이런 닮음을 SAS닮음이라 한다.

그렇다면 대응각만 같을 경우에는 어떻게 될까? 두 쌍의 대응각이 같은 경우를 살펴보자.

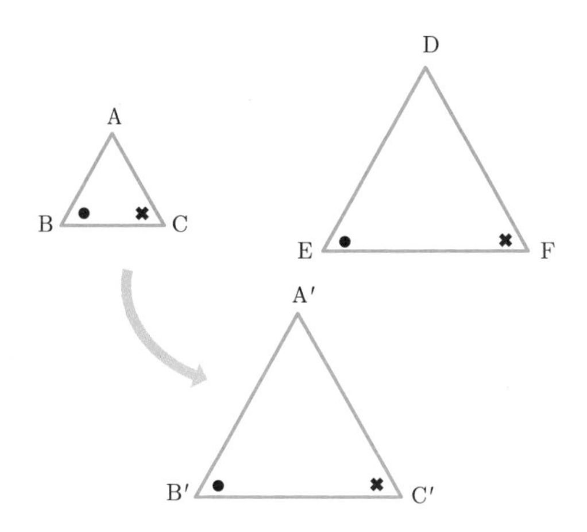

$\angle B=\angle B'$, $\angle C=\angle C'$인 $\triangle A'B'C'$를 그려보자.

두 쌍의 대응각이 같으면 나머지 한 대응각의 크기도 같기 때문에 $\triangle A'B'C'$와 $\triangle DEF$는 합동이다.

그러므로 $\triangle ABC \backsim \triangle DEF$이며 이런 닮음을 AA닮음이라고 한다.

그렇다면 피라미드의 높이를 구한 탈레스가 이용한 닮음은 어떤 닮음이었을까?

그는 지면과 직각이고 태양의 고도가 같은 것을 이용했으므로 AA닮음을 이용해 피라미드의 높이를 구했다.

삼각형의 닮음 조건

1. 세 쌍의 대응변의 비가 같을 때(SSS닮음)
2. 두 쌍의 대응변의 비가 같고,
   그 사이 끼인 각의 크기가 같을 때(SAS닮음)
3. 두 쌍의 대응각의 크기가 각각 같을 때(AA닮음)

$\angle A$가 $90°$인 직각삼각형 ABC에서 $\overline{AH} \perp \overline{BC}$ 이고 $\overline{AB}=6$㎝, $\overline{AC}=4$㎝, $\overline{BC}=8$㎝이면, $\overline{AH}$의 길이를 구해보자.

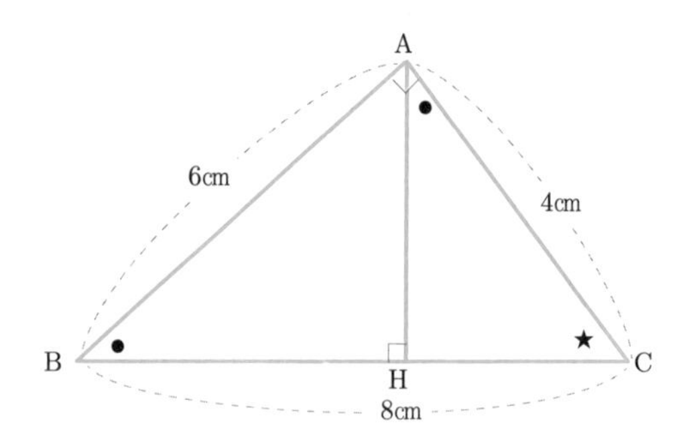

△ABC에서 ∠A(90°)+∠B(●)+∠C(★)이므로, △AHC를 살펴보면 ∠AHC=90°, ∠C=★이다. 따라서 △ABC와 △AHC는 두 쌍의 대응각의 크기가 같으므로 AA닮음이다. 이에 따라 대응변의 비가 같아야 하므로,

$\overline{AB}:\overline{BC}=\overline{AH}:\overline{AC}$

$6:8=x:4 \Rightarrow x=3$

$\therefore \overline{AH}=3$㎝

닮음의 응용

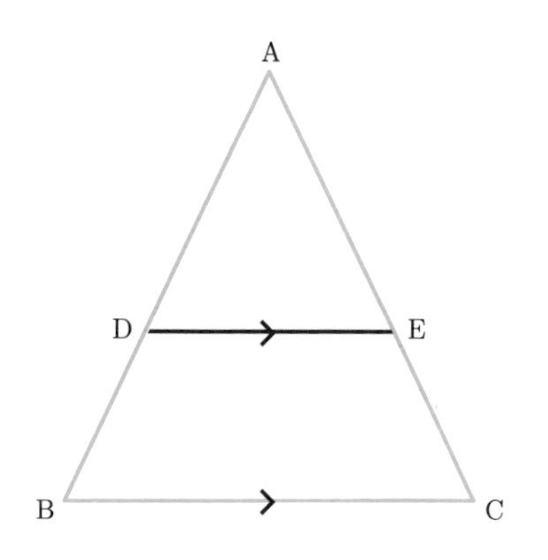

이제 도형과 평행선의 관계를 알아보자.

다음과 같은 △ABC 내부에 $\overline{BC}$와 평행한 선을 그리고 양쪽에서 만나는 점을 D,E로 놓는다.

△ABC와 △ADE가 생겼다. 이 두 삼각형 사이의 관계를 알아보자.

$\overline{BC}//\overline{DE}$이므로 ∠ADE=∠ABC이고 ∠AED=∠ACB이다(동위각).

따라서 △ABC≡△ADE(AA닮음)이다.

두 삼각형이 닮은 관계이므로 각 변의 길이의 비가 일정해야 한다.

$$\frac{\overline{AD}}{\overline{AB}}=\frac{\overline{AE}}{\overline{AC}}=\frac{\overline{DE}}{\overline{BC}}$$

이는 곧 $\frac{\overline{AD}}{\overline{DB}}=\frac{\overline{AE}}{\overline{EC}}$ 인 것을 알 수 있다.

실생활에서 이를 확인해볼 수 있는 예로는 어떤 것이 있을까? 지구에서 달과 태양을 보면 그 크기가 비슷해 보인다. 왜냐하면 태양과 달의 각지름은 약 0.5°로 같기 때문이다. 하지만 실제로는 태양의 반지름이 달보다 약 400배가 크다. 이를 확인하고 싶다면 닮음을 응용하면 된다.

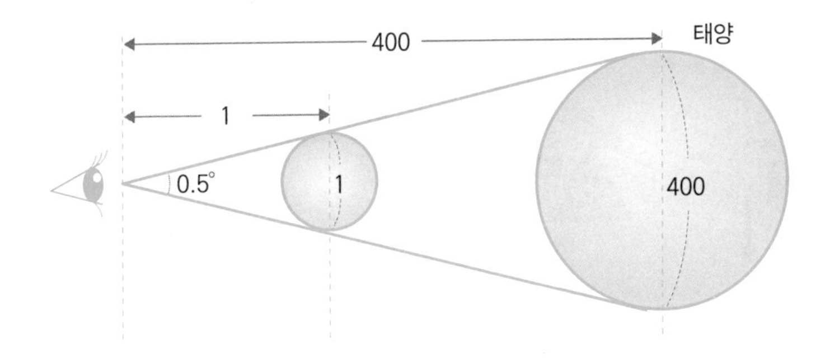

관찰자의 눈을 꼭짓점으로 하는 닮은 삼각형이므로 지구에서 달까지 거리와 지구에서 태양까지 거리의 비가 바로 달의 지름과 태양의 지름 크기의 비가 된다.

그런데 지구에서 달까지의 평균거리는 약 38만km이고 지구에서 태양까지의 거리는 약 1억5천만km로, 달까지의 거리의 약 400배이다.

따라서 태양의 지름이 달의 지름의 약 400배라는 것을 알 수 있다.

고대 그리스의 과학자 아르키메데스는 충분히 긴 지레와 받침대, 그리고 서

있을 자리를 주면 지구를 들어보이겠다고 했다. 이는 지레의 법칙을 응용한 것으로, 지레를 사용하면 힘은 적게 들지만 힘이 작용하는 거리는 늘어난다. 지구는 받침점 아주 가까이에, 아르키메데스는 받침점에서 매우 멀리 있다는 조건하에 자신의 힘으로 지구를 들어올릴 수 있다고 자신했다. 물론 지구의 질량이나 여러 조건을 고려하지 않았지만 이는 재미있는 이론임에는 틀림없다. 위대한 수학자이자 과학자였던 아르키메데스는 물체를 직접 들어올릴 때 한 일의 양과 지레를 사용하여 물체를 들어올릴 때 한 일의 양이 같기 때문에 이와 같이 말할 수 있었던 것이다.

이를 그림으로 나타내면 다음과 같다.

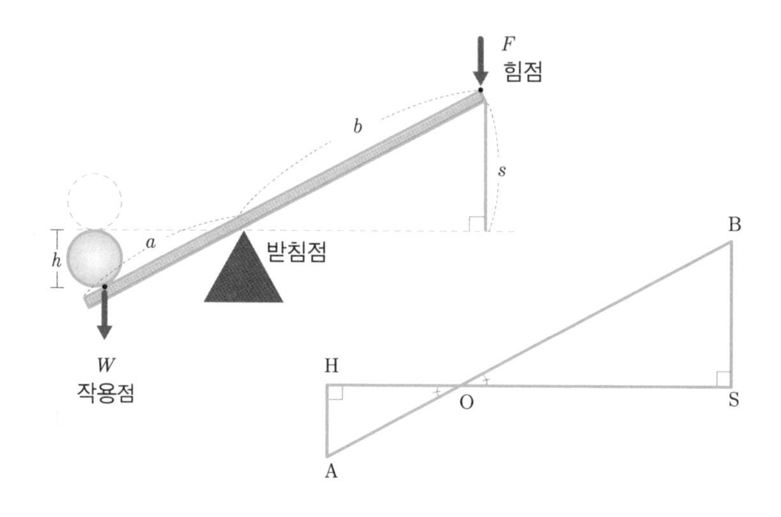

일은 힘과 이동거리를 곱한 값이므로 $W \times h = F \times s$이다.그런데 닮음 조건에 의하면 $a : b = h : s$가 되므로,

(왜냐하면 ∠AOH = ∠BOS = 맞꼭지각, ∠AHO = ∠BSO = 90° 이므로 △AHO∽△BSO, AA닮음)

$W \times a = F \times b$가 된다. 이것이 지레의 법칙이다.

그렇다면 △ABC에서 점 D, E가 $\overline{AB}$, $\overline{BC}$의 중점일 때는 어떻게 될까?

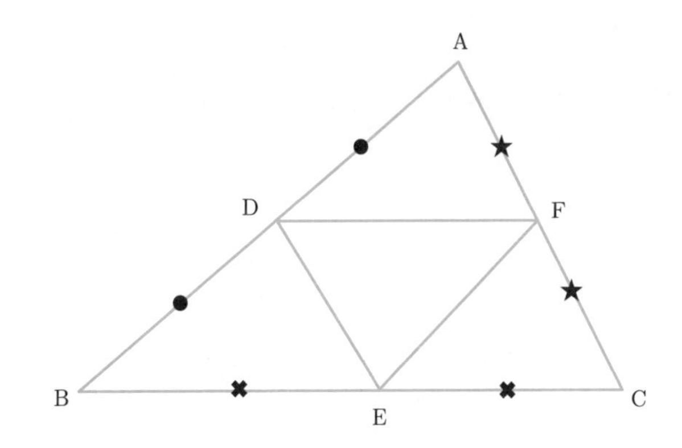

$\overline{AB}$, $\overline{BC}$, $\overline{CA}$의 중점을 D, E, F로 하면,

$\frac{\overline{AD}}{\overline{AB}} = \frac{\overline{AF}}{\overline{AC}} = \frac{1}{2}$ 이므로

$\overline{DF} : \overline{BC} = 1 : 2$ 곧 $\overline{DF} = \frac{1}{2}\overline{BC}$가 된다.

이는 다시 말해 $\overline{AD} = \overline{BD}$이고 $\overline{BC} // \overline{DF}$이면

$\overline{AF} = \overline{CF}$인 것을 알 수 있다.

이를 삼각형의 중점 연결 정리라고 한다.

삼각형의 중점 연결 정리

1. $\triangle$ABC에서 점 D, E가 $\overline{AB}$, $\overline{BC}$의 중점이면
   $\overline{BC} // \overline{DF}$일 때 $\overline{DF}=\frac{1}{2}\overline{BC}$
2. $\overline{AD}=\overline{BD}$이고 $\overline{BC} // \overline{DF}$이면 $\overline{AF}=\overline{CF}$

$\triangle$ABC에서 각 꼭짓점과 그 대변의 중점을 연결하는 선을 그어보자. 이 선을 중선이라고 한다. 먼저 꼭짓점 A와 꼭짓점 B에서 중선을 그어보자.

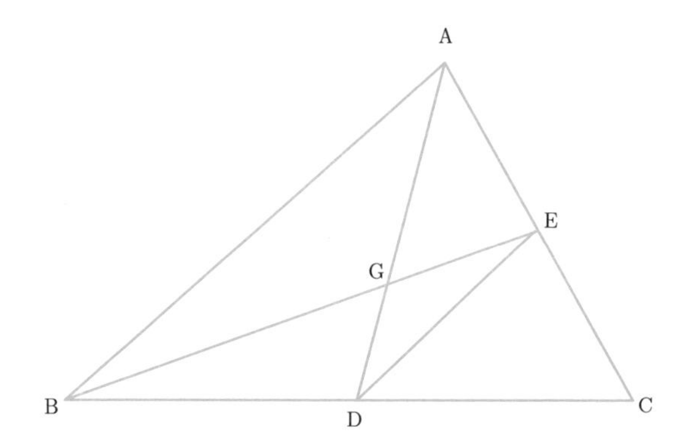

두 점 D, E는 각각 $\overline{BC}$와 $\overline{CA}$의 중점이므로 삼각형의 중점 연결 정리에 의해, $\overline{AB} // \overline{ED}$, $\overline{ED}=\frac{1}{2}\overline{AB}$가 된다.

따라서 $\triangle ABG \backsim \triangle DEG$이고 닮음비는 $2:1$이다.

즉 $\overline{BG}:\overline{EG}=\overline{AG}:\overline{DG}=2:1$이라는 뜻이다.

이에 따라 두 중선 $\overline{AD}$와 $\overline{BE}$는 점 G로 인해 각 꼭짓점에서 $2:1$로 나누어진다.

계속해서 이번에는 꼭짓점 A와 꼭짓점 C에서 내린 중선을 살펴보자.

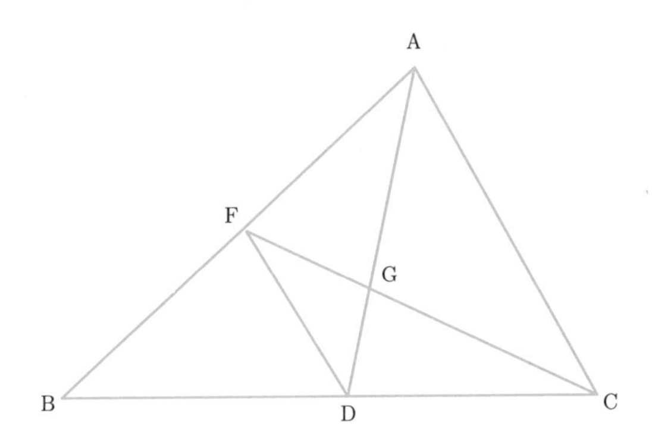

두 점 D, F는 각각 $\overline{AB}$와 $\overline{BC}$의 중점이므로 삼각형의 중점연결 정리에 의하여, $\overline{AC} // \overline{FD}$, $\overline{FD} = \frac{1}{2}\overline{AC}$가 된다.

따라서 $\triangle ACG \backsim \triangle DFG$이고 닮음비는 $2:1$이다.

즉 $\overline{AC} : \overline{FD} = \overline{CG} : \overline{FG} = 2:1$이라는 뜻이다.

두 중선 $\overline{AD}$와 $\overline{CF}$는 점 G로 인해 각 꼭짓점에서 $2:1$로 나누어진다.

꼭짓점 A, B, C에서 각각 중선을 내리면 아래 그림처럼 세 중선이 모두 한 점에서 만나는 G′가 생긴다. 이 점은 세 중선을 각 꼭짓점에서 각각 $2:1$로 나누며 무게중심이라고 한다.

이 삼각형을 오려내어 무게중심에 손끝을 대고

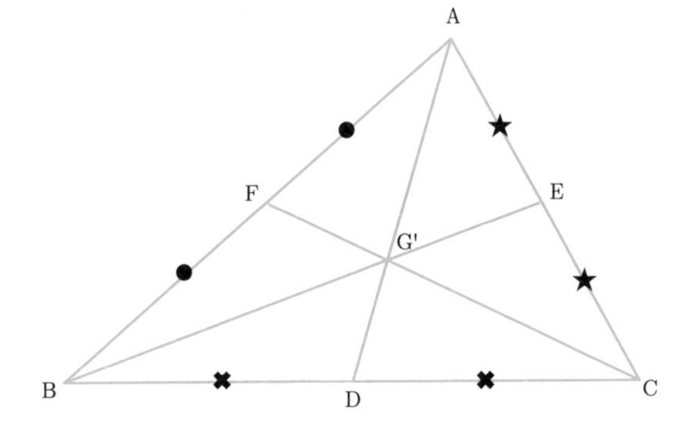

가만히 놓아보자. 삼각형이 균형을 잡아 흔들리지 않는 것을 볼 수 있을 것이다. 이는 물리 쪽에서 말하는 무게중심과 같다.

모든 물체는 무게중심이 있으며 그에 따라 균형을 잡고 있다. 걸을 때 지구의 중력에도 쓰러지지 않는 이유도 몸의 움직임에 따라 우리 몸의 무게중심이 균형을 맞추기 위해 조금씩 이동하기 때문이다.

좀 더 떠올리기 쉬운 예로는 모빌이 있다. 모빌을 만들 때 양쪽 균형을 맞추기 위해 찾는 점이 무게중심이다.

이탈리아 피사의 사탑이 기울어져 있지만 아직까지 쓰러지지 않는 이유 또한 무게중심 때문이다. 무게중심이 아직은 사탑의 받침면을 벗어나지 않았기 때문에 매년 남쪽으로 1mm씩 기울어짐에도 불구하고 쓰러지지 않는 것이다.

이제 우리가 배운 것을 활용해보자.

△ABC의 세 꼭짓점에서 대변의 중점에 각각의 중선을 긋고 세 점이 만나는 점을 G로 할 때 △ABG와 △ACG의 넓이 관계를 비교해보자.

피사의 사탑(© Softeis)

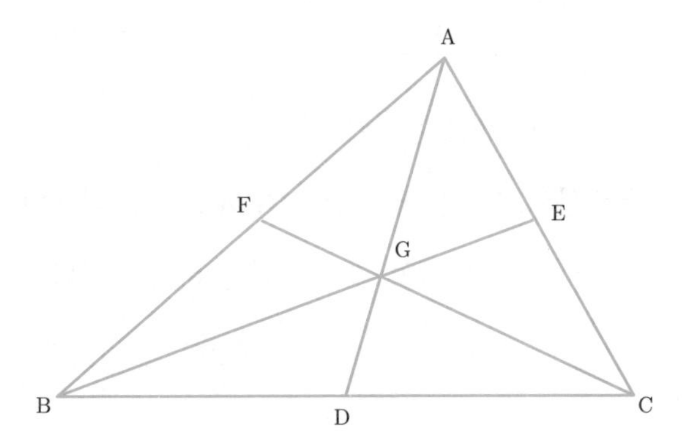

삼각형의 넓이는 밑변의 길이와 높이의 곱의 반이다. 그 말은 밑변의 길이와 높이만 같다면 어떤 모양의 삼각형이라도 넓이가 같다는 걸 의미한다.

$\triangle ABD$와 $\triangle ACD$를 살펴보면 무게중심에 의한 중점이므로 $\overline{BD}=\overline{CD}$임을 알 수 있다.

또 꼭짓점 A가 같으므로 높이도 같다.

따라서 $\triangle ABD=\triangle ACD$ (도형간의 '=' 표시는 넓이가 같음을 의미한다).

계속해서 $\triangle GBD$와 $\triangle GCD$를 살펴보면 무게중심에 의한 중점이므로 $\overline{BD}=\overline{CD}$이다.

이번에도 꼭짓점 G가 같으므로 높이도 같다.

따라서 $\triangle GBD=\triangle GCD$

$$\triangle ABG=\triangle ABD-\triangle GBD$$
$$=\triangle ACD-\triangle GCD=\triangle ACG$$
$$\therefore \triangle ABG=\triangle ACG$$

무게중심의 성질

1. 무게중심은 세 중선의 길이를 각 꼭짓점에서 2 : 1로 나눈다.
2. 세 중선에 의해 나뉘어지는 여섯 개의 삼각형 넓이는 같다.

그렇다면 두 직선이 여러 개의 평행선과 만날 때 잘린 선분들은 어떤 관계가 있을까?

옆 그림처럼 평행한 세 직선 l, m, n이 두 직선 x, y와 만날 때 a, b, a', b' 사이의 관계를 알아보자.

각 직선이 만나는 점을 각각 A, B, C, A′, B′, C′로 놓고 점 A를 지나면서 직선 y에 평행한 직선을 그린다. 계속해서 각 평행한 직선과 만나는 점을 D, E라고 한다.

이제 $\triangle ACE$를 살펴보자.

$\overline{BD} // \overline{CE}$이므로

$\overline{AB} : \overline{BC} = \overline{AD} : \overline{DE}$가 된다.

그런데 □ADB′A′과 □DEC′B′는 평행사변형이므로,

$\overline{AD} = \overline{A'B'}$이고 $\overline{DE} = \overline{B'C'}$이다.

따라서 $\overline{AB} : \overline{BC} = \overline{A'B'} : \overline{B'C'}$

$\therefore a : b = a' : b'$

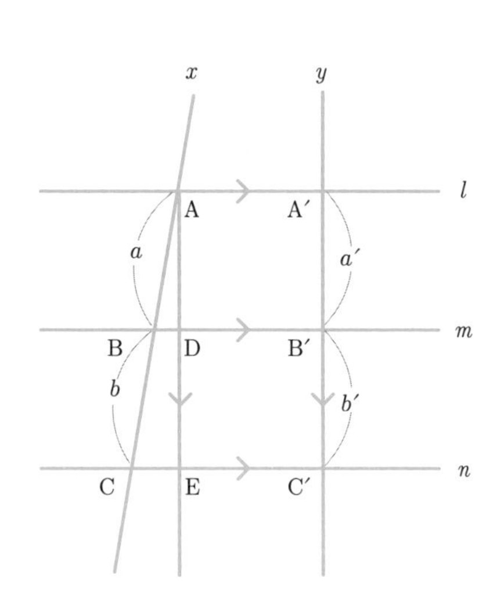

이처럼 평행선과 직선, 도형을 이용하여 원하는 길이나 각도, 넓이 등을 쉽게 구할 수 있다. 이와 같은 다각형의 성질은 앞서 든 예에서 볼 수 있듯 실생활에 여러모로 사용된다.

실력 Up

문제 **1** 다음 그림에서 서로 닮음인 두 삼각형을 찾아 기호로 나타내고, 이때의 닮음 조건을 말하시오.

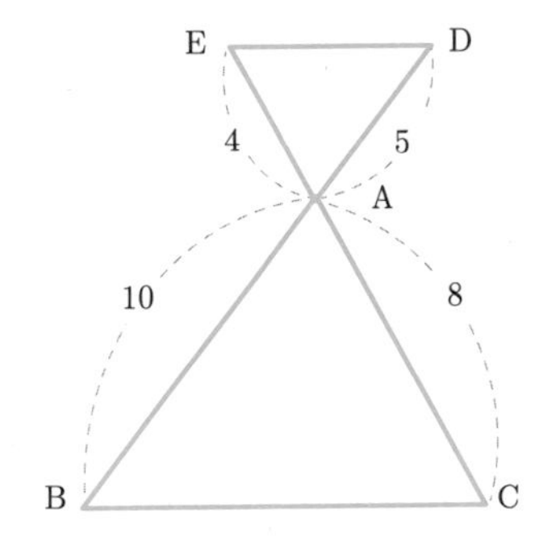

풀이 $\angle A$는 맞꼭지각으로 같고 $\overline{AE}:\overline{AC}=\overline{AD}:\overline{AB}=1:2$로 일정하므로 $\triangle ABC \backsim \triangle ADE$ (SAS닮음).

답 $\triangle ABC \backsim \triangle ADE$, SAS닮음

문제 **2** 사다리꼴 ABCD에서 $\overline{AD}/\!/\overline{BC}$, $\overline{AD}=4$㎝, $\overline{BC}=6$㎝이고 $\triangle AOD$의 넓이가 16㎠일 때 $\triangle BOC$의 넓이를 구하시오.

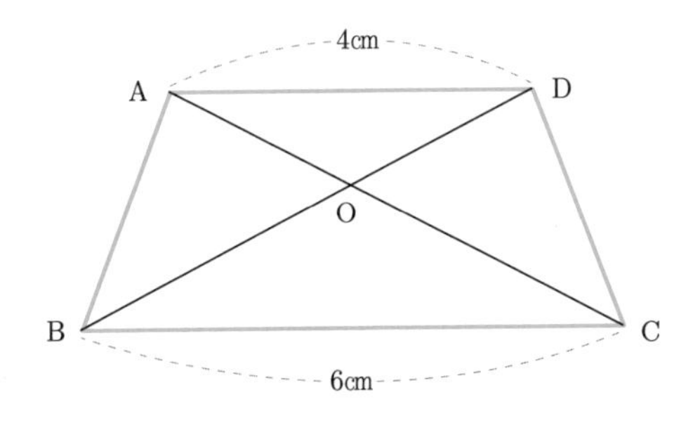

풀이 $\angle AOD = \angle COB$(맞꼭지각), $\angle ADB = \angle CBD$(엇각)으로 $\triangle AOD \backsim \triangle BOC$(AA닮음)

$\overline{AD} : \overline{BC} = 4 : 6 = 2 : 3$이므로,

넓이의 비는 $2^2 : 3^2 = 16 : x$

$4x = 144$

$x = 36$

답 $\triangle BOC$의 넓이$=36\text{cm}^2$

원과 부채꼴

고대 그리스의 철학자이자 수학자 아르키메데스는 원의 매력에 빠져서 원을 연구하는 데 일생을 보냈다.

포에니 전쟁 당시 카르타고 편에서 전쟁에 참여했던 아르키메데스는 태양빛을 이용해 로마의 군선을 태우기도 하고 기발한 무기를 개발해 로마군을 쳐부수기도 했다. 하지만 막강한 군사력을 자랑했던 로마군을 이길 수는 없어 아르키메데스가 살았던 시라쿠사는 결국 로마의 손에 떨어지고 말았다. 그런데 한 번 집중하면 그 무엇도 신경 쓰지 않고 연구에 몰두하던 아르키메데스였던지라 그날도 승전보를 울리며 도시를 파괴하는 로마군은 아랑곳하지 않고 바닥에 원을 그리며 연구에 몰두하고 있었다고 한다. 주변의 위험한 상황보다 연구에 눈이 먼 아르키메데스는 로마 군인이 원을 밟자 발을 치우라고 했고 이에 화가 난 로마 군인은 한칼에 아르키메데스를 죽였다고 한다. 그렇다면 그 위험 속에서도 아르키메데스가 빠져들었던 원의 매력은 무엇일까? 지금부터 원에 대하여 자세히 알아보자.

원이란 알다시피 한 점에서 같은 거리에 있는 점들을 모두 연결한 선으로, 자연에서 쉽게 찾아볼 수 있다. 옛날 사람들이 숭배하던 태양이나 달, 떨어지는 물방울이나 비눗방울 모두 원 모양이다.

원에서 기준이 되는 한 점은 원의 중심이며 중심과 떨어진 일정한 거리는 원의 반지름이라고 한다. 이제 직접 원을 그려 자세히 살펴보자.

그림처럼 원을 그린 뒤 원 위에 두 점 A, B를 잡아보자. 이 점들이 지나가는 길, 바로 원의 둘레가 원주이다. 이 두 점에 의해 원이 두 부분으로 나뉘어진다. 이때 두 점 A, B 사이의 둥근 부분을 호라고 한다($\overset{\frown}{AB}$).

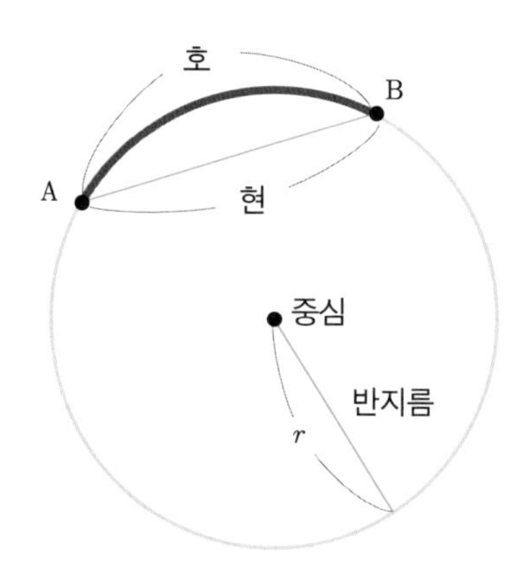

원 위의 두 점을 이은 선분은 현(현 AB 또는 $\overline{AB}$), 이 현들 중에서 가장 긴 현은 원의 중심을 지나는 반지름이다. 또 원 위의 두 점을 각각 중심과 연결하면 다음 그림처럼 피자 조각 같은 모양이 나오는데 이 모양이 부채꼴이다.

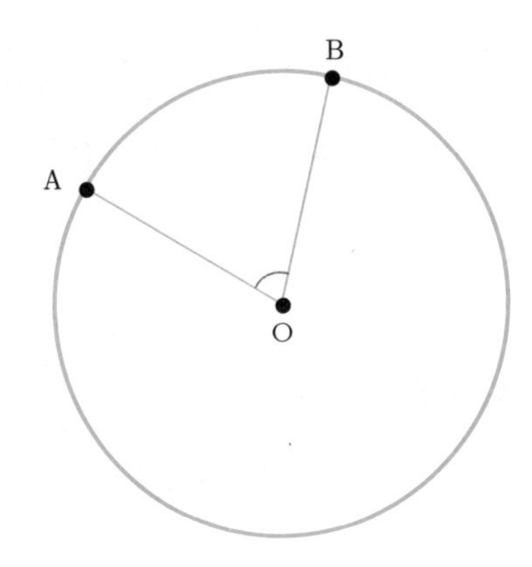

이 그림에서 ∠AOB를 중심각이라고 하며, 중심각의 크기가 같은 부채꼴을 포개면 호의 길이가 같다는 것을 확인할 수 있다. 따라서 중심각의 크기가 커지면 호의 길이는 길어지고 중심각의 크기가 작아지면 호의 길이는 작아진다. 즉 호의 길이는 중심각의 크기에 비례한다.

이는 에라토스테네스가 지구의 크기를 잴 때 이용했던 성질이다.

그렇다면 현의 길이도 중심각의 크기에 비례할까?

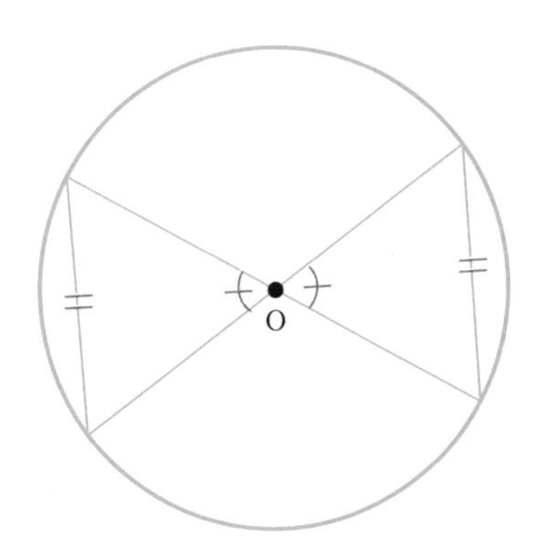

180° 까지 중심각의 크기가 커질수록 현의 길이도 길어진다. 그러나 중심각

의 크기가 180°보다 커지면 현의 길이는 오히려 작아진다. 중심각이 180°일 때 현의 길이가 원의 지름으로, 최대가 되기 때문이다. 따라서 현의 길이는 중심각의 크기에 비례하지 않는다.

아르키메데스가 원에 푹 빠진 이유는?

원은 지금까지 살펴본 도형들과는 다른 특징을 가진다. 그중 가장 큰 특징은 크기가 각각 다른 원이라도 원의 지름과 원의 둘레 사이에는 항상 같은 비율이 성립하는 것이다.

아르키메데스는 원주를 원의 지름값으로 나눈 값이 항상 일정하다는 것을 알고 그 값을 찾기 위해 많은 애를 썼다. 여러분도 잘 알고 있는 3.14라는 값이 아르키메데스를 사로잡은 것이다.

3.14는 원주율로, 원의 둘레를 표현하는 그리스어의 첫글자를 따서 'π'로 표시한다.

원과 크기가 가장 비슷해지도록 원의 안과 밖에 정다각형을 그려서 둘레를 계산했던 아르키메데스는 정구십육각형까지 그려서 3.140~3.142 사이에 원주율 값이 있다는 것까지 계산해냈다.

원주율 값은 오랜 수학의 역사 속에서 누가 더 길게 뒷자리를 찾아내는지 경쟁이 붙을 정도로 수학자들을 매료시켰다. 이는 최근까지 이어져 사람과 슈퍼컴퓨터 중 누가 더 길게 계산해내는지 시도되기도 했다. 하지만 현재는 원주율이 반복 없이 끝없이 이어지는 수라는 사실을 알고 π로 쓰거나 소수 둘째 자리까지만 계산한다.

원의 둘레를 구하거나 원의 넓이를 구할 때 우리가 사용하는 공식을 떠올려 보자.

원의 둘레 $=2\pi r$

원의 넓이 $=\pi r^2$

그렇다면 원의 둘레는 어떻게 구할까? 가장 간단한 방법은 끈으로 원의 둘레를 둘러서 그 길이를 재면 된다.

그렇다면 원의 넓이는 어떻게 구할까? 오랜 역사 속에서 소개된 여러 가지 방법 중 그림처럼 원을 지름으로 무수히 잘라 아주 작은 부채꼴을 만드는 방법을 먼저 살펴보자.

왼쪽 부채꼴을 잘라 지그재그로 쭉 늘어뜨리면 오른쪽 그림처럼 직사각형에 가까운 모양이 된다.

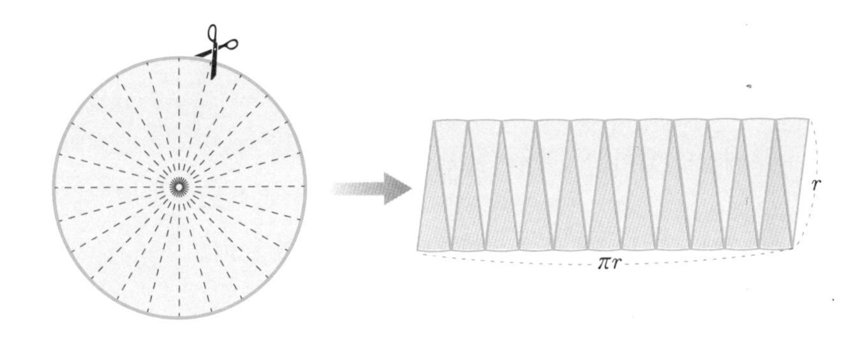

직사각형의 짧은 변의 길이는 반지름 r이고 긴 변의 길이는 원주의 반인 πr이다(왜 그런지는 조금만 살펴봐도 알 수 있을 것이다).

이 직사각형의 넓이는 $r \times \pi r = \pi r^2$이므로 원의 넓이도 πr^2이다.

둘레가 같다면 사각형 중에서는 정사각형의 넓이가 가장 크다. 그래서 이집트에서는 땅을 정사각형으로 나눠서 백성들에게 분배했다. 그런데 원까지 포함시킨다면 둘레가 같을 때 넓이가 가장 넓은 것은 원이다.

여담이지만 친구들과 피자를 먹을 때 좀 더 큰 조각을 먹고 싶다면 부채꼴의 넓이 구하는 방법을 알면 된다.

부채꼴의 넓이를 구하는 방법은 두 가지가 있다.

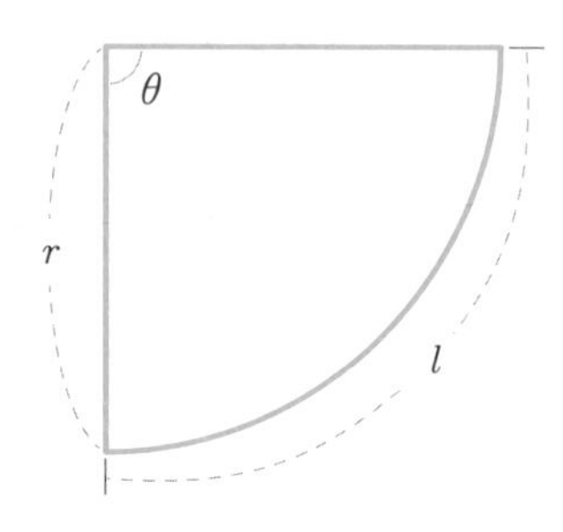

먼저 반지름의 길이(r)와 중심각의 크기(θ)를 알았을 때,

$$\text{부채꼴의 넓이}(S)=\pi r^2\times\frac{\theta}{360^\circ}$$

반지름의 길이(r)와 부채꼴의 호의 길이(l)를 알았을 때,

$$\text{부채꼴의 넓이}(S)=\frac{1}{2}\cdot rl$$

어떤 식을 이용하든 큰 피자를 고를 때 중요한 것은 중심각이 큰 것을 골라야 한다는 것이다. 물론 명백한 크기 차이가 나는 피자 조각들이라면 날쌘 사람이 큰 피자를 차지하는 주인공임도 잊지 말아야 한다!

원과 직선

비 오는 날 우산을 빙글빙글 돌리면 우산 끝에 맺힌 물방울들이 날아가는 것을 경험해 본 적이 있을 것이다. 우산이 빙글빙글 돌면서 원 운동을 할 때 우산 끝에 맺힌 물방울들이 날아가는 방향은 제각각일까? 아니면 정해진 방향이 있을까?

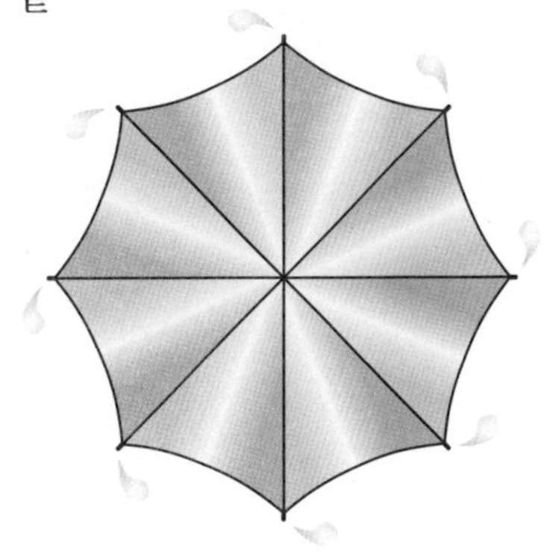
우산을 돌리면 물방울이 날아간다

마침 비가 오면 더 좋겠지만 오지 않아도 주전자와 우산, 사람 1을 준비해 직접 실험해보자. 그림처럼 우산이 돌고 있는 원의 접선 방향으로 물방울들이 날아가는 것을 보게 될 것이다. 즉 일정한 방향으로 움직이는 것이다. 그렇다면 원의 접선이란 무엇일까?

먼저 원의 중심에서 현으로 수선을 그어 살펴보자.

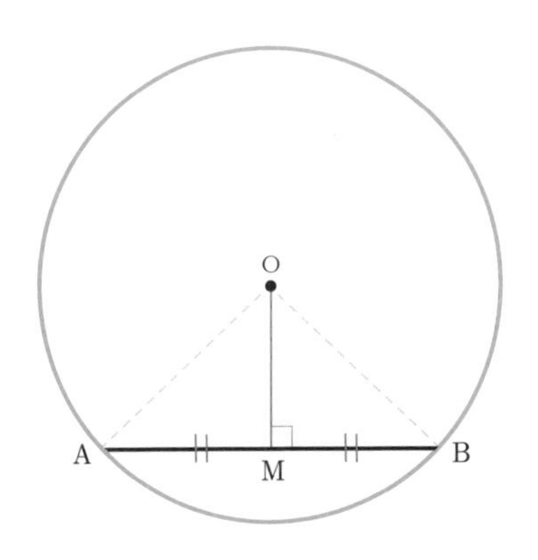

원에 현을 그리고 중심으로부터 수선을 긋는다

$\overline{OA}=\overline{OB}$이고 $\overline{OM}$은 공통변이므로 $\overline{AM}=\overline{BM}$이다.

원의 중심에서 현으로 내린 수선은 그 현을 수직이등분하는 것을 알 수 있다. 이번에는 현을 그대로 평행이동시켜 원과 한 점에서 만나도록 쭉 내려보자.

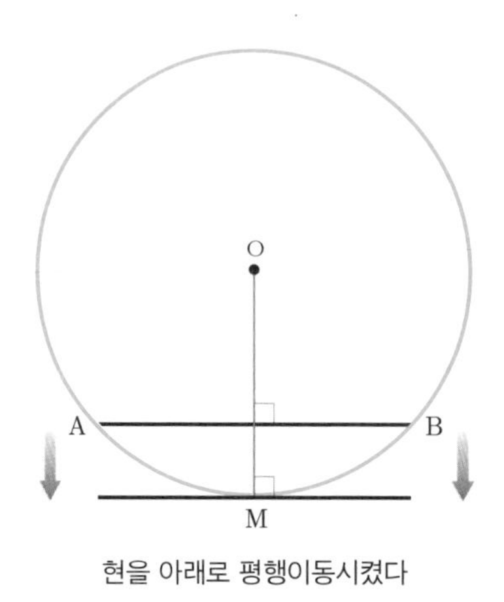

현을 아래로 평행이동시켰다

그림처럼 원과 한 점에서 직선이 만날 때 이 직선은 원에 접하며 이를 원의 접선이라고 한다.

그렇다면 이 접선과 원의 중심은 어떤 관계에 있을까?

원의 중심과 수직으로 만났던 현을 그대로 평행이동시킨 것이므로, 원의 중심에서 접선으로 선을 그으면 이 선은 접선과 수직으로 만난다. 이는 원의 무수한 점마다 중심과 수직으로 만나는 접선이 존재한다는 것을 뜻한다.

과기총(한국과학기술단체 총연합회)에서 조사한 바에 의하면 2013년 가장 주목받은 과학뉴스로 '나로호 3차 발사 성공'이 뽑혔다. 이때 발사한 과학기술위성 3호는 600㎞ 상공에서 약 97분마다 지구를 한 바퀴씩 돌며 여러 가지를 관측하고 있다. 나로호는 우주망원경으로 우리은하와 우주배경복사 관측을, 지구

관측카메라로 산불탐지, 지표 온도 변화를 측정한다.

과학기술위성 3호를 비롯해 세계 각국에서 쏘아올린 인공위성들은 어떻게 떨어지지 않고 지구 주위를 빙글빙글 돌 수 있는 것일까?

위성 발사 전인 아틀라스 1호

인공위성들은 지구의 중력에 의해 작용하는 구심력과 돌면서 밖으로 나가려는 원심력이 합쳐져서 궤도의 접선방향으로 끊임없이 움직이고 있는 중이다. 이것은 끈을 매단 깡통에 불을 붙여 끈을 잡고 돌리면 빙글빙글 돌아가는 쥐불놀이와 같은 원리이다. 끈을 잡아 돌리는 손의 힘이 구심력이고 손에서 빠져나가려는 깡통의 힘이 원심력이다. 이제 이 접선의 성질을 알아보기 위해 원의 외부에 있는 한 점에서 만나는 두 접선을 비교해보자.

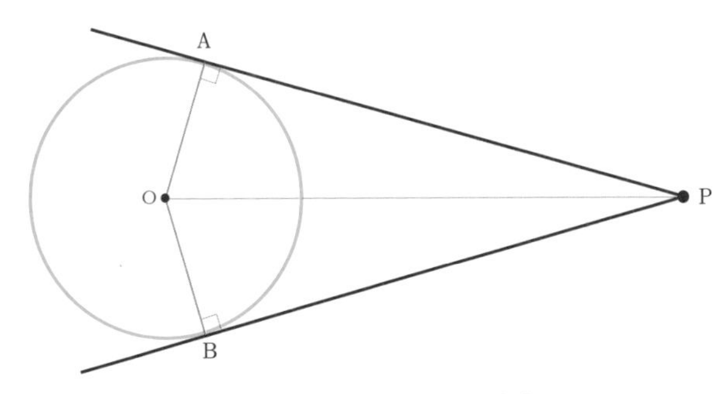

한 점 P에서 원에 그은 두 접선

외부의 점을 P로 하고 두 접선이 원과 만나는 점을 각각 A, B로 표시한다.

점 P와 원의 중심 O를 연결하면 $\triangle APO$와 $\triangle BPO$가 만들어진다.

$\overline{OA}=\overline{OB}$이며 $\overline{PO}$는 공통인 변이다.

$\angle PAO=\angle PBO=90°$이므로 $\triangle APO\equiv\triangle BPO$

따라서 $\overline{PA}=\overline{PB}$이다.

자전거 바퀴가 지면에 닿은 모습을 떠올리면 두 원 사이의 접선에 대해 좀 더 쉽게 이해할 수 있을 것이다. 물론 자전거의 체인도 원과 접선의 관계이다.

원주각

탈레스의 반원에 대하여 들어본 적이 있는가?

젊은 시절 여러 나라를 돌아다니며 장사를 하던 탈레스는 이집트의 기술자들이 두 점을 지름으로 하는 원을 그려서 그 원주각이 직각임을 이용하여 직각을 그린다는 것을 알았다. 하지만 이집트의 기술자들은 왜 그 원주각이 직각인지에 대해서는 궁금해하지 않았다. 이집트의 수학은 실용적인 면에서만 존재를 했던 것이다. 그런데 철학적 사고가 발달한 그리스는 달랐다. '왜?'라는 질문을 끊임없이 하며 이를 증명하기 위해 그리스의 학자들은 노력했고, 그 최전방에 탈레스가 있었다.

탈레스는 왜 지름 위의 원주각이 직각인지에 대해 열심히 연구해 지름 위의 모든 원주각이 직각임을 증명했다. 이를 탈레스의 반원이라고 한다.

지금부터 이 원주각을 살펴보고자 한다.

그림처럼 원주 위에 정해진 두 점 A, B와 움직이는 점 P가 있을 때 $\angle APB$를 원주각이라고 한다.

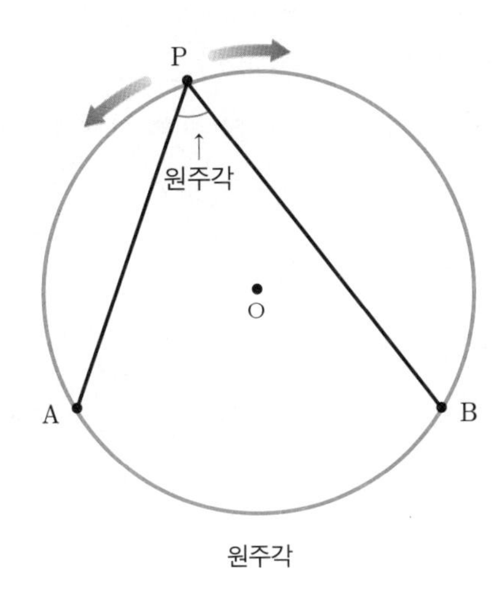

원주각

점 P는 원주 위 어디로나 움직일 수 있다. 그만큼 다양한 원주각이 존재한다.

그중 두 점 A, B를 지름으로 하는 원에서 ∠APB의 크기를 구해보자.

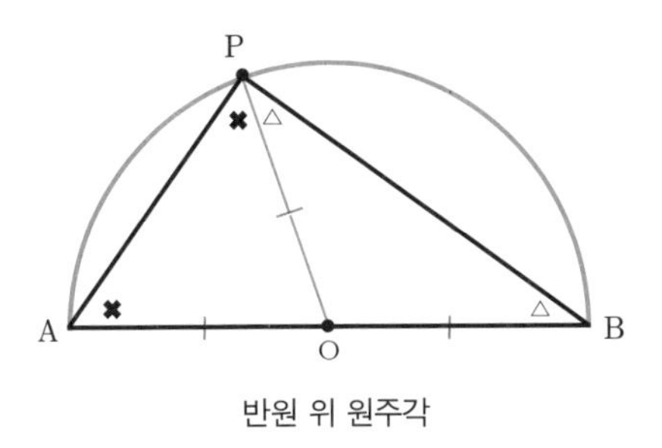

반원 위 원주각

이 그림을 통해 우리가 아는 사실은 $\overline{OA}=\overline{OB}=\overline{OP}$(원의 반지름이므로)이다. 이에 따라 △APO와 △BPO는 이등변삼각형이다.

이제 잠시 이등변삼각형의 성질을 떠올려보자. 이등변삼각형의 두 밑각의 크기는 같으므로,

$\angle OPA = \angle OAP$, $\angle OPB = \angle OBP$이다.

그런데 $\triangle ABP$를 보면 삼각형의 내각의 합은 $180°$이므로,

$\angle OPA + \angle OAP + \angle OPB + \angle OBP = 180°$

$2(\angle OPA + \angle OPB) = 180° = 2\angle P$

따라서 $\angle P = 90°$이다.

이는 P의 위치가 어디에 있든지 같은 방법으로 $\angle P = 90°$임을 알 수 있다.

그렇다면 두 점 A, B가 지름이 아닐 때 원주각은 중심각과 어떤 관계가 있을까?

두 점 A, B가 지름일 때 중심각은 $180°$, 이때 원주각은 직각이었으니 혹시 지름이 아닐 때도 중심각이 원주각의 2배인 것은 아닐까? 의문이 생겼다면 직접 확인해보는 즐거움을 누려보자. 이를 위해 다음 그림에서 $\angle AOB$와 $\angle APB$의 관계를 살펴보자.

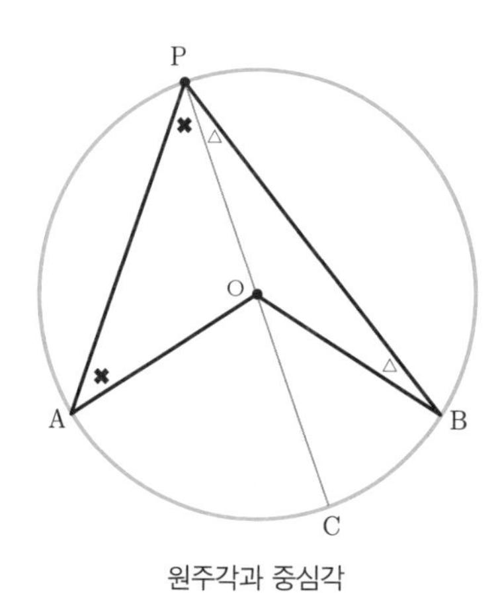

원주각과 중심각

점 P, O를 지나는 지름을 그어서 원주와 만나는 점을 C로 한다.

$\triangle AOP$와 $\triangle BOP$는 각각 이등변삼각형이다. 이는 다음과 같은 성질을 갖

는다.

$\angle OPA=\angle OAP$, $\angle OPB=\angle OBP$

그런데 $\triangle AOP$에서 $\angle OPA+\angle OAP+\angle POA=180°$이고,

$\angle POA+\angle AOC=180°$ (평각이므로) 이다.

$\angle POA=180°-(\angle OPA+\angle OAP)$이므로,

$\angle AOC=\angle OPA+\angle OAP=2\angle OPA$이다.

또한 $\triangle BOP$에서 $\angle OPB+\angle OBP+\angle POB=180°$이고,

$\angle POB+\angle BOC=180°$ (평각이므로) 이다.

$\angle POB=180°-(\angle OPB+\angle OBP)$이므로,

$\angle BOC=\angle OPB+\angle OBP=2\angle OPB$이다.

이에 따라 $\angle APB=\angle OPA+\angle OPB$이고

$$\begin{aligned}\angle AOB&=\angle AOC+\angle BOC\\&=2\angle OPA+2\angle OPB\\&=2\angle APB\end{aligned}$$

즉 중심각의 크기는 원주각의 크기의 2배이다.

따라서 호 AB에 대한 원주각의 크기는 모두 같으며 그 중심각의 $\frac{1}{2}$인 사실을 알 수 있다.

계속해서 현과 원의 접선 사이에는 어떤 관계가 있는지 알아보자.

직선 L이 원과 점 A에서 만날 때 접점을 지나는 현 AB를 그으면 다음 그림과 같다.

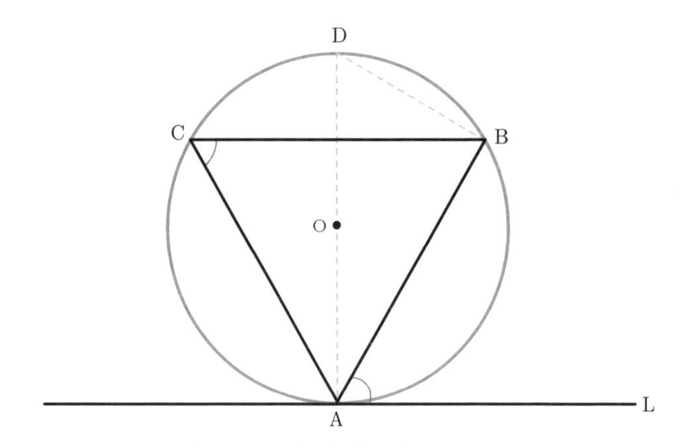

중심과 접점을 지나는 지름을 긋고 원주와 만나는 점을 D로 놓는다.

그 결과 $\angle OAL = 90°$이므로 $\angle BAL = 90° - \angle BAD$이다.

그런데 $\angle DBA$는 반원의 원주각이므로 $90°$이다. 이에 따라

$\angle BDA = 90° - \angle BAD$가 된다.

따라서 $\angle BAL = \angle BDA$이다.

그런데 호 AB에 대한 원주각의 크기는 다 같으므로,

$\angle BDA = \angle BCA$

$\therefore \angle BCA = \angle BAL$

즉 원의 접선과 그 접점을 지나는 현이 이루는 각의 크기는 그 현이 있는 작은 호에 대한 원주각의 크기와 같다.

다각형과 원

아르키메데스는 원주율을 구할 때 원 안팎으로 최대한 들어맞는 정다각형을 그려서 그 둘레를 구했다고 앞에서 이야기했다. 이렇게 다각형의 모든 꼭짓점이 원의 둘레 위에 있을 경우 그 다각형은 원에 내접했다고 하고 그 원을 다각형의 외접원이라고 한다.

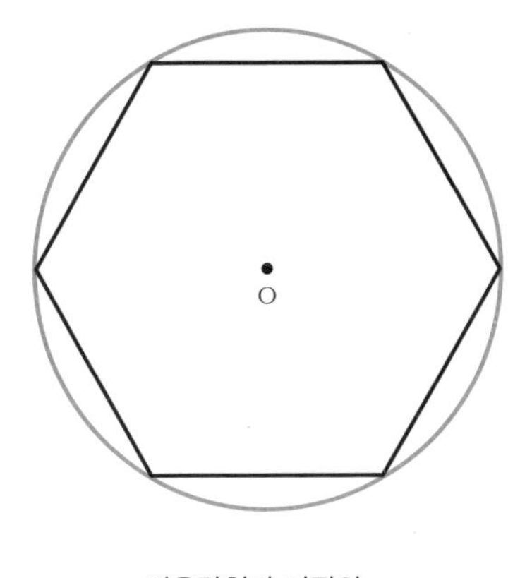

정육각형과 외접원

이때 원의 중심 O는 외접원의 중심, 즉 외심이다. 또한 다각형의 모든 변이 원의 둘레와 만날 경우 그 다각형은 원에 외접했다고 하고 원은 다각형의 내접원이라고 한다.

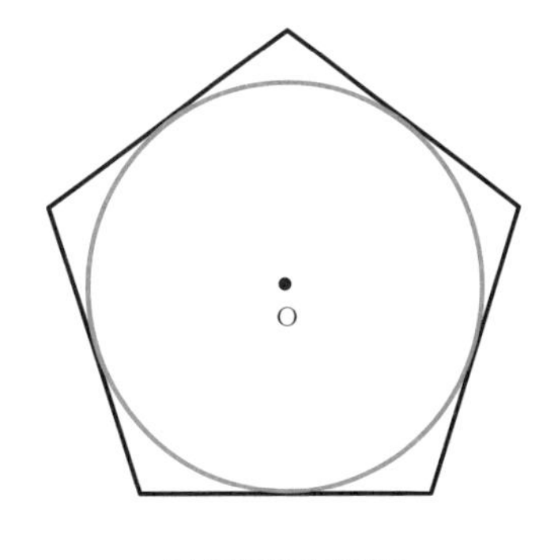

정오각형과 내접원

이때 원의 중심 O를 내접원의 중심, 곧 내심이라고 한다.

지금부터는 삼각형을 이용하여 외심과 내심의 성질을 알아보자.

삼각형의 외심

삼각형에 외접하는 원의 중심을 외심이라고 한다. 이를 좀 더 쉽게 이해하기 위해 △ABC의 외접원을 그려보자. 어떻게 그리면 될까?

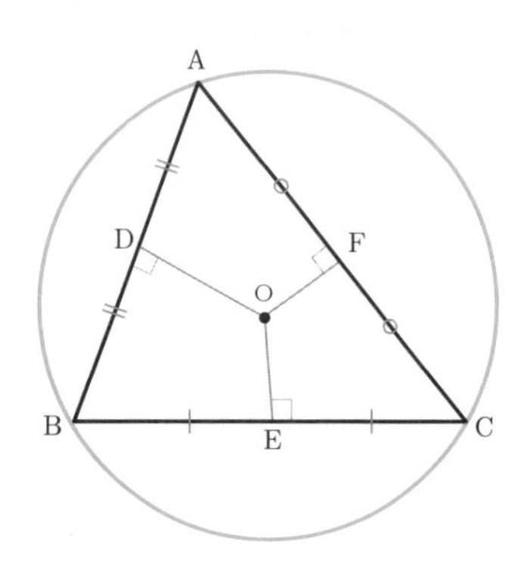

△ABC 수직으로 선을 긋는다

$\overline{AB}$, $\overline{BC}$, $\overline{AC}$는 외접원의 현이 되어야 한다.

여러분은 앞에서 원의 중심에서 현으로 수선을 내리면 현을 이등분한다고 했던 것을 기억할 것이다. 따라서 $\overline{AB}$, $\overline{BC}$, $\overline{AC}$의 중점인 D, E, F에서 각각 수직으로 선을 긋는다.

이 세 선이 만나는 점 O가 바로 외심이다.

이제 이 점이 외접원의 중심이 맞는지 확인해보자.

점 O에서 삼각형의 꼭짓점 A, B, C로 선을 긋는다.

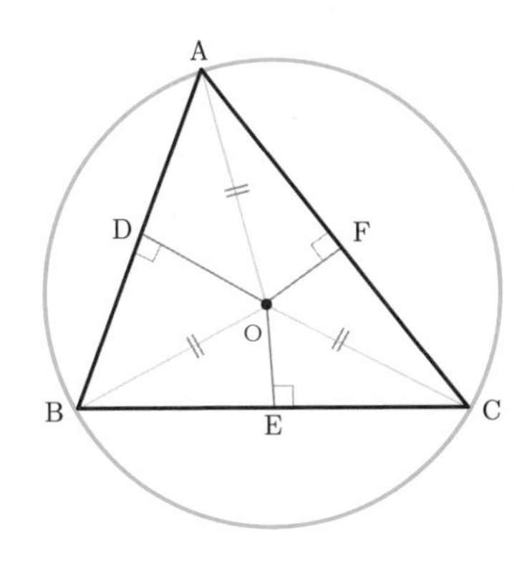

외접원의 중심에서 삼각형의 꼭짓점으로 선을 연결했다

$\triangle$AOB에서 $\overline{OD}$는 수직이등분선이며 공통인 변이다. 또 $\overline{AD}=\overline{BD}$이므로 $\triangle AOD \equiv \triangle BOD$ (SAS합동) 이다.

따라서 $\overline{OA}=\overline{OB}$ 이다.

$\triangle$BOC에서 $\overline{OE}$는 수직이등분선이며 공통인 변이다. 또 $\overline{BE}=\overline{CE}$이므로 $\triangle BOE \equiv \triangle COE$ (SAS합동)

따라서 $\overline{OB}=\overline{OC}$ 이다.

그러므로 $\overline{OA}=\overline{OB}=\overline{OC}$, 즉 원의 정의에 따라 점 O는 삼각형의 외접원의 중심, 외심이 맞다.

여기서 기억해둘 것은 삼각형의 외심은 각 변의 중점에서 수직으로 그은 선이 만나는 점이면서 외심에서 삼각형의 각 꼭짓점까지 이르는 거리가 같은 점이라는 것이다.

삼각형의 내심

이번에는 삼각형의 내심을 살펴보자. 삼각형에 내접하는 원의 중심이 내심이었다. 이제 △ABC의 내심을 그려보자.

외심에서와 마찬가지로 △ABC와 내접원이 만나는 접점을 D, E, F로 놓으면 다음 그림과 같다.

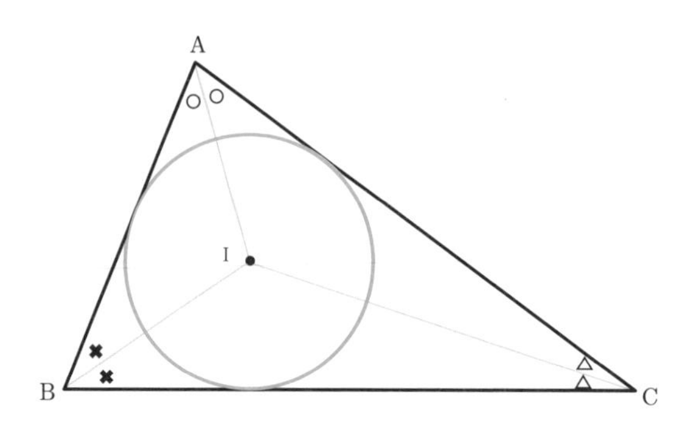

삼각형의 내접원

∠A, ∠B, ∠C에서 각을 이등분한 선을 그으면 한 점에서 만난다. 이 점 I가 바로 내심이다.

이제 내심이 맞는지 확인해보자.

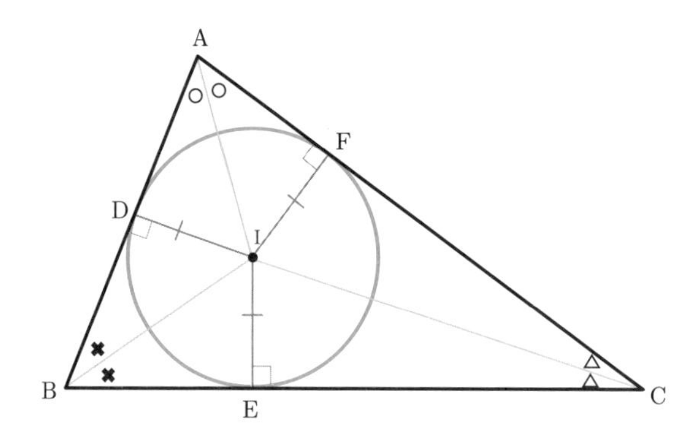

$\overline{AD}$와 $\overline{AF}$는 한 점 A에서 원에 그은 두 접선이므로 $\overline{AD}=\overline{AF}$이고 $\angle ADI=\angle AFI=90°$이다.

$\overline{AI}$는 $\angle A$를 이등분하면서 공통인 변이므로 $\triangle ADI \equiv \triangle AFI$(SAS합동)이다.

따라서 $\overline{DI}=\overline{FI}$

$\overline{BD}$와 $\overline{BE}$는 한 점 B에서 원에 그은 두 접선이므로 $\overline{BD}=\overline{BE}$이고 $\angle BDI=\angle BEI=90°$이다.

$\overline{BI}$는 $\angle B$를 이등분하면서 공통인 변이므로 $\triangle BDI \equiv \triangle BEI$(SAS합동)이다.

따라서 $\overline{DI}=\overline{EI}$

그렇다면 $\overline{DI}=\overline{EI}=\overline{FI}$이므로 점 I는 내접원의 중심, 즉 내심이 맞다.

외심-외접원의 중심

삼각형의 세 변을 수직이등분한 선이 만나는 점.

삼각형의 각 꼭짓점에서 같은 거리에 있는 점.

내심-내접원의 중심

삼각형의 세 각을 이등분한 선이 만나는 점.

삼각형의 세 변에서 같은 거리에 있는 점.

실력 Up

문제1 점 O는 $\triangle ABC$의 외심이다. 이때 $\angle x$의 크기를 구하시오.

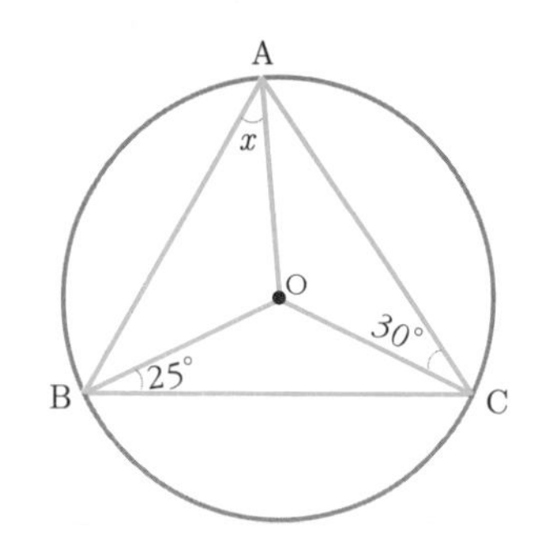

풀이 외심은 외접원의 중심이므로

$\overline{AO}=\overline{BO}=\overline{CO}$로

$\triangle OAB$, $\triangle OBC$, $\triangle OCA$는 모두 이등변삼각형이다.

따라서 $\angle OBC=\angle OCB=25°$

$\angle OCA=\angle OAC=30°$

$\angle OAB=\angle OBA=\angle x$

$\triangle ABC$의 내각의 합은 $180°$이므로

$\angle OBC+\angle OCB+\angle OCA+\angle OAC+\angle OAB+\angle OBA=180°$

$25°+25°+30°+30°+\angle x+\angle x=180°$

$2\times\angle x=180°-110°=70°$

$\therefore \angle x=35°$

답 $\angle x=35°$

문제2 점 O는 이등변삼각형 ABC의 내심이고 $\overline{BC}=4$cm, $\overline{OD}=1$cm일 때 이등변삼각형 ABC의 넓이가 8cm^2이다. 이때 $\overline{AC}$의 길이를 구하시오.

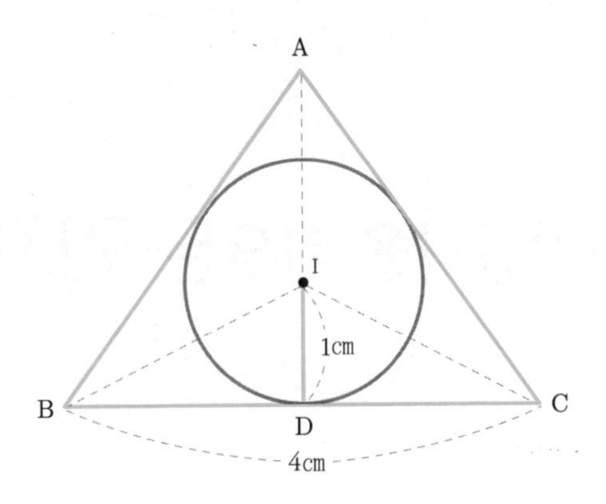

풀이 점 I는 이등변삼각형 ABC의 내심이라 했으므로 점 I에서 이등변삼각형 ABC의 각 변에 수선을 그으면 그 길이는 모두 같다.

또 이등변삼각형이므로 $\overline{AB}=\overline{AC}$이며

$\triangle IAB = \triangle IAC$가 성립한다.

이등변삼각형 ABC의 넓이=

△IAB의 넓이+△IAC의 넓이+△IBC의 넓이

△IBC의 넓이는 $\frac{1}{2} \times 4 \times 1 = 2\text{cm}^2$이므로

△IAB의 넓이+△IAC의 넓이$=8-2=6\text{cm}^2$

△IAC의 넓이$=\frac{1}{2} \times \overline{AC} \times 1 = 3\text{cm}^2$

따라서 $\overline{AC}=3 \times 2 = 6\text{cm}$

답 $\overline{AC}=6\text{cm}$

공간감각을 키우는 입체도형

입체도형의 겉넓이와 부피

지금까지 평면에서 도형의 넓이에 대하여 알아보았다. 그렇다면 이제부터 공간으로 사고를 확장시켜보면 어떨까? 입체도형은 3차원 도형이기 때문에 넓이라고 하지 않는다. 대신 입체도형이 차지하는 공간의 크기를 나타내는 부피를 구하고, 입체도형을 전개도로 펼쳐서 차지하는 넓이는 겉넓이라고 한다.

이집트에서는 토지 면적을 계산하기 위해 도형의 넓이 구하는 방법이 발달했음을 앞에서 여러 번 언급했다. 이는 현대사회에서도 적용되어 건물을 짓거나 공항, 항만 등 시설을 지을 때 입체도형의 겉넓이와 부피를 미리 계산해야 한다. 필요한 땅의 넓이나 자재의 양 등을 알기 위해서인데 시간, 비용 등을 산출할 수 있는 근거이기도 하다. 이에 따라 설계를 하고 미리 작은 모형으로 만들어 안정성과 주변 경관과의 조화, 필요 경비 등을 확인한 후에야 착공에 들어간다.

그럼 이제부터 입체도형의 겉넓이와 부피에 대하여 알아보자.

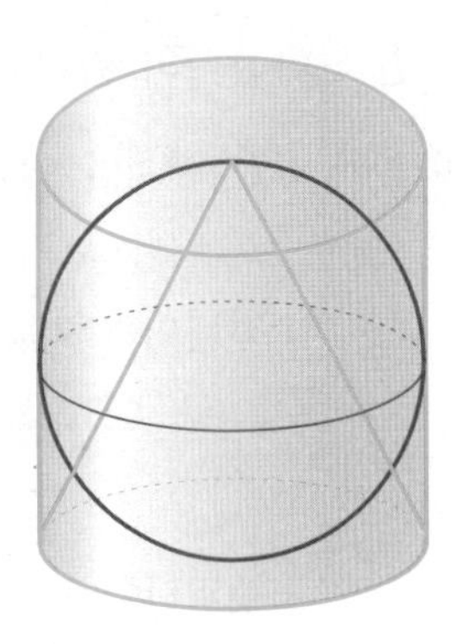

그리스 시대의 최고의 수학자였던 아르키메데스는 자신의 묘비에 자신이 사랑한 원과 관련된 도형을 새기기를 원했다. 그래서 아르키메데스의 무덤 묘비에는 오른쪽과 같은 도형이 남겨졌다.

원기둥과 그 안에 딱 맞는 구 그리고 원뿔이다. 아르키메데스가 아무 이유 없이 새기진 않았을 것이다. 이들 도형 사이에는 어떤 관계가 있을까? 세 입체도형의 겉넓이와 부피를 구하며 관계를 알아보도록 하자.

아르키메데스의 무덤 묘비에 새겨진 도형들의 관계를 알려면 먼저 입체도형의 겉넓이와 부피에 대하여 알아야 한다.

초등학교 시절부터 겉넓이, 부피라고 하면 겁을 먼저 집어먹었을 여러분. 다시 하나하나 살펴보며 자신감을 키워보자.

먼저 입체도형의 겉넓이와 부피를 구하는 방법을 알아보자.

각기둥의 겉넓이는 전개도를 이용하여 구한다.

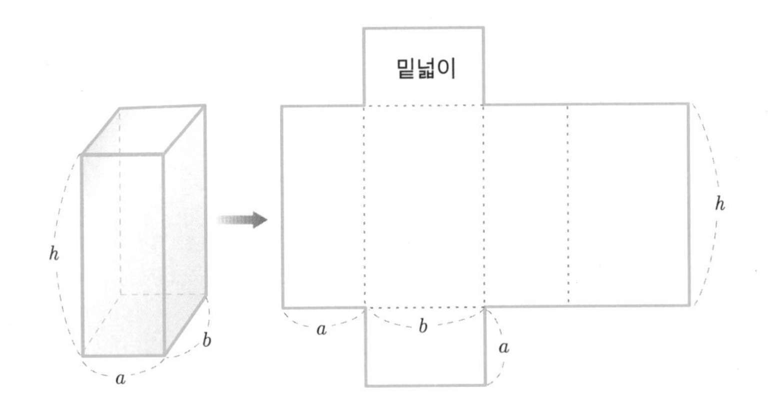

겉넓이는 전개도로 펼쳤을 때 펼쳐진 모든 면의 넓이를 더한 값이다.

면 하나하나의 넓이를 계산해서 더하면 되지만 좀더 빠르게 계산하기 위해 다음과 같은 공식을 이용한다.

$$\text{겉넓이} = \text{옆넓이} + \text{밑넓이} \times 2$$
$$= 2(a+b) \times h + 2ab$$

$$\text{부피}(V) = \text{밑넓이} \times \text{높이}$$
$$= abh$$

부피는 입체도형이 차지하는 공간이므로 밑넓이라는 상자가 차곡차곡 쌓인 것으로 생각하면 쉽다.

평면도형의 지혜

꿀벌의 집은 왜 정육각기둥 모양으로 만들었을까? 분명 같은 둘레라면 원이 가장 넓다고 했다. 하지만 원은 다른 원과 붙였을 때 빈 공간이 많다. 그런데 꿀벌은 적은 밀랍으로 꿀을 가장 많이 넣을 수 있는 집을 짓고자 했기 때문에 원 모양을 택하지 않았다. 같은 모양으로 빈틈없이 깔 수 있는 모양은 정삼각형과 정사각형 그리고 정육각형 모양뿐이다. 또 같은 둘레라면 정육각형의 넓이가 가장 넓다. 그래서 벌집의 모양은 정육각형이다. 아주 과학적이고 수학적인 꿀벌의 지혜가 집대성된 것이다.

그렇다면 공원이나 도로의 바닥, 욕실의 타일 모양은 왜 대부분 정사각형일까?

시공업자가 정사각형을 좋아해서 모두 정사각형인걸까? 여기에도 수학적 원리가 숨어 있다.

여러 가지 평면도형 모양을 만들어 바닥에 펼쳐놓고 모양을 맞춰보자. 겹치지 않으면서 바닥을 빈틈없이 덮을 수 있는 평면도형은 생각보다 그리 많지 않다는 것을 알게 될 것이다.

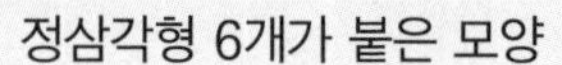

정삼각형 6개가 붙은 모양　　　　정사각형 4개가 붙은 모양

이유는 평면도형끼리 맞닿을 때 그 각의 합이 360°여야만 바닥을 빈틈없이 덮을 수 있기 때문이다. 그래서 가능한 도형은 정삼각형, 정사각형 그리고 정육각형뿐이다.

이렇게 하나 또는 여러 가지의 평면도형을 이용하여 빈틈없이 겹치지 않게 나열하는 활동을 테셀레이션이라고 한다. 하나의 정다각형만을 이용할 수도 있고 정삼각형, 정사각형, 정육각형을 서로 번갈아 이용하여 만들 수도 있다. 이슬람 문화권에서 카펫이나 타일, 천장 장식 등에서 흔하게 볼 수 있는 문양이며, 전북 부안의 내소사에 있는 대웅보전의 문창살 무늬에서도 볼 수 있다.

이는 고대인들의 수학 능력이 뛰어나 가능했을 수도 있지만 대부분 자연에서 발견한 문양을 따라하는 경우가 많았으리라고 추측하고 있다.

고대 신전의 기둥을 세울 때 많이 사용한 원기둥은 어떨까?

각기둥과 비슷한 듯하지만 다른 원기둥의 겉넓이와 부피를 구해보자.

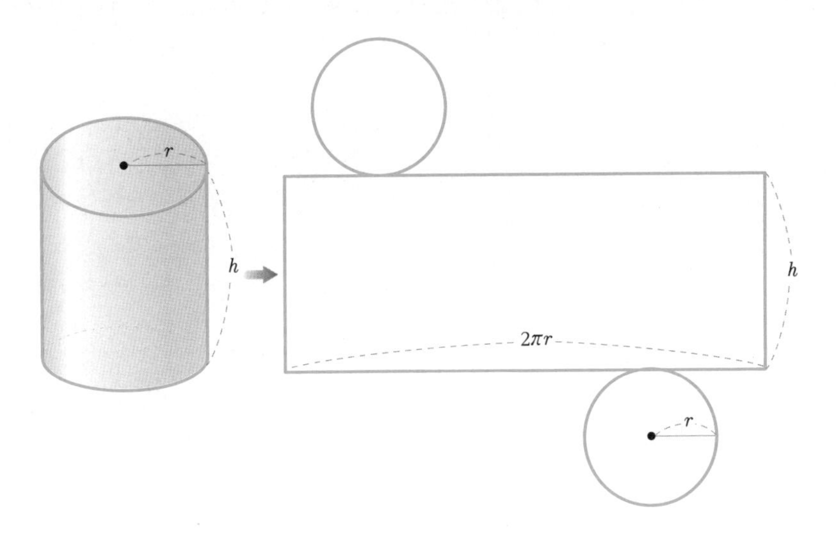

원기둥의 겉넓이 = 옆넓이 + 밑넓이 × 2

옆넓이는 밑면의 원주와 높이를 두 변으로 하는 직사각형이므로,

옆넓이 $= 2\pi rh$

밑넓이는 반지름의 길이가 r인 원의 넓이이므로

밑넓이 $= \pi r^2$

원기둥의 겉넓이 = 옆넓이 + 밑넓이 × 2

$= 2\pi rh + 2\pi r^2$

원기둥의 부피 = 밑넓이 × 높이

$= \pi r^2 \times h = \pi r^2 h$

계속해서 각뿔의 겉넓이와 부피를 살펴보자. 각뿔 모양을 보면 이집트의 피라미드가 떠오른다.

각뿔과 원뿔의 부피는 각기둥과 원기둥 부피의 $\frac{1}{3}$ 이라는 사실은 고대부터 알려져 있었다.

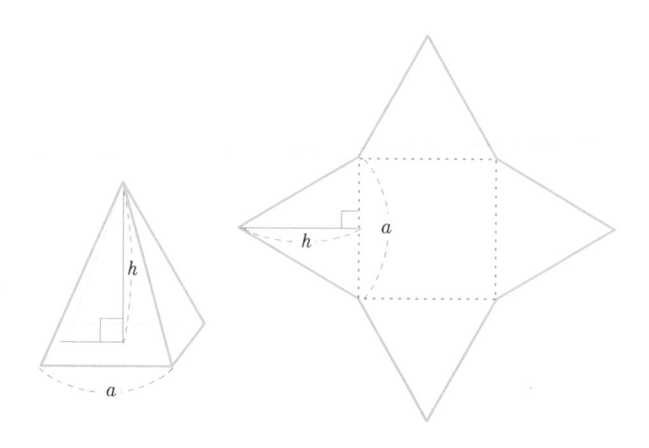

각뿔의 겉넓이는 전개도를 이용해 옆넓이와 밑넓이의 합으로 구한다.

$$\text{겉넓이}=\text{옆넓이}+\text{밑넓이}$$

정사각뿔에서

$$\begin{aligned}\text{정사각뿔의 겉넓이}&=4\times\frac{1}{2}\times a\times l+a\times a\\&=a^2+2al\end{aligned}$$

각뿔의 부피는 높이가 같은 각기둥의 부피의 $\frac{1}{3}$ 이다.

$$\text{각뿔의 부피}=\frac{1}{3}\times\text{밑넓이}\times\text{높이}$$

이를 정사각뿔에 적용하면,

$$정사각뿔의\ 부피=\frac{1}{3}\times a^2\times h$$

$$=\frac{1}{3}a^2h$$

뿔 모양의 그릇에 물을 가득 채운 후 밑넓이와 높이가 같은 기둥 모양의 그릇에 그 물을 부으면 물은 정확히 기둥 높이의 $\frac{1}{3}$만큼 채워진다. 그래서 각뿔의 부피는 높이가 같은 각기둥 부피의 $\frac{1}{3}$이다.

그러면 원뿔은 어떨까? 각뿔과 비슷하지만 밑면이 원이므로 원의 넓이 구하는 방법을 사용한다.

원뿔의 겉넓이와 부피를 구해보자.

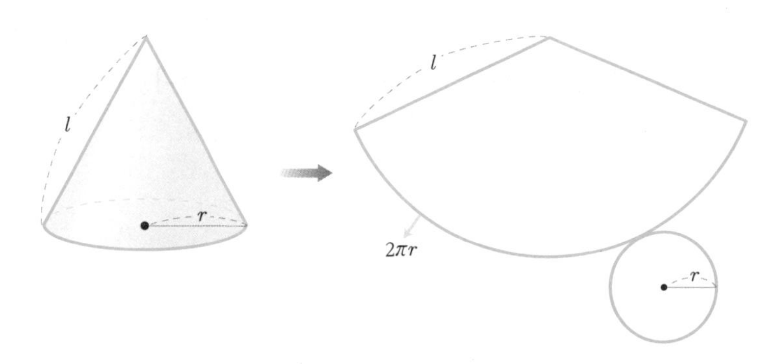

원뿔의 밑면의 반지름을 r, 모선의 길이를 l이라 하면,

$$옆넓이=부채꼴의\ 넓이=\frac{1}{2}\times 호의\ 길이\times 반지름의\ 길이$$

$$=\frac{1}{2}\times 2\pi r\times l$$

원뿔의 겉넓이 = 옆넓이 + 밑넓이

$$=\pi r^2+\pi rl$$

원뿔의 부피도 각뿔처럼 원기둥 부피의 $\frac{1}{3}$이다.

원뿔의 부피 $=\frac{1}{3}\times$ 밑넓이 $\times$ 높이

$$=\frac{1}{3}\pi r^2 h$$

자, 그러면 아르키메데스 묘비의 마지막 도형인 구의 겉넓이와 부피를 알아보자.

구는 전개도로 펼쳐 보기에는 어려운 도형이다. 따라서 원의 넓이를 구할 때 아주 작은 부채꼴로 잘라서 직사각형으로 만들어 구한 것처럼 구도 아주 작은 끈 모양으로 잘라서 그 끈으로 다시 원을 만들어서 구한다.

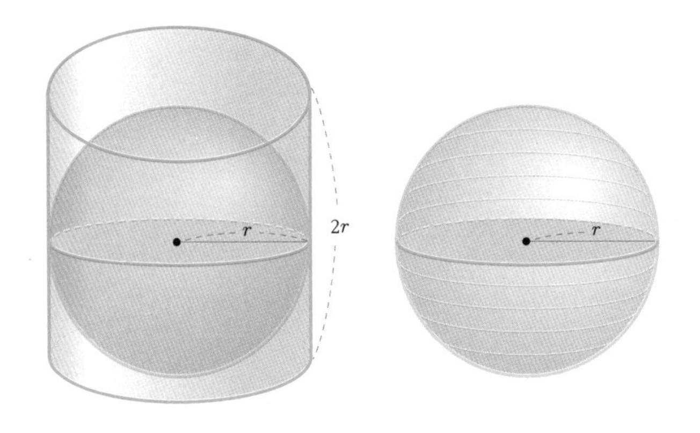

구의 겉넓이는 반지름의 길이가 r인 원의 넓이의 4배이다.

$$\text{구의 겉넓이}=4\pi r^2$$

구를 촘촘히 잘라서 긴 끈처럼 만든 후 그 끈으로 원을 만들면 반지름의 길이가 r인 원이 4개가 만들어진다. 그래서 구의 겉넓이는 단면 원의 넓이의 4배가 된다.

구의 반지름의 길이를 r, 부피를 V라 할 때, 구의 부피는 반지름의 길이가 r, 높이가 $2r$인 원기둥의 부피의 $\frac{2}{3}$이다.

$$\begin{aligned}\text{구의 부피}&=\frac{2}{3}\times\pi r^2\times 2r\\&=\frac{4}{3}\pi r^3\end{aligned}$$

반지름의 길이가 r, 높이가 $2r$인 원기둥 모양의 물통에 물을 담고 구를 담갔다가 꺼내면 남은 물이 처음 물의 $\frac{1}{3}$ 밖에 되지 않는다. 그래서 구의 부피는 흘러넘친 전체의 $\frac{2}{3}$의 물의 부피와 같으므로 원기둥 부피의 $\frac{2}{3}$가 구의 부피가 된다.

이제 처음으로 돌아가 아르키데메스의 묘비에 새겨진 도형들의 부피 관계를 살펴보자.

원기둥과 구, 원뿔의 부피가 각각 πr^2h, $\frac{4}{3}\pi r^3$, $\frac{1}{3}\pi r^2h$로, 구의 반지름을 r이라고 하면 $h=2r$이다. 따라서 $\pi r^2\times 2r$, $\frac{4}{3}\pi r^3$, $\frac{1}{3}\pi r^2\times 2r$이므로

$$\begin{aligned}\text{원기둥}:\text{구}:\text{원뿔의 부피}&=2\pi r^3:\frac{4}{3}\pi r^3:\frac{2}{3}\pi r^3\\&=3:2:1\text{이다.}\end{aligned}$$

현대 사회에서는 정형화된 형태 대신 여러 가지 도형을 합쳐서 독특한 모양으로 지어진 건물들이 많이 보인다. 이렇게 모양이 일정하지 않는 입체도형의 부피는 어떻게 구할까? 여기에는 아르키메데스의 지혜가 유용하게 쓰인다.

일정한 양의 물에 모양이 일정하지 않은 입체도형을 넣으면 그 입체도형의 부피만큼 물이 밀려 올라온다. 밀려 올라온 물의 부피가 바로 그 입체도형의 부피이다. 아주 단순명쾌하며 쉽기까지 한 부피 구하는 방법이다.

정다면체

정다각형은 변의 개수를 늘리면 정삼각형, 정사각형, 정오각형··· 등으로 얼마든지 늘릴 수 있다. 그렇다면 입체도형인 정다면체도 이 규칙이 성립할까? 정다면체도 정사면체, 정오면체, 정육면체 등으로 면의 개수를 늘릴 수 있을까? 이것은 불가능하다. 놀랍게도 정다면체는 정사면체, 정육면체, 정팔면체, 정십이면체, 정이십면체 이 다섯 가지뿐이다.

피타고라스와 그 제자들이 정사면체, 정육면체, 정팔면체를 이론적으로 밝혀냈고 플라톤의 친구인 테아이테토스가 정십이면체와 정이십면체를 이론적으로 연구하여 정다면체는 다섯 가지뿐임을 증명했다.

어째서 이 다섯 가지뿐일까? 그것은 정다면체가 되려면 두 가지 조건이 필요하기 때문이다.

먼저 한 꼭짓점에 세 면 이상이 만나야 입체도형이 될 수 있다.

이 꼭짓점에서 만난 정다각형의 각의 크기의 합이 360°보다 작아야만 입체도형이 될 수 있다(세 각의 합이 360°가 되면 평면이 되어버리기 때문이다).

그런데 이 두 가지 조건을 충족시키는 정다면체는 다음의 다섯 가지 형태의 정다면체뿐이다.

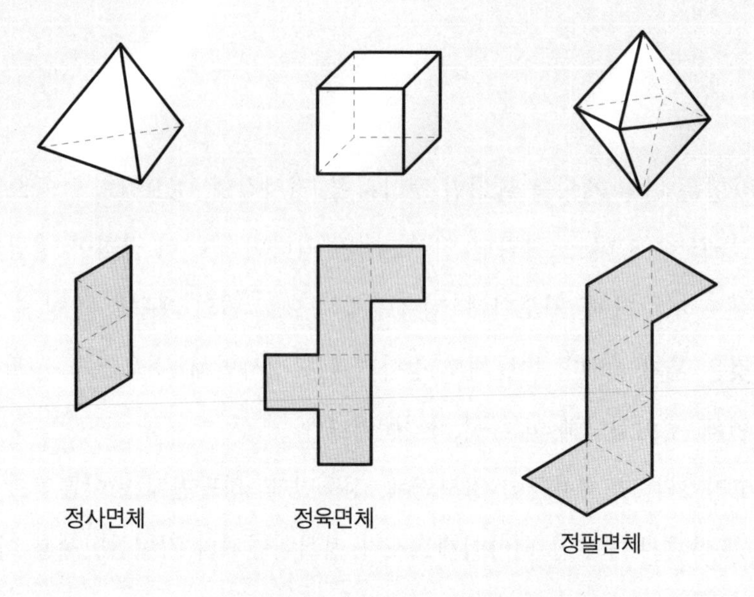
정사면체
정육면체
정팔면체

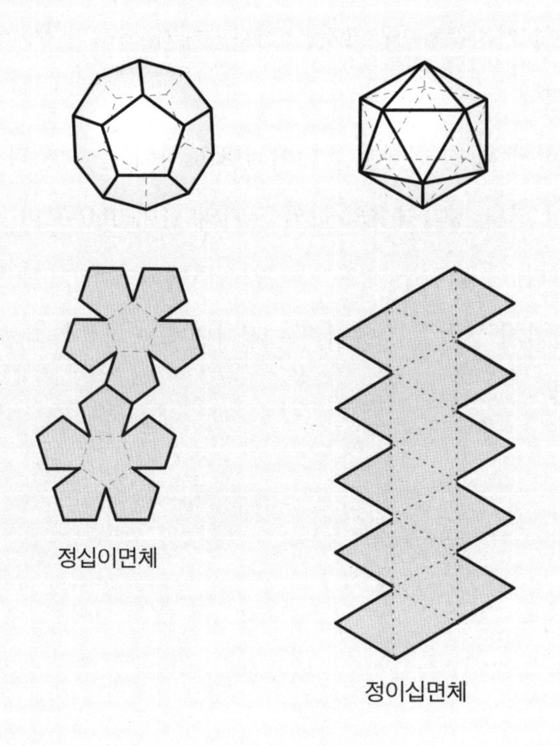
정십이면체
정이십면체

이 5개의 정다면체는 '플라톤의 도형'으로도 불린다. 그리스의 철학자였던 플라톤은 이 5개의 정다면체에 당시의 4원소설－모든 물질은 물, 불, 흙, 공기로 이루어져 있다－을 연결시켰다. 정십이면체가 대우주를 상징하면서 물, 불, 흙, 공기를 상징하는 4개의 정다면체를 포함한다고 생각했던 것이다. 천문학자 케플러도 행성의 궤도를 이 다섯 가지 정다면체와 연관지어서 설명했을 만큼 정다면체는 재미있고 신비로운 도형이다.

우리가 직접 확인할 수 있는 대상으로는 피라미드가 보통 정사면체 모양을 하고 있고 소금의 결정은 정육면체 그리고 손톱에 봉숭아물을 들일 때 사용하는 백반의 결정은 정팔면체로 되어 있다. 다이아몬드의 분자 모형은 정사면체이고 전자현미경으로 관찰한 바이러스는 정이십면체의 모양으로 하고 있다. 꽃가루나 플랑크톤 등에서도 정다면체의 모습을 확인할 수 있다. 이렇듯 자연 속에는 여러 가지 형태로 정다면체가 존재하고 있으니 직접 찾아보는 즐거움을 누리길 바란다.

피라미드

소금 결정

다이아몬드

수학사 최고의 공식?!

피타고라스의 정리

《서양철학사》에서 러셀은 피타고라스를 '역사상 가장 지적이고, 가장 중요한 인물'이라고 칭찬한다.

피타고라스는 기원전 6세기경 에게해 사모스에서 태어났다고 전해진다. 그는 학교를 세워 제자들을 가르치며 함께 연구했고 이들을 피타고라스 학파라고 불렀다.

이 학교는 비밀결사모임처럼 별 모양의 오각형 배지를 달고 피타고라스의 이름으로만 연구결과를 발표했으며 외부로 비밀을 발설하면 죽음을 각오해야 하는 곳이었다.

무리수의 존재를 발설한 제자를 물에 빠뜨려 죽였다는 이야기가 전해질 정도로 엄격한 학교였으며 이곳에서 증명하고 발표한, '직각삼각형에서 빗변의 길이의 제곱은 밑변의 길이의 제곱과 높이의 제곱을 더한 값과 같다'는 피타고라스의 정리는 수학사에 길이 남을 업적이다.

피타고라스의 정리는 다음 식으로 표현된다.

$$a^2+b^2=c^2$$

사실 피타고라스의 정리는 이미 중국과 이집트, 바빌로니아 등에서 널리 이용되고 있는 이론이었다. 메소포타미아에서 전해지는 기록 중 기원전 1800년경에 만들어진 것으로 보이는 '플림프턴 322'라 부르는 점토판은 유명하다. 여기에는 여러 가지 직각삼각형의 변의 길이가 기록되어 있다.

중국의《주비산경》에 기록된 '구고현의 정리' 역시 유명하며 이는 피타고라스보다 500년 전에 먼저 발견해서 사용하고 있었던 기록으로 인정받고 있다.

'구고현의 정리'를 보면 직각삼각형의 밑변과 높이 중 짧은 것을 '구', 긴 것을 '고', 빗변을 '현'이라고 하는 데 '구가 3, 고가 4, 현이 5이면 구^2+고^2=현^2'이라고 했다.

물론《주비산경》에는 구고현의 정리에 대한 수학적 증명이 하나의 그림만으로 나타나 있다. 하지만 이는 피타고라스의 정리를 증명하는 400가지가 넘은 방법 중 하나로, 그림만으로도 설명이 되는 완벽하고 아름다운 그림으로 인정받는다.

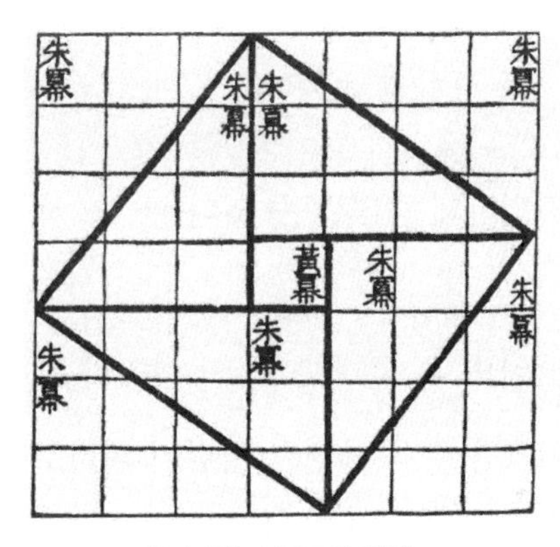

주비산경의 구고현 정리

이는 그림으로 보면 알겠지만 □ABCD의 넓이는 그 안에 있는 길이가 c인 정사각형의 넓이와 그 바깥의 직각삼각형 4개의 넓이를 더한 값이라는 사실을 이용하여 증명하는 방법이다.

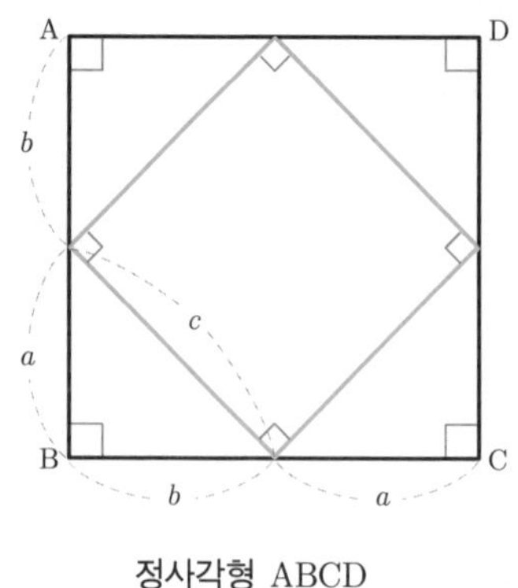

정사각형 ABCD

□ABCD의 넓이 $(a+b)^2=c^2+4\left(a\times b\times\frac{1}{2}\right)$

$$a^2+b^2+2ab=c^2+2ab$$

양변에서 $2ab$를 빼면

$$\therefore\ a^2+b^2=c^2$$

간단하게 증명할 수 있다.

그런데 왜 피타고라스의 정리라고 이름을 붙였을까?

그것은 처음 증명한 사람이 피타고라스이기 때문이다. 직각삼각형의 빗변과 다른 두 변 사이의 관계를 일반식으로 나타내고, 이 성질이 모든 직각삼각형의 공통 성질이라는 사실을 증명해서 보여준 것이다.

물론 피타고라스가 어떤 방법으로 증명을 했는지는 알려지지 않는다. 어떤 학자는 피타고라스가 바닥의 타일 모양을 보고 생각해냈다고 주장하기도 한다. 하지만 어떻게 증명했든 피타고라스는 이 정리를 통해서 무리수의 존재를 발견하게 되었다. 피타고라스는 무리수의 존재를 인정하지 않으려 했지만 이로 인해 수의 세계가 무리수와 유리수를 합한 실수로 넓어지게 되었다.

피타고라스의 정리의 활용

피타고라스의 정리는 건축물뿐만 아니라 생활 곳곳에서 활용되고 있지만 수학에서도 중요한 자리를 차지하고 있다. 그중에서도 도형 문제를 풀 때는 특히 중요하다. 직사각형이나 정사각형의 대각선의 길이를 구할 때도 피타고라스의 정리를 이용한다.

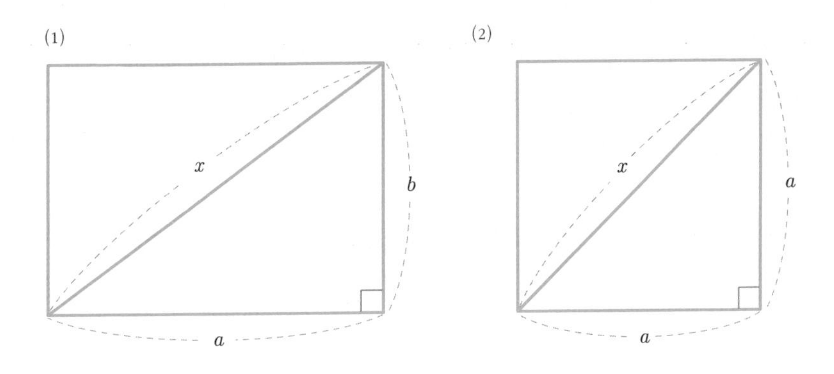

(1) 가로, 세로의 길이가 각각 a, b인 직사각형의 대각선의 길이를 x로 하면 피타고라스의 정리에 의하여 다음의 식이 성립한다.

$$x^2=a^2+b^2$$
$$\therefore\ x=\sqrt{a^2+b^2}$$

(2) 한 변의 길이가 a인 정사각형의 대각선의 길이를 구할 때의 공식은 다음과 같다. 대각선의 길이를 x로 하면 피타고라스의 정리에 따라,

$$x^2=a^2+a^2=2a^2$$

$$\therefore\ x=\sqrt{2}\,a$$

이는 정삼각형에도 활용 가능하다. 예를 들어 정삼각형 한 변의 길이만 알아도 그 도형의 높이 h와 넓이 S를 구할 수 있다. 이를 증명해보자.

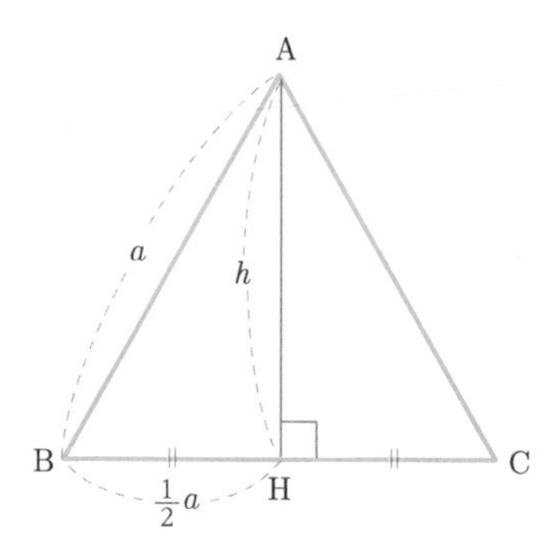

꼭짓점 A에서 대변에 수선을 그으면 직각삼각형 ABH가 생긴다.

이는 피타고라스의 정리에 의해,

$$a^2=h^2+\left(\frac{1}{2}a\right)^2$$

$$h^2=a^2-\frac{1}{4}a^2=\frac{3}{4}a^2$$

$$\therefore\ h=\frac{\sqrt{3}}{2}a$$

정삼각형 ABC의 넓이 S는 $\frac{1}{2}$×밑변×높이이므로,

$$S=\frac{1}{2}\times a\times\frac{\sqrt{3}}{2}a=\frac{\sqrt{3}}{4}a^2$$

이뿐만 아니라 데카르트가 고안해낸 좌표평면 위에 두 점이 있을 때 이 두 점 사이의 거리를 구하는 문제 역시 피타고라스의 정리를 이용하면 쉽게 해결할 수 있다.

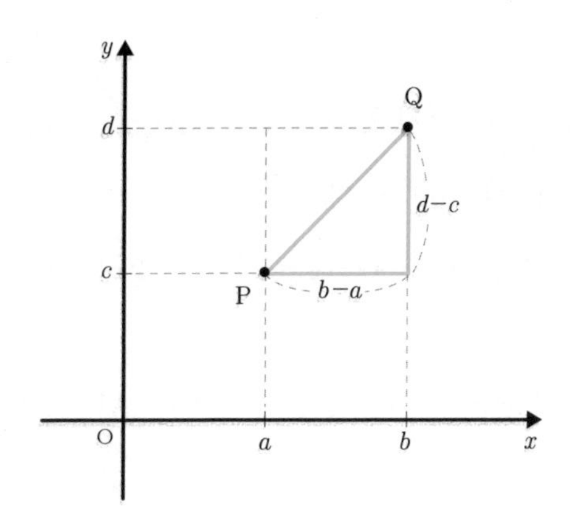

두 점 $P(a, c)$, $Q(b, d)$ 사이의 거리를 구하면 다음과 같다.

$$\overline{PQ}^2=(b-a)^2+(d-c)^2$$
$$\overline{PQ}=\sqrt{(b-a)^2+(d-c)^2}$$

그 외에도 직육면체의 대각선의 길이나 정사면체의 높이와 부피, 원뿔의 높이와 부피를 구할 때도 피타고라스의 정리를 이용한다.

또한 일상 생활에서 강의 폭이나 산의 높이를 잴 때도 직접 강을 건너거나 산을 오르지 않아도 피타고라스의 정리를 이용해 계산할 수 있다.

특수한 직각삼각형에도 피타고라스의 정리를 활용할 수 있는데 이 경우에는 변의 길이 비(빗변의 길이 : 밑변의 길이 : 높이)가 예각의 크기에 따라 일정하게 정해진다.

한 변의 길이가 $2a$인 정삼각형을 통하여 진짜 가능한지 확인해보자.

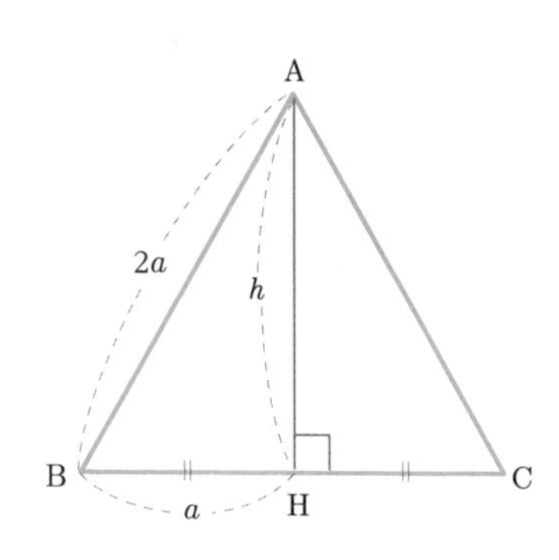

꼭짓점 A에서 대변 BC를 향해 수선 H를 그어본다.

$\overline{AB}=2a$, $\overline{BH}=a$이면 피타고라스의 정리에 의해,

$\overline{AH}=\sqrt{(2a)^2-a^2}=\sqrt{3}\ a$가 된다.

$\angle BAH=30°$, $\angle ABH=60°$일 때

$\angle 30°$를 예각으로 하는 직각삼각형은 다음과 같다.

(빗변의 길이) : (밑변의 길이) : (높이) $=\overline{AB}:\overline{AH}:\overline{BH}$

$=2a:\sqrt{3}\ a:a$

$=2:\sqrt{3}:1$

a값이 어떤 값이 되든 이 비율 또한 일정하다.

$\angle 60°$를 예각으로 하는 직각삼각형도 살펴보자.

(빗변의 길이) : (밑변의 길이) : (높이) $=\overline{AB}:\overline{BH}:\overline{AH}$

$=2a:a:\sqrt{3}\ a$

$=2:1:\sqrt{3}$

a값이 어떤 값이 되든 이 비율은 일정하다.

$\angle 45°$를 예각으로 하는 직각삼각형은 어떻게 될까?

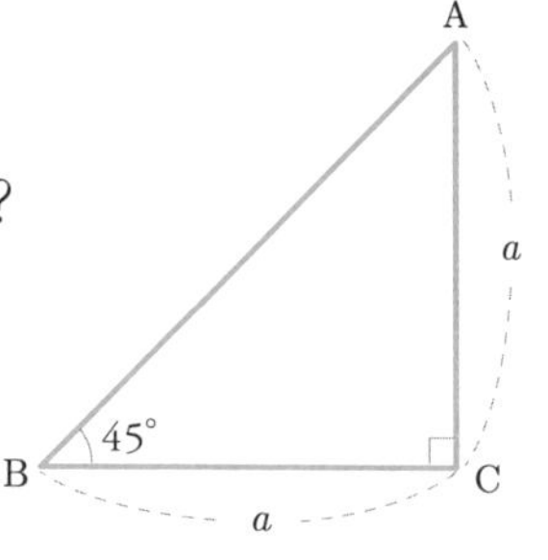

$\angle 45^\circ$를 예각으로 하는 직각삼각형은 이등변삼각형이므로 밑변의 길이와 높이가 a로 같다.

피타고라스의 정리에 의해 빗변의 길이는 $\sqrt{2}a$가 되므로,

$$(\text{빗변의 길이}):(\text{밑변의 길이}):(\text{높이}) = \overline{AB}:\overline{BC}:\overline{AC}$$
$$= \sqrt{2}a : a : a$$
$$= \sqrt{2} : 1 : 1$$

직각삼각형은 한 예각의 크기가 같으면 닮은 삼각형이 되므로 모든 변의 길이의 비가 일정하다. 이것을 기억해두면 삼각비에 관한 이해가 쉬워진다.

피타고라스의 정리의 활용

특수한 직각삼각형의 세변의 길이의 비

$\angle 30^\circ$인 직각삼각형의 세변의 길이의 비

$(\text{빗변의 길이}):(\text{밑변의 길이}):(\text{높이}) = 2:\sqrt{3}:1$

$\angle 60^\circ$인 직각삼각형의 세변의 길이의 비

$(\text{빗변의 길이}):(\text{밑변의 길이}):(\text{높이}) = 2:1:\sqrt{3}$

$\angle 45^\circ$인 직각삼각형의 세변의 길이의 비

$(\text{빗변의 길이}):(\text{밑변의 길이}):(\text{높이}) = \sqrt{2}:1:1$

실력 Up

문제1 다음 그림과 같은 직각삼각형 ABC의 꼭짓점 A에서 빗변에 내린 수선의 발을 H로 한다.

이때 $\overline{AH}=12$㎝, $\overline{BC}=25$㎝, $\overline{BH}=9$㎝일 때, $\overline{AC}$의 길이를 구하시오.

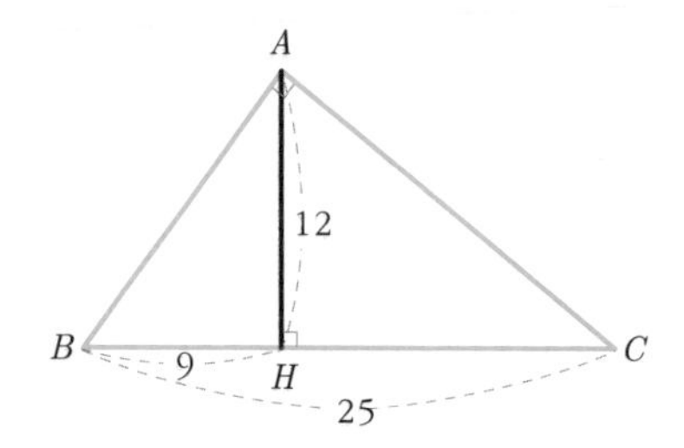

풀이 피타고라스의 정리에 의해,

$$\overline{AC}^2=\overline{AH}^2+\overline{HC}^2$$
$$=12^2+16^2$$
$$=144+256$$
$$=400$$

$\therefore\ \overline{AC}=20$

답 20㎝

문제 2 다음 그림처럼 모선의 길이가 5㎝, 밑면의 반지름의 길이가 3㎝인 원뿔의 부피를 구하시오.

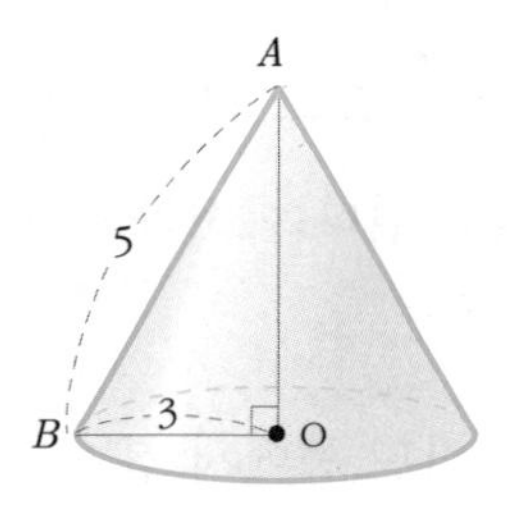

풀이 원뿔의 높이를 h로 하면 $\triangle$ABO는 직각삼각형이다.

$h^2=5^2-3^2=16$

$\therefore\ h=4$

원뿔의 부피$=\dfrac{1}{3}\times\pi r^2\times h$

$=\dfrac{1}{3}\times\pi\times 3^2\times 4=12\pi\text{cm}^3$

답 $12\pi\text{cm}^3$

피타고라스의 정리에 나타난 비율

학자들은 피타고라스학파가 피타고라스의 정리를 통해 삼각비를 구하다가 무리수의 존재를 알아냈을 것으로 보고 있다. 그들은 이 무리수가 신의 뜻에 위배된다고 믿어 영원히 비밀로 한다는 서약을 했다. 하지만 사실 무리수는 예전부터 이용되었다.

밀로의 비너스 조각상, 피라미드 등에서 볼 수 있는 황금비를 살펴보자.

인간이 가장 선호하는 아름다운 비율을 보통 황금비라 일컫는데 1.618이란 수이다. 이는 다시 $\frac{1+\sqrt{5}}{2}$로 표현할 수 있다.

피라미드

밀로의 비너스 조각상

황금비는 그림이나 건축물뿐만 아니라 실생활에도 다양하게 쓰인다. 한 예로 지갑 안에 들어 있는 교통카드나 주민등록증 등도 황금비율이다.

그렇다면 무리수 $\sqrt{2}$를 이용한 비율은 어떠할까?

$1:\sqrt{2}$, 즉 1.414 비율은 금강비라고 한다. 부석사 무량수전과 석굴암, 더 옛날로 가면 신석기 시대나 청동기 시대의 주거 지역에서도 금강비를 찾아볼 수 있다. 그렇다면 우리 선조들은 무리수를 알지는 못했어도 그 존재를 느끼고 있었던 것은 아닐까?

물론 일상생활에서도 금강비는 사용되고 있다. 흔히 쓰이는 복사지, 바로 A4 용지의 가로와 세로 비율이 약 1.414 즉 무리수 $\sqrt{2}$의 근삿값이다.

부석사 무량수전(© cc-by-2.0-ko:Excretion)

석굴암(© cc-by-sa-3.0-Richardfabi)

실생활에 많이 쓰여 놀라운

삼각비

옛날 사람들은 별과 달, 태양 등을 이용해 시간과 계절을 알았다. 항해하는 사람들은 밤하늘에 떠 있는 별의 위치를 이용해 자신의 위치를 알아내고 직각삼각형을 이용해 별들의 지도와 해도를 그렸다.

지금도 지평좌표계를 통해 별의 고도나 방위각을 알아볼 때 삼각형의 성질을 이용한다.

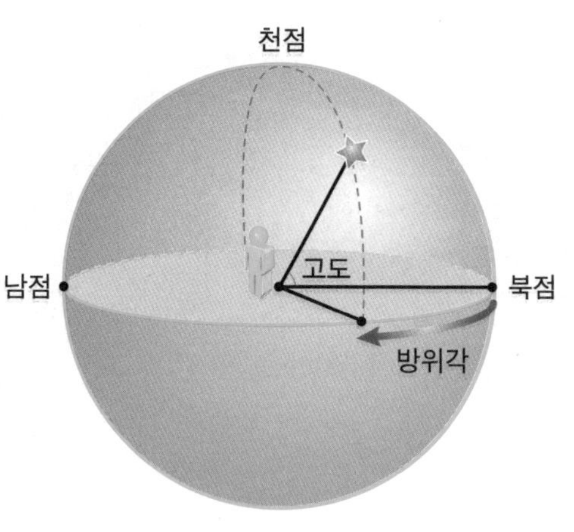

지평좌표계

1858년 스코틀랜드의 골동품 수집가였던 헨리 린드는 휴양차 이집트로 여행을 떠났다. 그는 나일 계곡을 여행하던 중 테베의 고대 건물 폐허에서 발견되었다는 오래된 파피루스를 구입하게 되었다. 이 파피루스에는 삼각형과 식처럼 보이는 것이 그려져 있었다. 학자들은 이 문서를 번역해 B. C. 1600년경에 활동한 어느 왕의 서기 아메스의 기록물임을 알게 되었다.

그래서 이 파피루스를 '린드파피루스' 또는 '아메스파피루스'라고 부른다.

린드파피루스는 일종의 수학문제집으로, 단위분수의 계산법과 삼각형, 사다리꼴의 넓이나 원기둥, 각기둥의 높이, 원의 부피 등을 구하는 문제들이 있었다. 그중 몇 문제는 피라미드의 높이나 기울기 등에 관한 것으로, 고대 이집트인들이 '삼각형에서 닮은 삼각형끼리는 세 변의 길이의 비가 일정하다'는 사실을 이용한 것을 알게 되었다.

린드파피루스

고대 이집트인들이 이용했던 닮은 삼각형의 성질을 지금부터 확인해보자.

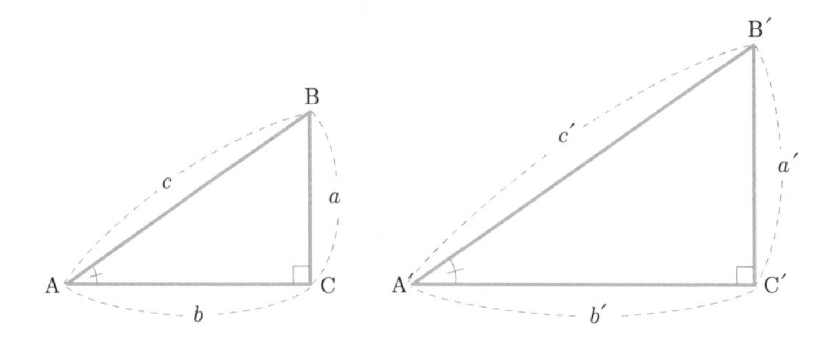

두 직각삼각형 △ABC와 △A′B′C′는 ∠A=∠A′이고, ∠C=∠C′=90°이다.

두 도형은 AA닮음이다. 그리고 도형의 닮음에서 배웠듯이 삼각형의 크기에 관계없이 대응하는 모든 변의 길이는 일정한 닮음비를 가진다.

$$\frac{b}{a}=\frac{b'}{a'},\ \frac{a}{c}=\frac{a'}{c'},\ \frac{b}{c}=\frac{b'}{c'}$$

즉 $a:b:c=a':b':c'$

그렇다면 한 직각삼각형 내에서 각 변 a, b, c 사이에는 어떤 관계가 있을까?

직각삼각형의 두 변의 길이만 알면 우리는 피타고라스의 정리에 의해 다른 한 변의 길이를 알 수 있었다. 따라서 직각삼각형은 각 변 사이에 일정한 비가 성립할 것이라는 예상이 가능하다.

직각삼각형에서 한 예각을 기준으로 했을 때, 두 변 사이의 비가 삼각비이다.

직각삼각형 ABC에서 ∠C=90°일 때 한 예각, ∠A를 기준으로 $\overline{AC}$를 밑변의 길이, $\overline{AB}$를 빗변의 길이, $\overline{BC}$를 높이라고 부른다.

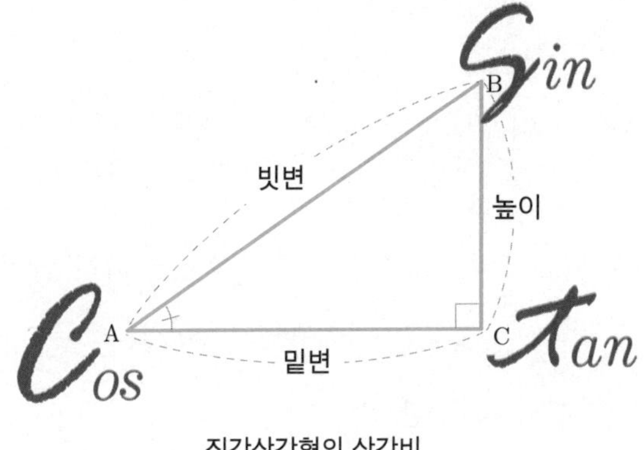

직각삼각형의 삼각비

이때, $\frac{\text{높이}}{\text{빗변의 길이}}$의 비의 값을 $\sin A$,

$\frac{\text{밑변의 길이}}{\text{빗변의 길이}}$의 비의 값을 $\cos A$,

$\frac{\text{높이}}{\text{밑변의 길이}}$의 비의 값을 $\tan A$

라 하며 $\sin A$, $\cos A$, $\tan A$를 $\angle A$의 삼각비라고 한다.

이처럼 삼각비의 값을 쉽게 구할 수 있는 특수한 각들이 있는데 이 각들의 삼각비를 이용해 더 많은 각들의 삼각비의 값을 구할 수 있다.

한 변의 길이가 2인 정삼각형 ABC를 통하여 삼각비의 값을 알아보자.

정삼각형 ABC의 꼭짓점 A에서 밑변에 수선을 그어 직각삼각형 ABH를 만든다.

$\overline{AH}$의 길이는 피타고라스의 정리에 따라 다음과 같다.

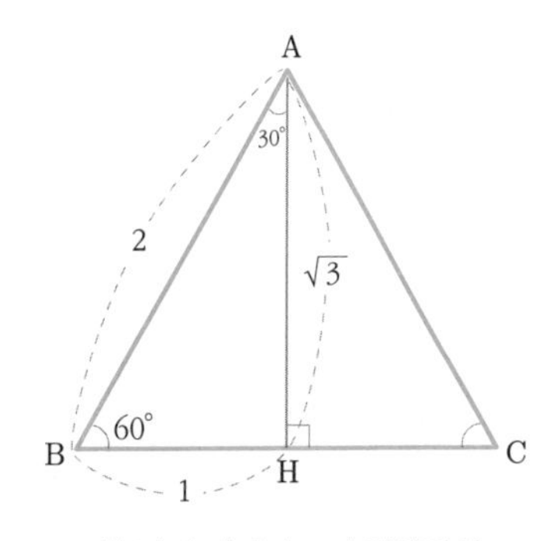

한 변의 길이가 2인 정삼각형

$$2^2 = 1^2 + \overline{AH}^2$$

$$\overline{AH} = \sqrt{3}$$

∠A가 30°일 때와 ∠B가 60°일 때를 기준으로 각각 살펴보면,

1) ∠A가 30°일 때의 기준 삼각비

$$\sin 30° = \frac{1}{2}$$

$$\cos 30° = \frac{\sqrt{3}}{2}$$

$$\tan 30° = \frac{1}{\sqrt{3}} = \frac{\sqrt{3}}{3}$$

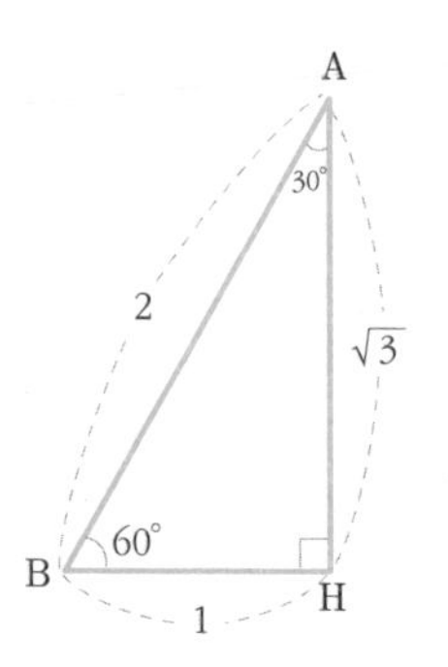

2) ∠B가 60°일 때의 기준 삼각비

$$\sin 60° = \frac{\sqrt{3}}{2}$$

$$\cos 60° = \frac{1}{2}$$

$$\tan 60° = \frac{\sqrt{3}}{1} = \sqrt{3}$$

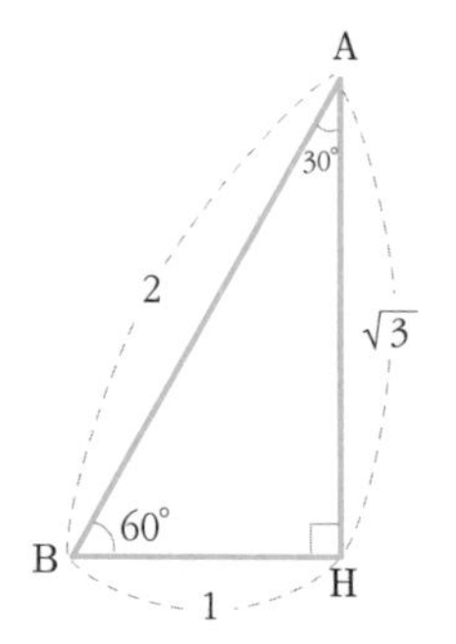

그렇다면 예각이 45°일 때의 삼각비의 값은 어떻게 될까?

한 변의 길이가 1인 정사각형을 그린 후 대각선을 그어보자.

직각이등변삼각형 ABC가 만들어졌다. 이때 $\overline{AC}$는 피타고라스의 정리에 의해 $\sqrt{2}$가 된다.

이 경우 두 예각이 45°로 같기 때문에 어느 각을 기준으로 해도 삼각비의 값은 같다.

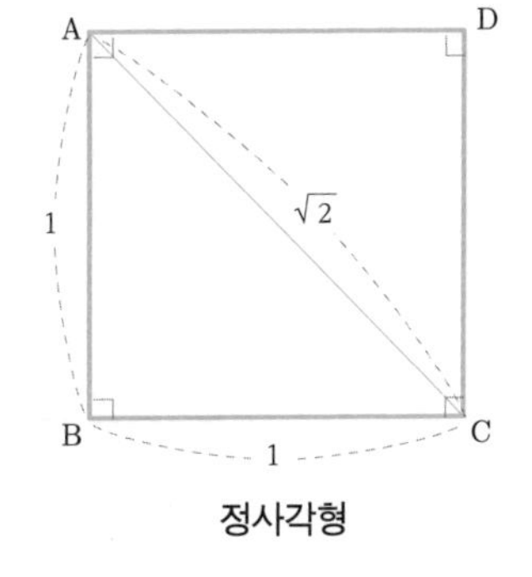

정사각형

$$\sin 45° = \frac{1}{\sqrt{2}} = \frac{\sqrt{2}}{2}$$

$$\cos 45° = \frac{1}{\sqrt{2}} = \frac{\sqrt{2}}{2}$$

$$\tan 45° = \frac{1}{1} = 1$$

직각삼각형의 크기가 달라도 닮음비는 일정하므로 이 삼각비의 값은 같다. 그렇다면 삼각비는 왜 중요할까? 무엇 때문에 실생활과 멀어보임에도 꼭 등장해 우리를 괴롭히는 걸까?

그저 수학의 한 분야로만 보이는 이 삼각비는 사실 우리 생활에 유용하게 쓰이고 있다. 삼각비를 알면 거리와 넓이까지 구할 수 있기 때문에 저수지의 용량이나 땅의 넓이를 잴 때 뿐 아니라, 인공위성이나 레이더 관측 등 다양한 분야에서 이용할 수 있다. 그래서 삼각비는 다양한 분야에서 필요로 하고 있다.

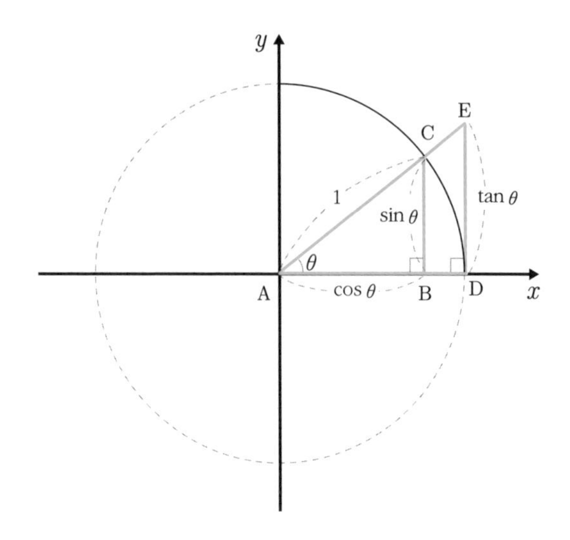

이제 특수각이 아닌 일반각의 삼각비의 값을 구해보자.

먼저 위의 그림처럼 좌표평면에 반지름의 길이가 1인 원을 그려보자. 이런 원을 단위원이라고 하며 단위원에 예각 θ를 가진 직각삼각형을 그린 후 삼각비의 값을 구한다.

$$\sin\theta = \frac{\overline{BC}}{\overline{AC}} = \overline{BC}$$

$$\cos\theta = \frac{\overline{AB}}{\overline{AC}} = \overline{AB}$$

$$\tan\theta = \frac{\overline{DE}}{\overline{AD}} = \overline{DE}$$

단위원을 그리면 분모가 1이 되어 삼각비의 값을 구할 수 있다.

삼각비의 값을 표로 나타내면 다음과 같다.

삼각비 \ 각도	0°	30°	45°	60°	90°
$\sin\theta$	0	$\frac{1}{2}$	$\frac{\sqrt{2}}{2}$	$\frac{\sqrt{3}}{2}$	1
$\cos\theta$	1	$\frac{\sqrt{3}}{2}$	$\frac{\sqrt{2}}{2}$	$\frac{1}{2}$	0
$\tan\theta$	0	$\frac{\sqrt{3}}{3}$	1	$\sqrt{3}$	정할 수 없다

이를 그래프로 그려보면 sin과 cos은 45°를 기준으로 서로 선대칭이다.

tan값은 sin과 같은 값에서 출발하여 증가하다가 $\tan 45^\circ = 1$을 지나면서 급격히 증가하여 $\tan 90^\circ$가 되면 그 값을 정할 수 없게 된다.

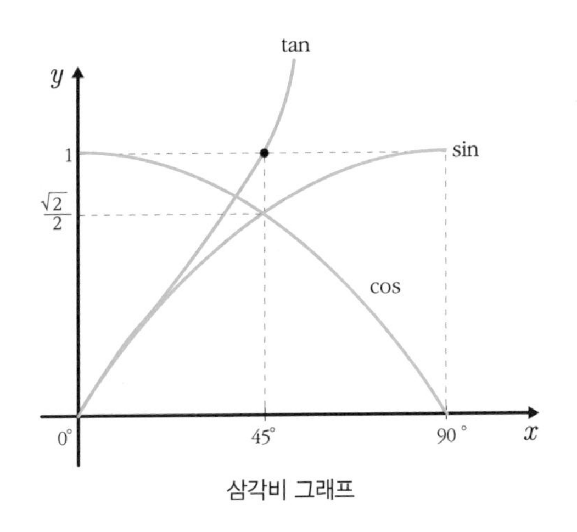

삼각비 그래프

θ값의 변화에 따른 삼각비를 삼각함수라고 하는데, 소리의 파동이나 파도의 움직임 등을 sin함수나 cos함수의 그래프로 나타낼 수 있다. 또 두 예각 $\angle A$와 $\angle B$가 $\angle A + \angle B = 90^\circ$의 관계에 있을 때, 두 각은 서로 다른 각의 여각이라고 하며 여각의 삼각비는 다음과 같다.

$$\sin A = \cos(90^\circ - A) = \cos B$$

$$\cos A = \sin(90^\circ - A) = \sin B$$

$$\tan A = \frac{1}{\tan(90^\circ - A)} = \frac{1}{\tan B}$$

또한 두 예각 $\angle A$와 $\angle B$가 $\angle A + \angle B = 90^\circ$일 때, 삼각비 사이의 관계는 다음과 같다(단 $0 \leq \sin A \leq 1$, $0 \leq \cos A \leq 1$).

$$\tan A = \frac{\sin A}{\cos A}$$

$$\sin^2 A + \cos^2 A = 1$$

삼각비를 이용하면 도형에서 모르는 변의 길이를 구할 수도 있다.

예를 들어 직각삼각형에서 한 변의 길이와 한 예각의 크기만 알고 있다면 삼각비를 이용해 나머지 두 변의 길이를 구하면 된다.

1) $\angle A$와 c를 알 때

$a = c \times \sin A$이고 $b = c \times \cos A$로 구할 수 있다.

2) $\angle A$와 b를 알 때

$a = b \times \tan A$이고 $c = \dfrac{b}{\cos A}$로 구할 수 있다.

3) $\angle A$와 a를 알 때

$c = \dfrac{a}{\sin A}$이고 $b = \dfrac{a}{\tan A}$로 구할 수 있다.

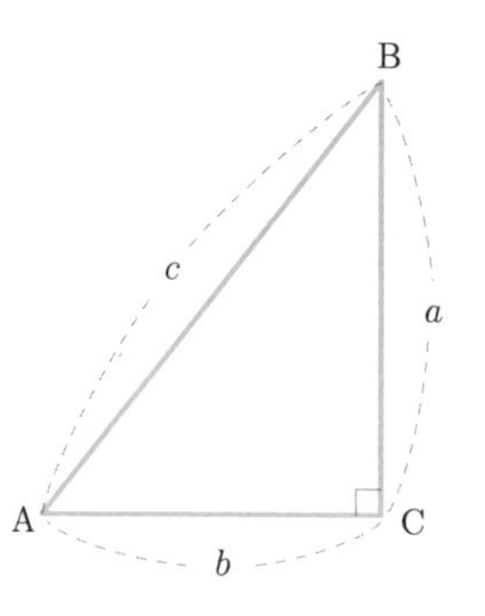

이 외에도 삼각비를 이용해 삼각형의 높이와 넓이, 다각형의 높이와 넓이를 구할 수 있다. 이제 이것이 가능하지 확인해보자.

도형의 넓이와 삼각비의 활용

삼각형의 넓이 구하는 법은 그 외 다른 도형의 넓이를 구할 때 기본이 되는 방법이므로 꼭 이해하고 넘어가자.

흔히 밑변과 높이를 알 때 삼각형의 넓이는 $\frac{1}{2}\times$밑변$\times$높이이다.

삼각형의 두 변의 길이와 그 끼인각의 크기가 주어져서 알지만 높이를 모르면 삼각형의 넓이는 어떻게 구할까?

삼각비를 이용하여 높이 h를 구하면 된다.

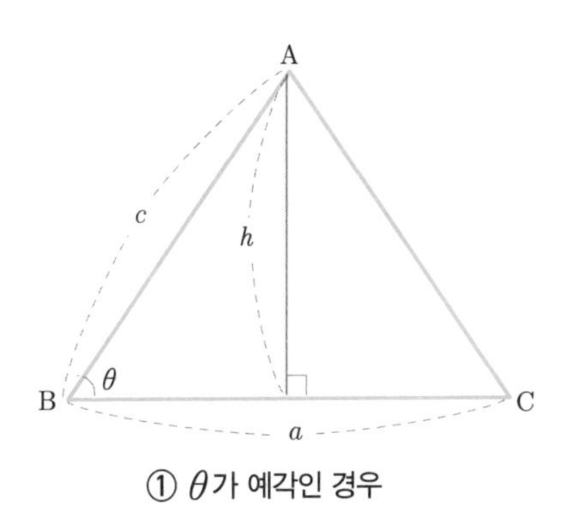

① θ가 예각인 경우

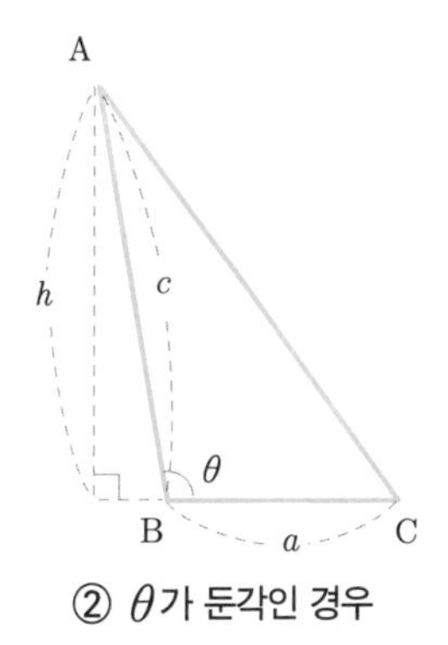

② θ가 둔각인 경우

1) θ가 예각인 경우

$h=c\times\sin\theta$

삼각형의 넓이$=\frac{1}{2}\times a\times h=\frac{1}{2}\,ac\sin\theta$

2) θ가 둔각인 경우

$$h=c\times\sin(180^\circ-\theta)$$

$$\text{삼각형의 넓이}=\frac{1}{2}\times a\times h=\frac{1}{2}ac\sin(180^\circ-\theta)$$

사각형의 넓이를 구할 때도 삼각비를 이용하면 쉽다.

평행사변형의 넓이는 '밑변×높이'로 구한다. 높이를 모를 때 두 변의 길이와 그 끼인각의 크기를 알면 평행사변형의 넓이는 다음과 같이 구하면 된다.

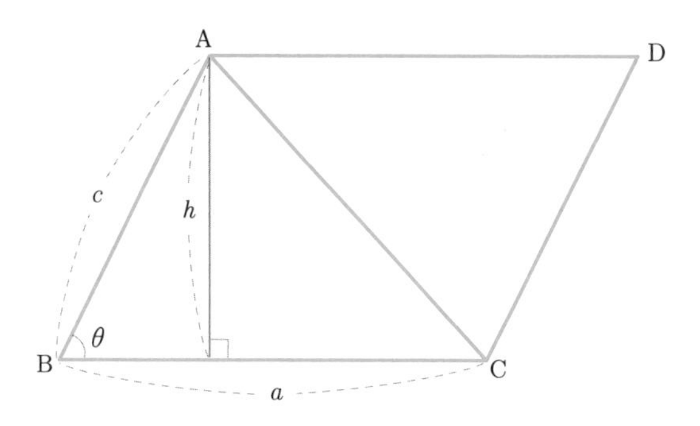

$$h=c\times\sin\theta$$

$$\square\,\mathrm{ABCD}=\triangle\mathrm{ABC}+\triangle\mathrm{ACD}$$

$$=2\times\frac{1}{2}\times a\times c\times\sin\theta$$

$$=ac\sin\theta$$

실력 Up

문제 1 직각삼각형 ABC에서 sin A, cos A, tan A를 각각 구하시오.

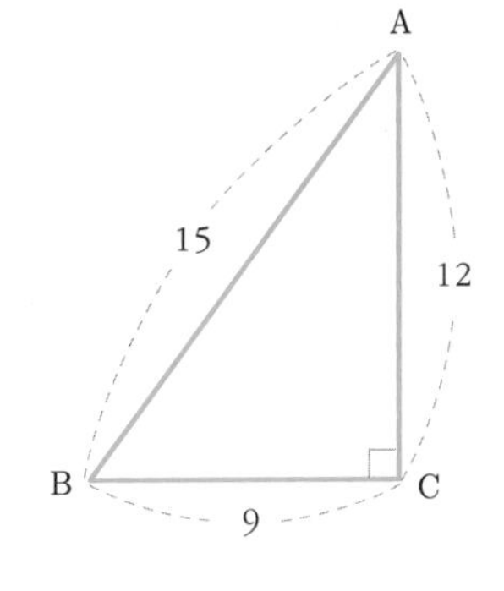

풀이

$$\sin A=\frac{\overline{BC}}{\overline{AB}}=\frac{9}{15}=\frac{3}{5}$$

$$\cos A=\frac{\overline{AC}}{\overline{AB}}=\frac{12}{15}=\frac{4}{5}$$

$$\tan A=\frac{\overline{BC}}{\overline{AC}}=\frac{9}{12}=\frac{3}{4}$$

답 $\sin A=\frac{3}{5}$, $\cos A=\frac{4}{5}$, $\tan A=\frac{3}{4}$

문제 2 $\angle C=120^\circ$이고 $\overline{AC}=6$, $\overline{BC}=4$일 때 △ABC의 넓이를 구하시오.

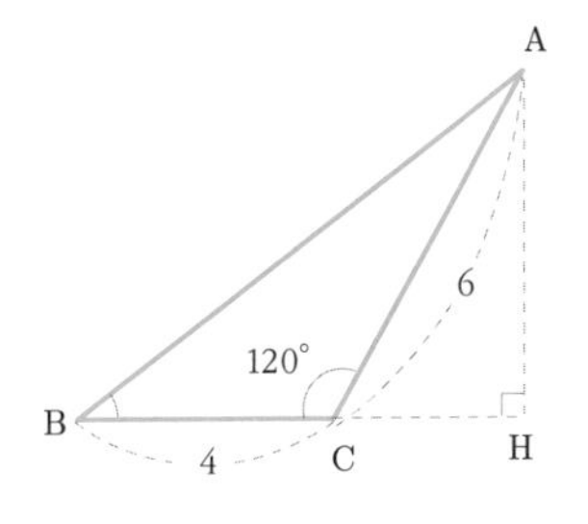

풀이

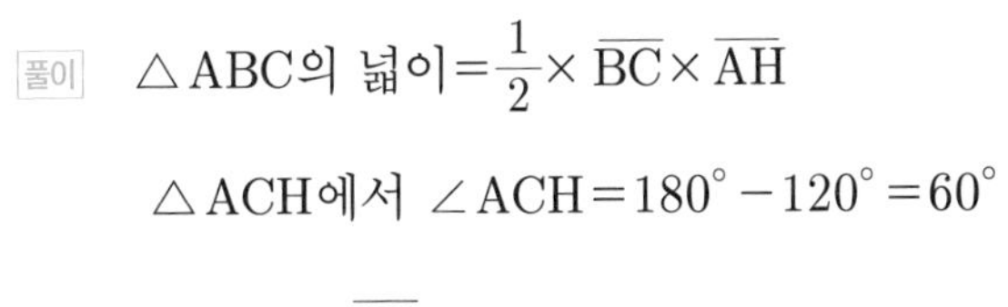

△ABC의 넓이$=\frac{1}{2}\times\overline{BC}\times\overline{AH}$

△ACH에서 $\angle ACH=180^\circ-120^\circ=60^\circ$

$$\sin 60^\circ=\frac{\overline{AH}}{\overline{AC}}$$

$$\overline{AH}=\sin 60^\circ\times\overline{AC}=\frac{\sqrt{3}}{2}\times 6=3\sqrt{3}$$

△ABC의 넓이$=\frac{1}{2}\times\overline{BC}\times\overline{AH}$

$$=\frac{1}{2}\times 4\times 3\sqrt{3}=6\sqrt{3}$$

답 $6\sqrt{3}$

PART 3

함수

함수의 역사

함수의 개념은 수학의 역사와 함께 존재해왔다. 함수라는 말이 쓰이기 훨씬 전인 고대 바빌로니아 시대부터 함수의 개념은 시작되었다. 고대 바빌로니아인들은 천체의 운동을 관찰하고 그 주기성을 발견하기 위해 수표를 만들었는데 그 수표를 함수의 기원으로 볼 수 있다.

비스듬히 위로 던져올린 물체, 포탄의 움직임 등 물체의 운동을 연구하면서 함수의 개념은 본격적으로 형성되기 시작했다. 17세기부터는 수학자들에 의해 본격적으로 함수가 발전되기 시작했다. 갈릴레이(1564~1642)는 '비례'라는 말로 일차함수의 개념을 표현했고 물체가 운동을 할 때 시간과 거리 관계를 나타내기 위하여 이차함수를 사용하였다.

데카르트(1596~1650)는 좌표평면에 함수를 그래프로 나타내면서 기하학과 해석학을 하나로 묶었다.

'함수'로 용어는 라이프니츠(1646~1716)가 베르누이와 주고받은 편지에서 처음으로 사용되었다. 라이프니츠는 곡선 위의 점에서 접선, 법선, 좌표축에서의 수선의 길이 등을 구하는 일을 함수로 불렀다.

오일러(1707~1783)는 두 집합의 각 원소들 사이의 관계를 대응으로 표현하면서 함수를 변수와 상수에 의해 만들어지는 해석 식으로 보았다.

함수 기호 f는 18세기 프랑스의 수학자 달랑베르(1717~1783)가 처음으로 사용했고 푸리에와 코시(1789~1857)는 현대 함수의 기초를 만들었다. 그중에서도 코시는 함수에 대한 현대적인 정의를 내리고 함수론을 정리하여 '함수의 아버지'로 불렸다.

계속해서 디리클레(1805~1859)는 함수의 개념을 일반화시켰다. 푸리에는 푸리에급수를 통해 임의의 함수를 삼각함수의 무한급수의 합으로 나타내었는데 이 푸리에급수는 빛, 소리, 진동, 컴퓨터 분야에 넓게 활용되고 있다.

그 후 운동을 나타내는 여러 가지 곡선과 결합한, 곡선 함수가 연구되면서 함수는 점점 방정식이 강조되는 대수함수로 발전했다.

이렇듯 함수는 우리 주변에서 일어나는 현상을 수학적으로 설명하는 법칙이나 규칙을 연구하고 표현하는 수단으로 발달했는데 때문에 어떤 수학자는 수학을 함수 관계를 다루는 학문이라고 말하기도 한다. 그만큼 함수는 수학에서 중요한 개념이며 현대 수학의 기본이라 할 수 있다.

3D 프린터를 상상하라

함 수

함수란?

함수의 '함函'에는 상자라는 뜻이 담겨 있다. 이 의미대로 함수란 어떤 수가 어떤 기능이 있는 상자에 들어가서 그 값이 결정되는 것으로 보면 된다.

함수는 영어로 function이다. 따라서 함수의 수식은 function의 첫 글자를 따 $f(x)$로 나타낸다.

이제 함수를 더 쉽게 이해할 수 있도록 요즘 새로이 개발되어 화제가 되고 있는 3D 프린터를 떠올려보자. 3D 프린터는 아래 그림처럼 플라스틱 가루를 재료로 넣고 볼펜 설계도를 프로그램하면 플라스틱으로 된 볼펜이 만들어져 나오는 프린터이다.

플라스틱 가루 → **볼펜 설계도** → 플라스틱 볼펜 또한 볼펜 설계도 대신 그릇 설계도를 넣으면 플라스틱 그릇이 나오듯 어떤 설계도를 넣느냐에 따라 다양한 물건이 만들어진다.

함수도 이와 같다. 어떤 수 x를 넣고 f라는 설계도를 넣으면 y라는 결과가 나오는 것, 이것이 함수이다.

여기서 x, y는 여러 가지 값으로 변하는 변수이다. 그러므로 x의 값에 따라서 y의 값이 달라지는 것이 함수이다.

예를 들면 작용하는 힘에 따라 길이가 달라지는 용수철 저울이 있다. 추를 하나씩 걸 때마다 용수철 저울의 길이가 2cm씩 늘어난다. 처음 용수철 저울의 길이가 10cm였을 때 추의 개수를 x, 용수철 저울의 총 길이를 y로 하면 다음과 같은 표로 결과를 나타낼 수 있다.

추의 개수(x개)	0	1	2	3	4
용수철 저울의 길이(cm)	10	12	14	16	18

이 추의 개수 x개에 대한 용수철 저울의 길이 $y$cm의 관계를 살펴보자. x의 값이 변함에 따라 y의 값도 변하고 있다. 이것을 식으로 나타내면 $y=2x+10$이다.

이처럼 두 변수 x, y 사이에 x의 값 하나에 y의 값이 하나가 정해질 때 y를 x의 함수라 하며, 이를 기호로 $y=f(x)$로 나타낸다.

여기서 주의할 점은 함수는 x에 대한 y의 값이 단 하나씩만 정해져 있다는 것이다. 그림으로 표현하면 다음과 같다.

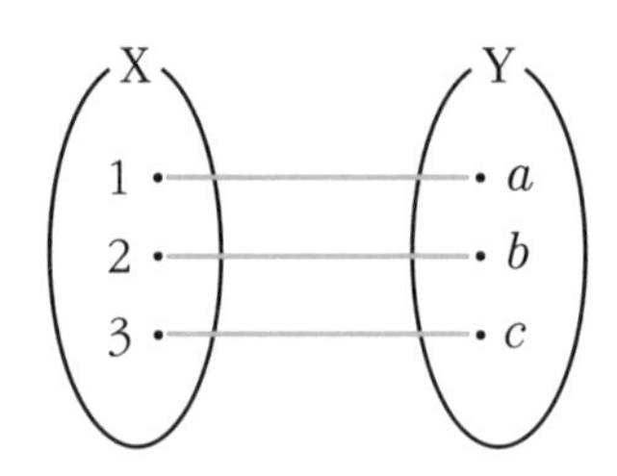

X의 원소는 각각 Y의 원소와 하나씩 짝지어져 있다. 이렇게 짝지어지는 것을 대응이라고 한다. 이처럼 X의 원소에 Y의 원소가 하나씩 대응되는 것, 이것이 함수이다.

그렇다면 다음 그림들도 함수일까?

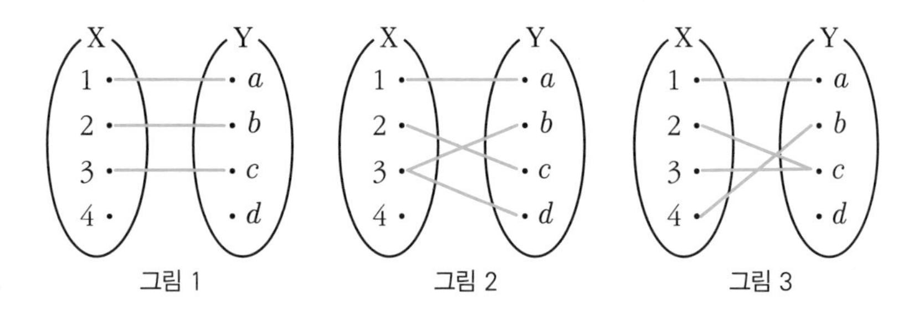

그림 1 그림 2 그림 3

그림 1은 X의 원소인 4와 대응하는 Y의 원소가 없으므로 함수가 아니다.

그림 2는 X의 원소인 3이 Y의 원소 두 개와 대응이 되었으므로 함수가 아니다.

그림 3은 X의 원소가 Y의 원소와 일대일로 대응되었으므로 함수이다. 이때 Y의 원소 중 d가 대응이 되지 않아도 된다. X의 원소만 하나도 남김없이

대응이 되면 함수이기 때문이다.

이렇게 x의 값이 하나씩 정해짐에 따라 y의 값이 단 하나씩 정해지면 함수이고, x의 값에 따른 결과로 y의 값이 여러 개 나오거나 나오지 않으면 함수가 아니다.

실력 Up

문제1 다음 식을 보고 y가 x의 함수인지 알아 보시오.

(1) $y=3x$

x	1	2	3	4	…
y	3	6	9	12	…

풀이 x의 값에 따른 y의 값이 하나씩 정해지므로 함수이다.

(2) $y=\frac{1}{x}$

x	1	2	3	4	…
y	1	$\frac{1}{2}$	$\frac{1}{3}$	$\frac{1}{4}$	…

풀이 x의 값에 따른 y의 값이 하나씩 정해지므로 함수이다.

(3) $y=100-2x$

x	1	2	3	4	…
y	98	96	94	92	…

풀이 x의 값에 따른 y의 값이 하나씩 정해지므로 함수이다.

(4) $y=$ (자연수 x의 약수)

x	1	2	3	4	…
y	1	1, 2	1, 3	1, 2, 4	…

풀이 x의 값에 따른 y의 값이 한 개 또는 여러 개이므로 함수가 아니다.

(5) $y=$(자연수 x보다 작은 자연수)

x	1	2	3	4	…
y	없다	1	1, 2	1, 2, 3	…

풀이 x의 값에 y의 값이 두 개 이상 대응이 되는 것이 있으므로 함수가 아니다.

문제 2 두 집합 $X=\{3, 4, 5\}$, $Y=\{15, 16, 17\}$에 대하여 X에서 Y로의 대응을 다음과 같이 정의할 때, 대응 관계를 그림으로 나타내고 함수인지 알아보시오.

(1) $x \rightarrow x$의 배수　　　　(2) $x \rightarrow x+12$

풀이 (1) (2)

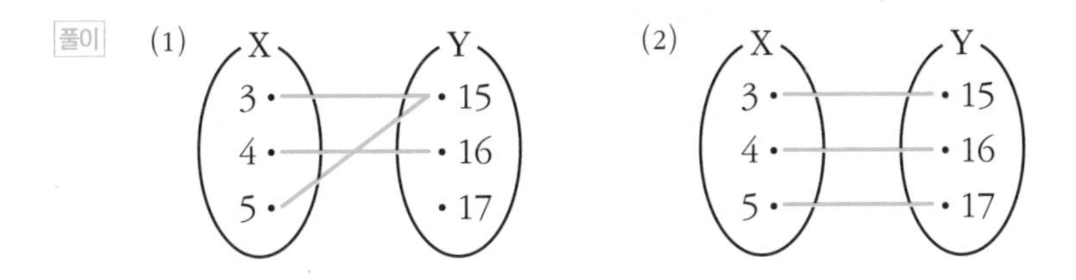

이므로 둘 다 함수이다.

정의역, 공역, 치역

X의 각 원소에 대하여 Y의 원소가 하나씩만 대응될 때 이 대응을 X에서 Y로의 함수라고 한다.

그리고 이것을 f : X → Y로 나타낸다.

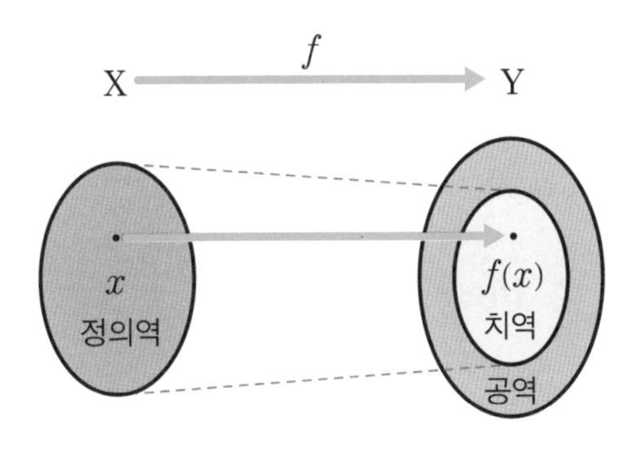

이렇게 원인이 되는 집합 X를 정의역이라 하고, 이에 대응하는 결과인 집합 Y를 공역이라 한다. 그리고 집합 Y의 원소 중 집합 X와 대응된 Y의 원소들로 이루어진 집합을 치역이라 한다.

다시 살펴보자면 함수 f에 의해 정의역 X의 원소 x에 공역 Y의 원소 y가 대응할 때, 이것을 기호로 $y=f(x)$로 나타내고 이 $f(x)$를 x의 함숫값이라 한다.

이 함숫값 전체의 집합 $\{f(x) \mid x \in X\}$을 치역이라고 한다. 그래서 치역은 공역의 부분집합이다. 그리고 (치역) ⊆ (공역)으로 표현된다. 예제를 풀어보자.

두 집합 $X=\{1, 2, 3, 4\}$, $Y=\{5, 10, 15, 20, 25\}$일 때, X에서 Y로의 함수 $f(x)=x\times5$의 정의역과 공역, 치역을 구하시오.

정의역은 집합 X이므로 $\{1, 2, 3, 4\}$이고 공역은 집합 Y이므로 $\{5, 10, 15, 20, 25\}$이다. 그리고,

$$f(1)=1\times5=5$$

$$f(2)=2\times5=10$$

$$f(3)=3\times5=15$$

$$f(4)=4\times5=20$$

이므로 f의 치역은 $\{5, 10, 15, 20\}$이다.

실력 Up

문제1 두 집합 $X=\{1, 3, 5, 7\}$, $Y=\{3, 5, 7, 9, 11, 13, 15, 17\}$ 일 때, X에서 Y로의 함수 $f(x)=2x+1$의 치역을 구하시오.

풀이 정의역은 $\{1, 3, 5, 7\}$, 공역은 $\{3, 5, 7, 9, 11, 13, 15, 17\}$이고,

$f(1) = 2\times1 + 1 = 3$, $f(3) = 2\times3 + 1 = 7$,

$f(5) = 2\times5 + 1 = 11$, $f(7) = 2\times7 + 1 = 15$

답 치역 $\{3, 7, 11, 15\}$

문제 2 함수 $f(x)=3x+5$에 대하여 $f(-2)+f(5)$의 값을 구하시오.

풀이 $f(-2)=3\times(-2)+5=-1$

$f(5)=3\times5+5=20$이므로,

$f(-2)+f(5)=-1+20=19$

답 19

함수의 그래프

함수는 표나 그림, 또는 그래프를 이용해 살펴보면 좀 더 쉽게 알아볼 수 있다. 앞에서는 표와 그림을 이용해 알아보았고 지금부터는 함수의 그래프를 이용해 알아보도록 하자.

함수 $y=2x$를 표로 나타내면,

x	1	2	3	4	…
y	2	4	6	8	…

이때 x값에 대한 함숫값 y를 순서쌍 (x, y)로 나타내면 $(1, 2)$, $(2, 4)$, $(3, 6)$, $(4, 8)$, …로 나타낼 수 있다. 이 순서쌍을 좌표평면에 나타내면,

옆 그림처럼 $y=f(x)$에 대하여 x의 값에 대한 함숫값 y의 순서쌍 (x, y)를 좌표로 하는 모든 점을 좌표평면 위에 나타낸 것을 함수의 그래프라고 한다. 이때 일반적으로 함수의 정의역인 x의 범위를 수 전체로 생각한다.

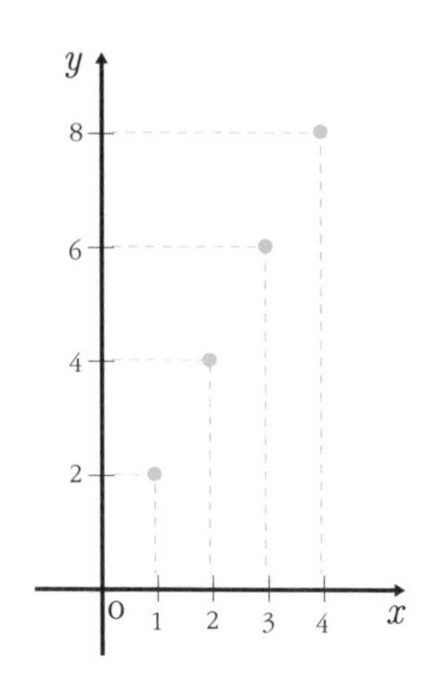

이제 함수 $y=ax(a\neq0)$의 그래프를 그려보자.

함수 $y=ax(a\neq0)$는 $a>0$일 때와 $a<0$일 때, 두 가지의 그래프로 나타낼 수 있다.

$a>0$일 때

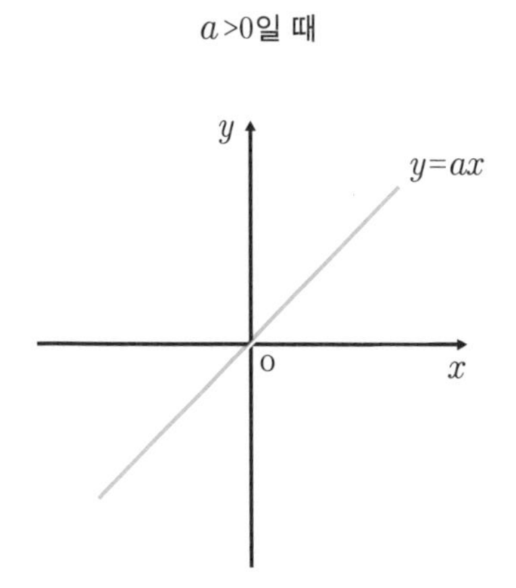

오른쪽 위로 향하는 직선의 형태로 그래프가 그려진다. 이 그래프는 원점을 지나고 제1, 3사분면을 지나는 정비례 그래프이다.

$a<0$일 때

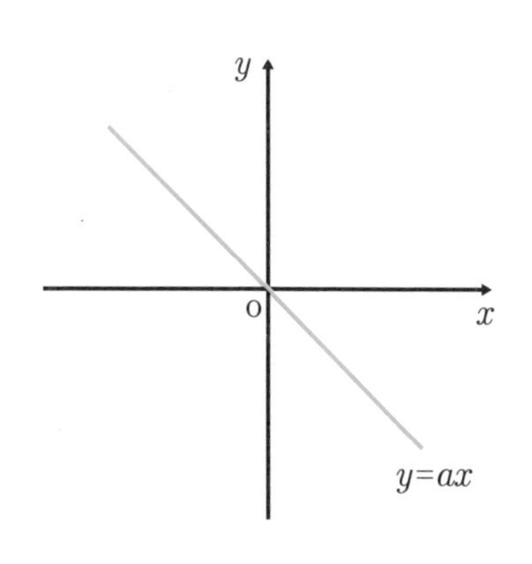

오른쪽 아래로 향하는 직선의 형태로 그래프가 그려진다. 이 그래프는 원점을 지나고 제2, 4사분면을 지나는 정비례 그래프이다.

$y=ax$의 그래프는 a의 절댓값이 커질수록 y축에 가까워지는 특징이 있다.

그렇다면 함수 $y=\frac{a}{x}(a \neq 0)$의 그래프는 어떻게 될까?

함수 $y=\frac{a}{x}(a \neq 0)$의 그래프도 $a>0$일 때와 $a<0$일 때, 두 가지의 그래프로 나타낼 수 있다. $y=\frac{a}{x}(a \neq 0)$에서는 분모가 0이 될 수 없으므로 x의 값에서 0을 제외하고 그래프를 그린다.

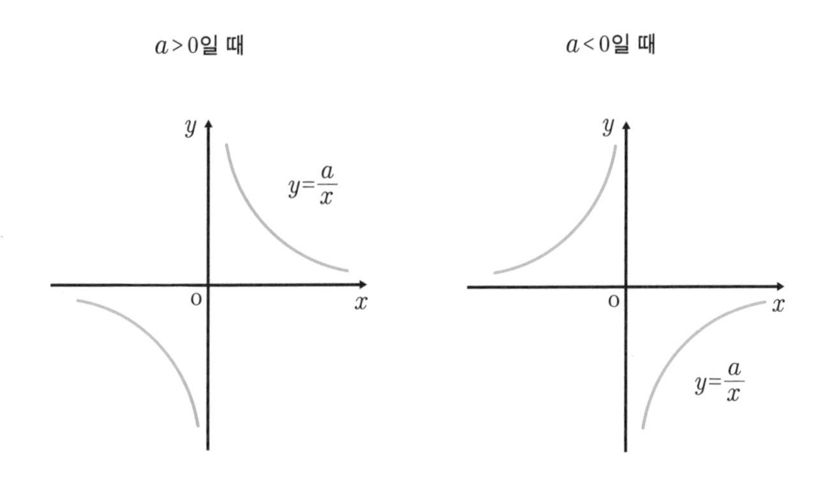

원점에 대칭인 한 쌍의 곡선으로 제 1, 3 사분면을 지나는 반비례 그래프가 그려진다.

원점에 대칭인 한 쌍의 곡선으로 제 2, 4 사분면을 지나는 반비례 그래프가 그려진다.

함수 $y=\frac{a}{x}(a \neq 0)$의 그래프는 x축, y축과는 만나지 않고 a의 절댓값이 커질수록 원점에서 멀어지는 그래프가 된다.

이 경우에도 그래프를 이용하여 함수의 식을 구할 수 있다.

보통 점(△, ⌂)가 $y=ax(a \neq 0)$의 그래프 위의 점이라고 하면 함수의 식에 $x=$△, $y=$⌂를 대입하면 등식이 성립한다. 또한 그래프와 그래프 위의 한 점을 주면 그것을 이용해 그 함수의 식을 구할 수 있게 된다.

예를 들어 그래프가 원점을 지나는 직선이고 점 $(2, 6)$을 지난다고 하면 원점을 지나는 직선은 $y=ax(a\neq 0)$의 형태이므로,

$y=ax$에 $x=2$, $y=6$을 대입하면,

$6=2a$, $a=3$이므로,

$\therefore y=3x$

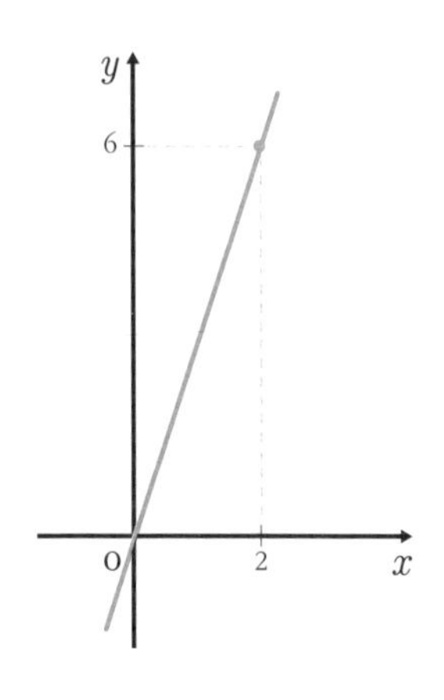

실력 Up

문제1 다음 함수의 그래프를 그리시오.

(1) $y=x$(x의 범위는 수 전체)

답

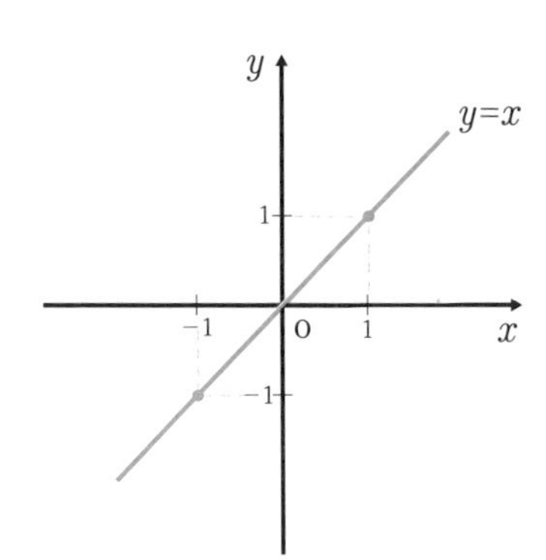

(2) $y=-\frac{1}{x}$ (x의 범위는 0을 제외한 수 전체)

답

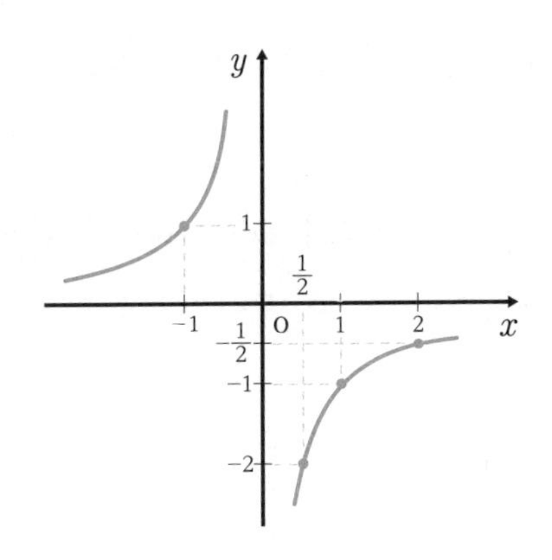

문제 2 다음 그래프의 함수의 식을 구하시오.

(1) 점 (3, −1)과 원점을 지나는 직선

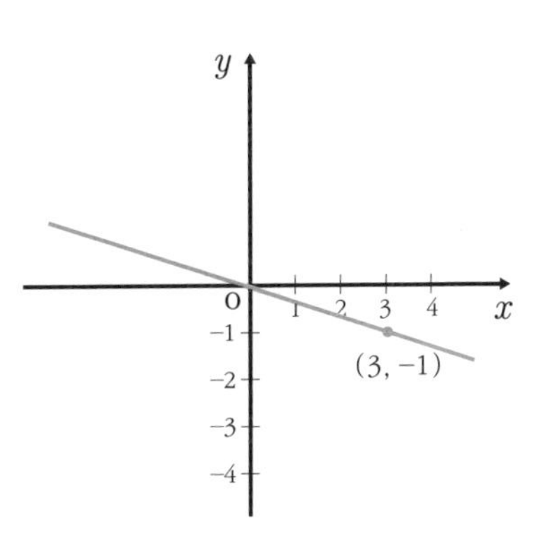

풀이 $y=ax$에 점 (3, −1) 대입하면,

$-1=a\times3$

$a=-\frac{1}{3}$ $\therefore y=-\frac{1}{3}x$

답 $y=-\frac{1}{3}x$

(2) 점 (4, 2) 원점에 대칭인 한 쌍의 곡선

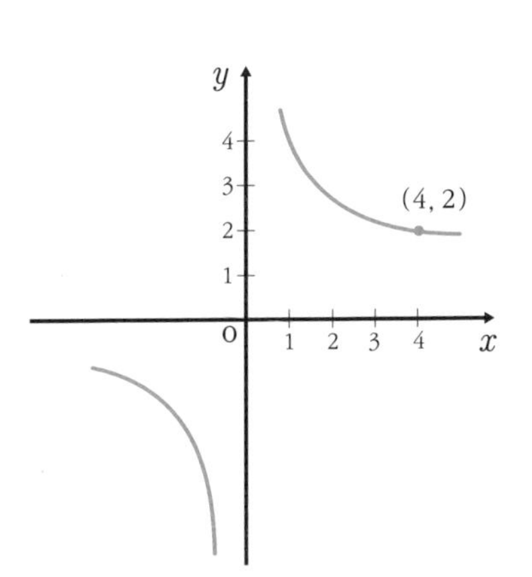

풀이 $y=\frac{a}{x}$ $(a\neq0)$에 점 (4, 2) 대입하면,

$2=\frac{a}{4}$, $a=8$ $\therefore y=\frac{8}{x}$

답 $y=\frac{8}{x}$

함수 그래프의 활용

앞에서 설명한 이러한 내용을 응용하여 두 함수 그래프가 서로 만나는 점의 좌표를 이용하여 미지수를 구하는 문제를 풀 수가 있다. 다음 예제를 풀어보자.

두 함수 $y=2x$, $y=\frac{a}{x}$의 그래프가 있다. 제3사분면 위의 x좌표가 -2인 점 P에서 두 그래프가 만난다고 할 때, 상수 a의 값을 구하시오.

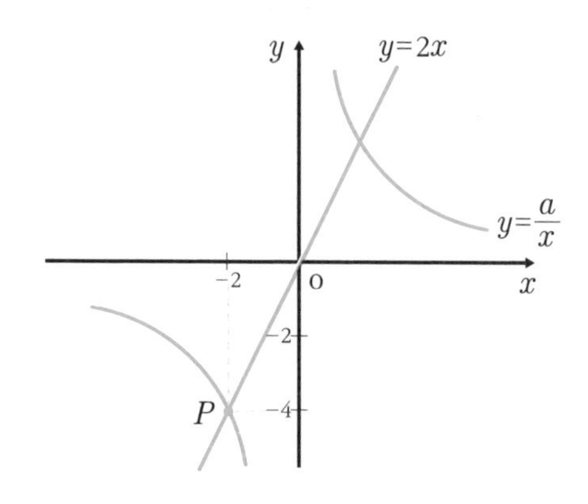

이와 같은 문제는 P 좌표를 먼저 구한다.

$y=2x$에 $x=-2$를 대입하면 $y=-4$

$\therefore$ P$(-2, -4)$

$y=\frac{a}{x}$에 점 P를 대입하면 $-4=\frac{a}{-2}$

$\therefore a=8$

실력 Up

문제 다음 그림과 같이 함수 $y=\frac{12}{x}$의 그래프를 지나는 한 점 C에서 x축, y축에 각각 수선을 그어 축과 만나는 점을 각각 A, B로 할 때, 직사각형 OBCA의 넓이를 구하시오.

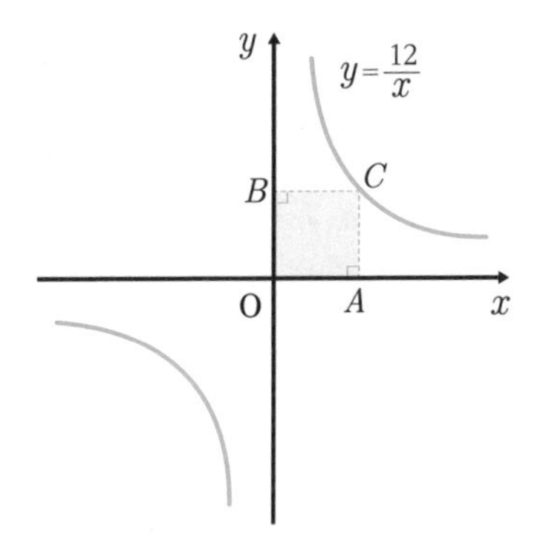

풀이 점 C의 좌표를 미지수 a를 이용하여 표현하면, $\left(a, \frac{12}{a}\right)$로 나타낼 수 있다.

$(a>0)$이므로 $\overline{OA}=\overline{BC}=a$, $\overline{OB}=\overline{AC}=\frac{12}{a}$가 된다.

따라서 직사각형 OBCA의 넓이는, $\overline{OA}\times\overline{AC}=a\times\frac{12}{a}=12$이다.

답 12

여러 가지 함수

정의역 X의 각 원소에 대하여 공역 Y의 원소가 하나씩 대응하면 함수라 했다. 이 조건만 만족하면 함수가 되기 때문에 여러 가지 종류의 함수가 존재하게 된다.

다음 그림 1과 그림 2를 비교해보자.

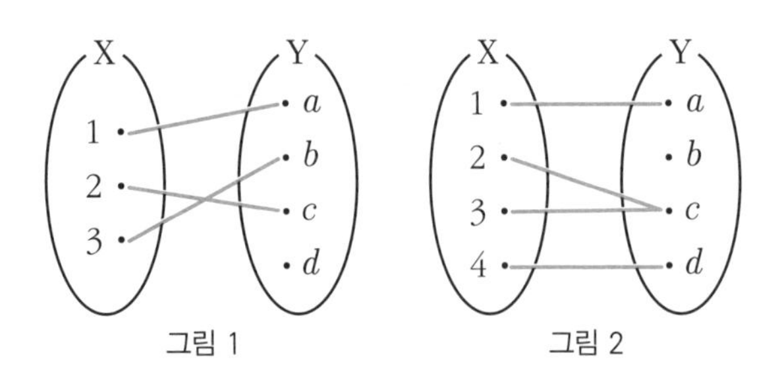

그림 1 그림 2

그림 1과 그림 2는 둘 다 함수이다. 차이점이 있다면 그림 1은 정의역 X의 서로 다른 원소가 공역 Y의 서로 다른 원소와 하나씩 대응되었고 그림 2는 정의역 X의 서로 다른 두 원소가 공역 Y의 같은 원소에 대응되었다는 것이다.

이때, 그림 1처럼 정의역 X의 서로 다른 원소가 공역 Y의 서로 다른 원소와 하나씩 대응되는 함수를 일대일 함수라 한다.

함수 $f: X \rightarrow Y$일 때 정의역 X의 임의의 두 원소 x_1, x_2에 대하여 $x_1 \neq x_2 \rightarrow f(x_1) \neq f(x_2)$가 되는 함수가 일대일 함수인 것이다.

이런 일대일 함수 중에서 옆 그림처럼 (치역)=(공역)인 함수를 일대일대응이라 한다.

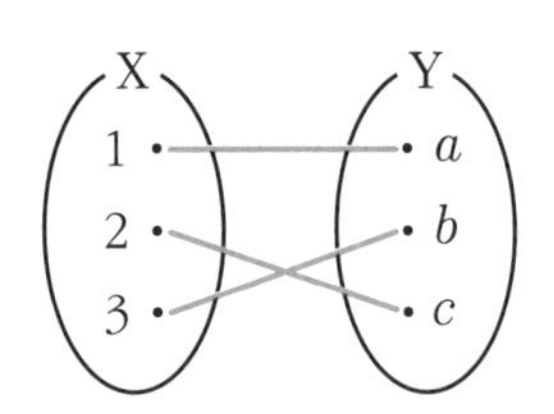

예를 들면 교실에서 남자 1명과 여자 1명씩 짝을 지어 앉는 과정을 일대일 대응이라 할 수 있다.

실력 Up

문제 실수 전체의 집합을 정의역으로 하는 다음 두 함수 중 일대일 함수를 고르시오.

(1) $f(x)=x+3$

풀이 $f(1)=1+3=4$

$f(-1)=-1+3=2$

이므로 $x_1 \neq x_2 \rightarrow f(x_1) \neq f(x_2)$이므로 일대일 함수이다.

(2) $f(x)=|x|\times 5$

풀이 $f(1)=|1|\times 5=5$

$f(-1)=|-1|\times 5=5$

이므로 $x_1 \neq x_2 \rightarrow f(x_1) \neq f(x_2)$이 성립이 되지 않는다. 따라서 일대일 함수가 아니다.

답 (1)번

또한 일대일대응 중에는 다음과 같이 X와 Y가 같은 경우가 있다.

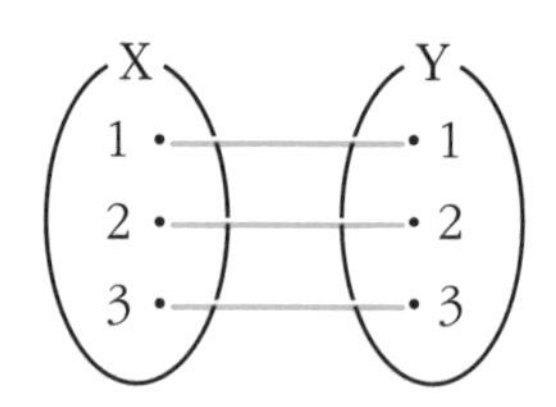

이렇게 X=Y이고 정의역 X의 각 원소가 자기 자신으로 대응될 때, 즉 함수 f: X → Y, $f(x)=x$일 때, 이런 함수 f를 집합 X에서의 항등함수라 한다. 그리고 I로 표기한다.

이 외에도 함수 중에는 다음과 같이 정의역 X의 모든 원소가 공역 Y의 단 하나의 원소와 대응되는 경우도 있다.

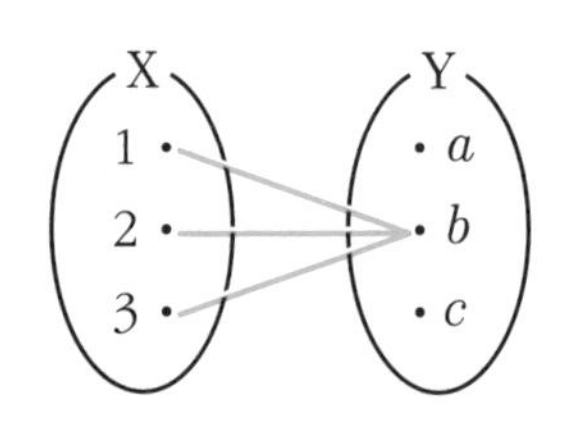

함수 f: X→Y, $f(x)=c$(단 c는 상수)일 때, 이런 함수 f를 집합 X에서의 상수함수라 한다.

합성함수와 역함수

함수의 대응관계를 바꾸어서 새로운 함수를 만들 수도 있다.

예를 들어 다음 두 함수 $f(x)$, $g(x)$를 보자.

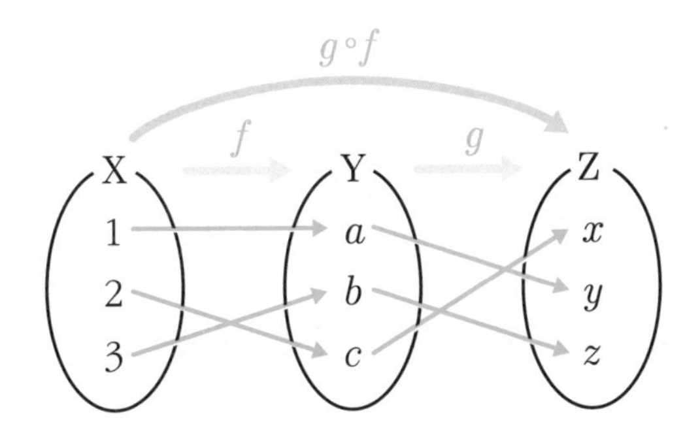

두 함수 $f(x)$, $g(x)$ 사이에 X의 각 원소 x에 z의 원소를 각각 대응시키는 새로운 대응관계 A를 만들 수 있다. 이 새로운 함수를 f와 g의 합성함수라 하고 기호로 $g \circ f$로 나타낸다. ◦은 도트로 읽는다. 그렇다면 이 $g \circ f$의 x에서의 함숫값은 어떻게 구할까?

$(g \circ f)(x)$는 $g(x)$의 x 대신 $f(x)$를 대입하여 구한다.

즉 $(g \circ f)(x) = g(f(x))$인 것이다. 이제 예제를 풀어보자.

그림의 두 함수 f, g에 대하여 $(g \circ f)(1)$, $(g \circ f)(2)$, $(g \circ f)(3)$의 값을 각각 구하시오.

$$(g \circ f)(1) = g(f(1)) = g(a) = y$$

$$(g \circ f)(2) = g(f(2)) = g(c) = x$$

$$(g \circ f)(3) = g(f(3)) = g(b) = z$$

앞의 결과를 보면 $f \circ g = g \circ f$인지 생각해볼 수도 있다. 사실 대부분의 연산에서는 교환법칙이 성립한다. 그렇다면 합성함수에서도 교환법칙이 성립하는지 예제를 통하여 알아보자.

두 함수 $f(x) = x + 2$, $g(x) = 2x - 1$로 할 때 $(f \circ g)(x)$와 $(g \circ f)(x)$

를 구해보자.

$$(f\circ g)(x)=f(g(x))=f(2x-1)=(2x-1)+2=2x+1$$
$$(g\circ f)(x)=g(f(x))=g(x+2)=2(x+2)-1=2x+3$$

두 값은 결과가 다르므로 교환법칙은 성립하지 않는다.

$$\therefore (f\circ g)(x)\neq(g\circ f)(x)$$

이제 합성함수에서의 결합법칙을 살펴보자.

세 함수 f: X－Y, g: Y－Z, h: Z－A일 때,

$(f\circ(g\circ h))(x)$와 $((f\circ g)\circ h)(x)$를 알아보자.

$$(f\circ(g\circ h))(x)=(f\circ(g\circ h)(x)$$
$$=f(g\circ h)(x)=f\circ g(h(x))\text{이므로}$$
$$=f(g(h(x)))$$

$$((f\circ g)\circ h)(x)=(f\circ g)(h(x))$$
$$=f(g(h(x))$$

두 값은 결과가 같으므로 결합법칙은 성립한다.

함수가 일대일대응일 때 다음과 같은 대응관계를 생각할 수 있다.

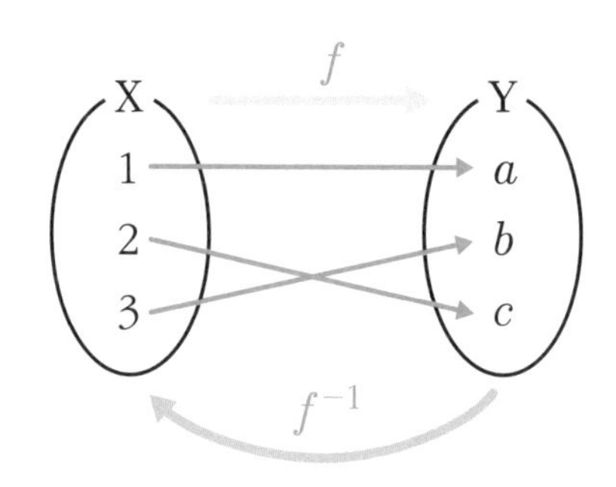

Y의 각 원소 y에 대하여 $y=f(x)$인 X의 원소 x를 대응시키는 함수, 즉 x와 y의 자리를 서로 바꾸어 나타내는 함수를 역함수라 한다. 역함수는 기호로 $f^{-1}(x)$로 나타내며 에프 인버스 엑스로 읽는다.

예를 들어 함수 $y=2x$의 역함수를 구해보면 다음과 같다.

$$y=2x$$

x에 대하여 정리하면,

$$x=\frac{1}{2}y$$

x와 y를 서로 바꾸면,

$$y=\frac{1}{2}x$$

이 함수가 $y=2x$의 역함수이다.

$y=2x$와 역함수의 그래프를 그려보자.

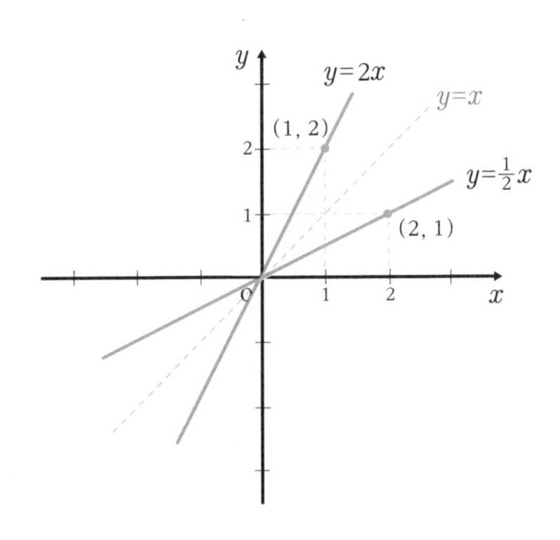

$y=2x$의 그래프에서 점$(1, 2)$가 역함수 $y=\frac{1}{2}x$의 그래프에서 점$(2, 1)$로 바뀌는 것을 볼 수 있다.

함수 $f(x)$와 역함수 $f^{-1}(x)$의 그래프는 $y=x$에 대하여 서로 대칭이다. 여기서 꼭 기억해야 할 것은 역함수는 함수가 일대일대응일 때 존재한다는 점이다. 그래서 역함수를 구하는 순서는 먼저 함수 $y=f(x)$가 일대일대응인지 확인하고 $y=f(x)$를 x에 대하여 정리한다. 그리고 $x=f^{-1}(y)$ 형태로 바꾼 후 x와 y를 서로 바꾸어 $y=f^{-1}(x)$로 나타낸다.

실력 Up

문제1 두 함수 $f(x)=2x+3$, $g(x)=-x+1$일 때, $(f\circ g)(1)+(g\circ f)(2)$의 값을 구하시오.

풀이 $(f\circ g)(x)=f(g(x))=2(-x+1)+3=-2x+5$

$x=1$을 대입하면,

$(f\circ g)(1)=-2\times1+5=3$ …①

$(g\circ f)(x)=g(f(x))=-(2x+3)+1=-2x-2$

$x=2$를 대입하면,

$(g\circ f)(2)=-2\times2-2=-6$ …②

①, ②에 의해 $(f\circ g)(1)+(g\circ f)(2)=3-6=-3$

답 -3

문제 2 $f(x)=3x+1$, $g(x)=-2x+4$일 때 $(f\circ g^{-1})(2)$의 값을 구하시오.

풀이 먼저 $g^{-1}(x)$를 구한다.

$$y=-2x+4$$

x에 대하여 정리하면,

$$2x=-y+4$$

$$x=-\frac{1}{2}y+2$$

x와 y를 서로 바꾸면,

$$y=-\frac{1}{2}x+2$$

$$\therefore\ g^{-1}(x)=-\frac{1}{2}x+2$$

$$(f\circ g^{-1})(x)=f(g^{-1}(x))=3\left(-\frac{1}{2}x+2\right)+1=-\frac{3}{2}x+7$$

$x=2$를 대입하면,

$$(f\circ g^{-1})(2)=-\frac{3}{2}\times 2+7=4$$

답 4

시소처럼 오르락내리락

일차함수

일차함수와 그래프

함수 $y=f(x)$에서 y가 x에 대한 일차식일 때, 이 함수를 x에 대한 일차함수라고 한다. 식으로 표현하면 $y=ax+b(a\neq0,\ a,\ b$는 상수$)$의 형태로 나타난다.

그렇다면 일차식, 일차방정식 등은 어떻게 구분할까?

$a,\ b$가 상수이고 $a\neq0$이 아닐 때, $ax+b$는 일차식이고, $ax+b=0$이면 일차방정식이라 한다.

또 $ax+b>0$이면 일차부등식이라 하며, $y=ax+b$를 일차함수라 한다.

예를 들면 $y=x^2-1$의 식은 x^2이 이차식이기 때문에 일차함수가 아니다. $y=\frac{3}{x}$은 x가 분모이므로 일차함수가 아니다. $y=2$의 경우에는 상수함수로 일차함수가 아니다. $y=ax(a\neq0)$는 일차함수이다.

계속해서 일차함수 $y=2x$와 $y=-2x$의 그래프를 통해서 일차함수 그래프의 성질을 알아보자.

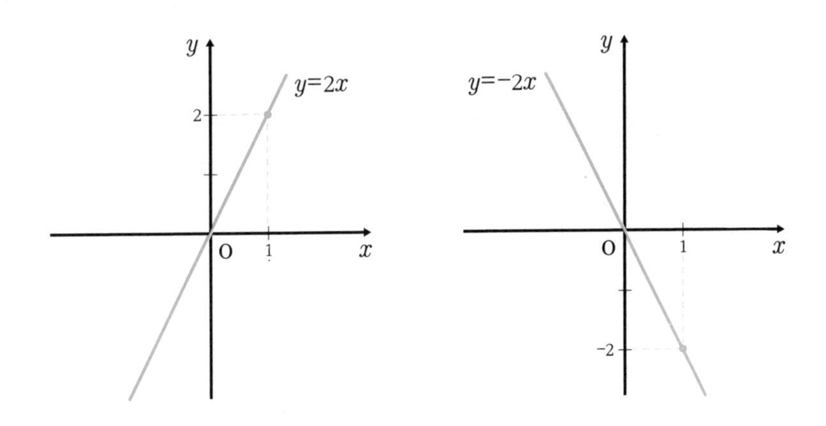

위의 그림에서 보면 일차함수 $y=2x$와 $y=-2x$의 그래프가 원점 $(0, 0)$을 지난다.

또 $y=2x$의 그래프는 오른쪽 위를 향하는 직선이다.

$y=-2x$의 그래프는 오른쪽 아래를 향하는 직선이다.

그리고 $y=2x$의 그래프와 $y=-2x$의 그래프는 서로 y축에 대하여 대칭한다.

이를 통해 일차함수 $y=ax(a\neq0)$의 그래프의 성질을 정리하면,

① 원점 $(0, 0)$을 지난다.

② $a>0$일 때 오른쪽 위를 향하는 직선으로 x값이 증가하면 y값도 증가한다.

$a<0$일 때 오른쪽 아래를 향하는 직선으로 x값이 증가하면 y값은 감소

한다.

③ a의 절댓값이 클수록 그래프는 y축에 가까워진다.

그렇다면 일차함수 $y=ax+b(a\neq0)$의 그래프는 어떻게 될까?

다음 그림은 일차함수 $y=ax+b(a>0)$의 그래프이다.

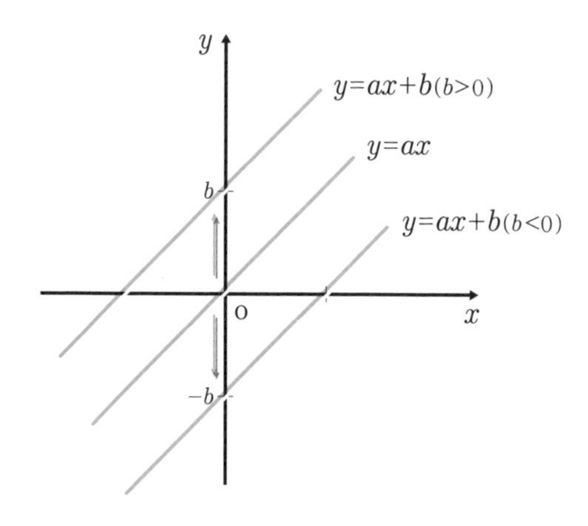

그림에서 보듯이 일차함수 $y=ax+b(a\neq0)$의 그래프는 일차함수 $y=ax$의 그래프를 y축의 방향으로 b만큼 평행이동한 직선으로 나타난다.

따라서 그래프가 지나는 두 점의 좌표를 이용하여 일차함수 $y=ax+b(a\neq0)$의 그래프를 그릴 수 있다.

실력 Up

문제 1 다음 중 y가 x의 일차함수인 것을 모두 고르시오.

① 무게가 100N인 물체의 높이 xm에서의 위치에너지 yJ

② 10을 x로 나누었을 때의 값 y

③ 가로의 길이가 $x$cm, 세로의 길이가 $y$cm인 직사각형의 둘레

④ 올해 12세인 준규의 x년 후의 나이 y세

⑤ 가로의 길이가 세로의 길이 $x$cm보다 2cm가 짧은 직사각형의 넓이 y

풀이 ① 위치에너지 $y=$무게$\times$높이$=100x$이므로 일차함수이다.

② $y=\dfrac{10}{x}$은 분모가 x이므로 몇 차 함수인지 따질 필요가 없다. 따라서 일차함수가 아니다.

③ $2x+2y$이므로 일차함수가 아니다. 이것은 x, y로 이루어진 문자식이다. 이를 일차함수로 만들려면 둘레를 y로 놓고 가로 또는 세로의 길이 중 하나가 x로 주어져야 한다.

④ $y=12+x$이므로 일차함수이다.

⑤ $y=x\times(x-2)$ 식을 풀면 $y=x^2-2x$이므로 이차함수이다.

답 ①, ④

문제 2 일차함수 $y=ax+1$의 그래프가 점 $(1, -4)$를 지날 때, 상수 a의 값을 구하시오.

풀이 점 $(1, -4)$를 $y=ax+1$에 대입하면,

$-4=a\cdot 1+1$

$\therefore a=-5$

답 $a=-5$

그래프의 기울기와 x절편, y절편

이번에는 x절편과 y절편, 기울기에 대해 알아보자.

$x=0$일 때의 y의 값은 일차함수의 그래프가 y축과 만나는 점의 y좌표이다. 따라서 $y=ax+b$의 식에서 $x=0$, $y=b$를 대입했을 때 이 y값을 y절편이라 한다.

이와 반대로 $y=0$일 때의 x의 값은 일차함수의 그래프가 x축과 만나는 점의 x좌표이다. 이 x값을 x절편이라 한다.

$y=ax+b$에 $y=0$을 대입하면 $x=-\frac{b}{a}$

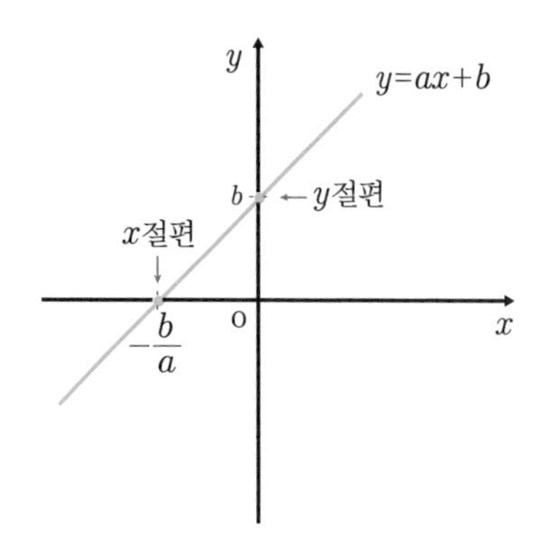

그래프를 그려보면 x값의 변화에 따른 y값의 변화를 수로 나타낼 수 있다. 이때 일차함수 $y=ax+b(a\neq0)$에서 x의 계수 a를 기울기라 한다.

$$기울기=\frac{y값의\ 증감량}{x값의\ 증감량}=a$$

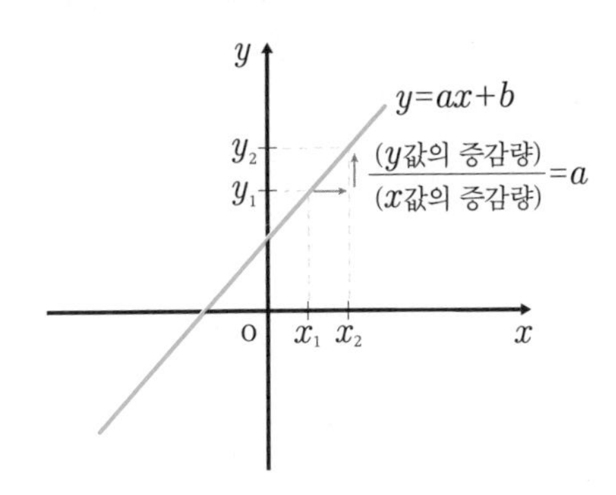

기울기와 y절편을 이용해 일차함수의 그래프를 그릴 수 있다.

먼저 y절편을 이용해 y축과 만나는 점을 좌표평면에 나타낸다. 그리고 기울기를 이용하여 다른 한 점을 나타내고 그 두 점을 직선으로 잇는다. 이를 직접 확인해보자.

일차함수 $y=x-2$의 그래프를 기울기와 y절편을 이용하여 그려보자.

y절편은 -2이고 기울기는 1이므로, 점 $(0, -2)$을 표시하고, 그 점에서 x의 값이 1만큼 증가할 때, y의 값이 1만큼 증가하는 점을 표시한다. 그리고 두 점을 직선으로 잇는다.

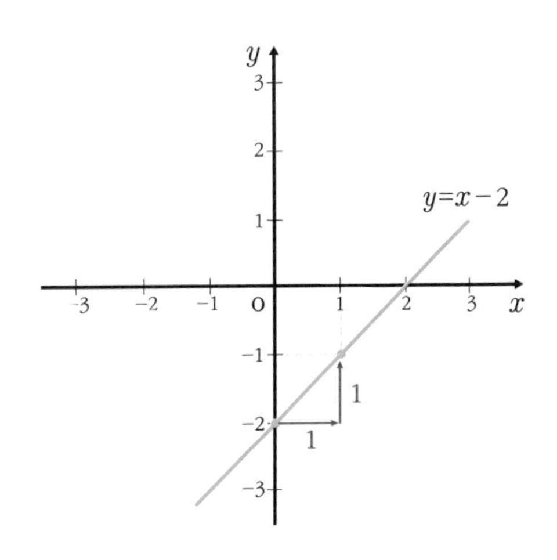

물론 x절편과 y절편을 구해서

두 점을 잇는 방법으로도 일차함수의 그래프를 그릴 수 있다.

이때 만약 두 일차함수의 기울기가 같다면 그 그래프는 어떻게 될까?

두 일차함수 $y=ax+b$, $y=cx+d$가 있다. $a=c$일 때 $b=d$이면 두 그래프는 서로 일치한다.

$y=ax+b$와 $y=cx+d$의 관계($a=c$일 때)

$b=d$이면

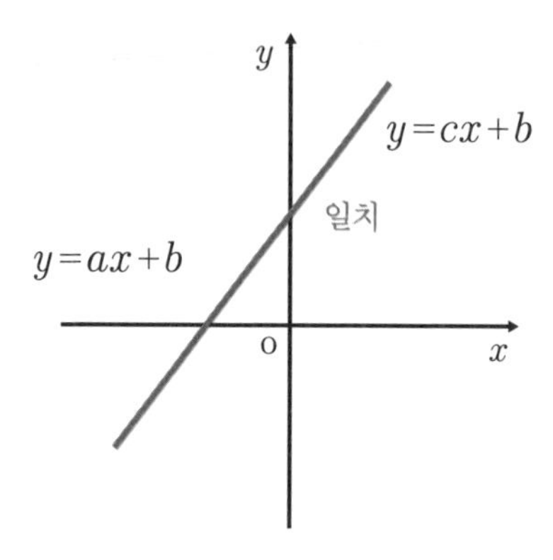

$b \neq d$이면 두 그래프는 서로 평행하다.

$y=ax+b$와 $y=cx+d$의 관계($a=c$일 때)

$b \neq d$이면

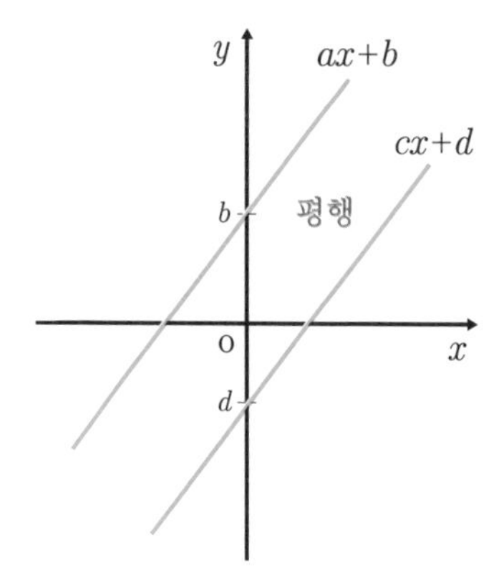

그렇다면 두 일차함수의 그래프의 기울기가 서로 다르다면 어떻게 될까? 그 때는 한 점에서 만나게 된다.

Check Point

일차함수 $y=ax+b(a\neq0)$의 그래프의 성질을 정리해보면,

① $a>0$일 때 x값이 증가하면 y값도 증가한다. 따라서 오른쪽 위로 향하는 직선이 된다.

$b>0$일 때, 그래프는 제4사분면을 지나지 않는다.

$b<0$일 때, 그래프는 제2사분면을 지나지 않는다.

② $a<0$일 때 x값이 증가하면 y값은 감소한다. 따라서 오른쪽 아래로 향하는 직선이 된다.

$b>0$일 때, 그래프는 제3사분면을 지나지 않는다.

$b<0$일 때, 그래프는 제1사분면을 지나지 않는다.

③ a의 절댓값이 클수록 그래프는 y축에 가까워진다.

실력 Up

문제1 일차함수 $y=\frac{3}{4}x-6$의 그래프에서 x절편을 a, y절편을 b로 할 때, $a+b$의 값을 구하시오.

풀이 x절편은 $y=0$이므로 일차함수 $y=\frac{3}{4}x-6$에 대입하면, $0=\frac{3}{4}x-6$, $\frac{3}{4}x=6$이므로 $x=8$. 따라서 x절편 $a=8$이다.

y절편은 $x=0$이므로 일차함수 $y=\frac{3}{4}x-6$에 대입하면,

$y=\frac{3}{4}\times 0-6$, $y=-6$. 따라서 y절편 $b=-6$이다.

$a+b=8+(-6)=2$

답 2

문제2 세 점 $A(-3, 0)$, $B(1, a)$, $C(5, a+2)$가 한 직선 위에 있을 때, a의 값을 구하시오.

풀이 두 점을 연결한 직선의 기울기가 같아야 한다.

$\overleftrightarrow{AB}$의 기울기$=\overleftrightarrow{BC}$의 기울기이므로, $\frac{a}{1-(-3)}=\frac{(a+2)-a}{5-1}$ 이어야 한다.

$\frac{a}{4}=\frac{2}{4}$ $\therefore a=2$

답 $a=2$

일차함수의 활용

직선의 방정식

앞에서 일차함수와 일차방정식을 구분할 때 두 식의 모습이 비슷했던 것을 기억할 것이다. 이제 좀더 나아가 일차방정식 $x+y=3$의 해를 구하면서 일차방정식과 일차함수 사이의 관계를 알아보자.

$x=1$일 때 $y=2$

$x=2$일 때 $y=1$

$x=3$일 때 $y=0$이다.

이것을 좌표평면 위에 나타내면 그림 1처럼 점으로 나타낼 수 있다. 여기서 x, y의 값을 수 전체로 보면 그림 2처럼 그래프가 직선이 된다.

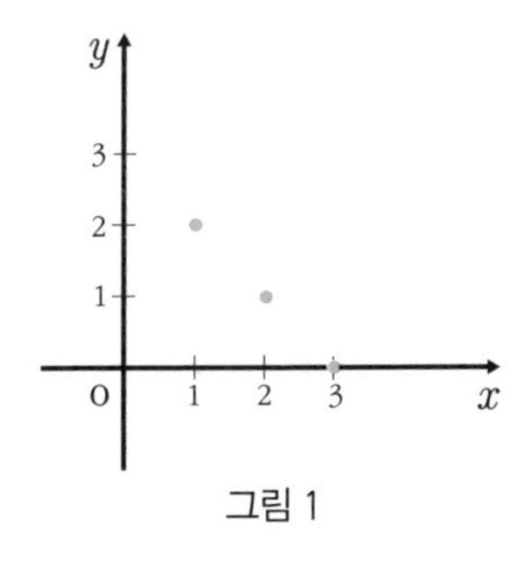

그림 1

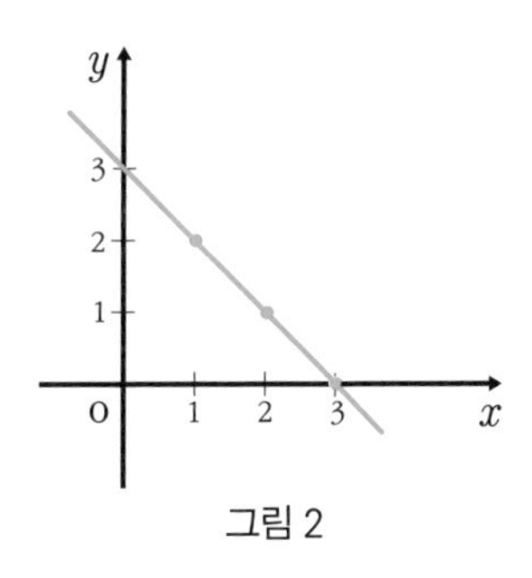

그림 2

이 일차방정식 $ax+by+c=0$($a\neq0$ 또는 $b\neq0$)을 직선의 방정식이라 한다.

그리고 x에 관한 식으로 정리하면,

$by = -ax - c$

양변을 b로 나누면,

$y = -\frac{a}{b}x - \frac{c}{b}$ ($a \neq 0$또는 $b \neq 0$)가 된다.

바로 일차함수의 그래프와 같은 직선이다.

이를 이용하여 그래프가 주어질 때 직선의 방정식을 구할 수 있다.

식을 $y = ax + b(a \neq 0)$로 놓고 그래프의 조건에 따라 앞에서 일차함수의 그래프를 그릴 때 사용한 방법인,

① 기울기와 한 점의 좌표를 알 때

② 기울기와 y절편을 알 때

③ x절편과 y절편을 알 때

④ 두 점의 좌표를 알 때

이 네 가지 중에서 골라 직선의 방정식을 구한다.

직선의 방정식은 x축이나 y축에 평행한 경우도 있다.

y축에 평행하면 $x = k$, x축에 평행하면 $y = l$(k, l은 상수)로 나타낸다. 이 $y = l$을 상수함수라 한다.

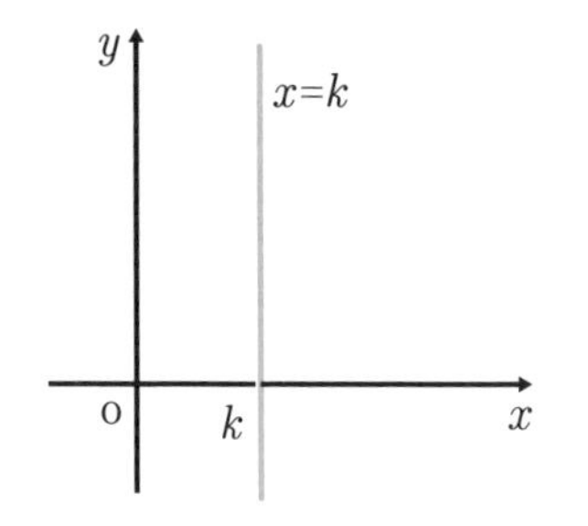

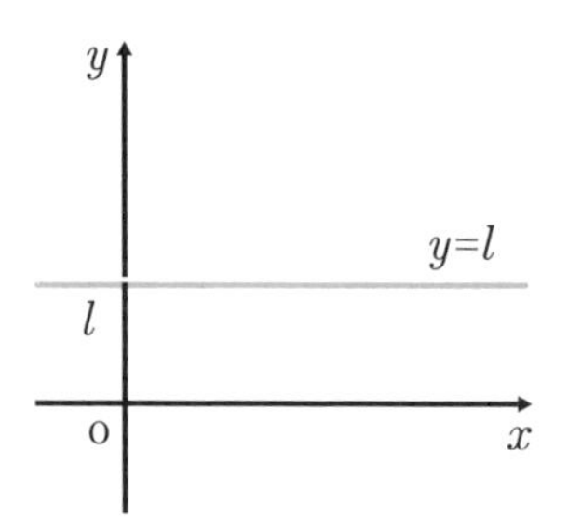

일차함수와 연립방정식의 해

이번에는 일차함수의 그래프를 이용해 연립방정식을 푸는 방법을 알아보고자 한다.

연립방정식을 풀 때 두 식을 가감하거나 대입하는 방법도 있지만 두 일차방정식을 그래프로 나타내어 연립방정식의 해를 구하기도 한다. 두 일차방정식의 그래프가 만나는 교점의 좌표가 바로 연립방정식의 해이다. 다음 예제를 풀어보자.

연립방정식 $\begin{cases} x-y=5 & \cdots① \\ 2x+y=1 & \cdots② \end{cases}$ 의 해를 구하시오.

이 문제는 대입법을 이용하면 쉽게 풀 수 있다.

①의 식을 $y=x-5$로 모양을 바꾼 후 ②의 y에 대입한다.

$2x+(x-5)=1$

$2x+x-5=1$

$3x=6$이므로 $x=2$

이 x값을 ①의 식에 대입하면,

$y=2-5=-3$

일차함수의 그래프를 이용하면 ①의 식 $y=x-5$의 그래프와 ②의 식 $y=-2x+1$의 그래프를 좌표평면에 그리고 두 그래프의 교점의 좌표를 구하면 된다.

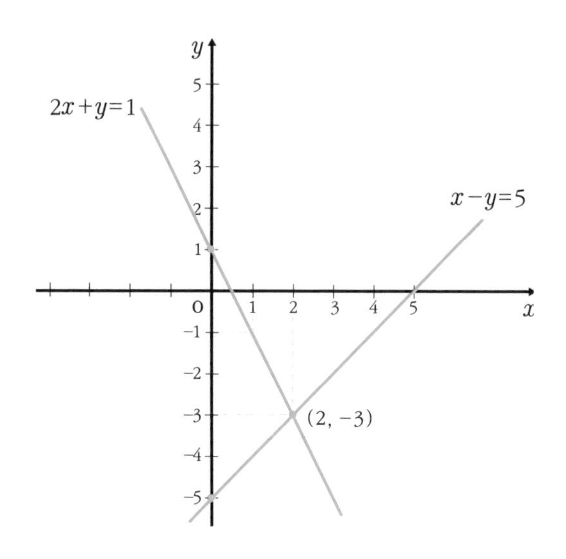

두 직선의 위치 관계만 봐도 연립방정식 해의 개수를 구할 수가 있다.

① 두 직선이 한 점에서 만날 경우 연립방정식 해의 개수는 한 쌍이다.

② 두 직선이 평행할 경우 연립방정식의 해는 없다.

③ 두 직선이 일치할 경우 연립방정식 해는 무수히 많다.

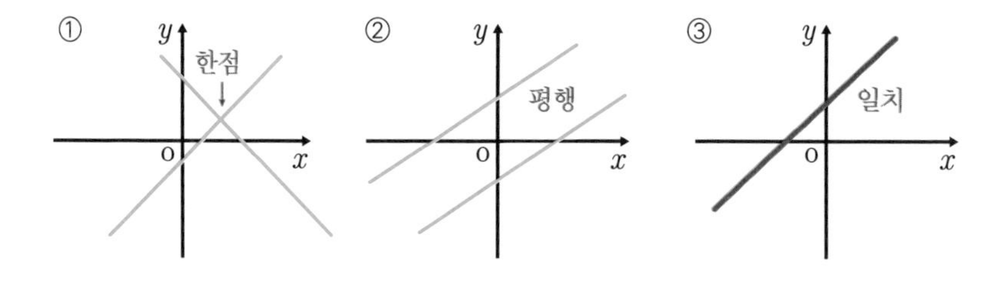

이제 예제를 통해 확인해보자.

콩쥐는 커다란 물항아리에 물을 가득 담아야만 원님의 잔치에 갈수 있다. 잔치는 오후 6시부터 시작이며 현재 시간은 4시이다. 물항아리에는 물이 500L가 들어가며 2분에 10L씩 물을 담을 수 있다면 콩쥐는 시간 내에 항아리에 물을 채우고 잔치에 갈 수 있을까?

일차함수를 이용하여 이 문제를 풀어보자.

걸리는 시간을 x, 물항아리에 담기는 물의 양을 y로 놓는다.

그리고 x와 y 사이의 관계식을 세운다.

2분에 10L씩이므로 1분에 5L씩 담을 수 있다. 이에 따라 식은 다음과 같다.

$$y=5x$$

y에 500을 대입하면,

$$500=5x$$

$$x=100$$

그러므로 100분 즉 1시간 40분이면 콩쥐는 물항아리에 물을 가득 채울 수 있기 때문에 잔치에 참석해 사또를 만날 수 있다.

Check Point

일차함수의 활용 방법

① 구하고자 하는 것을 변수 x, y로 정하기

② x와 y 사이의 관계식을 세우고 x값의 범위를 정한다.

③ 표나 그래프 등을 이용해 조건에 맞는 답을 구한다.

④ 구한 답이 맞는지 확인한다.

실력 Up

문제 압력이 일정할 때 기체의 부피는 기체의 종류와 관계없이 온도가 1℃ 올라갈 때마다 처음 부피의 $\frac{1}{273}$씩 증가한다. 그렇다면 처음 부피가 100ml였을 때 나중 부피가 처음 부피의 2배가 되는 순간의 온도는 몇 ℃인지 구하시오.

풀이 온도 변화를 x로 하고 부피의 변화를 y로 하면, 식은 다음과 같다.

$$y=100+100\times\frac{x}{273}$$

나중 부피가 처음 부피의 2배라고 하였으므로 $y=200$을 대입하면,

$$200=100+100\times\frac{x}{273}$$

$\therefore\ x=273$

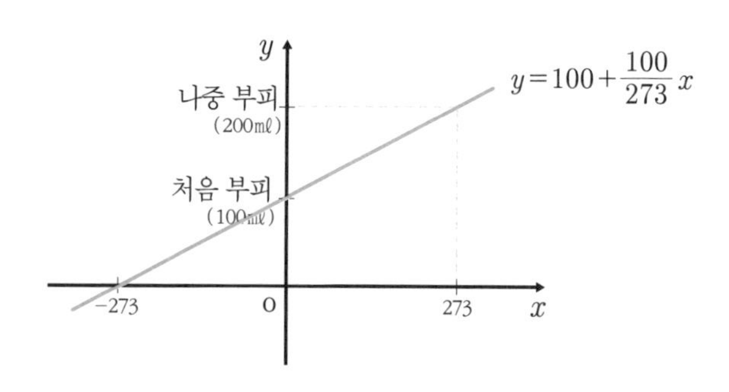

답 273(℃)

3장 매끄러운 곡선! 이차함수

이차함수와 그래프

y가 x에 대한 일차식이면 일차함수임을 우리는 이미 알고 있다. 그렇다면 y가 x에 대한 이차식이면 이차함수, y가 x에 대한 삼차식이면 삼차함수, y가 x에 대한 다항식이면 다항함수임을 눈치챘을 것이다.

이제 이차함수를 일반식으로 나타내면 $y=ax^2+bx+c$ ($a\neq0$, a, b, c는 상수)가 된다.

예를 들어 $y=x^2$은 이차함수이다.

그렇다면 $y=(x-1)^2-x^2+5x$ 또한 이차함수일까? 직접 풀어 확인해보자.

$$y=(x-1)^2-x^2+5x$$

이차함수를 전개하면,

$$y=x^2-2x+1-x^2+5x$$

$$y=3x+1$$

따라서 이차함수가 아니라 일차함수이다.

그렇다면 $y=\frac{x^2}{5}$과 $y=\frac{3}{x^2}$은 이차함수일까?

$y=\frac{x^2}{5}$은 이차함수이나 $y=\frac{3}{x^2}$은 이차함수가 아니다. 분모에 x가 있으면 함수의 차수를 따질 필요가 없기 때문이다.

이제 이차함수의 그래프를 살펴보자.

일차함수는 그래프가 직선 모양이었다면 이차함수의 그래프는 어떤 모양일까?

이차함수 $y=x^2$을 이용하여 그래프를 그려보자.

그래프를 그릴 때는 표를 이용하여 x와 y값의 순서쌍을 좌표평면에 점으로 표시한다.

x	…	-2	-1	0	1	2	…
y	…	4	1	0	1	4	…

x값 범위가 실수 전체이면 그 점들은 부드럽게 연결된다. 그에 대한 그래프는 다음과 같이 매끄러운 곡선이 된다.

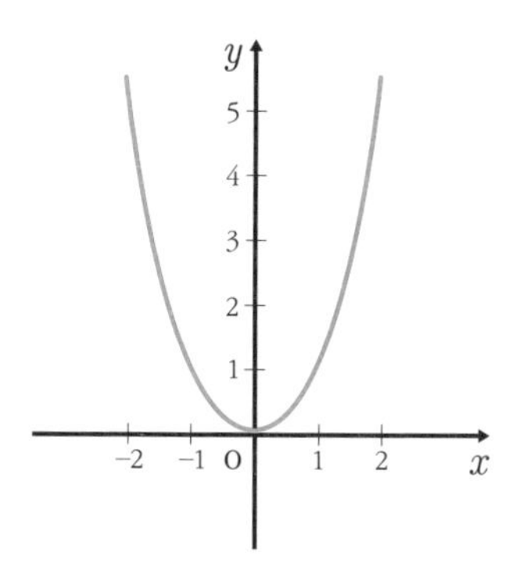

$y=x^2$ 그래프

이차함수의 그래프는 이처럼 포물선의 형태를 가진다.

좀 더 확실하게 이해할 수 있도록 $y=2x^2$과 $y=\frac{1}{2}x^2$의 그래프를 그려서 이차함수 $y=x^2$의 그래프와 비교해보자.

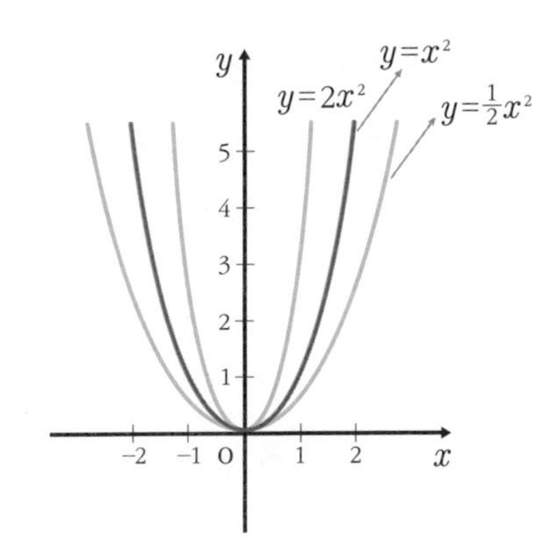

$y=2x^2$과 $y=\frac{1}{2}x^2$의 그래프 비교

이차함수 $y=2x^2$의 그래프는 이차함수 $y=x^2$의 그래프보다 폭이 좁고 $y=\frac{1}{2}x^2$의 그래프는 이차함수 $y=x^2$의 그래프보다 폭이 넓다. 따라서 위 세 그래프를 통해 a의 값이 클수록 그래프의 폭이 좁아지는 것을 알 수 있다.

이번에는 이차함수 $y=-x^2$의 그래프를 그려서 이차함수 $y=x^2$의 그래프와 비교해보자.

이차함수 $y=-x^2$의 그래프가 이차함수 $y=x^2$의 그래프와 x축을 기준으로 서로 대칭인 것을 알 수 있다.

위의 그래프를 통해 이차함수 $y=ax^2(a\neq0)$ 그래프의 성질을 알 수 있다. 다음은 이차함수의 일반적인 성질을 나타낸 것이다.

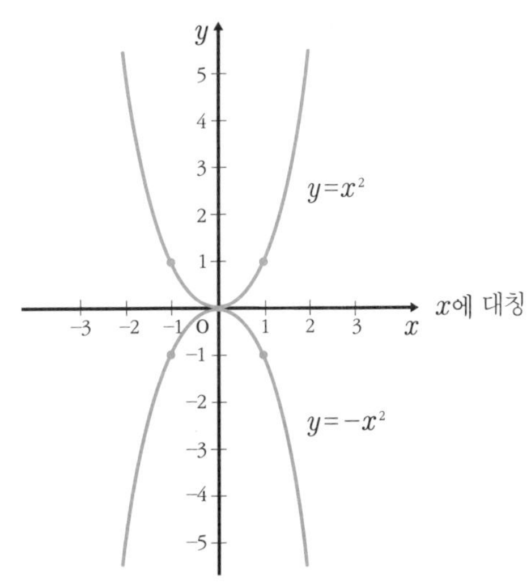

$y=-x^2$과 $y=x^2$ 그래프 비교

① y축을 대칭축으로 하는 포물선이다.

② 꼭짓점의 좌표가 $(0, 0)$인 원점이다.

③ a의 부호에 따라 그래프의 모양이 달라진다.

$a > 0$이면 그래프의 모양이 아래로 볼록하다. 즉 y값의 범위가 $y \geq 0$이다.

$a < 0$이면 그래프의 모양이 위로 볼록하다. 즉 y값의 범위가 $y \leq 0$이다.

④ $y=ax^2$과 $y=-ax^2$의 그래프는 x축을 기준으로 서로 대칭이다.

⑤ a의 절댓값이 클수록 그래프의 폭은 좁아지고 a의 절댓값이 작아질수록 그래프의 폭은 넓어진다.

이러한 성질을 이용하여 이차함수 $y=ax^2$ 그래프를 그릴 수 있다.

이제 이차함수 $y=ax^2+bx+c$($a \neq 0$, a, b, c는 상수)의 그래프를 그려 보자.

먼저 이차함수 $y=ax^2+bx+c$의 형태를 $y=a(x-p)^2+q$의 형태로 바꾼다.

즉 $y=ax^2+bx+c$을 완전제곱식 형태로 바꾸면 $y=a\left(x+\frac{b}{2a}\right)^2-\frac{b^2-4ac}{4ac}$로 나타낼 수 있다. 이때 그래프의 축은 $x=-\frac{b}{2a}$이다.

이 식에서 $-\frac{b}{2a}$를 p로, $-\frac{b^2-4ac}{4a}$를 q로 나타낸 것이 $y=a(x-p)^2+q$ 형태이다.

예를 들어 이차함수 $y=x^2-2x+3$을 완전제곱식으로 바꾸면,

$$y=(x^2-2x+1-1)+3$$

$$y=(x-1)^2+2$$

와 같이 나타낼 수 있다.

이번에는 $y=x^2$과 $y=(x-1)^2$의 x값에 따른 y값의 변화를 비교해보자. 표로 나타내면 다음과 같다.

y \ x	⋯	-2	-1	0	1	2	3	⋯
x^2	⋯	4	1	0	1	4	9	⋯
$(x-1)^2$	⋯	9	4	1	0	1	4	⋯

여기에는 규칙성이 있다. 표를 보면 $y=(x-1)^2$의 함숫값이 왼쪽으로 한 칸씩 이동하면서 $y=x^2$의 함숫값과 같다.

이를 그래프로 그려서 확인해보자.

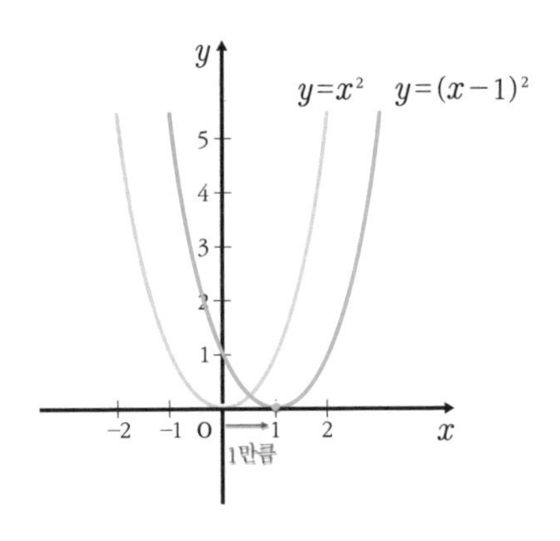

$y=x^2$과 $y=(x-1)^2$의 그래프 비교

앞의 그림을 보면 이차함수 $y=(x-1)^2$의 그래프는 이차함수 $y=x^2$의 그래프를 x축의 방향으로 1만큼 평행이동한 것임을 알 수 있다.

이제 $y=x^2$과 $y=x^2+2$의 그래프를 비교해보자.

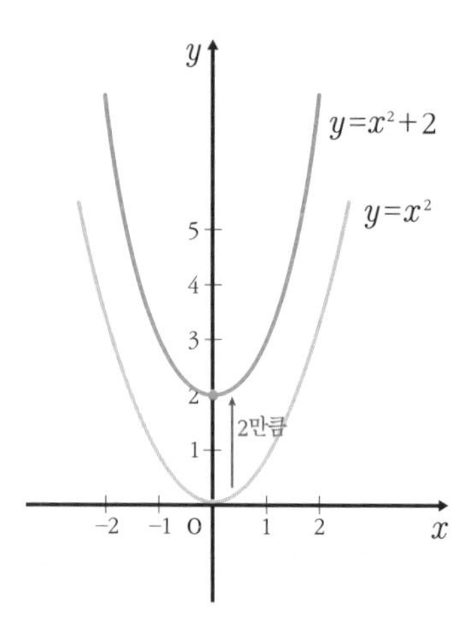

$y=x^2$과 $y=x^2+2$의 그래프 비교

그림에서 보듯이 $y=x^2+2$의 그래프는 $y=x^2$의 그래프를 y축 방향으로 2만큼 평행이동한 것임을 알 수 있다.

따라서 이차함수 $y=(x-1)^2+2$의 그래프는 $y=x^2$의 그래프를 x축 방향으로 1, y축 방향으로 2만큼 평행이동시킨 것이다.

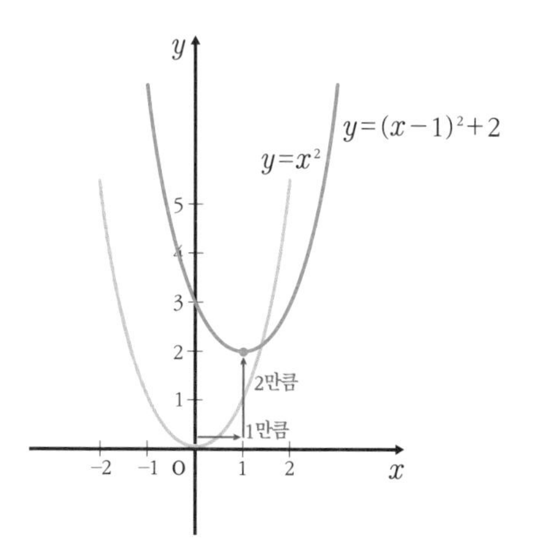

$y=(x-1)^2+2$와 $y=x^2$의 그래프 비교

실력 Up

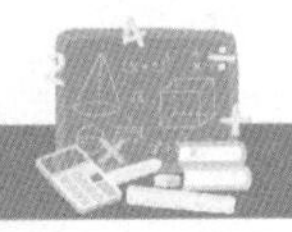

문제1 다음 식이 y가 x에 대한 이차함수인지 알아 보시오.

(1) 한 변의 길이가 $x$cm인 정사각형의 넓이 $y\text{cm}^2$

풀이 정사각형의 넓이=(한 변의 길이)^2

$\therefore y=x^2$이므로 이차함수이다.

답 이차함수

(2) 시속 $x$km로 5시간 동안 달린 거리 $y$km

풀이 거리=속력×시간이므로 $y=5x$이다. 일차함수이므로 이차함수가 아니다.

답 이차함수가 아니다

(3) 밑면의 반지름의 길이가 x, 높이가 4인 원기둥의 부피 y

풀이 원기둥의 부피 $y=\pi\times$반지름$^2\times$높이$=4\pi x^2$이므로 이차함수이다. 여기서 π는 미지수가 아닌 상수이다.

답 이차함수

문제2 세 이차함수 $y=-\frac{1}{2}x^2$, $y=ax^2$, $y=-4x^2$의 그래프가 다음 그림과 같을 때, 상수 a의 범위를 구하시오.

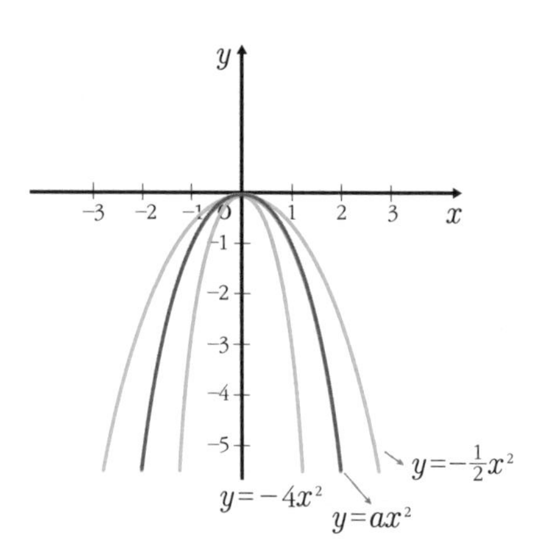

풀이 $y=ax^2$의 그래프가 두 이차함수 $y=-\frac{1}{2}x^2$, $y=-4x^2$의 사이에 존재하므로 $-4<a<-\frac{1}{2}$이다.

답 $-4<a<-\frac{1}{2}$

이차함수의 활용

지금까지 이차함수의 개념에 대해 알아보았다면 이제 다양한 활용을 이해해 보자.

첫번째 예제로 이차함수 $y=ax^2+bx+c$ 형태를 $y=a(x-p)^2+q$ 형태로 바꾼 그래프는 어떻게 될까?

앞에서 예로 들었던 내용을 토대로 생각해보면 알 수 있다. 그렇다. $y=ax^2$의 그래프를 x축 방향으로 p만큼, y축 방향으로 q만큼 평행이동시킨 그래프가 된다.

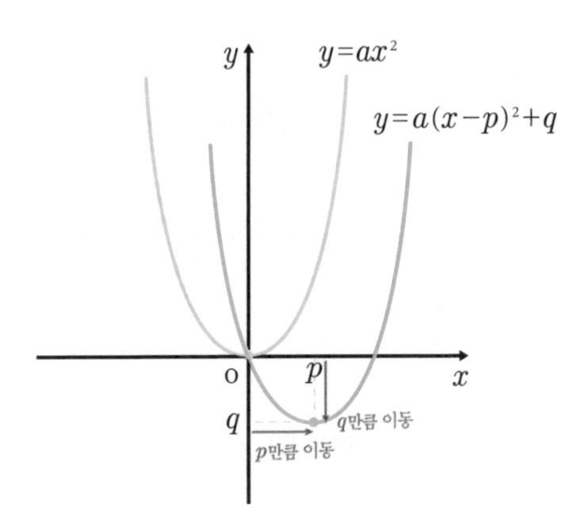

$y=ax^2$과 $y=a(x-p)^2+q$의 그래프 비교

꼭짓점의 좌표는 $(0,\ 0)$에서 $(p,\ q)$로 바뀌고 $x=p$를 축으로 하는 포물선 모양이 되며 $a>0$이면 그래프는 아래로 볼록하면서 함숫값 $y \geq q$이고, $a<0$이면 그래프는 위로 볼록하면서 함숫값 $y \leq q$가 된다. 계속해서 $y=ax^2+bx+c$의 y절편을 찾는다. $x=0$을 대입하면 $y=c$이므로 y절편은 c이다. 이를 다시 $y=a(x-p)^2+q$ 형태로 바꿨을 때 q는 y절편이 아니다. 여기서 y절편은 식을 전개했을 때 상수항이다.

이 내용을 이용해서 꼭짓점의 좌표와 다른 한 점이 주어지면 이차함수의 식을 구하고 그래프의 모양도 알 수 있다.

이차함수 $y=a(x-p)^2+q$라는 식에 꼭짓점의 좌표를 p, q에 넣고 주어진 다른 한 점을 대입하여 a값을 구하면 이차함수의 식을 구할 수 있다. 다음 문제를 풀어보자.

꼭짓점의 좌표가 $(2,\ 3)$이고, 점 $(0,\ -5)$를 지나는 이차함수의 식을 구하시오.

$$y=a(x-p)^2+q$$

먼저 p와 q에 꼭짓점의 좌표 (2, 3)을 대입하면,

$$y=a(x-2)^2+3$$

여기에 점 (0, −5)를 대입하면,

$$-5=a(0-2)^2+3$$

$$-5=4a+3$$

이항하면,

$$4a=-5-3=-8$$

$$\therefore\ a=-2$$

이제 $y=-2(x-2)^2+3$ 식을 전개해보자.

$$y=-2x^2+8x-8+3$$
$$=-2x^2+8x-5$$

따라서 구하는 이차함수의 식은 $y=-2x^2+8x-5$가 된다.

세 점이 주어지는 경우에도 이차함수를 구할 수 있다. 이때는 두 점의 좌표를 각각 대입한 후 얻어진 두 식을 연립하여 풀어내면 된다.

세 점 (0, 0), (1, −4), (−1, −2)를 지나는 포물선을 구해 맞는지 확인해보자.

이때는 $y=ax^2+bx+c$ 형태를 이용한다.

먼저 원점을 지나므로 y절편은 0이다. 따라서 $c=0$이므로 식은 $y=ax^2+bx$, 여기에 두 점 (1, −4), (−1, −2)를 대입하면,

$-4=a+b$ ···①

$-2=a-b$ ···②

①의 식과 ②의 식을 연립하여 풀면, $a=-3$, $b=-1$

$\therefore\ y=-3x^2-x$

이차함수 $y=a(x-p)^2+q$에서는 a의 부호에 따라 그래프의 모양이 결정되고 p와 q의 부호에 따라 꼭짓점의 위치가 결정되므로 그래프의 모양도 알 수 있다. 즉 (p, q)를 꼭짓점으로 $a>0$이면 아래로 볼록한 그래프가 되고 $a<0$이면 위로 볼록한 그래프가 된다.

이차함수 $y=-x^2+2x+3$의 그래프를 그려보자.

일단 x^2의 계수가 -1이므로 위로 볼록한 그래프임을 알 수 있다. 그리고 y절편이 3이므로 점 $(0, 3)$을 지난다.

이에 따라 $y=-x^2+2x+3$을 완전제곱식의 형태로 바꾸면,

$y=-(x^2-2x+1-1)+3=-(x-1)^2+4$가 된다.

그러므로 꼭짓점의 좌표는 $(1, 4)$이며 그래프를 그리면 다음과 같다.

이렇듯 $y=ax^2+bx+c$의 a와 c의 부호만으로도 그래프의 모양을 알 수 있다.

이와 반대로 그래프의 모양만으로도 a, b, c의 부호를 알 수 있다. 그래프의 모양이 아래로 볼록하면 $a>0$이고, 위로 볼록하면 $a<0$이며 y축과의 교점이 x축보다 위에 위치하면 $c>0$, 원점을 지나면 $c=0$, x축보다 아래에 위치하면 $c<0$

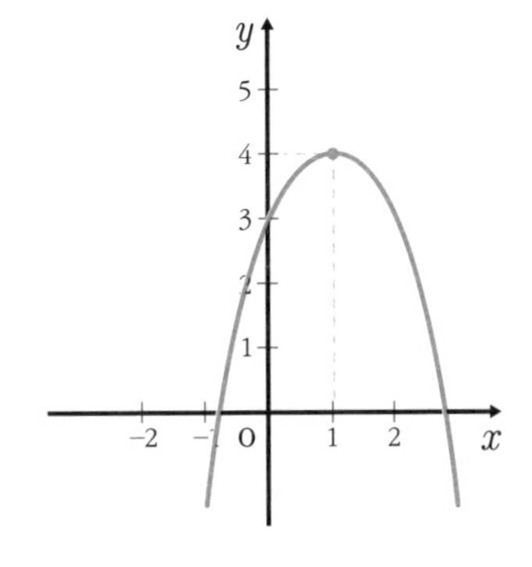

$y=-x^2+2x+3$ 그래프

이다.

이때 b의 부호는 그래프의 축이 어디에 있는지를 보면 알 수 있다. y축의 왼쪽에 그래프의 축이 있으면 $ab>0$이므로 a, b가 서로 같은 부호이고 y축에 있으면 $b=0$, y축의 오른쪽에 위치하면 $ab<0$이므로 a, b는 서로 다른 부호이다.

a의 부호

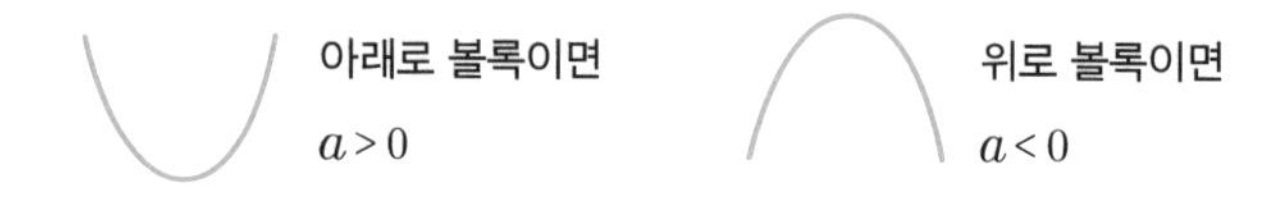

b의 부호

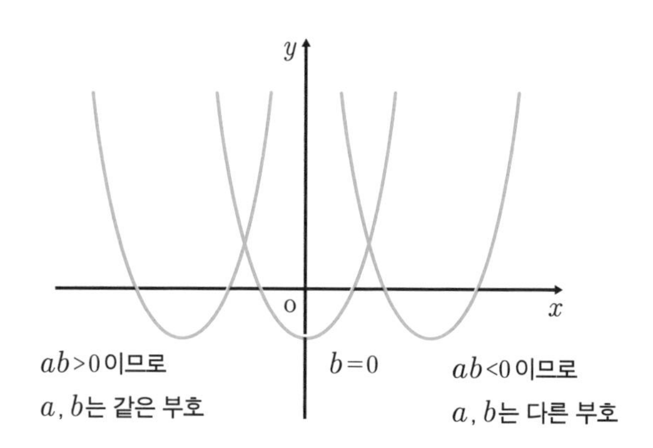

c의 부호

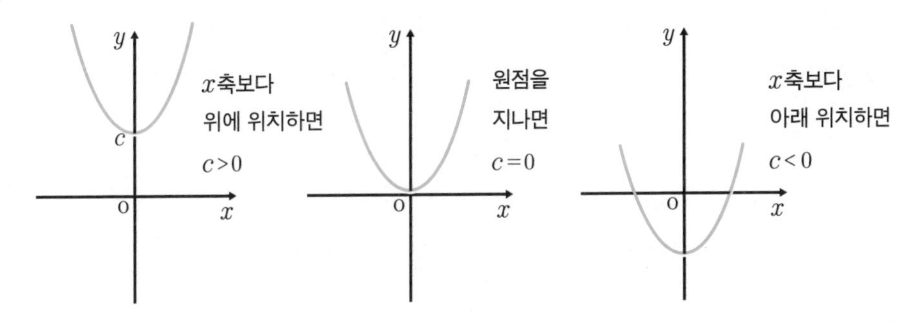

$y=ax^2+bx+c$ 그래프 모양으로 a, b, c 부호 알기

실력 Up

문제 이차함수 $y=ax^2+bx+c$의 그래프가 아래와 같을 때, 상수 a, b, c의 부호를 정하여라.

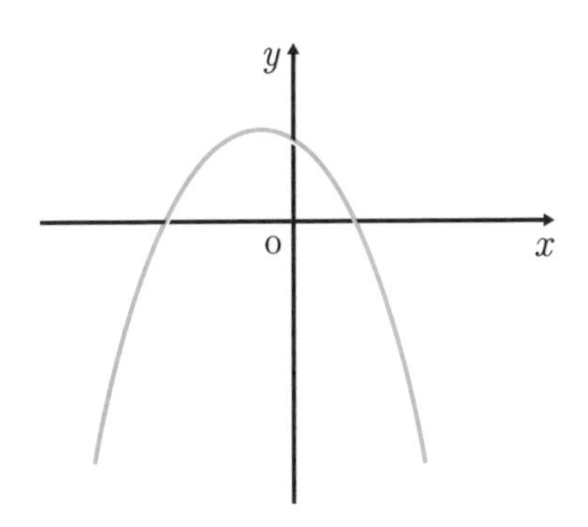

풀이 위로 볼록한 그래프이므로 $a<0$,

꼭짓점이 y축의 왼쪽에 있어 $ab>0$이므로 $b<0$,

y절편이 x축보다 위에 있으므로 $c>0$이다.

답 $a<0$, $b<0$, $c>0$

이차함수의 최댓값과 최솟값

이번에는 좀더 재미있는 이차함수를 배워보자.

손흥민 선수가 최대한 힘껏 축구공을 뻥 찼다. 이 축구공은 얼마나 높이 올라갈까? 이 문제의 답을 이차함수로 구할 수 있다면 믿을 수 있겠는가?

이 축구공의 움직임을 살펴보면 위로 볼록한 포물선을 그린다는 것을 알 수 있다. 바로 이차함수의 그래프와 같은 모양인 것이다. 단 이차함수 $y=ax^2+bx+c$의 그래프로 a값이 음수인 그래프여야 한다. 그럼 축구공이 최대로 높이 올라간 높이는 그래프 중 어디에 해당할까?

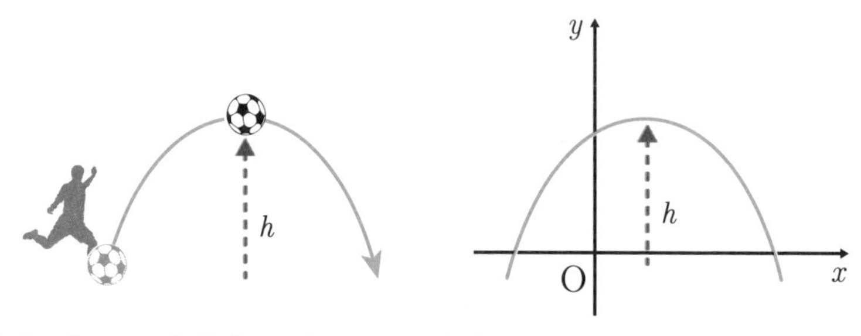

그렇다. 바로 꼭짓점의 높이이다. 꼭짓점 좌표 중 y의 값이 바로 축구공의 높이가 된다.

이 y값을 이차함수의 최댓값이라고 하며 함숫값 y 중 가장 큰 값을 함수의 최댓값, 가장 작은 값을 함수의 최솟값이라고 한다.

그러면 이차함수 $y=ax^2$의 그래프를 떠올려보자.

$a>0$이면 원점을 지나는 아래로 볼록한 그래프이다.

그렇다면 이 그래프는 $x=0$일 때 최솟값이 0이다. 그리고 y값은 무한대로 위로 향하기 때문에 최댓값은 없다.

$a<0$이면 원점을 지나는 위로 볼록한 그래프이다.

그렇다면 이 그래프는 $x=0$일 때 최댓값이 0이다. 그리고 y값은 무한대로 아래로 향하기 때문에 최솟값은 없다.

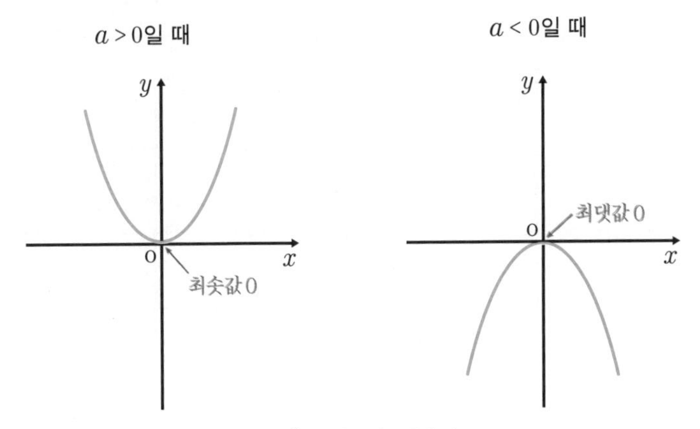

$y=ax^2$의 최솟값, 최댓값

이번에는 이차함수 $y=a(x-p)^2+q$의 최댓값과 최솟값을 찾아보자.

$a>0$이면 아래로 볼록이므로 $x=p$에서 최솟값이 q이다.

$a<0$이면 위로 볼록이므로 $x=p$에서 최댓값이 q이다.

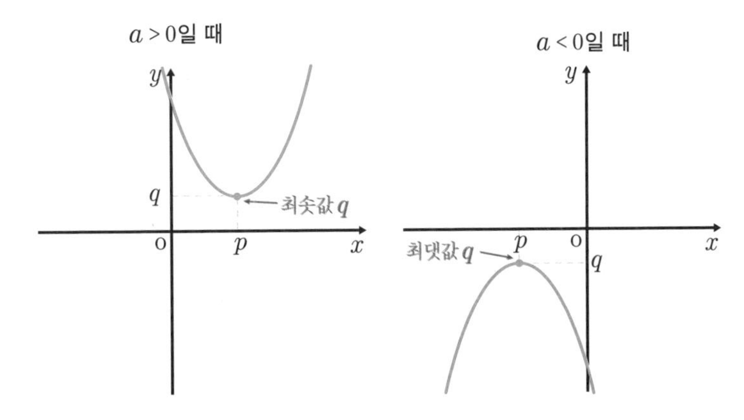

$y=a(x-p)^2+q$의 최댓값과 최솟값

다음 그림의 포물선을 그래프로 하는 이차함수의 최댓값 또는 최솟값을 구해보자.

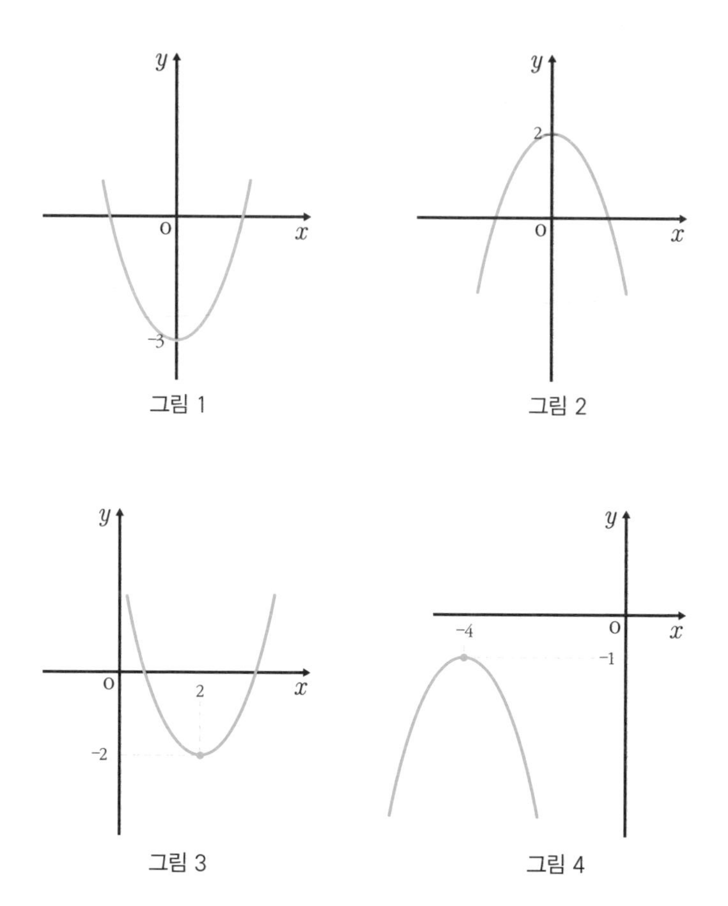

그림 1은 꼭짓점이 $(0,\ -3)$이므로 $x=0$에서 최솟값 -3,

그림 2는 꼭짓점이 $(0, 2)$이므로 $x=0$에서 최댓값 2,

그림 3은 꼭짓점이 $(2,\ -2)$이므로 $x=2$에서 최솟값 -2,

그림 4는 꼭짓점이 $(-4, -1)$이므로 $x=-4$에서 최댓값 -1이다.

자 이제 다시 처음으로 돌아가 손흥민 선수가 힘껏 찬 축구공이 얼마나 높이 올라가는지 구해보자.

x초 후의 축구공의 높이를 ym로 놓으면, $y=-2x^2+8x$인 관계가 성립한다. 그렇다면 축구공이 가장 높이 올라갈 때의 높이는 몇 m일까?

$y=-2x^2+8x$를 완전제곱식으로 바꾸면,

$y=-2(x^2-4x+4-4)$이므로 $y=-2(x-2)^2+8$이므로 축구공은 2초 후에 최대높이 8m까지 올라간다.

어떤 문제는 정의역을 제시하고 이차함수 $f(x)$의 최댓값과 최솟값을 구하라는 것이 있다. 다음의 문제를 풀어보자.

정의역을 $\{x \mid a \leq x \leq b\}$로 할 때 이차함수 $f(x)$의 최댓값 또는 최솟값을 구하시오.

이 문제에서 꼭짓점의 x좌표인 p가 정의역에 포함되는 경우에는 세 함숫값 $f(a)$, $f(b)$, $f(p)$ 중 가장 큰 값이 최댓값이 되고 가장 작은 값이 최솟값이 된다.

하지만 꼭짓점의 x좌표인 p가 정의역에 포함되지 않는 경우에는 두 함수값 $f(a)$, $f(b)$ 중 큰 값이 최댓값이 되고 작은 값이 최솟값이 된다.

예를 들어 이차함수 $y=2x^2-4x+3$의 정의역이 $\{x \mid 0 \leq x \leq 3\}$일 때 최댓값과 최솟값을 구해보자.

$y=2x^2-4x+3$을 완전제곱식으로 바꾸면,

$2(x^2-2x+1-1)+3=2(x-1)^2+1$이므로 꼭짓점은 $(1, 1)$, 정의역은 $\{x \mid 0 \leq x \leq 3\}$이 된다. 따라서 $f(x)$에 $x=0, 1, 3$을 대입하면,

$f(0)=3$,

$f(1)=2-4+3=1$,

$f(3)=2\times3^2-4\times3+3=18-12+3=9$이므로

$f(1)$에서 최솟값 1, $f(3)$에서 최댓값 9가 나온다.

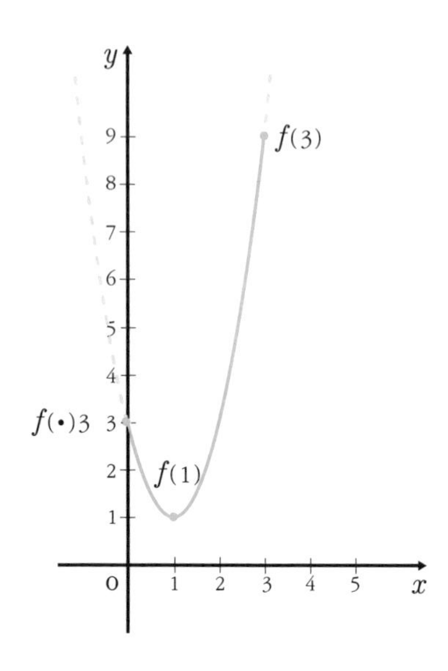

이번에는 여러 가지 활용 문제를 통해 이차함수의 식을 구하여 계산하는 방법을 알아보자.

두 수의 합을 주고 그 두 수의 곱의 최댓값을 구하는 문제가 종종나온다. 다음 예제를 풀어보자.

합이 8인 두 수가 있다. 이 두 수의 곱의 최댓값을 구하려고 한다면 먼저 두 수를 $x, 8-x$로 한다.

이 두 수의 곱을 y로 하면 $y=x(8-x)$이다.

이를 전개하면 $y=-x^2+8x$이다. 이를 완전제곱식으로 바꾸면

$$y=-(x^2-8x+16-16)$$
$$=-(x-4)^2+16$$ 이다.

따라서 두 수의 곱의 최댓값은 16이며, 두 수는 모두 4이다.

둘레가 주어지고 직사각형의 넓이가 최대가 되도록 하는 가로, 세로의 길이를 구하는 문제도 자주 등장한다.

둘레가 48cm인 직사각형의 넓이가 최대가 되도록 하는 가로, 세로의 길이를 구하는 문제의 경우 먼저 가로의 길이를 $x$cm로 놓으면 세로의 길이는 $(24-x)$cm가 된다. 그리고 넓이를 $y\text{cm}^2$로 하면,

$$y=x(24-x)$$
$$=-x^2+24x$$

완전제곱식으로 바꾸면,

$$y=-(x^2-24x+144-144)$$
$$=-(x-12)^2+144$$

따라서 x가 12cm일 때 넓이 144cm^2가 최대가 되므로 가로, 세로의 길이는 12cm이다.

Check Point

이처럼 이차함수의 활용 문제에서 식이 주어지지 않을 때 변하는 양을 x, x에 따라 변하는 값을 y로 놓은 후 주어진 조건을 이용하여 식을 세운 후 답을 구한다. 하지만 식이 주어질 경우에는 그 식을 $y=a(x-p)^2+q$ 형태로 바꿔서 풀이한다.

이차함수의 활용

1. 식이 주어지지 않을 때

① 변하는 양을 x로, x에 따라 변하는 값을 y로 정하고

② 주어진 조건을 이용하여 x, y 사이의 관계식을 세운 뒤

③ 그래프 등을 이용하여 풀이한다.

2. 식이 주어질 때

① 주어진 식을 $y=a(x-p)^2+q$의 형태로 바꾼 뒤

② 조건에 맞게 풀이한다.

실력 Up

문제1 이차함수 $y=-\frac{1}{2}x^2$의 그래프와 모양이 같고, $x=2$일 때 최댓값 3을 갖는 이차함수의 식을 구하시오.

풀이 식을 $y=a(x-p)^2+q$로 본다면 $y=-\frac{1}{2}x^2$의 그래프와 모양이 같으므로 $a=-\frac{1}{2}$, 최댓값은 꼭짓점의 좌표이므로 $p=2, q=3$

따라서 $y=-\frac{1}{2}(x-2)^2+3$이 된다.

이를 전개하면 $y=-\frac{1}{2}x^2+2x-2+3$

$=-\frac{1}{2}x^2+2x+1$이다.

답 $y=-\frac{1}{2}x^2+2x+1$

문제2 지면으로부터 10m의 높이에서 공중으로 던져 올린 공의 x초 후 높이를 ym로 할 때, $y=-2x^2+8x+10$인 관계가 성립한다. 이 공이 가장 높이 올라갈 때 높이와 그때 걸린 시간을 구하시오.

풀이 $y=-2x^2+8x+10$

완전제곱식으로 바꾸면,

$=-2(x^2-4x+4-4)+10$

$=-2(x-2)^2+18$

최대 높이는 18m, 걸린 시간은 2초이다.

답 18m, 2초

4장 유리함수와 무리함수

유리함수

실수를 유리수와 무리수로 나눈다는 것은 모두 알고 있을 것이다. 이와 마찬가지로 함수도 유리함수와 무리함수가 있다.

먼저 유리함수에 대해 알아보자.

다항식으로 이루어진 함수가 다항함수라는 것을 앞장에서 배웠다. 다항식과 분수식을 통틀어 유리식이라 한다. 그렇다면 다항함수와 분수함수를 합하여 유리함수라고 한다는 것이 짐작이 될 것이다.

유리함수란 함수 $y=f(x)$에서 $f(x)$가 x에 대한 유리식일 때 함수 $f(x)$를 말한다. 이미 앞에서 다항함수를 알아봤으니 여기서는 분수함수에 대해서 배워보도록 하자.

함수 $y=f(x)$에서 $f(x)$가 x에 대한 분수식일 때, 이 함수 $f(x)$를 분수함수라 한다.

우리는 1장 '함수란 무엇인가'에서 이미 분수함수에 대해 살짝 맛을 보았다. 함수 $f(x)=\frac{a}{x}$ 를 기억할 것이다. 이렇게 x가 분모에 들어 있는 함수는 일차함수가 아니라 분수함수라 한다.

분수함수 $y=\frac{1}{x}$ 그래프를 그려 분수함수의 그래프의 성질을 알아보자.

먼저 표를 그려서 x에 대응하는 y값을 구한다. 여기서 $x=0$이 될 수 없다. 왜냐하면 분수에서 분모는 0이 될 수 없기 때문이다.

x	$\cdots$	-2	-1	$-\frac{1}{2}$	$\cdots$	$\frac{1}{2}$	1	2	$\cdots$
y	$\cdots$	$-\frac{1}{2}$	-1	-2	$\cdots$	2	1	$\frac{1}{2}$	$\cdots$

표에서 구한 x, y의 순서쌍 (x, y)을 좌표평면 위에 나타낸 후 이 점들을 연결하여 매끄러운 곡선이 되도록 그린다.

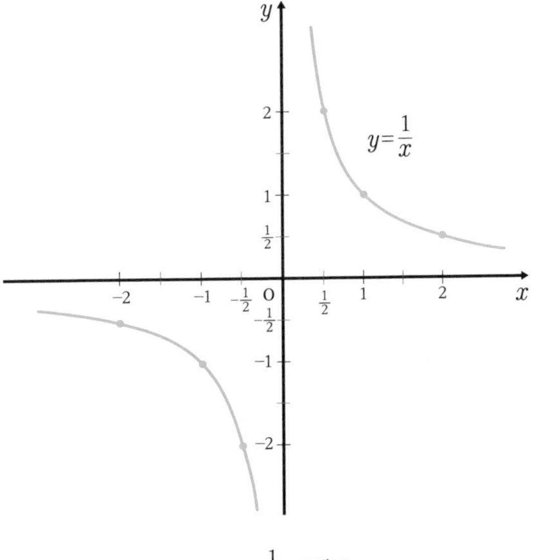

$y=\frac{1}{x}$ 그래프

그림에서 보듯이 $x>0$에서는 x값이 커질수록 y값이 0에 가까워지고, x값이 작아질수록 y값이 커진다. 반대로 $x<0$에서는 x값이 작아질수록 y값이 0에 가까워지고 x값이 0에 가까워질수록 y값이 작아진다.

곡선이 어떤 직선과 한없이 가까워지면서 서로 만나지는 않을 때, 그 직선을 점근선이라고 하는데 여기서는 x축과 y축이 점근선이 된다.

앞쪽 아래의 그래프를 보면 분수함수 $y=\frac{1}{x}$ 그래프는 원점에 대칭이고, x축과 y축에 한없이 가까워지지만 만나지는 않는다는 것을 알 수 있다.

이번에는 분수함수 $y=-\frac{1}{x}$ 그래프를 그려보자.

먼저 표로 나타낸 다음, 좌표평면에 순서쌍을 나타낸 후 매끄러운 곡선으로 연결한다.

x	$\cdots$	-2	-1	$-\frac{1}{2}$	$\cdots$	$\frac{1}{2}$	1	2	$\cdots$
y	$\cdots$	$\frac{1}{2}$	1	2	$\cdots$	-2	-1	$-\frac{1}{2}$	$\cdots$

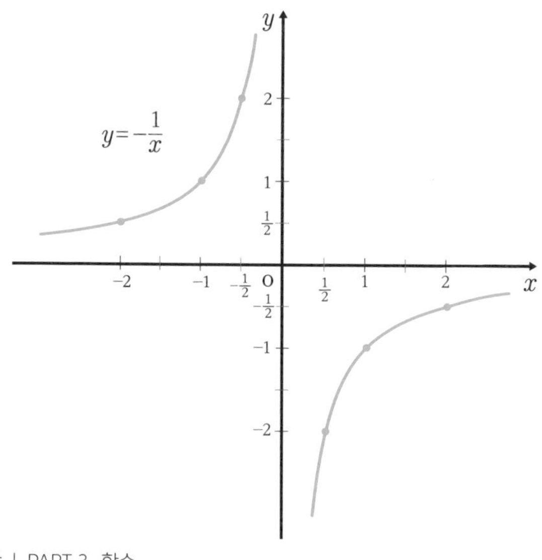

$y=-\frac{1}{x}$ **그래프**

그림을 보면 분수함수 $y=-\frac{1}{x}$ 그래프는 $y=\frac{1}{x}$ 그래프와 모양은 같지만 점의 좌표가 위치하는 사분면은 다른 것을 알 수 있다. $y=\frac{1}{x}$ 그래프는 제1, 3사분면에 위치하지만 $y=-\frac{1}{x}$ 그래프는 제2, 4사분면에 위치한다.

계속해서 분수함수 $y=\frac{2}{x}$ 와 $y=\frac{1}{2x}$ 그래프를 그려서 $y=\frac{1}{x}$ 그래프와 비교해보자.

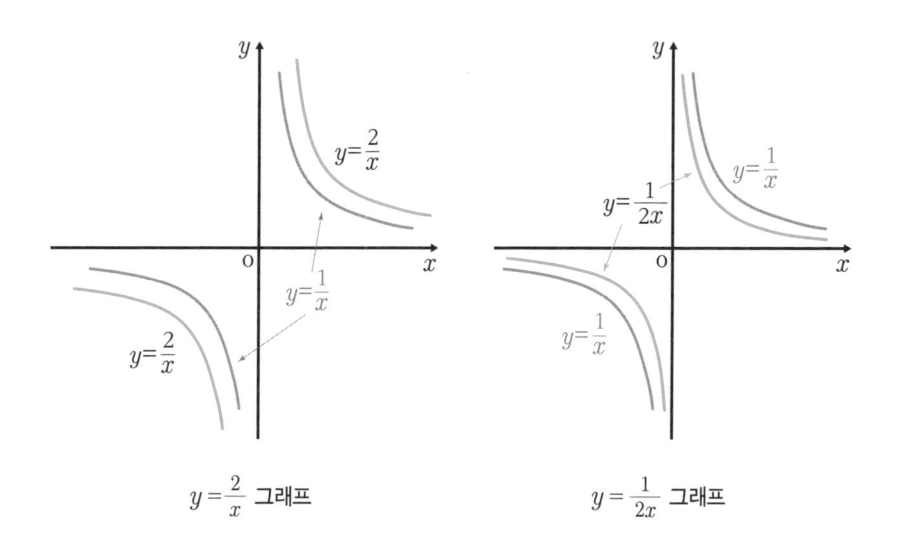

$y=\frac{2}{x}$ 그래프　　　　$y=\frac{1}{2x}$ 그래프

그림에서 보듯이 $y=\frac{2}{x}$ 그래프는 $y=\frac{1}{x}$ 그래프보다 원점에서 더 멀어진다. 반대로 $y=\frac{1}{2x}$ 그래프는 $y=\frac{1}{x}$ 그래프보다 원점에 더 가깝다.

위의 두 그림을 통해 분수함수를 $y=\frac{a}{x}$ $(a\neq 0)$의 식으로 이야기한다면 a의 값에 따라 그래프의 형태가 달라진다는 것을 알 수 있다. a값이 양수이면 그래프가 제1, 3사분면에 있고 a값이 음수이면 제2, 4사분면에 있다. 그리고 a의 절댓값에 따라서 형태가 다르다. a의 절댓값이 클수록 원점에서 멀어지는 그래프가 나타나고 있다.

이 모든 것을 정리하면 다음 그림과 같다.

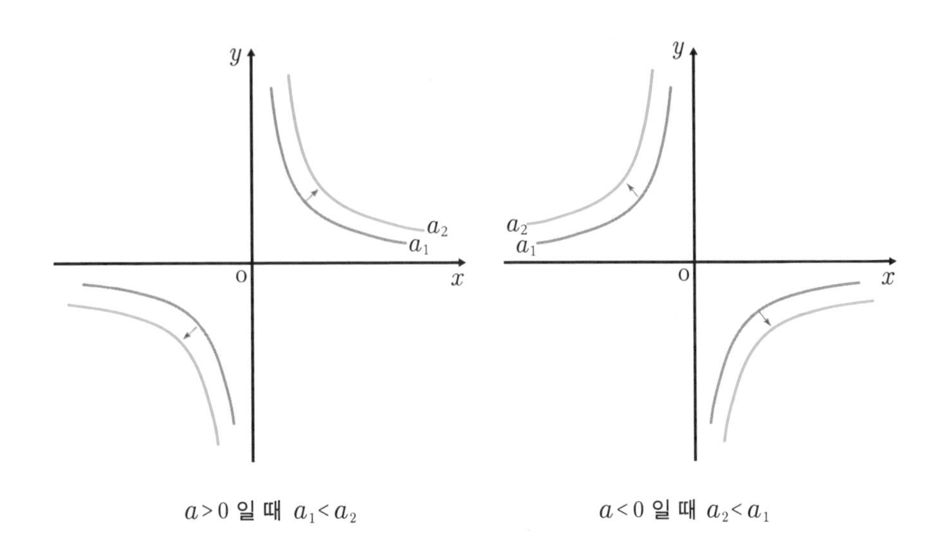

$a>0$ 일 때 $a_1<a_2$ $a<0$ 일 때 $a_2<a_1$

$y=\frac{a}{x}$ $(a\neq 0)$ 그래프의 성질을 정리해보면,

① $x=0$일 때 함숫값이 없으므로 정의역과 치역은 0를 제외한 실수 전체이다.

② 원점과 직선 $y=\pm x$에 대하여 대칭이다.

③ $a>0$이면 그래프는 제1, 3사분면에 있고, $a<0$이면 제2, 4사분면에 있다.

④ x축과 y축을 점근선으로 한다.

⑤ $|a|$값이 커질수록 그래프는 원점에서 멀어진다.

그렇다면 분수함수 $y=\frac{1}{x-2}+3$ 그래프는 어떻게 그릴까?
앞에서 다항함수의 그래프를 그렸던 것을 떠올리면 어떻게 될지 이미 눈치

챘을 것이다.

먼저 분모가 0은 될 수 없다. 분모 $x-2\neq0$이므로 $x\neq2$이다.

그러므로 정의역에서 $x=2$를 제외한다.

그러면 이제 표를 그려서 그래프를 그릴 때 필요한 순서쌍을 알아보자.

x	⋯	0	1	⋯	3	4	⋯
y	⋯	$\frac{5}{2}$	2	⋯	4	$\frac{7}{2}$	⋯

순서쌍 $(x,\ y)$를 좌표평면에 나타내어 그래프를 완성해보자.

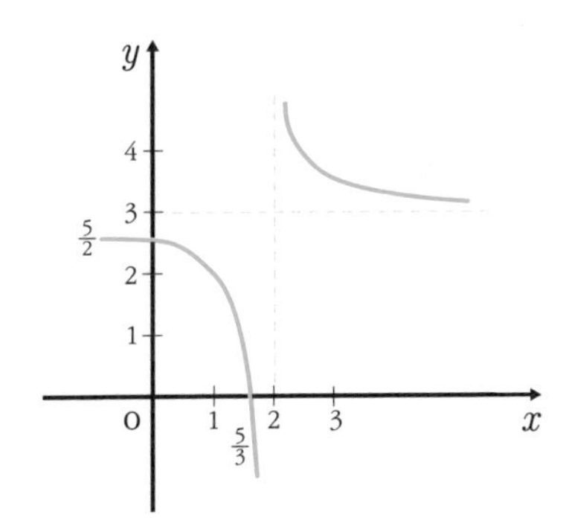

그림을 보면 무엇이 보이는가? $x=2$와 $y=3$을 점근선으로 한 그래프의 모양이 보일 것이다. $y=\frac{1}{x}$의 그래프를 떠올려보면 더 쉽게 알 수 있다. $y=\frac{1}{x}$의 그래프를 x축으로 2만큼, y축으로 3만큼 평행이동시킨 것이다.

이것을 통해 분수함수 $y=\frac{a}{x-p}+q\ (a\neq0)$ 형태의 그래프에 대하여 언제든 떠올릴 수 있다. 이를 정리하면 다음과 같다.

① $y=\frac{a}{x}\,(a\neq 0)$ 그래프를 x축 방향으로 p만큼, y축 방향으로 q만큼 평행이동시킨 것이다.

② 정의역은 $x=p$를 제외한 모든 실수이고 치역은 $y=q$를 제외한 모든 실수이다.

③ 점(p, q)에 대하여 대칭이고 점근선은 $x=p$, $y=q$이다.

이제 예제를 통해 분수함수에 익숙해져 보자.

분수함수 $y=\frac{x}{x-1}$ 의 점근선과 정의역, 치역을 구하고 그래프를 그려보아라.

아, 이건 본 적이 없는데 어떻게 하지? 이런 생각이 들 수도 있다. 앞에서 바로 배운 내용을 떠올려보자. 일단 주어진 분수함수를 $y=\frac{a}{x-p}+q$ 형태로 고쳐야 한다. 따라서,

$$y=\frac{x}{x-1}$$

분자에 1을 빼고 더하면,

$$=\frac{(x-1)+1}{(x-1)}$$

$$=1+\frac{1}{x-1}$$

즉 $y=\frac{1}{x-1}+1$ 로 바뀐다.

이제 익숙한 형태가 되었으니 점근선을 찾을 수 있다. $y=\frac{1}{x}$ 그래프를 x축으로 1, y축으로 1만큼 이동시킨 그래프인 것이다.

점근선은 $x=1$, $y=1$이고, 정의역은 $x-1=0$이 되게 하는 $x=1$을 제외한

모든 실수이며, 치역은 $y=1$을 제외한 모든 실수이다.

x축과 만나는 점과 y축과 만나는 점을 구하면 더 정확하게 그래프를 그릴 수 있다. x축과 만나기 위해 $y=0$을 대입하면,

$$0=\frac{1}{x-1}+1$$

상수를 좌변으로 이항한 후 양변을 바꾸면,

$$\frac{1}{x-1}=-1$$

양면에 $(x-1)$을 곱하면,

$$1=-(x-1) \quad \therefore x=0$$

따라서 y축과 만나는 점은 $y=\frac{1}{0-1}+1=0$ 이다.

그래프로 나타내면 다음과 같다.

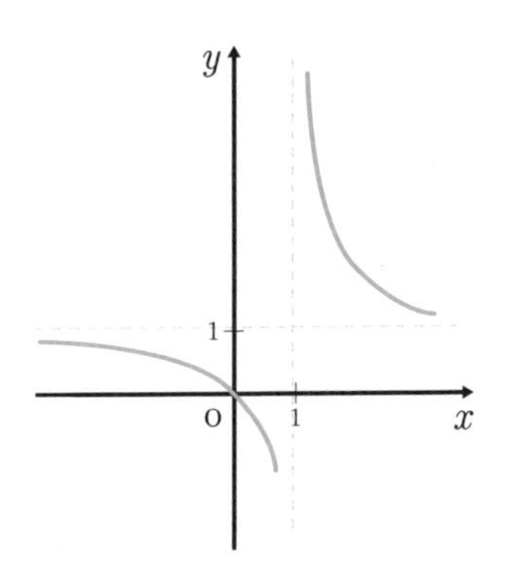

분수함수의 그래프는 점근선을 이용하면 쉽게 그릴 수 있다. 또한 점근선이 주어지면 분수함수식도 알아낼 수 있다.

실력 Up

문제 분수함수 $y=\dfrac{ax+b}{x+c}$ 그래프가 다음과 같을 때, 상수 a, b, c를 각각 구하여 $a+b+c$의 값을 구하시오.

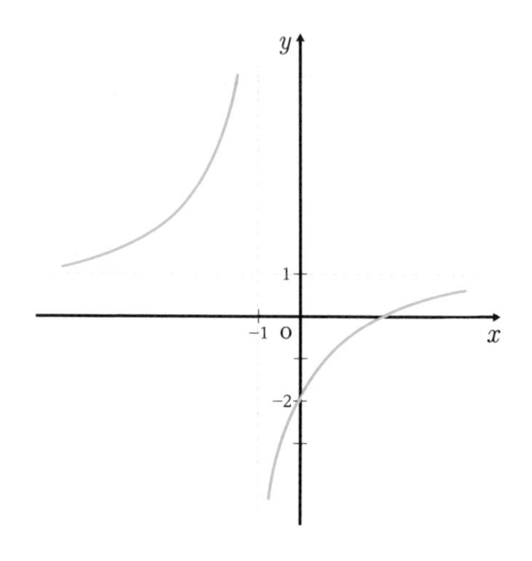

풀이 그래프를 보면 점근선이 $x=-1$, $y=1$이다.

이에 따라 앞에서 배운 $y=\dfrac{k}{x-p}+q$ 형태에 대입한다(a가 겹치므로 k로 바꾸었다).

그 결과 $y=\dfrac{k}{x+1}+1$ 이 되었다.

이 그래프가 $(0,\ -2)$를 지나므로 점 $(0,\ -2)$를 식에 대입하면, $-2=\dfrac{k}{0+1}+1$ 이 된다.

$-2=k+1$

$\therefore\ k=-3$

그러므로 $y=-\frac{3}{x+1}+1$ 이다.

$$y=-\frac{3}{x+1}+1$$

$y=\frac{ax+b}{x+c}$ 형태로 바꾸면,

$$=\frac{-3+(x+1)}{(x+1)}$$

$$=\frac{x-2}{x+1}$$

$\therefore\ a=1,\ b=-2,\ c=1$이므로 $a+b+c=1-2+1=0.$

답 0

분수함수의 역함수 구하기

함수의 역함수는 일대일대응일 때만 존재한다. 분수함수도 일대일대응이기 때문에 역함수가 존재한다. 이 때문에 분수함수의 역함수를 구하는 문제가 종종 출제되는 만큼 이런 유형의 문제를 공부해보자.

분수함수의 역함수를 구하는 방법은 다음 세 가지가 있다.

· **함수식에서 x와 y 바꾸기**

흔히 역함수를 구할 때 x와 y를 바꾸듯이 분수함수도 x와 y를 바꾸어 역함수를 구한다. 그렇게 되면 정의역은 역함수의 치역으로 바뀌고, 치역은 역함수의 정의역으로 바뀐다. 다음 문제를 풀어보자.

$y=\frac{2}{x}+1$의 역함수를 구하시오.

$$y=\frac{2}{x}+1$$

일단 x, y를 바꾼다.

$$x=\frac{2}{y}+1$$

양변에 y를 곱한다

$$xy=2+y$$

y를 좌변으로 이항하면,

$$xy-y=2$$

y로 묶은 후 정리하면,

$$(x-1)y=2$$

$$y=\frac{2}{x-1}$$

따라서 분수함수 $y=\frac{2}{x}+1$의 역함수는 $y=\frac{2}{x-1}$이다.

· 점근선 이용하기

$y=\frac{a}{x-p}+q$ 형태일 때는 점근선을 이용한다. 점근선 $x=p$, $y=q$인 분수함수의 역함수는 점근선 $x=q$, $y=p$인 분수함수 $y=\frac{a}{x-q}+p$ 이기 때문이다.

'함수식에서 x와 y바꾸기'로 풀어보았던 $y=\frac{2}{x}+1$의 역함수를 이 방법으로 구해보자.

$y=\frac{2}{x}+1$의 점근선은 $x=0$, $y=1$이다.

역함수의 점근선은 x와 y가 서로 바뀐 $x=1$, $y=0$이 된다.

이 점근선을 식에 대입하면 $y=\frac{2}{x-1}$이 되므로,

$y=\frac{2}{x}+1$의 역함수는 $y=\frac{2}{x-1}$이다.

· 공식 이용하기

분수함수가 $y=\frac{ax+b}{cx+d}$의 형태일 때는 분자의 x의 계수인 a와 분모의 상수항인 d의 부호를 바꾼 다음 서로 위치를 바꾼다. 이에 따라 $y=\frac{ax+b}{cx+d}$의 역함수는 $y=\frac{-dx+b}{cx-a}$이다.

실력 Up

문제 분수함수 $y=\frac{3}{x-5}+4$ 의 역함수를 구하시오.

풀이 분수함수 $y=\frac{3}{x-5}+4$ 의 점근선은 $x=5$, $y=4$이다.

점근선을 이용해 역함수를 구한다.

역함수의 점근선은 x, y를 바꾼 $x=4$, $y=5$이다.

식에 넣으면 $y=\frac{3}{x-4}+5$

$\therefore$ $y=\frac{3}{x-5}+4$ 의 역함수는 $y=\frac{3}{x-4}+5$

답 $y=\frac{3}{x-4}+5$

무리함수

이제 무리함수를 살펴보자. 근호 안에 문자를 포함하고 있는 식을 무리식이라고 한다. 예를 들면 $\sqrt{x}$, $\sqrt{3x-1}$ 등이 무리식이다. 그리고 함수 $y=f(x)$에서 $f(x)$가 x에 대한 무리식일 때, 함수 $f(x)$를 무리함수라고 한다.

예를 들어 두 식 $y=\sqrt{3x-1}$, $y=\sqrt{3}-x$ 가 있다. 이 두 함수 중 무리함수는 어떤 것일까?

$y=\sqrt{3x-1}$는 무리함수이다. 그러나 $y=\sqrt{3}-x$ 는 근호 안에 문자가 없으므로 무리식이 아니기 때문에 다항함수이다.

무리식의 값이 실수가 되려면 (근호 안의 식의 값)≥ 0이어야 한다. 그래서 무리함수에서 정의역이 특별히 주어지지 않을 때는 '근호 안의 식의 값≥ 0이 되는 실수'를 정의역으로 생각한다.

그렇다면 무리함수 $y=\sqrt{x}$ 의 정의역은 어떻게 될까?

근호 안의 식의 값≥ 0이어야 하므로 정의역은 $x\geq 0$인 실수이다. 이제 $y=\sqrt{3x-1}$ 의 정의역을 찾아보자.

$3x-1\geq 0$이어야 하므로 $x\geq \frac{1}{3}$ 인 실수이다.

정의역을 알았으니 무리함수 $y=\sqrt{x}$ 의 그래프를 그려보자.

다음 표는 간단하게 0과 자연수로 구해지는 x값만 나타내어 보았다.

x	0	1	⋯	4	⋯	9	⋯
y	0	1	⋯	2	⋯	3	⋯

x, y값의 순서쌍을 좌표평면에 표시한 후 부드럽게 곡선으로 연결하면 다

음과 같다.

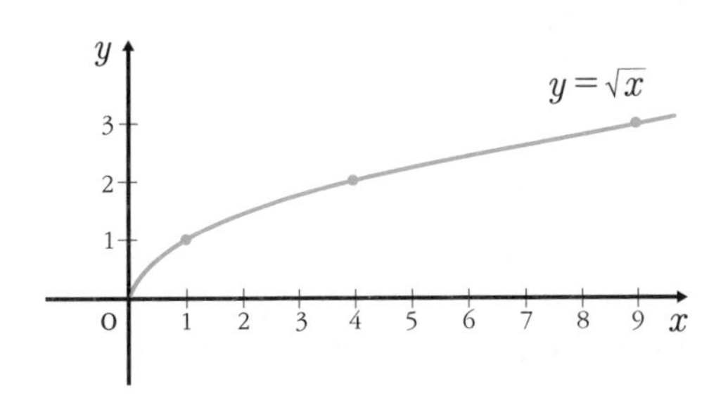

무리함수 $y=\sqrt{x}$ 의 치역은 $y\geq0$인 것을 알 수 있다. 이에 따라 무리함수 $y=\sqrt{-x}$ 의 그래프를 그려보자.

$y=\sqrt{-x}$ 의 정의역을 먼저 살펴보면 $-x\geq0$이어야 하므로 $x\leq0$이다.

마찬가지로 간단하게 0과 자연수로 구해지는 x값만 표로 나타내어 보았다.

x	…	−9	…	−4	…	−1	0
y	…	3	…	2	…	1	0

이 결과 x, y의 순서쌍을 좌표평면에 표시한 후 부드럽게 곡선으로 연결하면 다음과 같다.

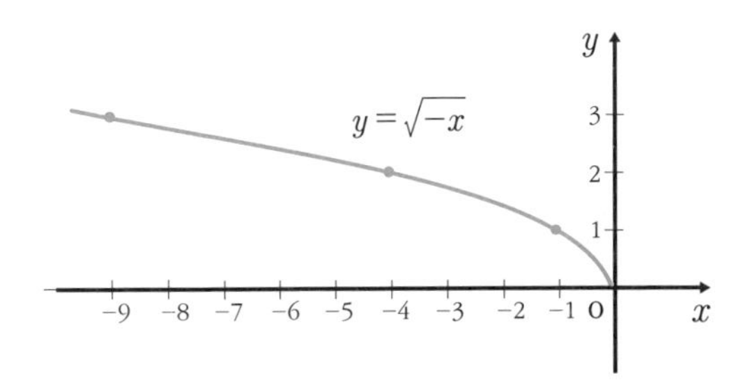

무리함수 $y=\sqrt{-x}$ 의 치역은 $y \geq 0$인 것을 알 수 있다. 따라서 무리함수 $y=\sqrt{x}$ 그래프와 무리함수 $y=\sqrt{-x}$ 그래프는 y축에 대하여 서로 대칭이 된다.

이것을 통해서 무리함수 $y=\sqrt{ax}$ ($a \neq 0$) 그래프를 그릴 수 있다.

무리함수 $y=\sqrt{ax}$ 의 정의역은 근호 안의 식이 0 이상이어야 하므로 $ax \geq 0$인 x의 범위이다. 그래프로 그리면 다음과 같다.

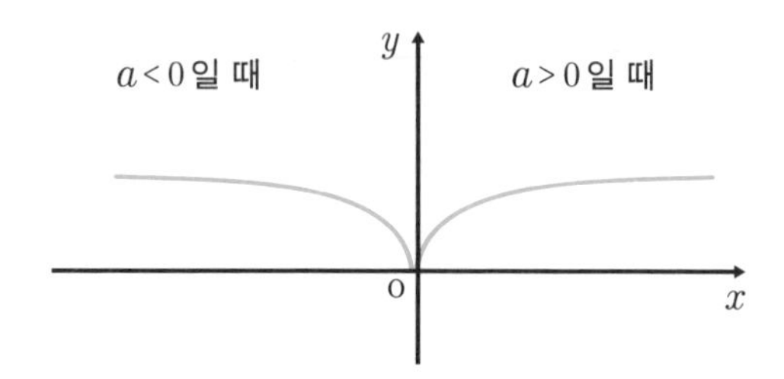

그래프에서 알 수 있듯 무리함수 $y=\sqrt{ax}$ 의 정의역과 치역은 다음과 같다.

$a>0$일 때 정의역은 $x \geq 0$인 실수이고 치역은 $y \geq 0$인 실수이다.

$a<0$일 때 정의역은 $x \leq 0$인 실수이고 치역은 $y \geq 0$인 실수이다.

그렇다면 $y=-\sqrt{ax}$ 의 그래프는 어떻게 될까?

$y=-\sqrt{ax}$ 그래프는 $y=\sqrt{ax}$ 의 함숫값의 부호를 바꾼 것이므로 $y=\sqrt{ax}$ 그래프와 x축 대칭이다.

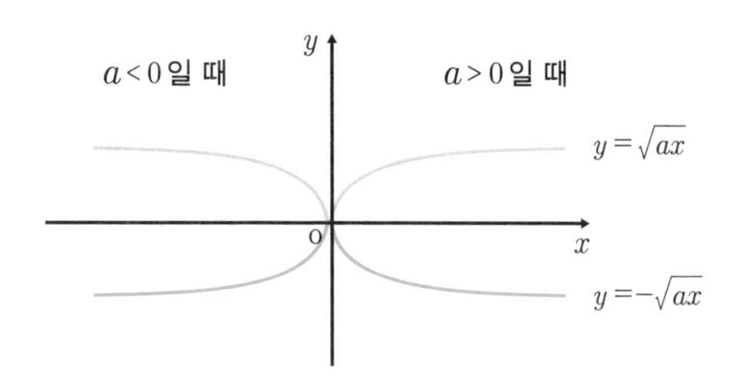

그래프를 보면 알 수 있듯이 무리함수 $y=\sqrt{ax}$ 는 일대일대응이다. 따라서 역함수가 존재한다.

이제 무리함수 $y=\sqrt{ax}$ 의 역함수를 구해보자.

먼저 x와 y를 바꾼 후 정리한다.

$$x=\sqrt{ay}$$

양변을 제곱하면,

$$x^2=ay$$

y에 대한 식으로 정리하면,

$y=\dfrac{x^2}{a}\,(a\neq 0,\ x\geq 0)$ 가 된다.

이 결과를 놓고 무리함수 $y=\sqrt{ax}$ 의 치역 $y\geq 0$ 이 역함수의 정의역이 되므로 $y=\sqrt{ax}$ 의 정의역은 $x\geq 0$ 이 된다.

무리함수 $y=\sqrt{ax}$ 그래프와 역함수 $y=\dfrac{x^2}{a}\,(a\neq 0,\ x\geq 0)$의 그래프를 그려보면 직선 $y=x$에 대하여 대칭인 것을 알 수 있다.

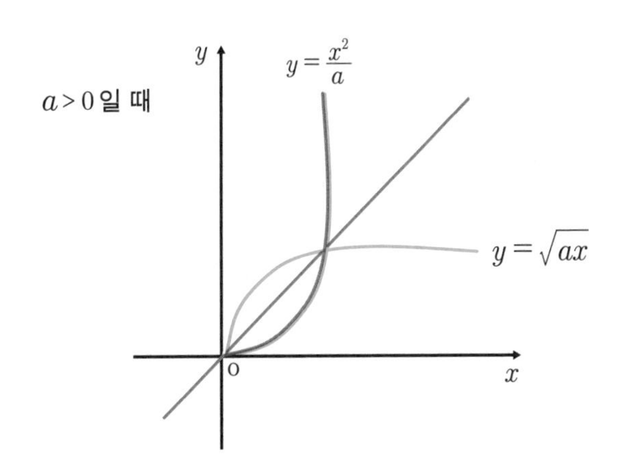

이번에는 무리함수 $y=\sqrt{x-3}$ 그래프를 그려보자.

정의역을 먼저 구하면 $x-3\geq0$, 즉 $x\geq3$이다.

표로 나타내어 보면 다음과 같다.

x	3	4	…	7	…
y	0	1	…	2	…

이 표를 $y=\sqrt{x}$ 의 표와 비교해보면 x값이 3만큼씩 이동했음을 알 수 있다. 그래프는 다음과 같다.

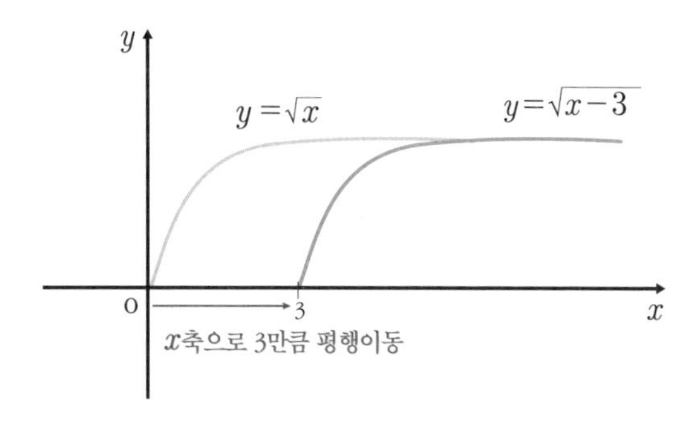

무리함수 $y=\sqrt{x-3}$ 그래프는 $y=\sqrt{x}$ 그래프를 x축으로 3만큼 평행이동시킨 것임을 알 수 있다.

계속해서 무리함수 $y=\sqrt{x-3}+1$ 그래프는 어떻게 될까? 그려보지 않아도 이젠 다 알 수 있을 것이다.

$y=\sqrt{x}$ 그래프를 x축으로 3, y축으로 1만큼 평행이동시킨 것이다. 이를 확인하기 위해 $y=\sqrt{x-3}+1$ 그래프를 그려보자.

x	3	4	⋯	7	⋯
y	1	2	⋯	3	⋯

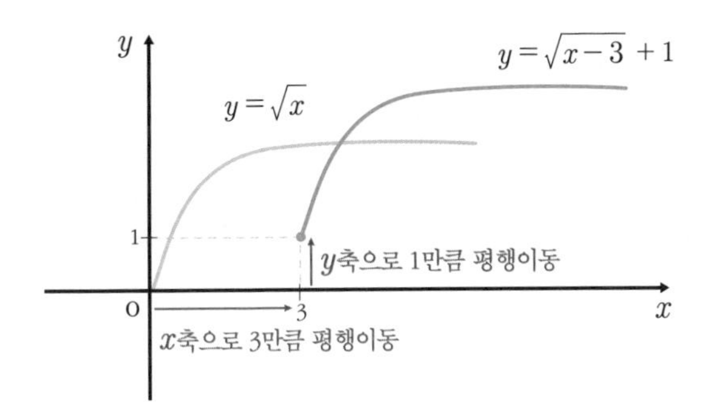

여기까지 오면 무리함수 $y=\sqrt{a(x-p)}+q$ 그래프를 눈 감고도 떠올릴 수 있을 것이다.

무리함수 $y=\sqrt{a(x-p)}+q$ 그래프는 무리함수 $y=\sqrt{ax}$ 의 그래프를 x축 방향으로 p만큼, y축 방향으로 q만큼 평행이동시킨 것이다.

간단하게 정리하면 $y=\sqrt{ax}$ 그래프는 점 $(0, 0)$에서 시작하여 증가하고 $y=\sqrt{a(x-p)}+q$ 그래프는 점 (p, q)에서 시작하여 증가하는 것이다. 그래서 $a>0$일 때 무리함수 $y=\sqrt{a(x-p)}+q$ 그래프는 다음 그림과 같다.

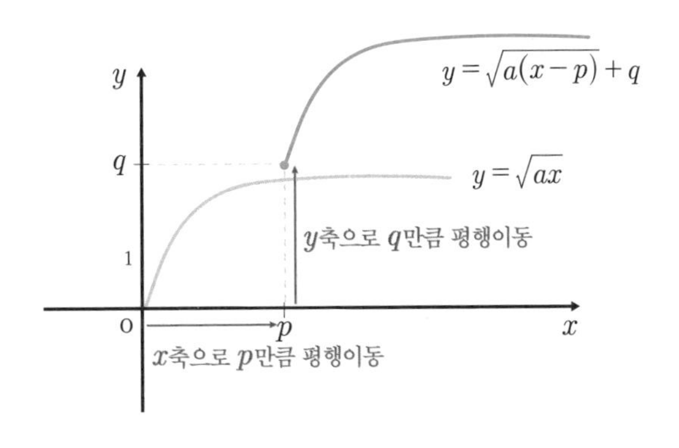

무리함수 $y=\sqrt{ax+b}+c$ 그래프는 식을 무리함수 $y=\sqrt{a(x-p)}+q$의 형태로 바꾼 후 그린다.

이제 더 단단하게 무리함수를 내 것으로 만들어야 하니 다음 문제를 통해 무리함수의 정의역과 치역을 구한 후 그래프를 통해 상수 값을 구해보자.

실력 Up

문제 1 무리함수 $y=\sqrt{ax+1}$ 그래프가 점 $(1, 2)$를 지날 때 상수 a의 값을 구하시오.

풀이 점 $(1, 2)$를 식에 대입하면

$y=\sqrt{ax+1}$

$2=\sqrt{a+1}$

양변을 제곱하면,

$4=a+1$

$\therefore a=3$

답 $a=3$

문제 2 무리함수 $y=\sqrt{ax+b}+c$ 그래프가 다음 그림과 같을 때 상수 a, b, c의 값을 구하시오.

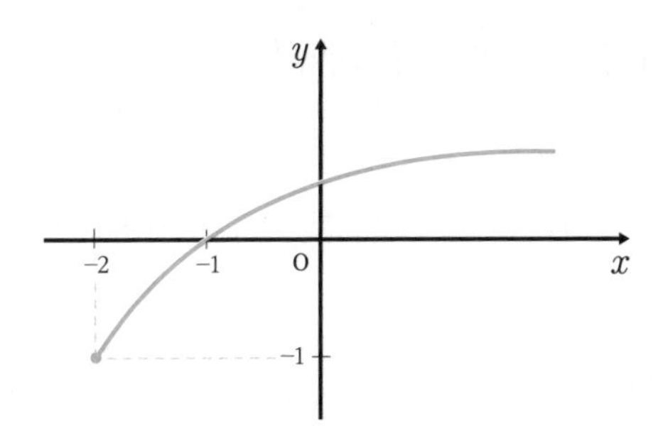

풀이 그래프가 점 $(-2, -1)$에서 시작하고 그래프 형태로 보아 $a>0$이므로, 무리함수식 $y=\sqrt{a(x-p)}+q$ 형태로 바꾼다.

$y=\sqrt{a(x+2)}-1$ ⋯①

이 무리함수의 그래프가 점 $(-1, 0)$을 지나므로 대입한다.

$0=\sqrt{a(-1+2)}-1 \Rightarrow 1=\sqrt{a}$

양변을 제곱하면,

$a=1 \quad \therefore a=1$

a를 ①의 식에 넣으면,

$y=\sqrt{1\times(x+2)}-1$

이 무리함수식을 정리하면,

$y=\sqrt{x+2}-1$이므로

$y=\sqrt{ax+b}+c$에서 $a=1, b=2, c=-1$

답 $a=1, b=2, c=-1$

무리함수의 그래프와 직선의 위치 관계

무리함수와 직선이 만나는 경우는 다음 세 가지가 있다.

① 두 점에서 만난다. 방정식의 실근이 두 개이다.

② 한 점에서 만난다. 방정식의 실근이 한 개이다.

③ 만나지 않는다. 방정식의 실근이 없다.

무리함수 $y=\sqrt{x}$ 와 직선 $y=x+a$가 만날 경우 두 식을 하나의 방정식으로 놓고, 실근의 개수를 구한다. 방정식 $\sqrt{x}=x+a$에 따른 실근의 개수가 두 식의 교점의 개수와 같다.

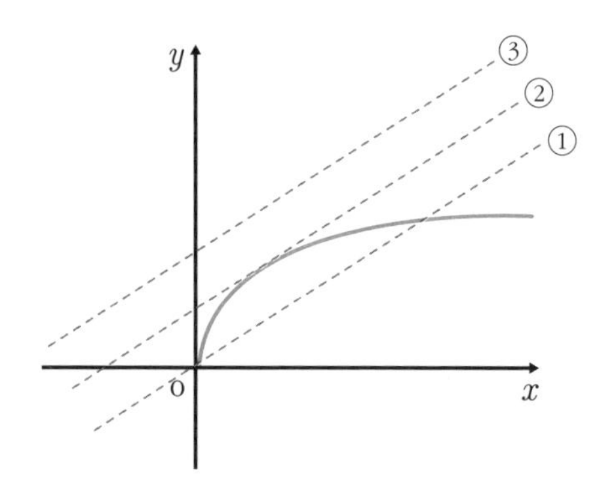

이제 방정식 $\sqrt{x}=x+a$를 풀어보자.

$$\sqrt{x}=x+a$$

양변을 제곱하면,

$$x=(x+a)^2$$

$$x=x^2+2ax+a^2$$

이항하여 정리하면,

$$x^2+2ax-x+a^2=0$$

$$x^2+(2a-1)x+a^2=0$$

직선 $y=x+a$ 가 $(0, 0)$을 지날 때 $a=0$ …①

직선 $y=x+a$가 $y=\sqrt{x}$ 와 한 점에서 만나려면 방정식

$x^2+(2a-1)x+a^2=0$의 판별식 $D=0$이 되어야 하므로,

$$D=(2a-1)^2-4\times1\times a^2$$

$$=4a^2-4a+1-4a^2=0$$

식을 정리하면,

$$-4a+1=0 \quad \therefore\ a=\frac{1}{4} \quad \cdots②$$

이에 따라 무리함수 $y=\sqrt{x}$ 와 직선 $y=x+a$의 위치관계를 보면 a의 값이 ②보다 클 때는 서로 만나지 않는다

$$\therefore\ a>\frac{1}{4}$$

a의 값이 ①과 ② 사이에 있을 때 두 점에서 만난다.

$$\therefore\ 0\le a<\frac{1}{4}$$

a의 값이 ②와 같거나 ①보다 작을 때는 한 점에서 만난다.

$$\therefore\ a=\frac{1}{4} \text{ 또는 } a<0$$

이처럼 판별식을 이용하여 무리함수 $y=\sqrt{x}$ 와 직선 $y=x+a$의 위치 관계를 나타낼 수 있다.

삼각함수의 정의

삼각함수란?

이름 그대로 삼각형과 관련이 있는 함수이다. 삼각함수의 기원은 고대 바빌로니아나 이집트, 중국 등에서 사용된 삼각법에서 유래한다.

토지를 측량하거나 항해에서 방향과 위치를 측정하기 위해서 사용된 삼각법을 통해서 얻어진 지식이 쌓이고 쌓여서 오랜 시간 동안 다듬어진 것이 바로 삼각함수이다. 실생활에서 유용하게 쓰인 오랜 역사를 가진 수학인 것이다. 또 지금도 주변 사물을 통해 쉽게 활용할 수 있다.

삼각법은 직각삼각형의 삼각비를 통해서 별의 위치나 큰 나무의 높이 등을 잴 때 사용하는 방법이다. 예를 들어 커다란 나무가 있는데 그 나무의 높이를 재고 싶다면 어떻게 해야 할까? 줄자로는 직접 잴 수가 없을 때 어떤 방법으로 나무의 높이를 알 수 있을까?

다음 그림처럼 나무 그림자의 길이와 태양의 고도를 알면 구할 수 있다.

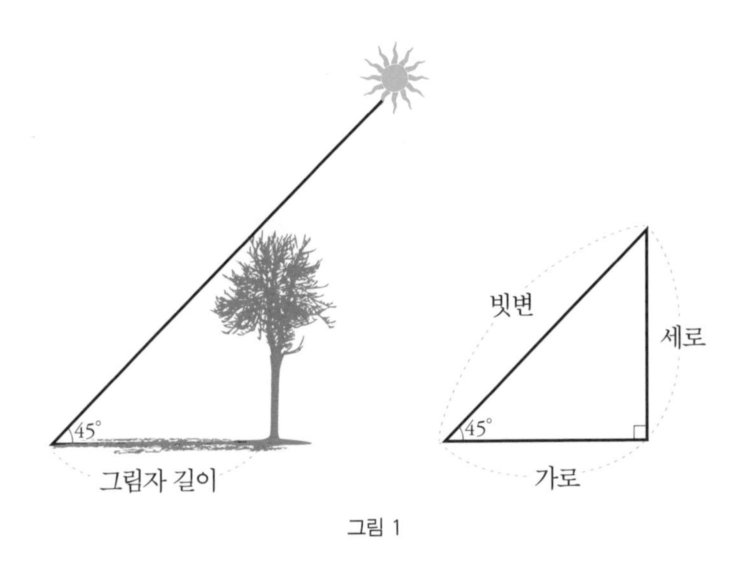

그림 1

그림자와 나무를 연결한 모양이 직각삼각형으로, 그림자의 길이가 3m, 태양의 고도가 45° 이므로 삼각형의 내각의 합이 180° 라는 것을 떠올리면 다른 쪽 예각의 크기가 45° 로 이 직각삼각형은 이등변삼각형임을 알 수 있다. 한 예각의 크기가 45° 인 직각삼각형의 가로와 세로의 길이의 비가 1 : 1이므로 나무의 높이는 그림자의 길이와 같은 3m이다. 계속해서 다음 예제를 풀어보자.

한 변의 길이가 2cm인 정삼각형이 있다. 한 꼭짓점에서 마주보는 변에 수선을 그었을 때 그 수선의 길이를 구하시오.

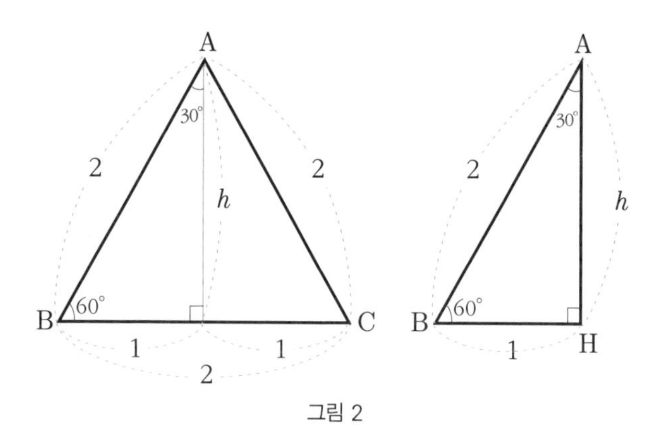

그림 2

그림처럼 꼭짓점 A에서 마주보는 $\overline{BC}$에 수선을 그으면 그어진 수선 h는 $\overline{BC}$를 이등분한다. 이때 수선 h의 길이는 피타고라스의 정리를 이용해 구할 수 있다.

(빗변의 길이)^2=(가로의 길이)^2+(세로의 길이)^{2}이므로,

$$2^2=1^2+h^2, \quad h^2=4-1=3 \quad \therefore h=\sqrt{3}\text{cm}$$

이때 정삼각형의 길이가 길어져도 우리는 수선의 길이를 구할 수 있다. 어떻게 그것이 가능할까? 이유는 각 변 사이의 비율이 일정하기 때문이다. 만약 정삼각형의 길이가 2배 늘어난다면 가로의 길이와 세로의 길이의 비율도 똑같이 늘어나는 것을 이용해서 수선의 길이를 구할 수 있는 것이다.

그렇다면 직각삼각형에서 한 예각의 크기와 한 변의 길이를 알면 다른 변의 길이를 구할 수 있을까?

앞의 그림 1에서 보듯이 한 예각의 크기가 45°이고 이웃한 가로의 길이가 5cm이면 우리는 다른 모든 변의 길이를 구할 수 있다.

이 예각에 대한 가로와 세로의 길이가 1:1이므로 피타고라스의 정리를 이

용하면 빗변의 길이는 가로의 길이와 $\sqrt{2}:1$의 비율을 가짐을 알 수 있다. 그러므로 가로의 길이가 5cm일 때 세로의 길이 또한 5cm, 빗변의 길이는 $5\sqrt{2}$cm이다.

그림 2도 확인해보자. 한 예각의 크기가 60°이고 빗변의 길이가 6cm이면 가로와 세로의 길이는 어떻게 될까? 그림에서 보듯이 빗변의 길이와 가로의 길이 사이에는 $2:1$의 비율이 성립한다. 그리고 가로와 세로의 길이는 $1:\sqrt{3}$이다. 그러므로 가로의 길이는 3cm이고 세로의 길이는 $3\sqrt{3}$cm이다.

이렇듯 직각삼각형에서 한 각 θ(세타)에 대한 각 변의 비율을 나타낸 것을 삼각비라고 한다.

각 θ에 대한 빗변과 세로의 비율을 $\sin\theta$(사인 θ)라 하고, 빗변과 가로의 비율을 $\cos\theta$(코사인 θ), 가로와 세로의 비율을 $\tan\theta$(탄젠트 θ)라고 한다.

이번에는 θ값을 변화시키면서 $\sin\theta$, $\cos\theta$, $\tan\theta$의 값을 알아보자.

좌표평면 위에 중심이 원점이고 반지름의 길이가 r인 원을 하나 그린다. 이 원 위의 한 점을 P라 하고 원점과 이 P점을 연결하는 선을 긋는다. 이 선을 동경이라 한다.

x축의 양의 방향을 시초선으로 잡으면 이 동경은 시초선이 각 θ만큼 회전한 선이 되고 이 점 P는 동경과 원주의 교점이 된다. 이 동경을 회전시켜보자. 각 θ값이 0°, 30°, 90°, 180°, 360° 등 여러 가지 값이 나올 수 있다. 동경이 시계반대방향으로 움직이면 양의 방향이라 하며 그때 생기는 각을 양의 각, 동경이 시계방향으로 움직이면 음의 방향, 그때 생기는 각을 음의 각이라 한다.

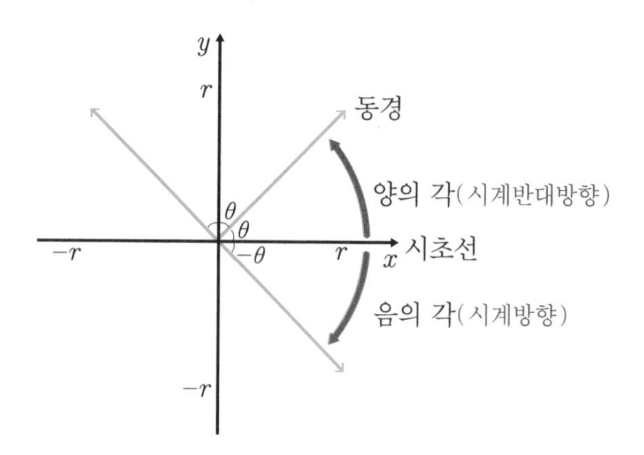

그렇다면 이 임의의 점 P를 $(x,\ y)$로 나타내면 $\sin\theta$, $\cos\theta$, $\tan\theta$값은 어떻게 될까?

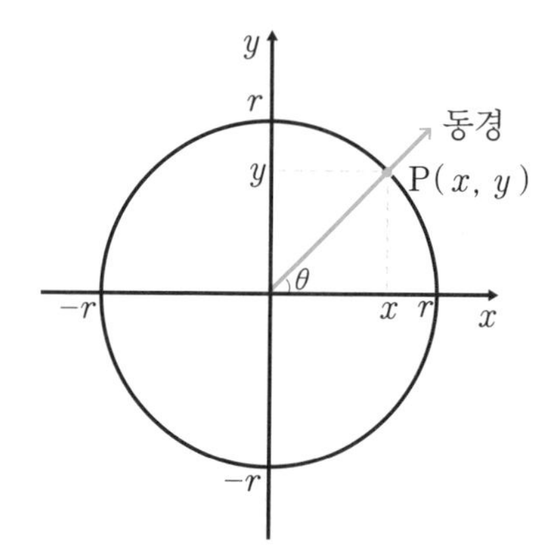

$\sin\theta=\frac{y}{r}$, $\cos\theta=\frac{x}{r}$, $\tan\theta=\frac{y}{x}$임을 알 수 있는데 이 값은 r 과는 관계없이 각 θ 크기에 따라 각각 하나로 결정된다. 즉 각 θ에 대한 함수가 되는 것이다.

이 함수를 차례로 각 θ의 사인함수, 코사인함수, 탄젠트함수라 한다. 그리고 이 $\sin\theta$, $\cos\theta$, $\tan\theta$를 통틀어 각 θ의 삼각함수라 한다.

각 나타내기

여기서 잠시 각의 크기를 나타내는 방법을 알아보자.

시초선을 기준으로 동경이 한 바퀴를 돌면 $360°$로 표현한다. 즉 원주를 360등분하여 각 호에 대한 중심각을 $1°$(도)로 표현하는 방법을 육십분법이라 한다.

보통 일반각 θ를 육십분법으로 나타내면 동경이 시초선을 몇 번 지나서 멈춘 것인지 알 수 없기 때문에 $360° \times n$(바퀴 수이므로 정수)$+\theta$로 나타낸다.

원에서 반지름의 길이와 부채꼴의 호의 길이가 같을 때, 그 부채꼴의 중심각의 크기를 1라디안, 이 라디안을 단위로 각의 크기를 나타내는 방법을 호도법이라고 한다.

보통 일반각 θ를 호도법으로 나타내면 동경이 시초선을 몇 번 지나서 멈춘 것인지 알 수 없기 때문에 $2\pi \times n$(바퀴 수이므로 정수)$+\theta$로 나타낸다.

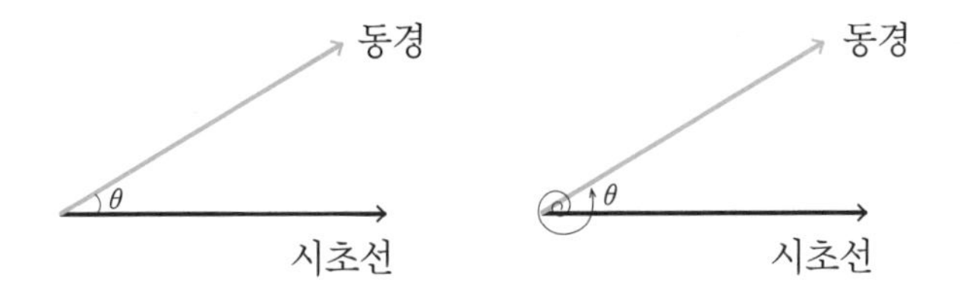

호도법과 육십분법 사이의 관계를 알아보면 반원의 중심각의 크기는 육십분법으로는 $180°$이고 반원의 둘레는 π이므로 호도법으로 π라디안이다. 따라서 $180° = \pi$라디안이 된다. 일반적으로 단위명 '라디안'을 생략하고 각을 읽으므로 $180° = \pi$이다.

아마 호도법에 대해 몰라도 이건 이미 알고 있었을 것이다(앞으로 θ라 하면 호도법으로 각을 읽은 것으로 생각하자).

부채꼴의 호의 길이와 넓이를 구할 때 이 호도법을 이용할 수 있다.

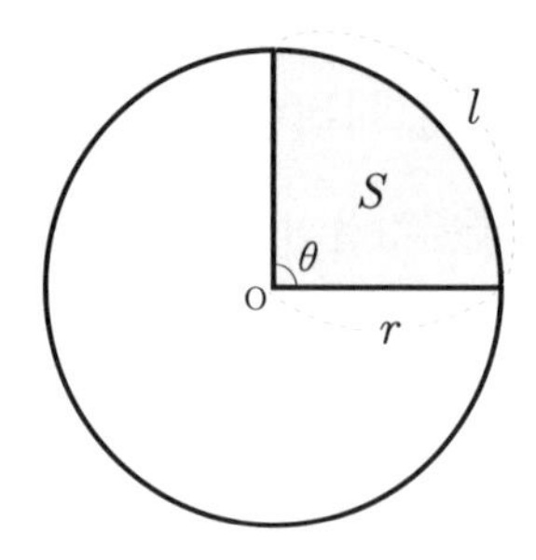

원의 반지름이 r일 때 길이가 l인 호에 대한 중심각의 크기를 θ라 하면 호의 길이는 중심각의 크기에 비례하므로 다음과 같이 구할 수 있다.

$$2\pi : \theta = 2\pi r : l \qquad \therefore l = \frac{2\pi r \times \theta}{2\pi} = r\theta$$

그리고 부채꼴의 넓이 S도 중심각의 크기에 비례하므로

$S : \pi r^2 = \theta : 2\pi$에서 $S = \dfrac{\pi r^2 \times \theta}{2\pi}$

$= \dfrac{1}{2} r^2 \theta$

$= \dfrac{1}{2} rl$ ($l = r\theta$이므로)로 구할 수 있다.

물론 육십분법으로도 구할 수 있지만 호도법으로 계산하면 좀 더 편리하다.

삼각함수의 $\sin\theta$, $\cos\theta$, $\tan\theta$의 부호

다시 삼각함수로 돌아가서 점 P의 위치에 따라 $\sin\theta$, $\cos\theta$, $\tan\theta$값이 어떻게 변하는지 살펴보자.

$\sin\theta=\frac{y}{r}$, $\cos\theta=\frac{x}{r}$, $\tan\theta=\frac{y}{x}$을 다시 한 번 염두에 두고 생각한다.

점 P가 제1사분면에 위치할 때 $x>0$, $y>0$이므로, $\sin\theta$, $\cos\theta$, $\tan\theta$ 값은 모두 양수이다.

점 P가 제2사분면에 위치할 때 $x<0$, $y>0$이므로, $\sin\theta$, $\cos\theta$, $\tan\theta$ 중 x가 들어간 $\cos\theta$, $\tan\theta$값은 음수이고 $\sin\theta$만 양수이다.

점 P가 제3사분면에 위치할 때 $x<0$, $y<0$이므로, $\sin\theta$, $\cos\theta$, $\tan\theta$ 중 $\sin\theta$, $\cos\theta$의 값은 음수이고 $\tan\theta$만 양수이다.

즉 $\sin\theta=\frac{y}{r}$, $y<0$이므로 음수이고,

$\cos\theta=\frac{x}{r}$, $x<0$이므로 음수이고,

$\tan\theta=\frac{y}{x}$, $x<0$, $y<0$이므로 양수이다.

점 P가 제4사분면에 위치할 때 $x>0$, $y<0$이므로, $\sin\theta$, $\cos\theta$, $\tan\theta$ 중 y가 들어간 $\sin\theta$, $\tan\theta$의 값은 음수이고 $\cos\theta$만 양수이다.

각 사분면에서 삼각함수 값의 부호가 양인 것은 제1사분면에서 제4사분면까지 시계반대방향으로 *all*, 사인, 탄젠트, 코사인의 순서이며 이를 '얼싸안고'로 암기하기도 한다.

실력 Up

문제1 점 P(3, 4)를 지나는 동경이 원점과 나타내는 각을 θ로 할 때, $\sin\theta$, $\cos\theta$, $\tan\theta$값을 각각 구하시오.

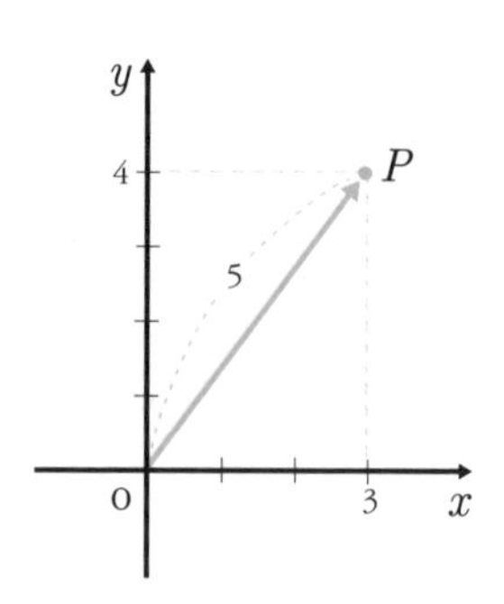

풀이 $x=3$, $y=4$, 그리고 피타고라스의 정리에 의해,

$x^2+y^2=r^2$ 이므로 $3^2+4^2=9+16=25$

$r=5$이다.

답 $\sin\theta=\frac{4}{5}$, $\cos\theta=\frac{3}{5}$, $\tan\theta=\frac{4}{3}$

문제 2 120°는 호도법의 각으로, $\frac{1}{2}$라디안은 육십분법의 각으로 나타내시오.

풀이 $180^\circ=\pi$이므로 1라디안$=\frac{180}{\pi}$, $1^\circ=\frac{\pi}{180}$라디안이다.

$120^\circ \Rightarrow 120\times\frac{\pi}{180}=\frac{2}{3}$라디안

$\frac{1}{2}$라디안 $\Rightarrow \frac{1}{2}\times\frac{180}{\pi}=\frac{90^\circ}{\pi}$

답 $\frac{2}{3}$ 라디안과 $\frac{90^\circ}{\pi}$

문제 3 중심각의 크기가 $\frac{\pi}{2}$이고 반지름이 4cm인 부채꼴의 호의 길이와 넓이를 구하시오.

풀이 $l=r\theta$이므로 $l=4\times\frac{\pi}{2}=2\pi$

$$S=\frac{1}{2}rl\text{이므로 } S=\frac{1}{2}\times4\times2\pi=4\pi$$

답 호의 길이는 2πcm, 부채꼴의 넓이는 $4\pi\,\text{cm}^2$이다.

삼각함수의 기본공식

이제부터는 삼각함수 사이에 어떤 관계가 있는지 알아보자.

$\sin\theta=\frac{y}{r}$, $\cos\theta=\frac{x}{r}$이다. 그런데 직각삼각형의 성질에 따르면 r은 x와 y보다 크다. 그러므로 $\sin\theta$와 $\cos\theta$는 1보다 작아야 한다. 또 대부분 삼각함수의 값은 무리수이다.

하지만 θ가 $0°$일 경우 세로의 길이는 0이 되고 가로의 길이는 빗변의 길이와 같아진다. 그러므로 $\sin0°=0$, $\cos0°=1$, $\tan0°=0$이 된다.

θ가 $90°$일 경우에는 가로의 길이는 0이 되고 세로의 길이는 빗변의 길이와 같아진다. $\sin90°=1$, $\cos90°=0$이므로 $\tan90°$는 정의되지 않는다. 왜냐하면 $\tan90°=\frac{\sin90°}{\cos90°}=\frac{1}{0}$은 있을 수 없기 때문이다.

이로써 모든 θ값에 대한 삼각함수 $\sin\theta$와 $\cos\theta$값의 범위를 알 수 있다.

$$-1\le\sin\theta\le1$$

$$-1\le\cos\theta\le1$$

이번에는 $\sin\theta$를 $\cos\theta$로 나누어보자.

$$\frac{\sin\theta}{\cos\theta}=\frac{\frac{y}{r}}{\frac{x}{r}}=\frac{y}{x}$$

놀랍게도 $\tan\theta$가 된다.

그러면 θ값이 음수일 때 삼각함수는 어떻게 변할까?

먼저 x축과 각도 θ를 이루는 점을 $\mathrm{P}(x, y)$라고 하자. 그러면 x축과 $-\theta$를 이루는 점은 $\mathrm{P}'(x, -y)$가 된다. 그러므로,

$$\sin(-\theta) = -\frac{y}{r} = -\sin\theta$$

$$\cos(-\theta) = \frac{x}{r} = \cos\theta$$

$$\tan(-\theta) = -\frac{y}{x} = -\tan\theta$$

임을 알 수 있다. 이는 삼각함수에 대한 항등식들 중 한 가지이다.

계속해서 또 다른 항등식들을 찾아보자. 그 전에 먼저 그림을 살펴보면서 삼각함수의 또다른 성질을 알아보자.

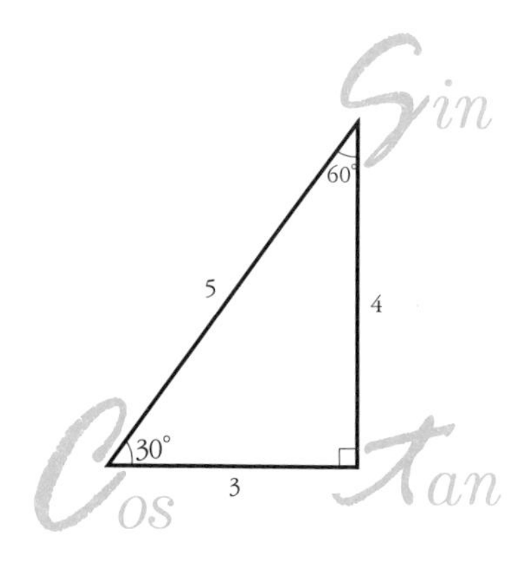

먼저 $\sin 30^\circ$, $\cos 30^\circ$, $\tan 30^\circ$를 구해보자.

$\sin 30^\circ = \frac{4}{5}$, $\cos 30^\circ = \frac{3}{5}$, $\tan 30^\circ = \frac{4}{3}$ 인 것을 바로 구할 수 있다.

그러면 $\sin 60^\circ$, $\cos 60^\circ$, $\tan 60^\circ$ 를 구해보자.

$\sin 60^\circ = \frac{3}{5}$, $\cos 60^\circ = \frac{4}{5}$, $\tan 60^\circ = \frac{3}{4}$ 임을 구할 수 있다.

이제 두 삼각함수의 값을 비교해보자. 그런데 그 전에 이쯤해서 여각의 개념을 알아야 할 듯하다.

직각삼각형에서 직각을 제외한 한 각의 크기가 θ이면 다른 한 각의 크기는 $(90^\circ - \theta)$이다. 그리고 이 $(90^\circ - \theta)$를 θ의 여각이라 한다. 따라서 30°의 여각은 $(90^\circ - 30^\circ) = 60^\circ$이다.

이에 따라 위의 값을 비교해보면,

$$\sin 30^\circ = \frac{4}{5}, \quad \cos 60^\circ = \frac{4}{5}$$

$$\cos 30^\circ = \frac{3}{5}, \quad \sin 60^\circ = \frac{3}{5}$$

으로 서로 값이 같다는 것을 알 수 있다.

이것을 정리해보면, θ의 사인 값이 θ의 여각의 코사인 값과 같고, θ의 코사인 값은 θ의 여각의 사인 값과 같다.

$$\cos\left(\frac{\pi}{2} - \theta\right) = \sin\theta$$

$$\sin\left(\frac{\pi}{2} - \theta\right) = \cos\theta$$

이런 이유로 사인함수와 코사인함수를 서로 여함수라 한다.

그러면 $\tan 30^\circ = \frac{4}{3}$, $\tan 60^\circ = \frac{3}{4}$ 은 어떻게 설명이 될까? 이는 서로 역함수의 관계이다. 그리고 탄젠트함수의 여함수이면서 역함수를 코탄젠트(cot)함수라 한다.

$$\tan\left(\frac{\pi}{2}-\theta\right)=\frac{1}{\tan\theta}=\cot\theta$$

$$\tan\theta=\frac{1}{\cot\theta}$$

그러면 사인함수와 코사인함수의 역함수는 무엇일까?

사인함수의 역함수는 코시컨트(csc)함수라 하고 코사인함수의 역함수는 시컨트(sec)함수라 한다.

그러면 $\pi\pm\theta$의 삼각함수는 어떻게 될까?

$(\pi+\theta)$는 제3사분면에 위치하므로 tan 값만 (+)이다.

$$\sin(\pi+\theta)=-\sin\theta$$

$$\cos(\pi+\theta)=-\cos\theta$$

$$\tan(\pi+\theta)=\tan\theta$$

$(\pi-\theta)$는 제2사분면에 위치하므로 sin 값만 (+)이다.

$$\sin(\pi-\theta)=\sin\theta$$

$$\cos(\pi-\theta)=-\cos\theta$$

$$\tan(\pi-\theta)=-\tan\theta$$

따라서 여러 가지 각에 따라 삼각함수의 값이 달라지는 것을 알 수 있다.

좀 더 단순하게 설명하면 주어진 각을 $\frac{\pi}{2}\times n\pm\theta$($n$은 정수)로 고쳤을 때 n이 홀수이면 sin과 cos이 서로 바뀌고 tan는 $\frac{1}{\tan}$이 된다. 그리고 n이 짝수이면 sin, cos, tan를 그대로 둔다. 또 $\frac{\pi}{2}\times n\pm\theta$인 각이 위치하는 사분면에 삼각함수 값의 부호를 붙인다.

이제부터 피타고라스의 정리를 이용해서 $\sin\theta$, $\cos\theta$, $\tan\theta$ 사이의 관계를 더 알아보자.

$x^2+y^2=r^2$이 있다. 양변을 r^2으로 나누면,

$$\frac{x^2}{r^2}+\frac{y^2}{r^2}=1$$

여기에서 $\frac{y^2}{r^2}=\sin^2\theta$, $\frac{x^2}{r^2}=\cos^2\theta$이므로, $\sin^2\theta+\cos^2\theta=1$이다. 따라서 이 식은 $\sin^2\theta=1-\cos^2\theta$ 또는 $\cos^2\theta=1-\sin^2\theta$로 바꿔 쓸 수 있다.

또한 $\sin^2\theta+\cos^2\theta=1$의 양변을 $\cos^2\theta$로 나누면,

$$\frac{\sin^2\theta}{\cos^2\theta}+1=\frac{1}{\cos^2\theta}$$

즉 $\tan^2\theta+1=\frac{1}{\cos^2\theta}$임을 알 수 있다.

지금까지 살펴본 공식들은 삼각함수의 기본공식으로 꼭 기억해두면 좋다. 문제를 풀 때 이 공식들을 이용하여 쉽게 풀 수 있기 때문이다.

Check Point

삼각함수 사이의 관계

① $\frac{\sin\theta}{\cos\theta}=\tan\theta$

② $\sin^2\theta+\cos^2\theta=1$

③ $\tan^2\theta+1=\frac{1}{\cos^2\theta}$

삼각함수 각의 변환

① $\sin(-\theta)=-\sin\theta$

$\cos(-\theta)=\cos\theta$

$\tan(-\theta)=-\tan\theta$

② $\cos\left(\frac{\pi}{2}-\theta\right)=\sin\theta$

$\sin\left(\frac{\pi}{2}-\theta\right)=\cos\theta$

$\tan\left(\frac{\pi}{2}-\theta\right)=\frac{1}{\tan\theta}$

③ $\sin(\pi+\theta)=-\sin\theta$

$\cos(\pi+\theta)=-\cos\theta$

$\tan(\pi+\theta)=\tan\theta$

$\sin(\pi-\theta)=\sin\theta$

$\cos(\pi-\theta)=-\cos\theta$

$\tan(\pi-\theta)=-\tan\theta$

실력 Up

문제 1 삼각함수 사이의 관계를 이용해 $(\sin\theta+\cos\theta)^2+(\sin\theta-\cos\theta)^2$을 간단히 하시오.

풀이 $(\sin\theta+\cos\theta)^2+(\sin\theta-\cos\theta)^2$

$=\sin^2\theta+2\sin\theta\cos\theta+\cos^2\theta+\sin^2\theta-2\sin\theta\cos\theta+\cos^2\theta$

$=2\sin^2\theta+2\cos^2\theta$

$=2(\underbrace{\sin^2\theta+\cos^2\theta}_{=1})=2$

답 2

문제 2 $\triangle ABC$에서 $A+B=\frac{\pi}{2}$일 때,

$\sin A-\cos B+\tan B\tan\left(\frac{\pi}{2}-B\right)$의 값을 구하시오.

풀이 삼각형이므로 $A+B+C=\pi$이다. (삼각형의 내각의 합은 180°이다.)

$A+B=\frac{\pi}{2}$이면 $A=\frac{\pi}{2}-B$이므로,

$\sin A=\sin\left(\frac{\pi}{2}-B\right)=\cos B$이다.

$\tan\left(\frac{\pi}{2}-B\right)=\frac{1}{\tan B}$ 이므로,

$\sin A-\cos B+\tan B\tan\left(\frac{\pi}{2}-B\right)$

$=\cos B-\cos B+\tan B\times\frac{1}{\tan B}=1$

답 1

삼각함수의 그래프 형태는?

지금까지 삼각함수의 성질에 대해 알아보았다. 이제부터는 삼각함수 그래프를 알아보자. 그런데 이미 여러분들은 삼각함수 그래프를 알고 있다.

한여름 시원한 바닷가를 한번 떠올려보자. 몸을 파도에 맡기고 둥실둥실 떠다니는 나를 상상해보라. 그리고는 파도의 움직임이 어땠었는지 그림으로 나타내보자.

이때 위아래로 올라갔다 내려갔다를 반복하는 파도의 움직임은 바로 사인함수, 코사인함수의 모양과 비슷하다. 정말 비슷한지 사인함수 그래프를 그려보며 확인해보자.

먼저 반지름이 1인 원을 좌표평면 위에 그린다. 이 원과 동경이 만나는 점을 $P(x, y)$로 나타내면 $\sin x$의 값은 P의 y좌표로 나타난다. 그 변화를 그림으로 나타내면 다음 그림과 같다.

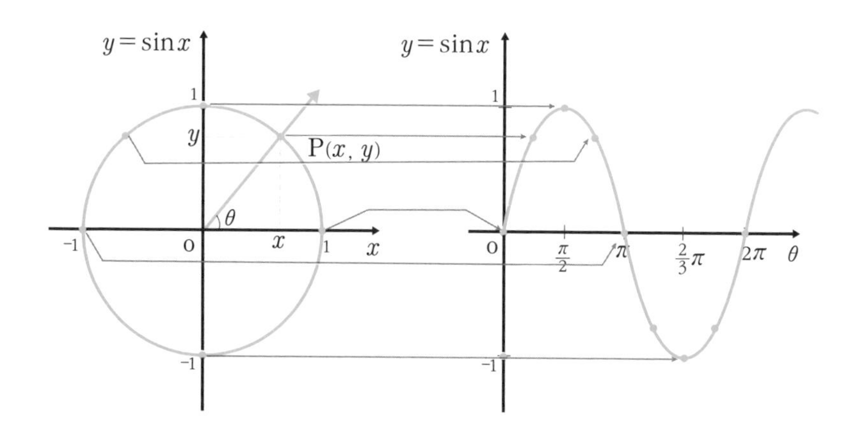

그림으로 보면 알 수 있듯이 $\sin x$의 값 y는 -1과 1 사이에 있다. 이를 표로 나타내면 다음과 같다.

x	0	$\frac{\pi}{2}$	π	$\frac{3\pi}{2}$	2π	$\frac{5\pi}{2}$	3π	$\frac{7\pi}{2}$	4π	⋯
y	0	1	0	−1	0	1	0	−1	0	⋯

그리고 2π 간격으로 같은 모양이 반복된다.

이렇듯 같은 모양을 반복하는 함수를 주기함수라 하는데 삼각함수는 모두 주기함수이다. 이때 같은 모양이 반복되는 마디의 길이를 주기라고 한다.

다음 그림을 보면 이 사인함수의 최댓값과 최솟값도 알 수 있다.

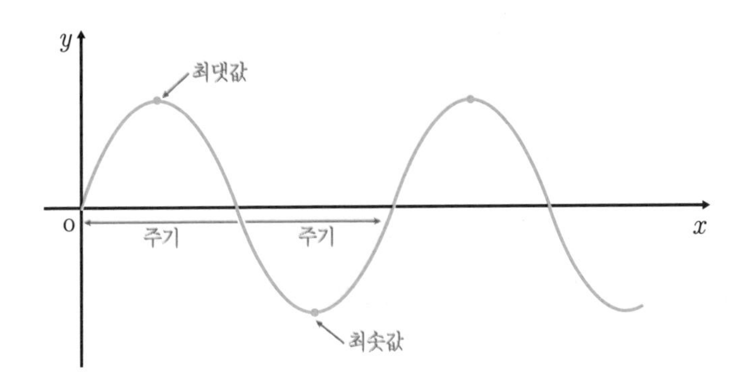

정리해보면 $y=\sin x$의 그래프는 정의역이 실수 전체이고 치역은 $-1\leq y\leq 1$이다. 주기는 2π로, 정수 n에 대하여 $\sin(x+2n\pi)=\sin x$이다.

$\sin(-x)=-\sin x$이므로 그래프는 원점에 대칭이다.

이제 다시 그림을 확인해보면 정말 파도처럼 출렁출렁거리고 있다.

그럼 $y=2\sin x$의 그래프는 어떻게 될까?

x	0	$\frac{\pi}{2}$	π	$\frac{3\pi}{2}$	2π	$\cdots$
y	0	2	0	-2	0	$\cdots$

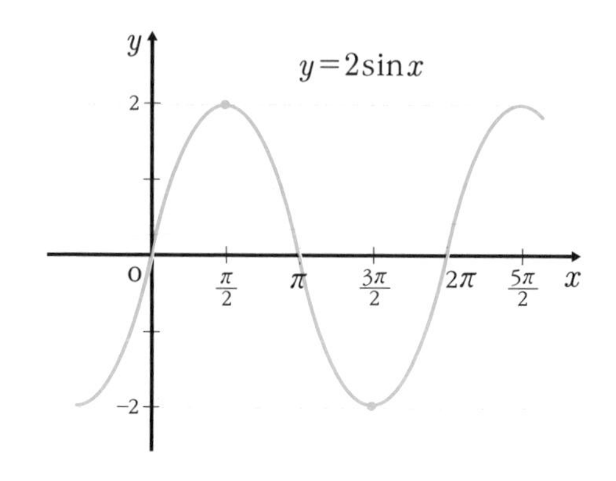

$y=\sin x$와 비교해보면 주기는 같은 데 치역만 변했음을 알 수 있다. 즉 $y=2\sin x$의 그래프는 $y=\sin x$의 그래프를 y축 방향으로 2배 확대한 것으로, 주기는 2π 그대로인데 치역만 $-2\leq y\leq 2$로 변한 그래프이다.

계속해서 $y=\frac{1}{2}\sin x$ 그래프를 살펴보자.

x	0	$\frac{\pi}{2}$	π	$\frac{3\pi}{2}$	2π	$\cdots$
y	0	$\frac{1}{2}$	0	$-\frac{1}{2}$	0	$\cdots$

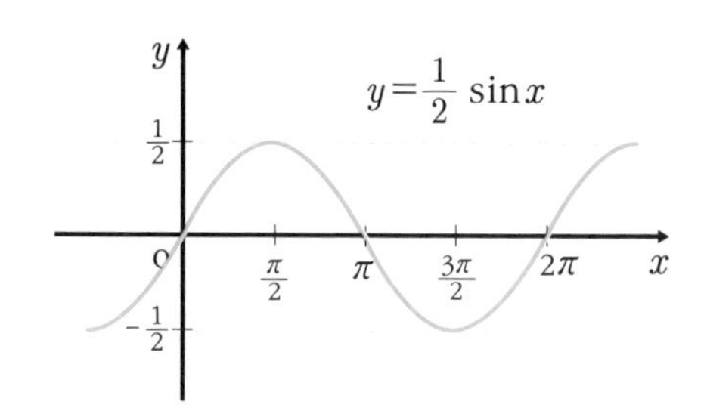

$y=\sin x$와 비교해보면 주기는 같은 데 치역만 변했음을 알 수 있다. 즉 $y=\frac{1}{2}\sin x$의 그래프는 $y=\sin x$의 그래프를 y축 방향으로 2배 축소한 것으로, 주기는 2π 그대로인데 치역만 $-\frac{1}{2}\leq y\leq\frac{1}{2}$ 로 변한 그래프이다.

이렇게 해서 $y=a\sin x(a>0)$의 그래프 형태를 살펴보았다.

$y=a\sin x(a>0)$의 그래프는 $y=\sin x$의 그래프를 y축 방향으로 a배 확대 또는 a배 축소한 것으로 주기는 변하지 않고 치역만 $-a\leq y\leq a$로 변한 그래프이다.

만약 $y=\sin x$의 그래프에서 x의 값이 달라지면 어떻게 될까? 직접 확인해 보기 위해 $y=\sin\frac{1}{2}x$의 그래프를 그려보자.

x	0	π	2π	3π	4π	…
y	0	1	0	−1	0	…

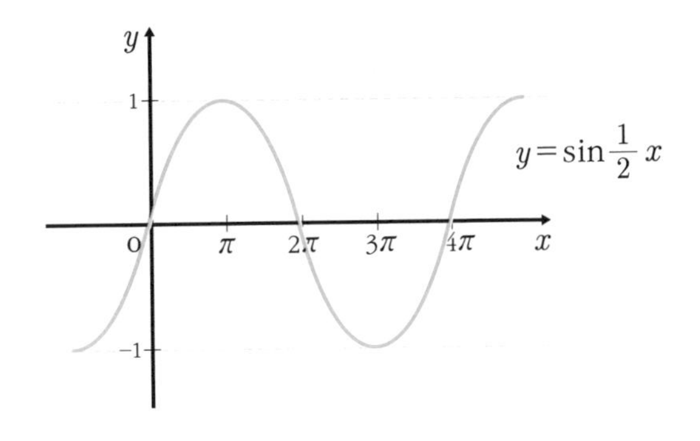

$y=\sin\frac{1}{2}x$ 그래프를 $y=\sin x$의 그래프와 비교해보니 치역은 변하지 않고 주기만 2π에서 4π로 길어졌다. 즉 $y=\sin\frac{1}{2}x$의 그래프는 $y=\sin x$의 그래프를 x축의 방향으로만 2배 확대한 것이다.

그렇다면 $y=\sin 2x$의 그래프는 어떻게 될까?

예상할 수 있듯이 $y=\sin x$의 그래프를 x축의 방향으로만 $\frac{1}{2}$배 축소한 것이다. 치역은 $-1 \leq y \leq 1$로 그대로인데 주기만 π로 변했다.

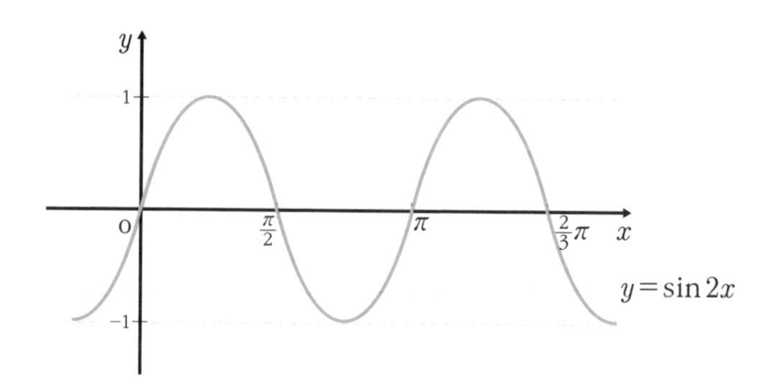

이를 통해서 $y=\sin bx\,(b>0)$의 그래프는 $y=\sin x$의 그래프를 x축의 방향으로만 $\frac{1}{b}$배 확대 또는 축소한 그래프라는 것을 알 수 있었다. 이때 치역은 변하지 않고 주기만 2π에서 $\frac{2\pi}{b}$로 변한다.

$y=\sin(x-a)$의 그래프는 어떻게 될까?

도형의 평행이동과 같이 $y=\sin x$의 그래프를 x축을 방향으로 a만큼 평행이동시킨 것이다.

그렇다면 $y=\sin x+b$의 그래프는 어떻게 될까?

도형의 평행이동과 같은 원리로 $y=\sin x$의 그래프를 y축의 방향으로 b만큼 평행이동시킨 것이다.

계속해서 이제부터는 코사인함수의 그래프를 알아보자.

$y=\cos x$의 그래프는 어떻게 그릴까?

이런 유형의 문제는 삼각함수의 각 변환을 이용하면 의외로 쉽게 그릴 수 있다.

$\cos\theta$를 $\sin\theta$ 형태로 바꾸려면 어떤 변환이 좋을까?

$\sin\left(\theta+\frac{\pi}{2}\right)=\cos\theta$였던 것을 떠올려보길 바란다.

각 변환을 이용하면 $y=\cos x$의 그래프는 $y=\sin x$의 그래프를 x축 방향으로 $-\frac{\pi}{2}$만큼 평행이동시키면 된다. 이는 다음 그림과 같다.

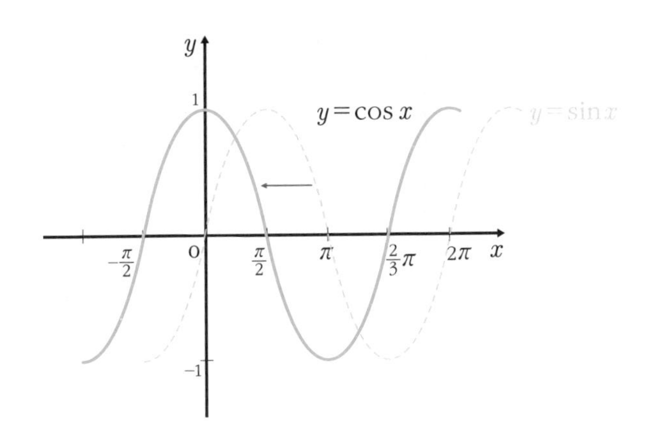

$y=\cos x$의 그래프는 정의역이 실수 전체이고 치역은 $-1\leq y\leq 1$이다. 주기는 2π로 정수 n에 대하여 $\cos(x+2n\pi)=\cos x$이다.

$\cos(-x)=\cos x$이므로 그래프는 y축에 대칭이다.

그렇다면 $y=3\cos x$의 그래프는 어떻게 될까?

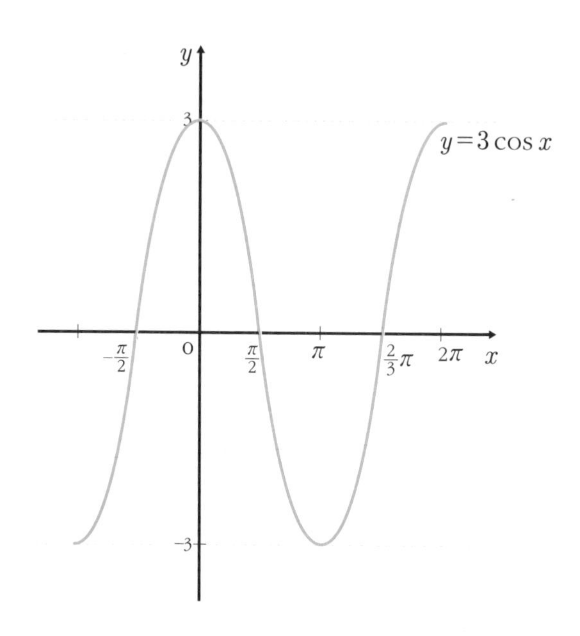

$y=\cos x$와 비교해보면 주기는 같고 치역만 변했다. 즉 $y=3\cos x$의 그래프는 $y=\cos x$의 그래프를 y축 방향으로 3배 확대한 것으로 주기 2π는 그대로이고 치역만 $-3\leq y\leq 3$로 변한 그래프이다.

이로써 $y=\sin x$의 그래프와 성질이 같다는 것을 알 수 있다. 요컨대 $y=a\cos x\,(a>0)$의 그래프는 $y=\cos x$의 그래프를 y축 방향으로 a배 확대 또는 축소한 것으로, 주기는 변하지 않고 치역만 $-a\leq y\leq a$로 변한 그래프이다.

지금까지 이해한 내용을 토대로 $y=\cos 2x$의 그래프를 살펴보자.

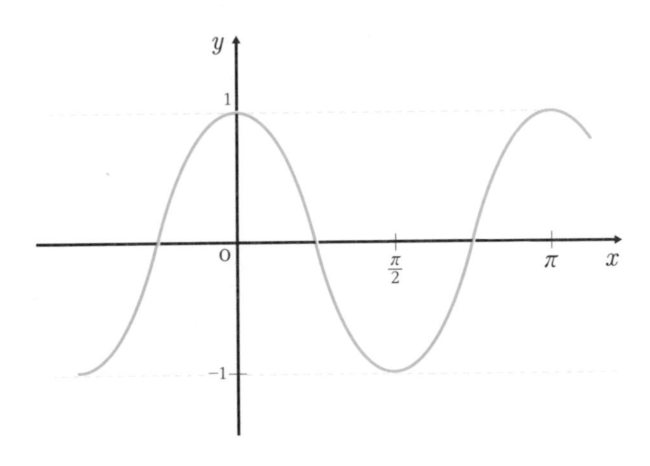

그렇다. $y=\cos x$의 그래프를 x축 방향으로 $\frac{1}{2}$배 축소한 그래프이다. 치역은 변하지 않고 주기만 변한 그래프인 것이다.

정리해보면 $y=\cos bx(b>0)$ 그래프는 $y=\sin bx(b>0)$의 그래프와 마찬가지로 $y=\cos x$ 그래프를 x축 방향으로만 $\frac{1}{b}$배 확대 또는 축소한 그래프라는 것을 알 수 있다. 이때 치역은 변하지 않고 주기만 2π에서 $\frac{2\pi}{b}$로 변한다.

실력 Up

다음 삼각함수의 그래프를 그리고 최댓값과 최솟값, 주기를 각각 구하시오.

문제1 $y=3\sin x$

풀이 $y=3\sin x$ 그래프는 $y=\sin x$ 그래프를 y축 방향으로 3배 확대한 그래프이다.

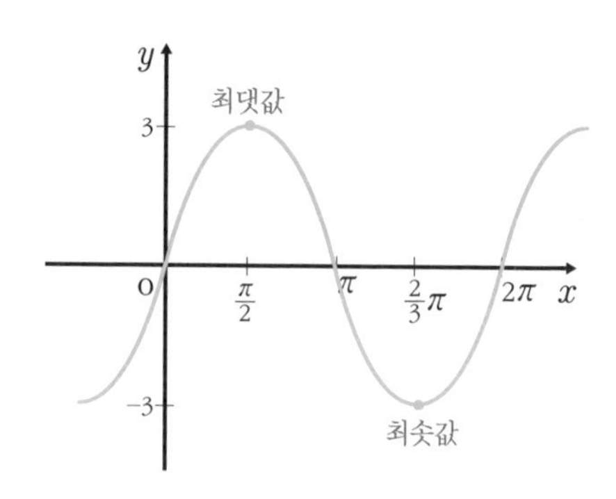

답 최댓값 3, 최솟값 -3, 주기 2π

문제 2 $y=2\cos\frac{1}{3}x$

풀이 $y=2\cos\frac{1}{3}x$ 그래프는 $y=\cos x$ 그래프를 y축 방향으로 2배, x축 방향으로 3배 확대한 그래프이다. 치역이 $-2\leq y\leq 2$이고 주기는 2π의 3배, 즉 6π이다.

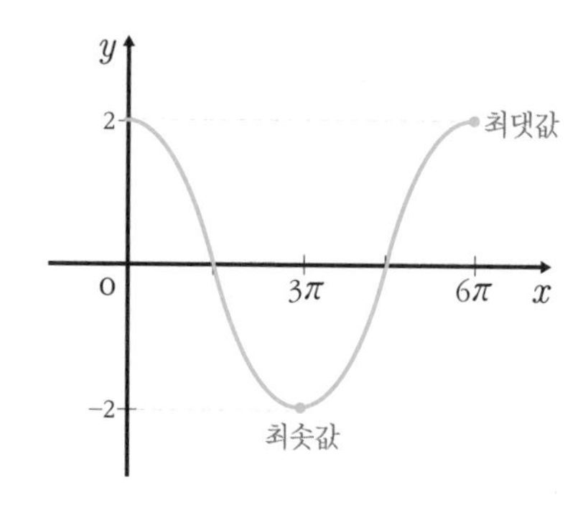

답 최댓값은 2, 최솟값은 -2, 주기는 6π

탄젠트함수의 그래프는 어떻게 될까?

여러분은 이미 $\tan\theta=\frac{y}{x}=\frac{\sin\theta}{\cos\theta}$임을 알고 있다. $y=\tan x$의 그래프를 그릴 때는 반지름이 1인 원을 좌표평면에 그려놓고 $\frac{y}{x}$값을 찾아서 표시해보자.

$\tan 0°=\frac{0}{1}$이므로 0이다. $\tan 90°=\frac{1}{0}$로 분모가 0인 경우는 있을 수 없으므로 정의할 수 없다. 그래서 그래프를 보면 x의 값이 $-\frac{\pi}{2}$, $\frac{\pi}{2}$일 때 $\tan x$의 값이 정의되지 않는다. 따라서 직선 $x=-\frac{\pi}{2}$, $x=\frac{\pi}{2}$는 이 그래프의 점근선이 된다.

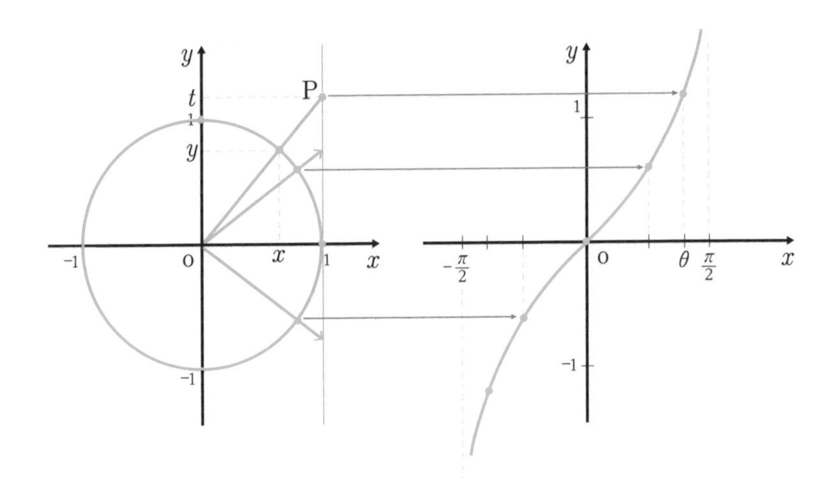

또한 $\tan(\pi+\theta)=\tan\theta$이므로 $y=\tan x$의 주기는 π이다.

그래서 $-\frac{\pi}{2}<x<\frac{\pi}{2}$에서의 $y=\tan x$의 그래프를 π만큼씩 x축 방향으로 평행이동시킨 그래프가 $y=\tan x$ 그래프이다.

정리하면 $y=\tan x$ 그래프의 정의역은 점근선($x=n\pi+\frac{\pi}{2}$, n은 정수)을 제외한 실수 전체이다. 치역은 실수 전체이고 주기는 π이다.

계속해서 $y=a\tan x(a>0)$ 그래프를 살펴보자. 이 문제는 $y=\tan x$의 그래프를 y축 방향으로만 a배 확대 또는 축소한 것이다. 물론 치역, 주기, 점근선은 모두 변하지 않는다.

$y=-\tan x$ 그래프는 어떻게 될까? $y=\tan x$ 그래프를 x축에 대하여 대칭이동시키면 된다.

$y=\tan bx(b>0)$ 그래프는 사인함수, 코사인함수와 마찬가지로 $y=\tan x$의 그래프를 x축 방향으로만 $\frac{1}{b}$만큼 확대 또는 축소하면 된다. 여기서는 치역은 변하지 않지만 주기와 점근선은 변한다. 주기는 π에서 $\frac{\pi}{b}$로, 점근선은 $x=\frac{n}{b}\pi+\frac{\pi}{2b}$로 변한다.

이번에는 $y=-\tan\frac{1}{2}x$ 그래프를 그리고 주기와 점근선을 구해보자.

$y=-\tan\frac{1}{2}x$ 그래프는 $y=\tan x$의 그래프를 x축 방향으로 2배 확대한 후 x축에 대하여 대칭이동시킨 그래프이다.

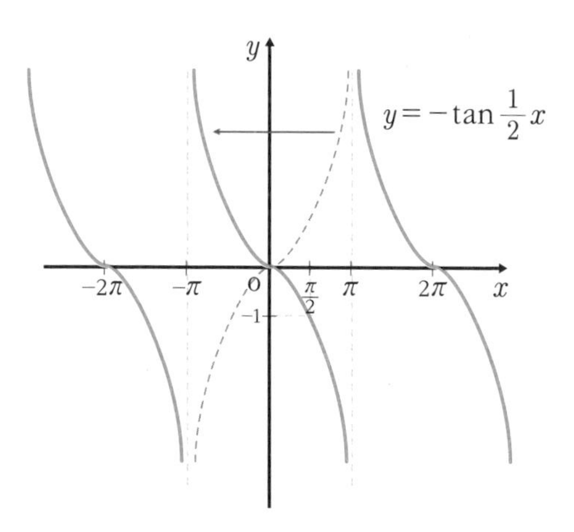

주기는 2π이고 점근선은 $x=2nx+\pi$(n은 정수)이다.

그렇다면 $y=|\tan x|$의 그래프는 어떻게 될까?

$y=\tan x$ 그래프에서 $y\geq 0$인 부분은 그대로 두고 $y<0$인 부분을 양의 부분으로 옮기면 $y=|\tan x|$ 그래프가 된다.

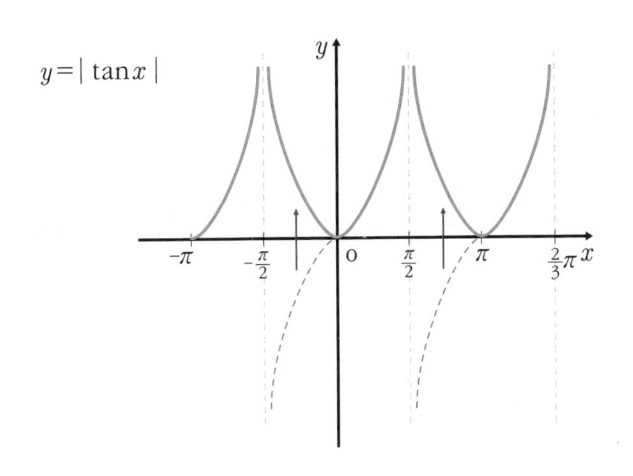

삼각함수의 최댓값과 최솟값

앞서 살펴본 그래프들을 이용해서 삼각함수를 포함한 식의 최댓값과 최솟값을 구해보자.

먼저 일차식 형태의 삼각함수 문제를 살펴보자.

$y=2\cos x+\sin\left(\frac{\pi}{2}-x\right)+1$의 최댓값과 최솟값을 구하시오

이 문제는 어떻게 풀어내야 할까?

먼저 삼각함수의 각 변환을 이용해서 한 종류의 삼각함수로 통일시킨다.

$\sin\left(\frac{\pi}{2}-x\right)=\cos x$이므로,

$$\begin{aligned} y&=2\cos x+\sin\left(\frac{\pi}{2}-x\right)+1 \\ &=2\cos x+\cos x+1 \\ &=3\cos x+1 \end{aligned}$$

$3\cos x$는 $\cos x$의 치역의 3배이므로 $-3 \le 3\cos x \le 3$이고,

$3\cos x+1$이므로 y축의 방향으로 1만큼 평행이동시키면,

$-2 \le 3\cos x+1 \le 4$가 된다. 따라서 함수의 최댓값은 4, 최솟값은 -2이다.

실력 Up

문제 함수 $y=3\cos\left(\frac{\pi}{2}-x\right)-3$의 주기와 최댓값, 최솟값을 구하시오.

풀이 삼각함수의 각 변환을 이용하면 $\cos\left(\frac{\pi}{2}-x\right)=\sin x$이므로 $y=3\cos\left(\frac{\pi}{2}-x\right)-3=3\sin x-3$이다. 이는 $y=\sin x$의 그래프를 y축 방향으로만 3배 확대한 후 y축 방향으로 -3만큼 평행이동한 그래프이다.

주기는 변하지 않았으므로 2π이고 치역은 $-1 \le \sin x \le 1$의 3배이니 $-3 \le 3\sin x \le 3$, 이것을 y축 방향으로 -3만큼 평행이동시키면 $-3-3 \le 3\sin x-3 \le 3-3$이 된다. 따라서 $-6 \le 3\sin x-3 \le 0$이므로 최댓값은 0, 최솟값은 -6이다.

답 주기 2π, 최댓값 0, 최솟값 -6

삼각형에의 활용

사인법칙과 코사인법칙

삼각형 세 각의 크기와 각각에 대응하는 변의 길이 사이에는 어떤 관계가 있을까?

우리는 삼각형의 세 변의 길이 또는 두 변과 그 끼인 각 또는 한 변과 양 끝 각을 알 때 삼각형을 그릴 수 있다.

△ABC의 세 각을 ∠A, ∠B, ∠C, 각각의 각에 대응하는 변의 길이를 a, b, c로 할 때, 각각의 각과 대변 사이에 어떤 관계가 있는지 알아보자.

그림처럼 ∠C에서 대변 c에 수선 h를 그린다.

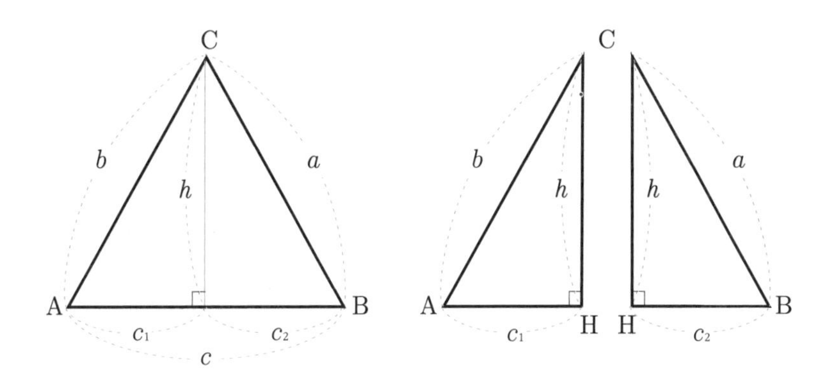

이 경우 △ABC가 h가 같은 두 개의 삼각형으로 나뉘게 된다. 이때의 높이 h를 구해보자.

이런 문제가 나오면 사인을 이용한다.

각 변과 h 사이의 관계를 사인값으로 나타내면,

$\frac{h}{b}=\sin A$, $h=b\sin A$,

$\frac{h}{a}=\sin B$, $h=a\sin B$라는 것을 알 수 있다.

두 식의 h가 같으므로,

$b\sin A=a\sin B$라는 것을 알 수 있다.

다시 정리하면 $\frac{b}{\sin B}=\frac{a}{\sin A}$가 된다.

그런데 ∠B에서 대변 b에 수선 h를 내릴 경우도 각 변과 h 사이 관계를 사인값으로 나타낼 수 있다.

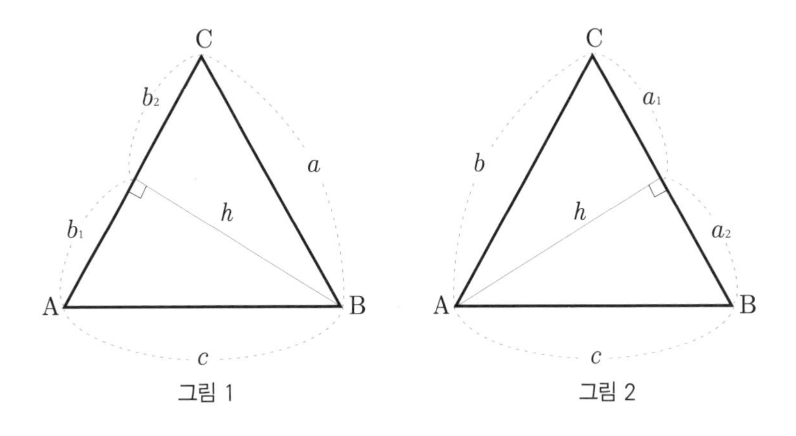

그림 1　　　　그림 2

그림 1을 보면 $\frac{h}{c}=\sin A$는 $h=c\sin A$, $\frac{h}{a}=\sin C$는 $h=a\sin C$라는 것을 알 수 있다. 두 식의 h가 같으므로 $c\sin A=a\sin C$이다.

다시 정리하면 $\frac{c}{\sin C}=\frac{a}{\sin A}$ 가 된다.

그림 2는 $\frac{h}{c}=\sin B$는 $h=c\sin B$, $\frac{h}{b}=\sin C$는 $h=b\sin C$이다. 이 두 식의 h가 같으므로 $c\sin B=b\sin C$라는 것을 알 수 있다.

다시 정리하면 $\frac{c}{\sin C}=\frac{b}{\sin B}$ 이 된다.

따라서 세 식을 모두 정리하면 다음과 같다.

$$\frac{a}{\sin A}=\frac{b}{\sin B}=\frac{c}{\sin C}$$

이를 사인법칙이라고 한다. 그리고 이 식은 $a:b:c=\sin A:\sin B:\sin C$로 바꾸어 이용할 수 있다.

다음 문제를 풀어보자.

$a=4$, $\angle A=120°$, $\angle B=30°$일 때, b를 구하시오.

$$\sin 120° = \sin(90° + 30°) = \cos 30° = \frac{\sqrt{3}}{2}$$

$$\sin 30° = \frac{1}{2}$$

$$\frac{b}{\sin B}=\frac{a}{\sin A} \text{ 이므로 } \quad \frac{b}{\frac{1}{2}}=\frac{4}{\frac{\sqrt{3}}{2}}$$

$$b=\frac{4}{\frac{\sqrt{3}}{2}}\times\frac{1}{2}=\frac{4\sqrt{3}}{3}$$

$$\therefore b=\frac{4\sqrt{3}}{3}$$

그런데 이런 문제는 꼭 사인법칙을 이용해야한 할까? 높이 h가 같다는 것 말고 또 다른 관계는 없을까?

다시 한번 그림을 찬찬히 살펴보자.

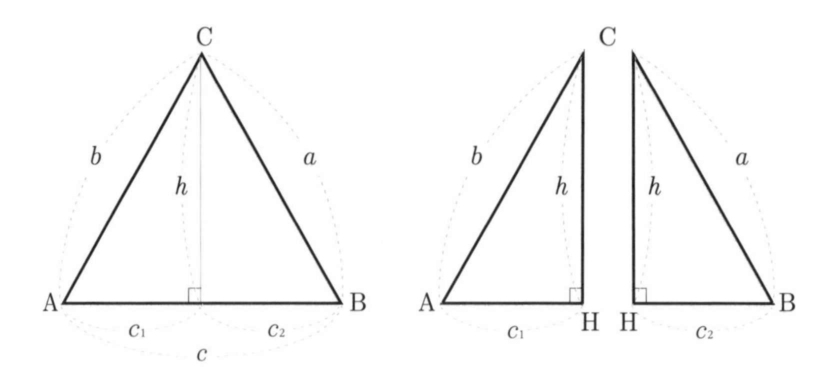

우리는 $c=c_1+c_2$라는 것을 알고 있다. 그러면 c_1과 c_2를 구해보자.

$\angle A$에 대하여 c_1은 코사인 관계에 있으므로 $\cos A=\frac{c_1}{b}$이다.

이를 정리하면 $c_1=b\cos A$이다.

c_2는 $\angle B$에 대하여 코사인 관계에 있으므로 $\cos B=\frac{c_2}{a}$이다.

이를 정리하면 $c_2=a\cos B$이다.

$c=c_1+c_2$이므로 두 식을 정리하면, $c=b\cos A+a\cos B$인 것을 알게 된다.

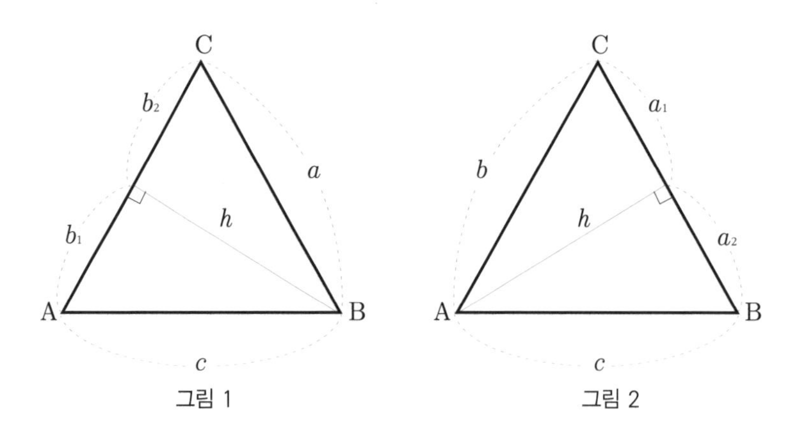

그림 1 그림 2

마찬가지로 $\angle$B에서도 수선 h를 내린 후 $b=b_1+b_2$라는 것을 이용해 위와 같은 방법으로 b_1과 b_2를 구해보면 $b_1=c\cos A$, $b_2=a\cos C$이다.

$b=b_1+b_2$이므로 $b=c\cos A+a\cos C$이다.

$\angle$A에서도 수선 h를 내린 후 $a=a_1+a_2$라는 것을 이용하여 같은 방법으로 a_1과 a_2를 구해보면 $a_1=b\cos C$이고 $a_2=c\cos B$이다.

$a=a_1+a_2$이므로 $a=b\cos C+c\cos B$이다.

이 세 가지 관계를 정리하면,

$$a=b\cos C+c\cos B$$

$$b=c\cos A+a\cos C$$

$$c=b\cos A+a\cos B$$

이 세 가지 관계를 제1코사인법칙이라 한다.

다음 예제를 풀어 좀 더 확실히 이해해보자.

$a=4$, $b=\sqrt{2}$, $\angle A=45^\circ$, $\angle B=60^\circ$일 때 c의 값을 구하시오.

이런 문제는 먼저 $\angle A=45^\circ$, $\angle B=60^\circ$의 코사인 값부터 구한다.

$$\cos 45^\circ=\frac{1}{\sqrt{2}}$$

$$\cos 60^\circ=\frac{1}{2}$$

제1코사인법칙을 이용한다.

$$c = b\cos A + a\cos B = \sqrt{2} \times \frac{1}{\sqrt{2}} + 4 \times \frac{1}{2} = 1 + 2 = 3$$

$\therefore c = 3$

뭔가 더 있을 거 같은 기분이 든다면 여러분은 이제 삼각함수의 개념을 확실히 이해한 것이다. 다시 한 번만 더 그림을 찬찬히 살펴보자.

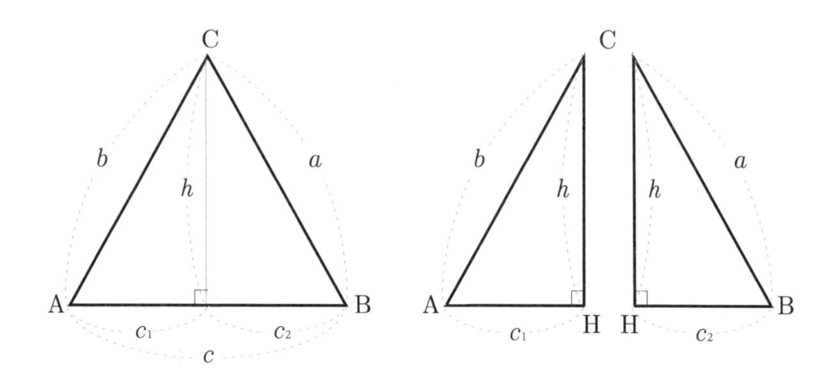

삼각형을 수직으로 자르니 직각삼각형이 두 개가 되었다.

왠지 피타고라스의 정리가 떠오르지 않는가?

$$h^2 + {c_1}^2 = b^2, \quad h^2 + {c_2}^2 = a^2$$

∠A와 관련해서 알 수 있는 식은 다 떠올려보자.

$$h = b\sin A$$

$$c_1 = b\cos A$$

$$c_2 = c - c_1$$

그러므로 $c_2 = c - c_1 = c - b\cos A$

이 식들을 $h^2 + {c_2}^2 = a^2$에 대입하면,

$$(b\sin A)^2+(c-b\cos A)^2=a^2$$

양변을 바꾸어 정리하면,

$$a^2=b^2\sin^2 A+c^2-2bc\cos A+b^2\cos^2 A$$

b^2으로 묶어 정리하면,

$$=b^2(\sin^2 A+\cos^2 A)+c^2-2bc\cos A$$

$\sin^2 A+\cos^2 A=1$을 대입하여 정리하면,

$=b^2+c^2-2bc\cos A$가 된다.

여기서 $\angle A=90°$일 경우를 보자.

$\cos A=0$이므로 $a^2=b^2+c^2-\underbrace{2bc\cos A}_{=0}$이 되어

$a^2=b^2+c^2$, 즉 피타고라스의 정리와 같아진다.

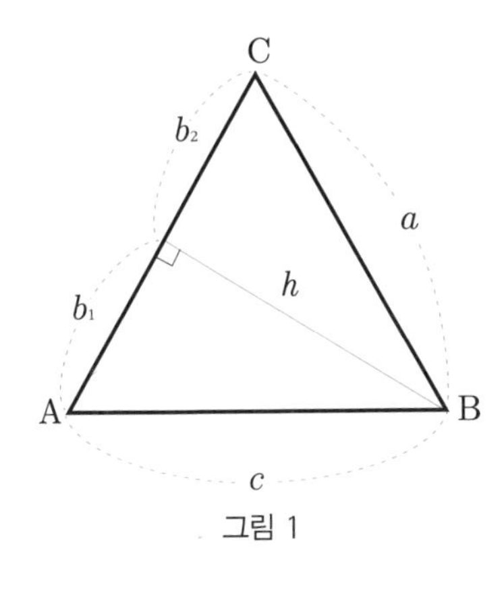

그림 1

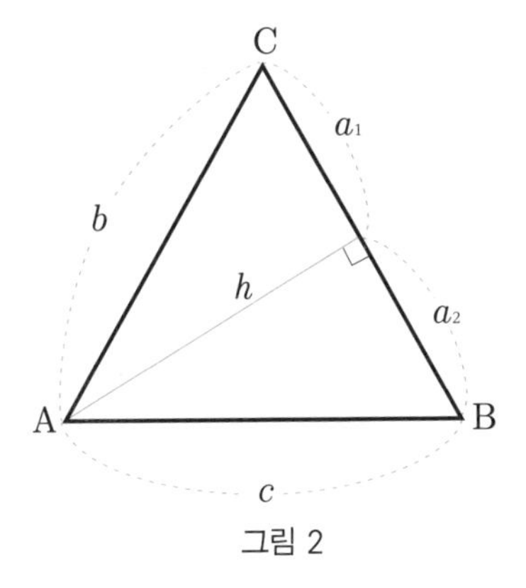

그림 2

이러한 방법으로 b^2과 c^2도 구할 수 있다.

이것을 정리해보면, 다음과 같으며 이를 제2코사인법칙이라 한다.

$$a^2=b^2+c^2-2bc\cos A$$

$$b^2=a^2+c^2-2ac\cos B$$

$$c^2=a^2+b^2-2ab\cos C$$

물론 제2코사인법칙은 제1코사인법칙으로부터 유도했으나 코사인법칙으로 부르기도 한다.

다음 문제를 풀어보자.

$a=2$, $b=4$, $\angle C=60^\circ$일 때 c의 값을 구하시오.

제2코사인법칙을 적용하면, $c^2=a^2+b^2-2ab\cos C$에서

$\angle C=60^\circ$이므로 $\cos 60^\circ=\frac{1}{2}$이다.

$$c^2=2^2+4^2-2\times2\times4\times\frac{1}{2}$$

$$=4+16-8=12$$

$$\therefore c=\sqrt{12}=2\sqrt{3}$$

Check Point

사인법칙

$$\frac{a}{\sin A}=\frac{b}{\sin B}=\frac{c}{\sin C}$$

제1코사인법칙

$$a=b\cos C+c\cos B$$

$$b=c\cos A+a\cos C$$

$$c=b\cos A+a\cos B$$

제2 코사인법칙

$$a^2=b^2+c^2-2bc\cos A$$

$$b^2=a^2+c^2-2ac\cos B$$

$$c^2=a^2+b^2-2ab\cos C$$

이 법칙들은 왜 중요한 걸까?

사인법칙은 삼각형의 세 변의 길이와 세 각의 크기에 대한 사인 값 사이의 관계이다.

제1코사인법칙은 삼각형에서 두 변의 길이와 나머지 한 변의 양 끝각의 크기를 알 때, 나머지 한 변의 길이에 대한 관계이다.

제2코사인 법칙은 삼각형에서 두 변의 길이와 끼인각의 크기를 알 때, 나머지 한 변에 대한 관계이다.

실력 Up

문제 다음 삼각형 ABC에서 h의 길이를 구하시오.

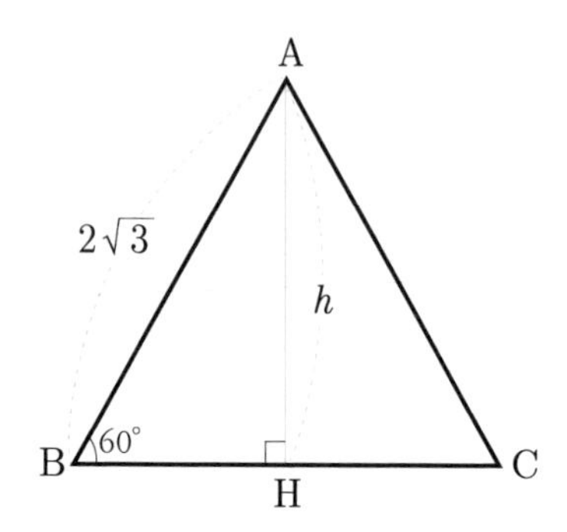

풀이 이미 알고 있듯이 사인법칙을 구할 때는 $h=\overline{AB}\sin B$이다.

$\sin B=\sin 60°=\frac{\sqrt{3}}{2}$이므로 이를 대입하면,

$$h=2\sqrt{3}\times\frac{\sqrt{3}}{2}=3$$

답 3

PART 4

미분

미분의 역사

미분은 고대 그리스때 부터 계속 연구해온 수학의 한 분야이다. 미분이 어떻게 시작되었는지 정확하게 알려지지는 않았지만 학자들은 고대 그리스에서 건축과 물리학에 대한 관심에서 시작되었다고 추측하고 있다. 실제로 그리스의 아르키메데스Archimedes, B.C 287~212는 포물선 넓이를 구할 때 적분법을 구상하다가 미분법을 생각해냈다. 미분과 적분이 같이 탄생한 것이다. 14세기에는 옥스퍼드의 머튼 칼리지Merton college 스콜라 학자들이 물체에 관한 물리 연구를 진행하면서 연속변화에 관한 수학 공식을 세우기도 했다.

17세기에는 갈릴레오Galileo.G, 1564~1642가 물체의 낙하운동을 연구하면서 시간과 거리, 속도, 가속도에 관한 미분방정식을 풀어 미분학에 대한 선구적인 업적을 남겼다. 또한 뉴턴과 페르마P.D Fermat, 1601~1665는 방정식으로 표현된 곡선에 접선을 그어 극댓값과 극솟값 문제를 해결했고 베로우I.Barrow, 1630~1677의 접선 연구는 베르누이 부등식에도 많은 영향을 주었다. 그중에서도 물체가 움직이는 궤도의 속도와 가속도를 연구한 만유인력의 법칙을 미분법으로 설명한 뉴턴과 곡선의 접선과 극댓값, 극솟값을 해결하는 방법으로 미분법을 고안한 라이프니츠의 업적은 최고로 꼽힌다. 라이프니츠는 또한 현재 사용하는 함수의 정의와 개념, 용어 및 미분의 기호인 dx를 창안했다.

뉴턴과 라이프니츠가 이처럼 수학적 업적을 쌓아갈 때 영국의 수학자 테일러B. taylor, 1686~1731는 도함수를 이용해 함수를 무한급수로 전개하는 '테일러의 급수에 관한 정리'를 발표한다.

베르누이 J. Bernoulli, 1667~1748, 라플라스P. S. Laplace, 1749~1827, 라그랑주 J.L Lagrange, 1736~1813, 푸리에 J. B. J Fourier, 1768~1830 등 여러 수학자에 의해 극한을 중점으로 한 미분학의 연구는 계속 발전해 푸리에 해석은 선형 미분방정식을 풀기 위한 필수서가 되었고 물리, 공학에서 빛과 파동에 널리 이용되고 있다. 이밖에도 몽주G. Monge, 1746~1818, 야코비C. G. J. Jacobi, 1804~1851등 수많은 학자들이 미분방정식을 물리에 이용했다. 야코비는 편미분 방정식을 연구해 해밀턴-야코비 방정식을 도입, 역학 연구에 중대한 역할을 했으며, 달랑베르 J.L.R d'Alembert, 1717~1783와 오일러 L. Euler, 1707~1783는 미분의 복소수 체제를 도입했고 유체역학의 미분법 연구에 많은 업적을 남겼다.

또한 코시A. L. Cauchy, 1789-1857는 극한과 연속, 급수의 수렴과 발산에 대한 개념을 밝히고 미분의 가능과 함께 적분의 가능도 연구해 현재의 미적분 형태를 가지게 함으로써 수학사에 큰 기여를 했다. 그중 평균값의 정리는 코시의 유명한 이론이다.

적분과 함께 발전해온 미분은 현재 과학, 경제, 경영 등에 폭넓게 이용되고 있으며 수학의 중요한 분야로 인정받고 있다.

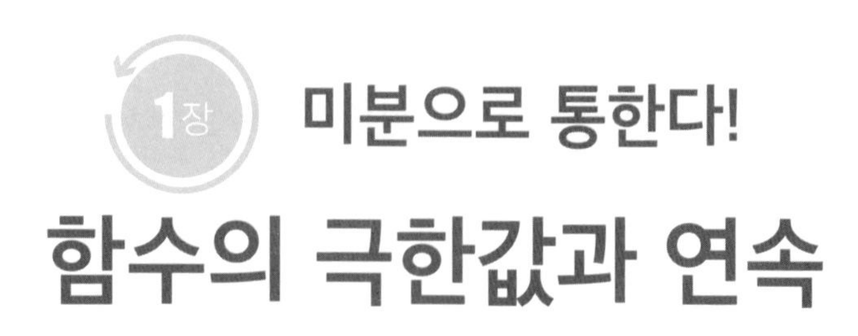

미분으로 통한다!
함수의 극한값과 연속

미분은 수렴, 발산, 극한값의 의미를 이해하는 것이 중요하다.

우리는 어떤 의견이 한 곳으로 모일 때 수렴한다고 표현한다. 미분에서 수렴은 어느 극한값에 집중하여 그 값을 지향할 때를 말한다. 이것은 어떤 물체를 태우기 위해 돋보기로 태양빛을 초점으로 모이게 하는 것과 비슷하다. 발산은 수렴과 상반된 의미로, 일정하지 않은 파동 모양으로 출렁이거나 무한대로 나아가는 것을 의미한다. 이때 극한값은 일정하지 않거나 무한대가 된다.

모이면 수렴! 흩어지면 발산! 함수의 수렴과 발산

함수의 수렴

함수 $f(x)$에서 x가 a에 한없이 가까워지면서 $f(x)$값이 일정한 값 m에 가까워지면 $x \to a$일 때 $f(x)$는 m에 수렴한다고 한다. 그리고 $\lim_{x \to a} f(x) = m$으로 나타낸다.

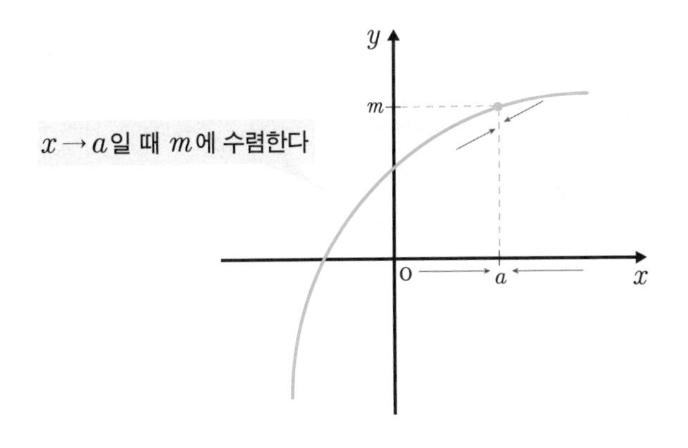

x는 a에 가까워질 때 $f(x)$는 m에 수렴하지만 $x \neq a$임을 주의해야 한다. 다음 그래프를 살펴보자.

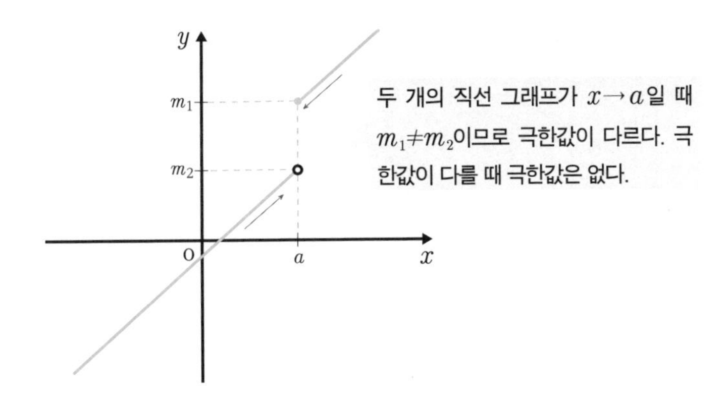

두 직선의 그래프가 연결되어 있지 않고 극한값도 다르므로 극한값은 없다. 극한값은 $x \to a$일 때 $\lim_{x \to a} f(x) = m$으로 수렴해야 존재한다.

함수의 발산

함수의 발산은 함수의 수렴과 반대되는 개념으로 $x \to a$일 때 $f(x)$값이 한없이 커지면 무한대로 발산되어 $\lim_{x \to a} f(x) = \infty$(무한대)가 되는 것을 말한다. 무한대는 양의 무한대와 음의 무한대가 있다. 표기는 ∞와 $-\infty$이며, $x \to a$일 때 양의 무한대로 발산하는 것은 $\lim_{x \to a} f(x) = \infty$, 음의 무한대로 발산하는 것은 $\lim_{x \to a} f(x) = -\infty$로 나타낸다.

좌극한값과 우극한값

좌극한값과 우극한값은 함수의 수렴과 발산을 알아내는 데 필요하다.

좌극한값은 x가 a보다 작은 값을 가지면서 a에 한없이 가까워질 때를 말한다. $f(x)$의 값이 m에 가까워지면 $x \to a-0$일 때 $\lim_{x \to a-0} f(x) = m$으로 나타내는 m값이다. 우극한값은 x가 a보다 큰 값을 가지면서 a에 한없이 가까워질 때를 말한다. $f(x)$의 값이 m에 가까워지면 $x \to a+0$일 때 $\lim_{x \to a+0} f(x) = m$으로 나타내는 m값이다.

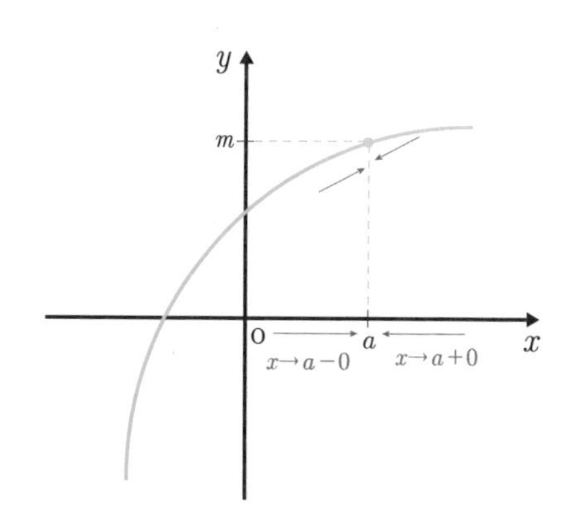

위의 그림을 보면 좌극한값과 우극한값이 m으로 일치하는 것을 알 수 있다.

따라서 수렴한 것이다.

다음 그래프를 보면서 좌극한값과 우극한값에 대해 생각해보자.

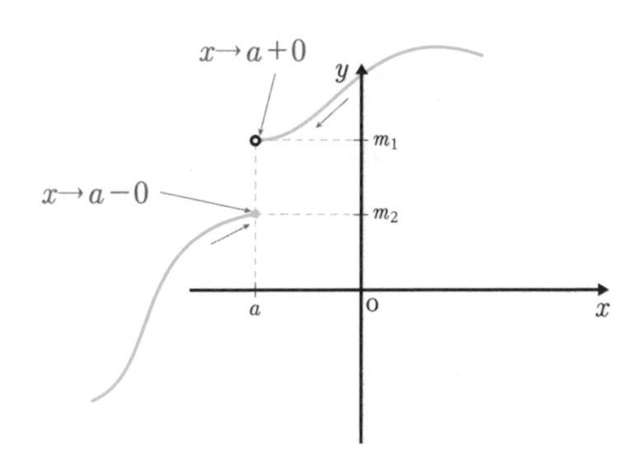

좌극한값과 우극한값이 m_1, m_2로 $m_1 \neq m_2$이므로 극한값은 없다.

극한값이 존재하기 위한 조건

$$\lim_{x \to a} f(x) = \lim_{x \to a-0} f(x) = \lim_{x \to a+0} f(x)$$

좌극한값과 우극한값이 같아야 극한값이 존재한다.

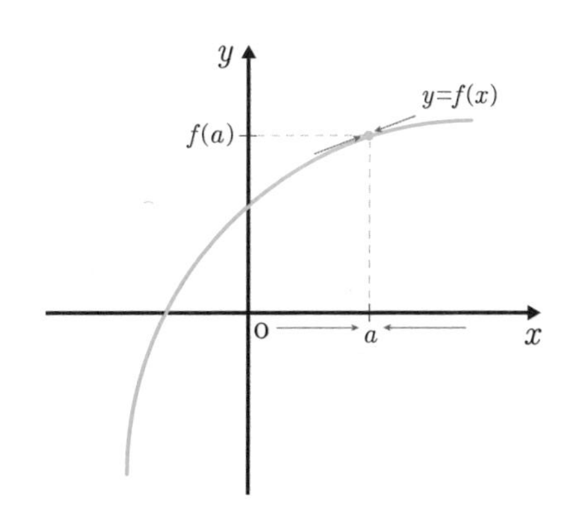

극한값의 계산

(1) $\frac{0}{0}$ 형태의 극한값

$\frac{0}{0}$ 형태의 극한값은 무리식일 때는 분모나 분자에 유리화를 한 후 계산한다. 분수식일 때는 인수분해를 이용한 후 계산한다.

예를 들어 $\lim_{x\to1}\frac{\sqrt{(x+8)}-3}{x-1}$에서 $x=1$을 분모와 분자에 대입하면

$\lim_{x\to1}\frac{\sqrt{(x+8)}-3}{x-1}=\frac{0}{0}$의 형태임을 알 수 있다. 이때 분자에 무리식이 있으므로 켤레무리식을 곱한다.

$$\begin{aligned}\lim_{x\to1}\frac{\sqrt{(x+8)}-3}{x-1}&=\lim_{x\to1}\frac{(\sqrt{x+8}-3)\cdot(\sqrt{x+8}+3)}{(x-1)(\sqrt{x+8}+3)}\\&=\lim_{x\to1}\frac{x-1}{(x-1)(\sqrt{x+8}+3)}\\&=\lim_{x\to1}\frac{1}{(\sqrt{x+8}+3)}\\&=\frac{1}{6}\end{aligned}$$

(2) $\frac{\infty}{\infty}$ 형태의 극한값

$\frac{\infty}{\infty}$ 형태의 극한값은 무리식일 때는 제곱근 밖의 분모와 분자를 나누어 계산한다. 분수식일 때는 최고차항으로 분모와 분자를 나누어 계산한다.

예를 들어 $\lim_{x\to\infty}\frac{x}{\sqrt{4+x}+x}$를 계산하면 $\lim_{x\to\infty}\frac{x}{\sqrt{4+x}+x}=\frac{\infty}{\infty}$의 형태임을 알 수 있다. 무리식이기 때문에 제곱근 밖의 x로 분모와 분자를 나누면 다음과 같다.

$$\lim_{x\to\infty}\frac{x}{\sqrt{4+x}+x}=\lim_{x\to\infty}\frac{\frac{x}{x}}{\frac{\sqrt{4+x}}{x}+1}$$

$$=\lim_{x\to\infty}\frac{1}{\sqrt{\frac{4}{x^2}+\frac{1}{x}}+1}$$

$$=\lim_{x\to\infty}\frac{1}{\sqrt{\underbrace{\frac{4}{x^2}+\frac{1}{x}}_{=0}}+1}$$

$$=1$$

(3) $\infty-\infty$와 $0\times\infty$ 형태의 극한값

$\infty-\infty$와 $0\times\infty$ 형태의 극한값은 식을 변형하여 $\infty\cdot c$, $\frac{\infty}{c}$, $\frac{c}{\infty}$, $\frac{c}{0}$, $\frac{0}{0}$, $\frac{\infty}{\infty}$ 형태로 만든 후 계산하게 된다. $\infty\cdot c$, $\frac{\infty}{c}$ 형태는 $c>0$이면 ∞, $c<0$이면 $-\infty$가 된다. 즉 무한대에 양수를 곱하거나 나누면 ∞, 음수를 곱하거나 나누면 $-\infty$가 되는 것이다.

$\frac{c}{\infty}$일 때는 $\frac{c}{\infty}=0$이 되는데, 분자는 c인 상수이지만 분모는 무한대로 커져서 0에 가까워지기 때문이다.

$\lim_{x\to\infty}(\sqrt{x+1}-\sqrt{x-1})$을 풀어보자.

$$\lim_{x\to\infty}(\sqrt{x+1}-\sqrt{x-1})$$

$$=\lim_{x\to\infty}\frac{(\sqrt{x+1}-\sqrt{x-1})\cdot(\sqrt{x+1}+\sqrt{x-1})}{\sqrt{x+1}+\sqrt{x-1}}$$

$$=\lim_{x\to\infty}\frac{2}{\sqrt{x+1}+\sqrt{x-1}}$$

$$=0$$

$\frac{c}{0}$ 형태는 $c>0$일 때 분모가 $+0$에 가까워지면 ∞, 분모가 -0에 가까워지면 $-\infty$이다. $\lim_{x\to 0}\frac{2}{x}$에서는 분모가 $+0$에 가까워지면 $\lim_{x\to +0}\frac{2}{x}=\infty$, $\lim_{x\to -0}\frac{2}{x}=-\infty$가 된다. 이를 그래프로 나타내보면 쉽게 증명된다.

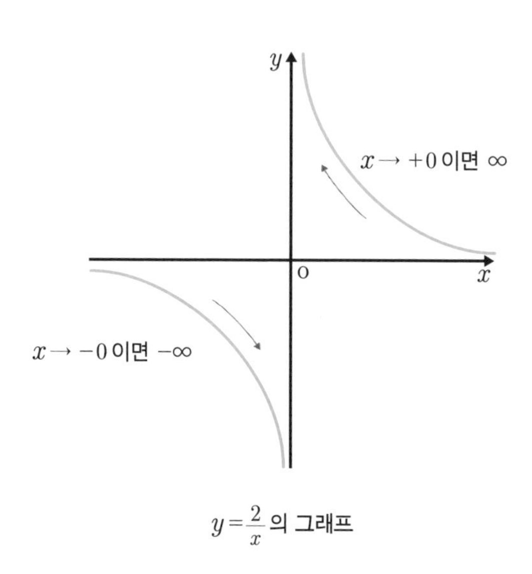

$y=\frac{2}{x}$ 의 그래프

또한 $c<0$일 때 분모가 $+0$에 가까워지면 $-\infty$, 분모가 -0에 가까워지면 ∞이다. 예를 들어 $\lim_{x\to0}-\frac{2}{x}$에서 분모가 $+0$에 가까워지면 $\lim_{x\to+0}-\frac{2}{x}=-\infty$, 분모가 -0에 가까워지면 $\lim_{x\to-0}-\frac{2}{x}=\infty$가 된다. 이 역시 그래프로 나타내면 다음처럼 쉽게 증명된다.

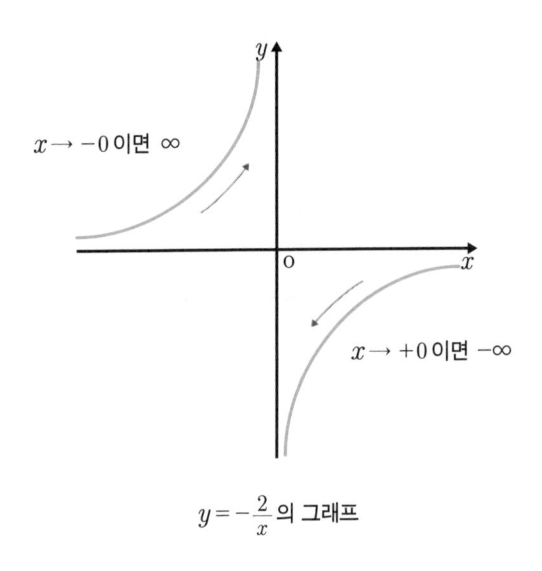

$y=-\frac{2}{x}$의 그래프

연속이냐! 불연속이냐! 그것이 문제로다

$y=f(x)$는 $x=a$에서 연속일 때 다음의 세 가지 조건을 만족한다.

(1) $x=a$일 때 함숫값 $f(a)$가 존재한다.

(2) 극한값 $\lim_{x\to a}f(x)$가 존재한다.

(3) $f(a)=\lim_{x\to a}f(x)$로서 함숫값과 극한값이 같다.

(2)의 조건에서 $x=a$에서 연속일 때 연속이 되면 좌극한값과 우극한값이 같아야 극한값이 존재한다. 즉 $\lim_{x\to a+0}f(x)=\lim_{x\to a-0}f(x)$가 성립되어야 한다.

$y=f(x)$가 $x=a$에서 불연속일 때는 연속일 때의 세 가지 조건 중 하나 이상이 성립되지 않을 경우이다. 다음 그래프는 (1), (2), (3)의 조건이 성립되지 않을 때이다.

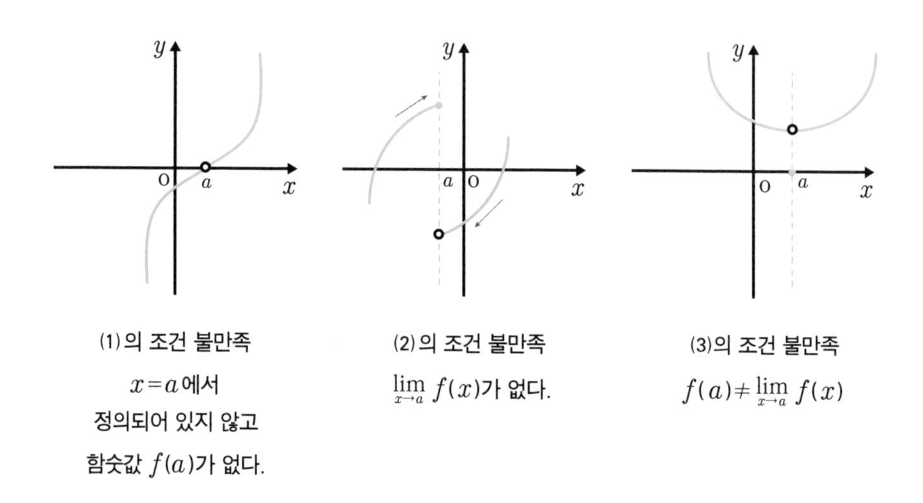

(1)의 조건 불만족
$x=a$에서
정의되어 있지 않고
함숫값 $f(a)$가 없다.

(2)의 조건 불만족
$\lim_{x\to a} f(x)$가 없다.

(3)의 조건 불만족
$f(a)\neq\lim_{x\to a} f(x)$

중간값의 정리

'$f(a)\leq k\leq f(b)$이면 $f(c)=k$가 $a\leq c\leq b$에서 적어도 하나 존재한다'는 것을 중간값의 정리라 한다.

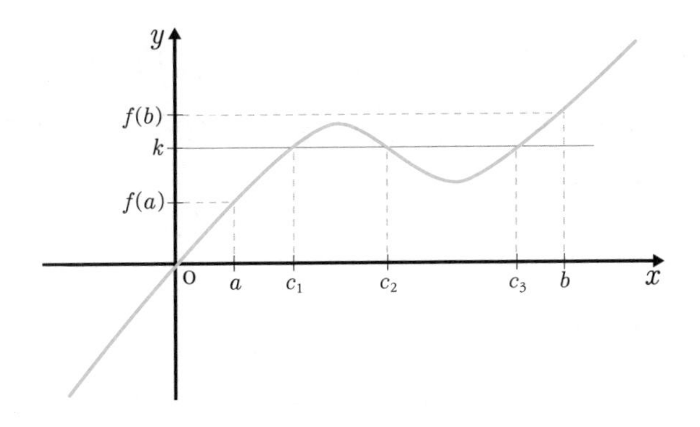

$f(a)f(b)<0$이면 $f(c)=0(a<c<b)$이며, 다음의 그래프도 중간값의 정리를 나타낸 것이다.

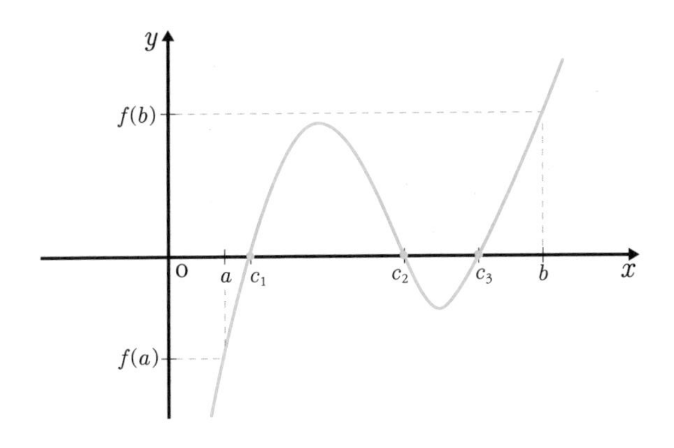

중간값의 정리를 이용해 방정식의 실근이 존재함을 증명할 수도 있는데 위의 그래프에서 x축과 만나는 점이 c_1, c_2, c_3이므로 근이 세 개임을 알 수 있다.

$3x^2+9x-4=0$은 적어도 한 개의 실수해를 가지는 지를 증명하려고 중간값의 정리를 이용한다면 그래프를 직접 그려보지 않고 임으로 $x=-2$를 대입

해보면 된다. $f(-2)=-10<0$, $x=1$을 대입하여 $f(1)=8>0$이므로 x축과 만나는 점이 확실히 있으며 실근을 가짐을 알 수 있으나 실근이 1개인지 2개인지는 이것으로 정확히 알 수가 없다.

최댓값 · 최솟값의 정리

함수 $f(x)$가 닫힌 구간 $[a, b]$에서 연속이면 $f(x)$가 최댓값 또는 최솟값을 가지게 된다. 이것을 최댓값 · 최솟값의 정리라 한다.

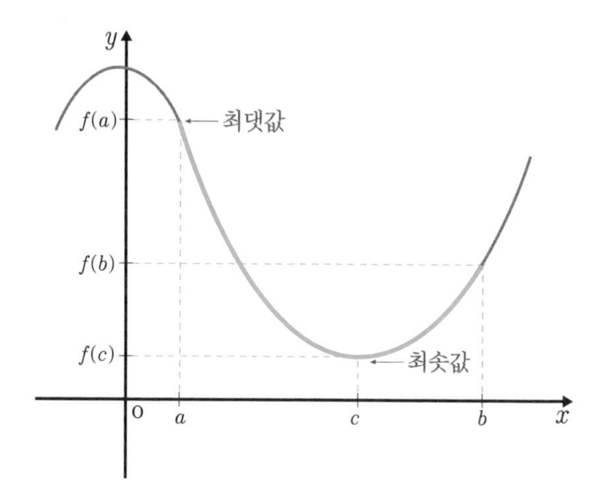

실력 Up

문제 $y=\sin x$가 $\left[\frac{\pi}{4}, \frac{7\pi}{4}\right]$일 때와 $\left[\frac{\pi}{4}, \frac{3\pi}{4}\right]$일 때의 최댓값과 최솟값을 구하시오.

풀이 $\left[\frac{\pi}{4}, \frac{7\pi}{4}\right]$의 최댓값은 $x=\frac{\pi}{2}$일 때 1, 최솟값은 $x=\frac{3\pi}{2}$일 때 -1이다.

$\left[\frac{\pi}{4}, \frac{3\pi}{4}\right]$의 최댓값은 $x=\frac{\pi}{2}$일 때 1, 최솟값은 $x=\frac{\pi}{4}, \frac{3\pi}{4}$일 때 $\frac{\sqrt{2}}{2}$이다.

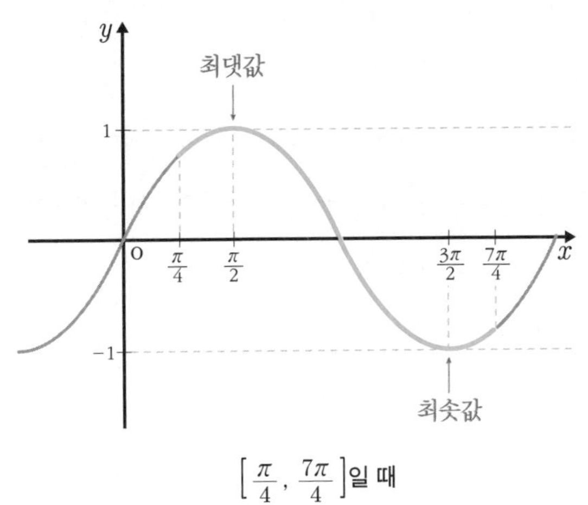

$\left[\frac{\pi}{4}, \frac{7\pi}{4}\right]$일 때

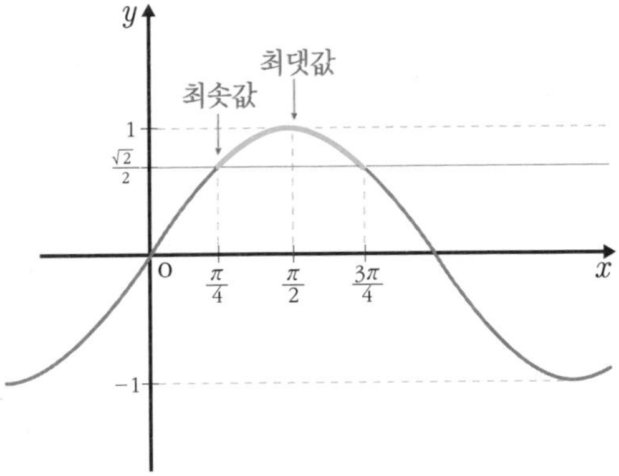

$\left[\frac{\pi}{4}, \frac{3\pi}{4}\right]$일 때

답 $\left[\frac{\pi}{4}, \frac{7\pi}{4}\right]$은 최댓값은 1, 최솟값은 -1,

$\left[\frac{\pi}{4}, \frac{3\pi}{4}\right]$은 최댓값은 1, 최솟값은 $\frac{\sqrt{2}}{2}$

초월함수의 극한값

초월함수의 극한값으로는 지수함수, 로그함수, 삼각함수의 극한값이 있다.

$y=a^x$인 지수함수의 극한값은 어떻게 구할까? 그래프를 이용할 때는 $a>0$이고 $a\neq1$인 전제조건을 고려해야 한다. $y=0$이면 0인 상수함수가 되고, $a=1$이면 $y=1$인 상수함수가 되는데 상수함수는 지수함수의 일반적인 그래프가 되지 않는 만큼 배제해야 하는 것이다.

그래프를 그려보면 아래와 같다.

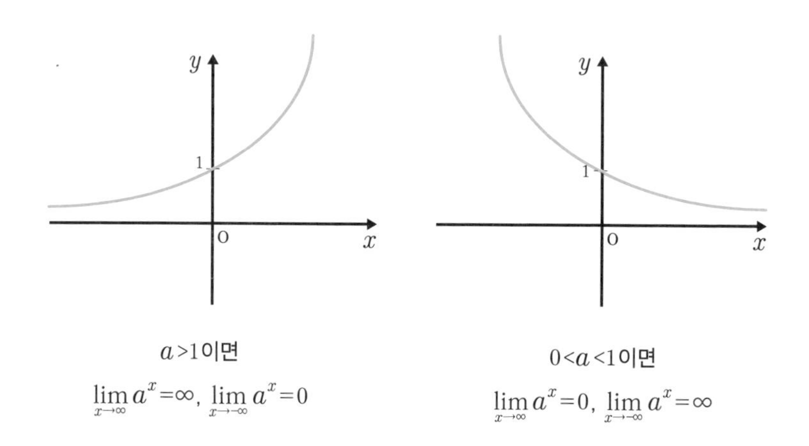

$a>1$이면
$\lim_{x\to\infty} a^x=\infty$, $\lim_{x\to-\infty} a^x=0$

$0<a<1$이면
$\lim_{x\to\infty} a^x=0$, $\lim_{x\to-\infty} a^x=\infty$

로그함수의 극한값도 그래프를 그려보면 쉽게 이해가 된다. 이에 대한 그래프는 다음과 같다.

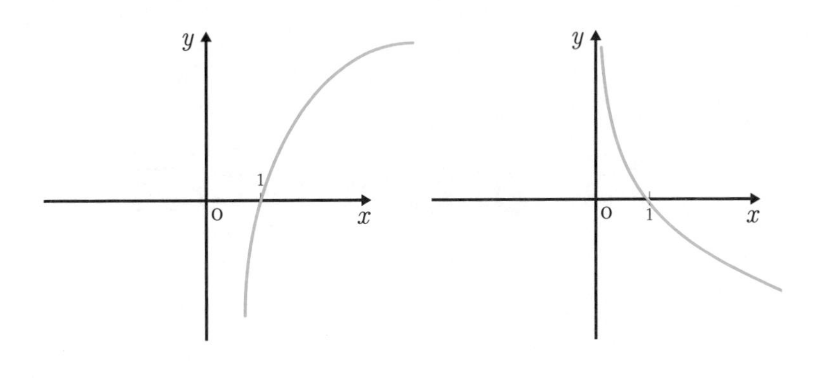

$a>1$이면

$\lim_{x\to+0}\log_a x=-\infty$, $\lim_{x\to\infty}\log_a x=\infty$

$0<a<1$이면

$\lim_{x\to+0}\log_a x=\infty$, $\lim_{x\to\infty}\log_a x=-\infty$

다음은 초월함수의 극한값에서 많이 쓰이는 공식이다.

(1) $\lim_{x\to 0}\dfrac{\sin x}{x}=1$

(2) $\lim_{x\to 0}\dfrac{\tan x}{x}=1$

(3) $\lim_{x\to 0}\dfrac{e^x-1}{x}=1$

(4) $\lim_{x\to 0}\dfrac{a^x-1}{x}=\ln a$

(5) $\lim_{x\to 0}\dfrac{\ln(1+x)}{x}=1$

평균변화율과 순간변화율

변화율에는 평균변화율과 순간변화율이 있다. 평균변화율은 점 A에서 점 B로 이동할 때 평균적인 변화율을 의미한다. 두 점 사이의 평균변화율이기 때문에 기울기로 쉽게 나타낼 수 있다.

순간변화율은 점 A에서 B로 이동할 때 한 점에서의 기울기로, 이 기울기를 구한 것을 미분계수라 하는데, 보통 순간변화율을 구하라고 하는 문제는 미분계수를 구하라는 문제와 의미가 같다.

다음의 그래프는 $y=f(x)$에서 두 점 A, B를 나타낸 그래프이다.

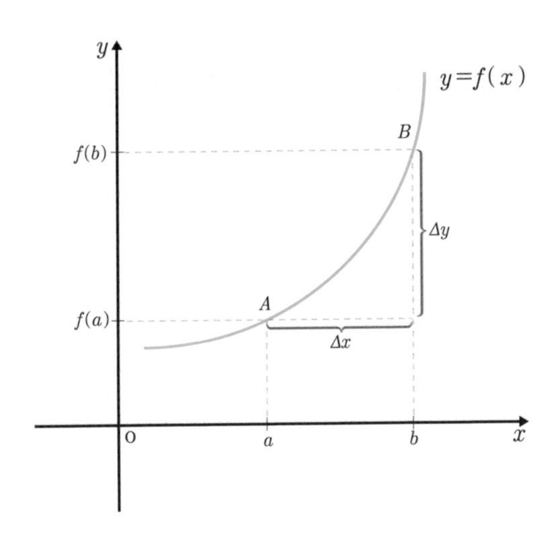

위 그래프에서 보는 바와 같이 $y=f(x)$의 그래프는 위로 올라가는 그래프이며, 점 A에서 점 B로 이동할 때 x는 a에서 b로, y는 $f(a)$에서 $f(b)$로 이동한다. 이때 x의 변화율을 x증분, y의 변화율을 y증분이라 한다. x증분에 대한 y증분을 식으로 나타내면 $\frac{\Delta y}{\Delta x}$가 된다. 그리고 $\Delta x=b-a$, $\Delta y=f(b)-f(a)$로 나타낸다. 따라서 $\frac{\Delta y}{\Delta x}=\frac{f(b)-f(a)}{b-a}$가 된다.

계속해서 $\Delta x=h$라 할 때, B의 x좌표는 b이며 $a+h$로 나타낼 수 있으므로 $\frac{\Delta y}{\Delta x}=\frac{f(a+h)-f(a)}{h}$가 된다. 점 A, B를 잇는 직선의 기울기를 나타낸 것이다.

이것을 순간변화율로 나타내면 극한[limit]을 붙여서 표기해야 하는데
$\lim_{h\to 0}\frac{\Delta y}{\Delta x}=\lim_{h\to 0}\frac{f(a+h)-f(a)}{h}=f'(a)$가 된다.

실력 Up

문제 1 다음 구간에서 $f(x)=x^2+2x+1$의 평균변화율을 구하시오.

(1) $[2, 4]$

(2) $[-1, 5]$

(3) $[0, 6]$

풀이 평균변화율은 $\frac{\Delta y}{\Delta x}$ 이므로 x의 증분을 분모에, y의 증분을 분자에 놓는다.

(1) $\frac{\Delta y}{\Delta x}=\frac{f(4)-f(2)}{4-2}=\frac{25-9}{2}=8$

(2) $\frac{\Delta y}{\Delta x}=\frac{f(5)-f(-1)}{5-(-1)}=\frac{36-0}{5-(-1)}=6$

(3) $\frac{\Delta y}{\Delta x}=\frac{f(6)-f(0)}{6-0}=\frac{49-1}{6-0}=8$

답 (1) 8 (2) 6 (3) 8

문제 2 $f(x)=x^2+6x$에서 $x=0$에서 $x=2$까지 평균변화율과 $x=a$에서의 순간변화율은 같다. a를 구하시오.

풀이 $f(x)$의 $x=0$에서 $x=2$까지 평균변화율은 $\frac{16-0}{2-0}=8$이다.

$f(x)$의 $x=a$에서 순간변화율은,

$$\lim_{x \to a}\frac{f(x)-f(x)}{x-a}=\lim_{x \to a}\frac{x^2+6x-a^2-6a}{x-a}$$

$$=\lim_{x \to a}\frac{(x-a)(x+a+6)}{x-a}$$

$$=2a+6$$

평균변화율과 순간변화율이 같으므로 $8=2a+6$, $\therefore a=1$

답 $a=1$

미분의 가능과 연속

함수 $f(x)$가 $x=a$에서 미분이 가능하면 $f(x)$는 $x=a$에서 연속이다. 여기서 미분이 가능하다는 것은 순간변화율을 구할 수 있다는 의미이다.

예를 들어 $y=x$의 함수를 보자. 이 함수의 순간변화율을 구하면,

$\lim_{h \to 0}\frac{f(x+h)-f(x)}{h}=\lim_{h \to 0}\frac{x+h-x}{h}=\lim_{h \to 0}\frac{h}{h}=1$이 된다.

이때 $y=x$는 미분이 가능하므로 $f(x)$는 $x=a$일 때 $f(a)$는 연속이 된다. 그렇다면 거꾸로 연속이면 미분이 가능할까? 이것은 충분조건은 성립하는데 필요조건 역시 성립하는지에 관한 검토이다. $y=|x|$를 가지고 확인해보자.

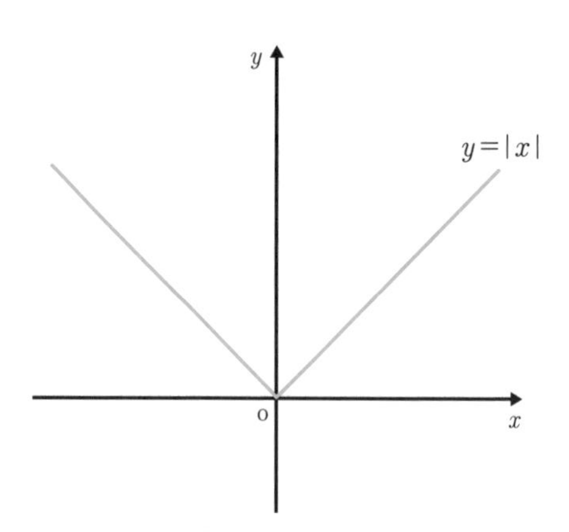

위의 그래프는 $y=|x|$를 나타낸 것이다.

그리고 우미분계수는 $\lim_{h \to +0}\frac{f(x+h)-f(x)}{h}=\lim_{h \to +0}\frac{x+h-x}{h}=1$,

좌미분계수는 $\lim_{h \to -0}\frac{f(x+h)-f(x)}{h}=\lim_{h \to -0}\frac{-x-h-(-x)}{h}=-1$이다. 우미분계수와 좌미분계수가 각각 1과 -1로 다르기 때문에 미분이 불가능하다는 것을 알 수 있다. 이처럼 연속이라 하더라도 미분이 불가능한 예가 있다.

다음의 경우는 $x=0$에서 미분이 가능하지 않아서 연속이 아닌 것을 나타낸 그래프이다.

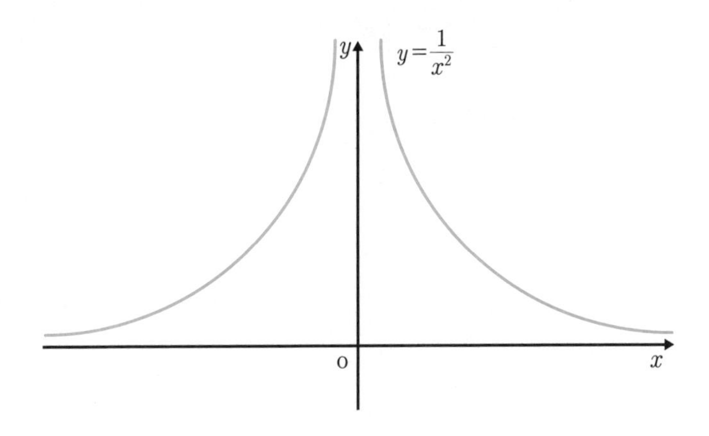

$x=0$인 점에서 $y=\frac{1}{x^2}$은 y축에 접근했으나 $x=0$과 만나지 않으므로 불연속이다. 따라서 미분이 불가능하므로 연속이 아닌 예가 된다.

도함수

도함수는 순간변화율 또는 평균변화율을 함수로 만든 것이다. 즉 함수를 미분한 것이다. 미분계수 $f'(a)$는 $x=a$일 때 순간변화율이지만 $f'(x)$는 x값이 정해지지 않았다. 하지만 x값이 주어지면 그 값을 구할 수 있는 미분계수가 된다. 다음 문제를 풀어보자.

$f(x)=2x^2$의 경우,

$$f'(x)=\lim_{h\to 0}\frac{f(x+h)-f(x)}{h}$$

$$=\lim_{h\to 0}\frac{2(x+h)^2-2x^2}{h}$$

$$= \lim_{h \to 0} \frac{2x^2 + 4xh + 2h^2 - 2x^2}{h}$$

$$= \lim_{h \to 0} \frac{4xh + 2h^2}{h}$$

$$= \lim_{h \to 0} 4x + 2h$$

$$= 4x$$

도함수는 미분한 것이므로 $f(x) = 2x^2$의 도함수는 $f'(x) = 4x$가 된다.

도함수의 정의는 다음과 같다.

함수 $f(x)$가 어떤 구간의 각 점에서 미분이 가능할 때 $f(x)$는 그 구간에서 미분가능이라 한다. 구간의 각 점에 미분계수를 대응해 정해진 함수를 $f(x)$의 도함수라 하며 다음과 같이 나타낸다.

$$f'(x) = \lim_{h \to 0} \frac{f(x+h) - f(x)}{h}$$

도함수의 표기로는 $f'(x)$, y', $\frac{d}{dx}y$, $\frac{d}{dx}f(x)$가 있다.

결국 도함수를 구하는 것은 미분을 하는 것이며, 함수의 정의에 따라 도함수를 구할 수 있다. 특히 증명에 관하여는 도함수의 정의를 사용해 밝힐 수 있다. 가장 먼저 $y = x^n$의 도함수를 구해보자(단 n은 정수이다).

$$f'(x) = \lim_{h \to 0} \frac{f(x+h) - f(x)}{h} = \lim_{h \to 0} \frac{(x+h)^n - x^n}{h}$$

$$= \lim_{h \to 0} \frac{\binom{n}{0}x^n + \binom{n}{1}x^{n-1}h^1 + \binom{n}{2}x^{n-2}h^2 + \cdots - x^n}{h}$$

$$= \lim_{h \to 0} \frac{{}_nC_0 x^n + {}_nC_1 x^{n-1}h + {}_nC_2 x^{n-2}h^2 + \cdots - x^n}{h}$$

$$=\lim_{h\to 0}\frac{\cancel{x^n}+nx^{n-1}h+\frac{n(n-1)}{2}x^{n-2}h^2+\cdots-\cancel{x^n}}{h}$$

$$=\lim_{h\to 0} nx^{n-1}+\frac{n(n-1)}{2h}x^{n-2}h^2+\cdots$$

$$=\lim_{h\to 0} nx^{n-1}+\frac{n(n-1)}{2}x^{n-2}\cdot h+\cdots$$

$$=nx^{n-1}$$

이번에는 $y=\sin x$의 도함수를 구해보자.

$$y'=\lim_{h\to 0}\frac{f(x+h)-f(x)}{h}=\lim_{h\to 0}\frac{\sin(x+h)-\sin x}{h}$$

삼각함수의 덧셈정리를 이용해 분자를 바꾸면

$$=\lim_{h\to 0}\frac{\sin x\cos h+\cos x\sin h-\sin x}{h}$$

$$=\lim_{h\to 0}\frac{\sin x(\cos h-1)+\cos x\sin h}{h}$$

$$=\lim_{h\to 0}\frac{\sin x(\cos h-1)}{h}\cdot\frac{(\cos h+1)}{(\cos h+1)}+\frac{\cos x\sin h}{h}$$

$$=\lim_{h\to 0}\frac{\sin x(\cos^2 h-1)}{h\cos(h+1)}+\frac{\sin h\cos x}{h}$$

$$=\lim_{h\to 0}\frac{\sin x(-\sin^2 h)}{\cos(h+1)h}+\underbrace{\frac{\sin h}{h}}_{=1}\cdot\cos x$$

$$=\lim_{h\to 0}\frac{\sin x(-\sin h)\sin h}{\cos(h+1)h}+\cos x \quad (\tfrac{\sin h}{h}=1)$$

$$=\lim_{h\to 0}\frac{-\sin x\sin h}{\cos(h+1)}+\cos x$$

$$=\underbrace{\lim_{h\to 0}\frac{-\sin x\sin h}{\cos(h+1)}}_{=0}+\lim_{h\to 0}\cos x=\cos x$$

Check Point

삼각함수의 덧셈정리

(1) $\sin(\alpha \pm \beta) = \sin\alpha\cos\beta \pm \cos\alpha\sin\beta$

(2) $\cos(\alpha \pm \beta) = \cos\alpha\cos\beta \mp \sin\alpha\sin\beta$

(3) $\tan(\alpha \pm \beta) = \dfrac{\tan\alpha \pm \tan\beta}{1 \mp \tan\alpha\tan\beta}$

앞쪽의 증명과정에서는 (1)의 공식을 이용했다.

미분 공식

지금부터 소개하는 미분의 아홉 가지 기본공식은 자주 쓰이므로 기억해두면 편리하다.

(1) $(x^n)' = nx^{n-1}$

(2) $(e^x)' = e^x$

(3) $(\ln x)' = \dfrac{1}{x}$

(4) $(\sin x)' = \cos x$

(5) $(\cos x)' = -\sin x$

(6) $(\tan x)' = \sec^2 x = \dfrac{1}{\cos^2 x}$

(7) $(\sec x)' = \sec x \cdot \tan x$

(8) $(\csc x)' = -\csc x \cdot \cot x$

(9) $(\cot x)' = -\csc^2 x$

미분법의 기본공식은 다음과 같다.

$f(x), g(x), h(x)$가 미분이 가능할 때,

(1) $\{f(x) \pm g(x)\}' = f'(x) \pm g'(x)$ 합차의 미분법

(2) $\{cf(x)'\} = cf'(x)$ (단, c는 상수)

(3) $\{f(x)g(x)\}' = f'(x)g(x) + f(x)g'(x)$ 곱의 미분법

(4) $\left\{\dfrac{f(x)}{g(x)}\right\}' = \dfrac{f'(x)g(x) - f(x)g'(x)}{\{g(x)\}^2}$ 몫의 미분법

(5) $f(x) = c$이면 $f'(x) = 0$

실력 Up

문제 $y = 4x^3 - 9x^2 + 2x - 3$을 미분하시오.

풀이 $y' = (4x^3 - 9x^2 + 2x - 3)'$

$= (4x^3)' + (-9x^2)' + (2x)' - 3'$

$= 12x^2 - 18x + 2$

답 $12x^2 - 18x + 2$

롤의 정리

롤의 정리Rolle's theorem는 미분이 가능한 함수의 기본 성질이다. 닫힌 구간 $[a, b]$에서 연속이고, 열린 구간 (a, b)에서 미분이 가능할 때 함숫값 $f(a)=f(b)$인 두 점이 존재하면 두 값 사이에 접선의 기울기가 0이 되는 점이 적어도 하나는 반드시 존재한다는 것이 롤의 정리이다. 이때 $a< c< b$인 조건도 같이 포함한다. 롤의 정리에서 기울기가 0이 되는 점을 한 개 나타낸 그래프는 아래와 같다.

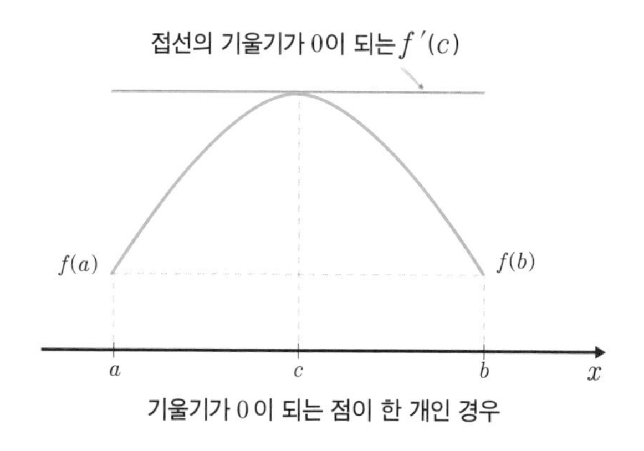

기울기가 0이 되는 점이 한 개인 경우

롤의 정리에 따라 기울기가 0이 되는 점이 두 개인 경우는 아래와 같다.

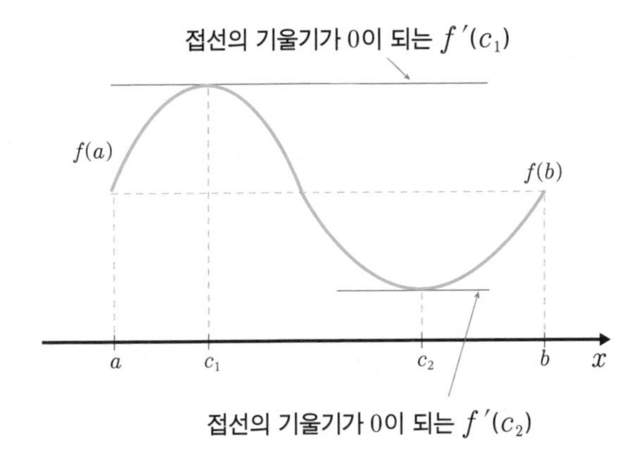

기울기가 0 이 되는 점이 두 개인 경우

롤의 정리를 일반화한 것이 평균값의 정리이다. 평균값의 정리는 $f(x)$가 닫힌 구간 $[a, b]$에서 연속이고, 열린 구간 (a, b)에서 미분이 가능할 때, $f'(c)=\frac{f(b)-f(a)}{b-a}$를 만족하는 c가 a, b 사이에 존재한다는 정리이다.

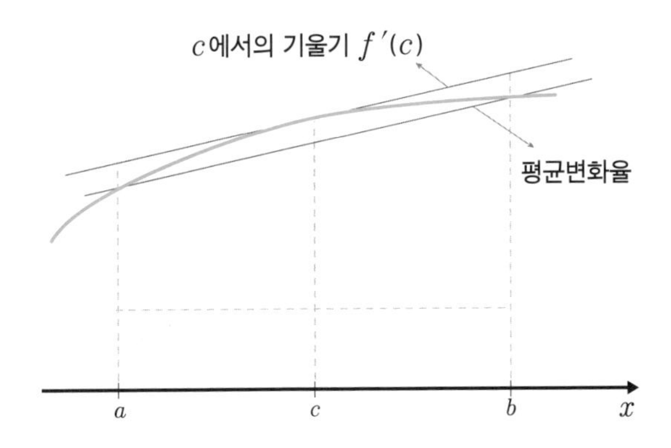

예를 들어 $y=(3x+2)^2$의 첫 번째 방법은 원래 알고 있는 방법으로 미분하면 $y'=2(3x+2)^{2-1}(3x+2)'=2(3x+2)\cdot 3=18x+12$가 된다.

두 번째 방법은 합성함수의 미분법으로 푸는 방법이다. 함수 $y=(3x+2)^2$에서 $3x+2=u$로 하면 $y=u^2$이 되어서 $\frac{dy}{du}=2u$가 된다. $3x+2=u$에서 $\frac{du}{dx}=3$이다. $\frac{dy}{du}\cdot\frac{du}{dx}=2u\cdot 3=6u=6(3x+2)=18x+12$가 된다.

첫 번째 방법과 두 번째 방법 중 어느 방법이 더 편리한지는 풀어보는 여러분이 결정하면 된다. 그러나 확실한 것은 차수가 높을수록 합성함수의 미분법으로 푸는 것이 더 빠를 수 있다는 것이다.

합성함수는 과학의 한 부분인 생물학에 적용할 수도 있다. 플랑크톤 수를 x, 플라크톤을 먹는 작은 물고기 수를 u, 작은 물고기를 잡아먹는 물고기 수를 y로 하자.

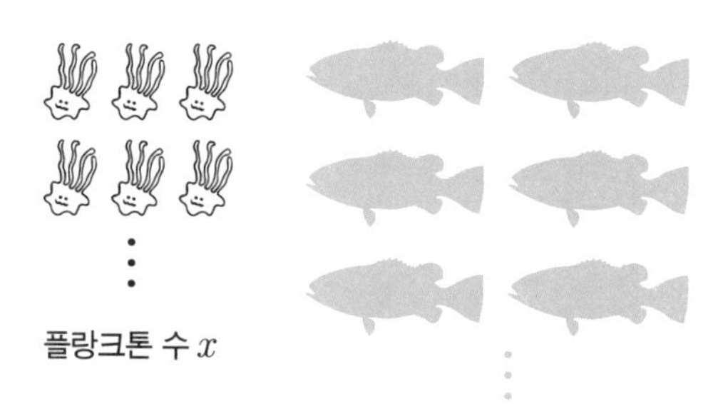

x의 변화에 따른 u의 변화를 나타내면 $\frac{du}{dx}$가 된다. 즉 플랑크톤 수의 증감에 따른 플랑크톤을 먹는 작은 물고기 수의 증감을 나타낸 변화율이다. 이번

에는 플랑크톤을 먹는 작은 물고기와 작은 물고기를 먹는 물고기 수를 생각해 보자.

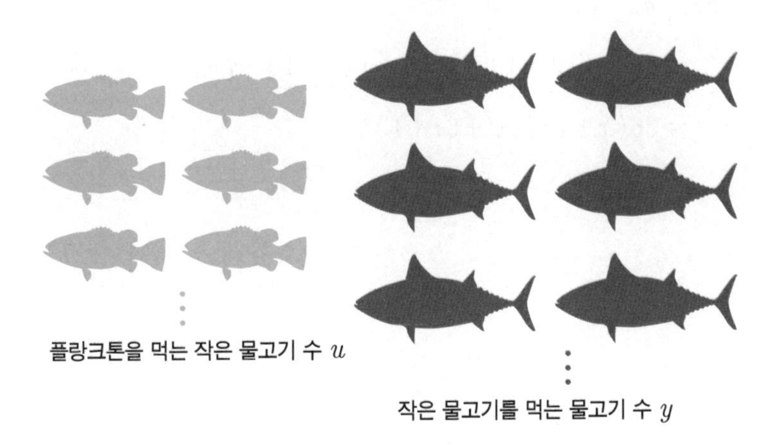

위의 그림에서 보는 바와 같이 u에 따른 y의 변화를 나타내면 $\frac{dy}{du}$가 된다. 따라서 $\frac{du}{dx}\cdot\frac{dy}{du}=\frac{dy}{dx}$가 되어 플랑크톤 수에 따른 작은 물고기를 먹는 물고기 수에 대한 변화율을 나타낸 것이 된다.

이번에는 $y=(3x^2+6x+1)^6$을 미분해보자.

이 함수를 미분하면,

$$\begin{aligned} y' &= 6(3x^2+6x+1)^5\cdot(3x^2+6x+1)' \\ &= 6(3x^2+6x+1)^5(6x+6) \\ &= 36(x+1)(3x^2+6x+1)^5 \end{aligned}$$

여기서 $(3x^2+6x+1)^5$을 전개할 필요는 없다.

합성함수의 미분법으로 $y=(3x^2+6x+1)^6$을 풀어보면, $3x^2+6x+1=u$,

$y=u^6$으로 하면, $\frac{du}{dx}=6x+6$, $\frac{dy}{du}=6u^5$이다.

$$\frac{dy}{dx}=\frac{dy}{du}\cdot\frac{du}{dx}=6u^5\cdot(6x+6)$$

$$=6u^5\cdot 6(x+1)=36(3x^2+6x+1)^5(x+1)$$

$$=36(x+1)(3x^2+6x+1)^5$$

로그 미분법

로그 미분법

$y=x^n$의 도함수를 구하면 $y=nx^{n-1}$이 된다. 그러나 x^x의 도함수를 구하려면 공식이 성립되지 않으므로 풀 수 없다. 이를 해결하기 위해 x^x을 자연로그의 진수로 하여 양변에 자연로그를 놓고 푸는 방법이 있다.

$$y=x^x$$

y와 x^x을 진수로 하고 양변에 자연로그를 놓으면

$$\ln y=\ln x^x$$

$$\ln y=x\ln x$$

양변을 미분하면

$$\frac{y'}{y}=\ln x+x\cdot\frac{1}{x}$$

$$y'=y(\ln x+1)$$

$$y'=x^x(1+\ln x)$$

이처럼 양변에 자연로그를 놓고 푸는 방법을 로그 미분법이라 한다.

$y=(\sin x)^x$을 미분해보자.

$$y=(\sin x)^x$$

y와 $(\sin x)^x$를 진수로 하고 양변에 자연로그를 놓으면

$$\ln y=\ln(\sin x)^x$$

$$\ln y=x\ln(\sin x)$$

양변을 미분하면

$$\frac{y'}{y}=\ln\sin x+x\cdot\frac{\cos x}{\sin x}$$

$$y'=y(\ln\sin x+x\cot x)$$

$$\therefore\ y'=(\sin x)^x(\ln\sin x+x\cot x)$$

Check Point

$\ln\sin x$를 미분하면 $\frac{1}{\sin x}$이 아니라 $\frac{\cos x}{\sin x}$가 된다. $\ln x$를 미분하면 $\frac{x'}{x}=\frac{1}{x}$이 된다. 자연로그의 진수 x는 미분할 때 분모에 그대로 놓지만 분자에는 미분을 한 x를 놓는다. $\ln\sin x$를 미분하면 $\frac{(\sin x)'}{\sin x}=\frac{\cos x}{\sin x}$이다.

역함수의 미분법

다항함수에서 역함수의 미분법

다항함수에서 역함수의 미분법은 먼저 x, y의 역함수를 구한 것처럼 x, y를 서로 바꾼 뒤 $\frac{dx}{dy}$를 구한다. 마지막으로 $\frac{dy}{dx}$를 구하기 위해 역함수로 놓고 구하면 된다.

$y=3x^2+2x+1$의 역함수의 도함수를 구해보자.

$$y=3x^2+2x+1$$

x와 y를 서로 바꾸면

$$x=3y^2+2y+1$$

$$\frac{dx}{dy}=6y+2$$

$$\therefore \frac{dy}{dx}=\frac{1}{6y+2}$$

역삼각함수에서 역함수의 미분법

역함수의 미분법에 의해 역삼각함수도 도함수를 구할 수 있다. $y=\sin^{-1}x$의 도함수를 구해보자. $\sin x$의 역함수의 도함수를 구하는 것이므로 처음은 $y=\sin x$로 하고 문제를 푼다.

$$y=\sin x$$

x와 y를 서로 바꾸면

$$x=\sin y$$

$$\frac{dx}{dy}=\cos y$$

$-\frac{\pi}{2}\le y\le\frac{\pi}{2}$이므로

$$\cos y=\sqrt{1-\sin^2 y}=\sqrt{1-x^2}$$

$$\therefore\ \frac{dy}{dx}=\frac{1}{\frac{dx}{dy}}=\frac{1}{\sqrt{1-x^2}}$$

이번에는 $y=\cos^{-1}x$의 도함수를 구해보자.

$\cos x$의 역함수의 도함수를 구하는 것이므로 처음은 $y=\cos x$로 하고 문제를 푼다.

$$y=\cos x$$

x와 y를 서로 바꾸면

$$x=\cos y$$

$$\frac{dx}{dy}=-\sin y$$

$0\le y\le\pi$ 이므로

$$-\sin y=-\sqrt{1-\cos^2 y}=-\sqrt{1-x^2}$$

$$\therefore\ \frac{dy}{dx}=\frac{1}{\frac{dx}{dy}}=-\frac{1}{\sqrt{1-x^2}}$$

많이 쓰이는 역삼각함수의 도함수는 다음과 같다.

(1) $(\sin^{-1}x)'=\frac{1}{\sqrt{1-x^2}}$

(2) $(\cos^{-1}x)'=-\frac{1}{\sqrt{1-x^2}}$

(3) $(\tan^{-1}x)'=\frac{1}{1+x^2}$

(4) $(\csc^{-1}x)'=-\frac{1}{|x|\sqrt{x^2-1}}$

(5) $(\sec^{-1}x)'=\frac{1}{|x|\sqrt{x^2-1}}$

(6) $(\cot^{-1}x)'=-\frac{1}{1+x^2}$

매개변수 함수의 미분법

$x=f(t)$와 $y=g(t)$가 모든 구간에서 미분이 가능하고 $f'(t)\neq 0$일 때 y는 x에 대해 미분 가능하여 다음의 미분법이 성립한다.

$$\frac{dy}{dx}=\frac{\frac{dy}{dt}}{\frac{dx}{dt}}=\frac{g'(t)}{f'(t)}$$

이를 매개변수 t를 이용한 매개변수 함수의 미분법이라 한다. $y=f(x)$에서 x, y가 t에 관한 식으로 나타나면 이를 x에 관한 y의 식으로 미분한 것이다. 매개변수 t는 x, y에 다소 영향을 준다.

$t>0$이며 $x=a\sin t$, $y=a\cos 2t$인 함수를 미분해보자.

$$\frac{dy}{dx}=\frac{\frac{dy}{dt}}{\frac{dx}{dt}}=\frac{-2a\sin 2t}{a\cos t}=-4\sin t$$

고계 도함수

$n>1$일 때 $f^{(n)}(x)$가 존재하고, $f^{(n)}(x)$가 연속이면 $f^{(n)}(x)$를 $f(x)$의 고계도함수higher oder derivatives라 한다. 여기서 n은 미분 횟수를 말한다. 미분을 여러 번 했을 때 규칙을 찾으면 그것이 공식이 된다. n계 도함수는 n번 미분한 것을 말한다.

$f(x)=x^3+2x^2+1$을 한 번 미분하면 $f'(x)=3x^2+4x$이다. 두 번 미분하면 $f''(x)=6x+4$, 세 번 미분하면 $f'''(x)=6$, 네 번 미분하면 $f^{(4)}(x)=0$이다. 네 번 미분부터는 $f^{(4)}(x)$로 표기한다. 다섯 번의 미분부터는 상수 0에 대한 미분이므로 계속 0이 된다. $f(x)=e^x$은 여러 번 미분해도 그대로이다.

$f(x)=\sin x$의 고계도함수를 구해보자.

$$f'(x)=\cos x=\sin\left(x+\frac{\pi}{2}\right)$$

$$f''(x)=-\sin x=\sin(x+\pi)$$

$$f'''(x)=-\cos x=\sin\left(x+\frac{3\pi}{2}\right)$$

$$\vdots$$

규칙을 찾으면 $f^{(n)}(x)=\sin\left(x+\frac{n\pi}{2}\right)$이다.

고계도함수에서 주로 쓰이는 공식은 다음과 같다.

(1) $(\sin x)^{(n)}=\sin\left(x+\frac{n\pi}{2}\right)$

(2) $(\cos x)^{(n)}=\cos\left(x+\frac{n\pi}{2}\right)$

(3) $\left(\frac{1}{1-x}\right)^{(n)}=\frac{n!}{(1-x)^{n+1}}$

3장 쓸모 많은 미분의 활용

극댓값과 극솟값

곡선의 그래프를 보면 기울기가 상승하다가 어느 점에서 극에 달한 후 다시 하강하는 경우가 있다. 또한 하강하다가 어느 정점에 도달한 후 다시 상승하기도 한다. 보통 이러한 경우에서 생기는 정점을 극점, 극점에서 생기는 값을 극값이라 하며 극댓값과 극솟값으로 나눈다.

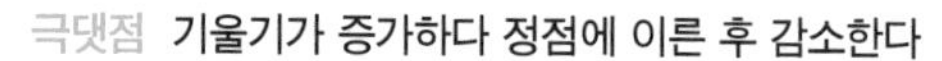

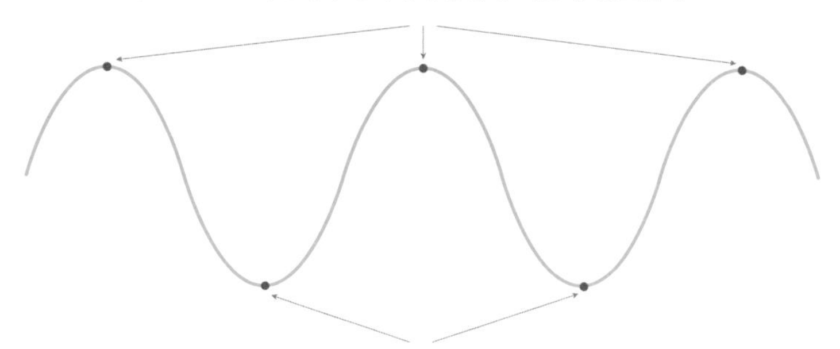

극솟점 기울기가 감소하다 정점에 이른 후 증가한다

극댓점은 그 점에서 연속이며 미분계수의 부호가 양(+)에서 음(−)으로 변하는 점이다. 뾰족한 점은 미분이 불가능하지만 극댓점이 있다. 미분이 불가능하더라도 극댓점은 존재하는 것이다. 또 미분계수의 부호가 양(+)에서 음(−)으로 바뀐다면 극댓점은 존재한다. 반대로 극솟점은 그 점에서 연속이며 미분계수의 부호가 음(−)에서 양(+)으로 변하는 점이다. 마찬가지로 미분의 가능성과 극점은 관계가 없으며 미분이 불가능해도 극점이 존재할 수 있다.

그렇다면 극점이 있으면 항상 미분이 가능할까? 그렇지는 않다. 다음 그래프를 보자.

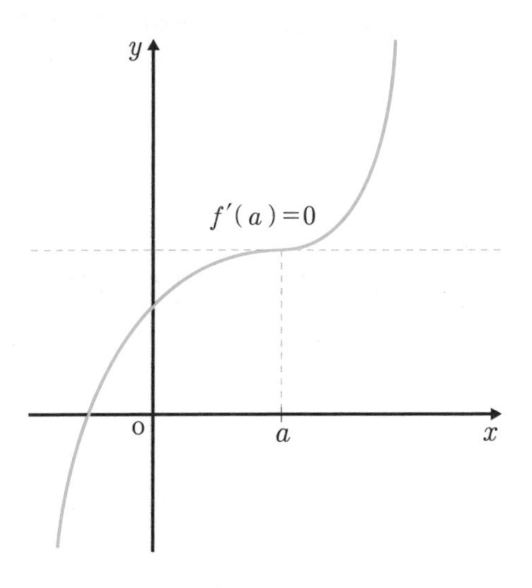

$f'(a)=0$이지만 $x=a$를 정점으로 계속 증가한다. 정점을 지나도 기울기가 계속 양(+)인 것이다. 따라서 극점이 갖추어야 할 조건 중 하나인 미분계수 부호의 양(+)에서 음(−)의 변화 또는 음(−)에서 양(+)의 변화가 없다.

그렇다면 미분이 가능하면 항상 극점이 존재하는지 다음 그래프를 통해 보자.

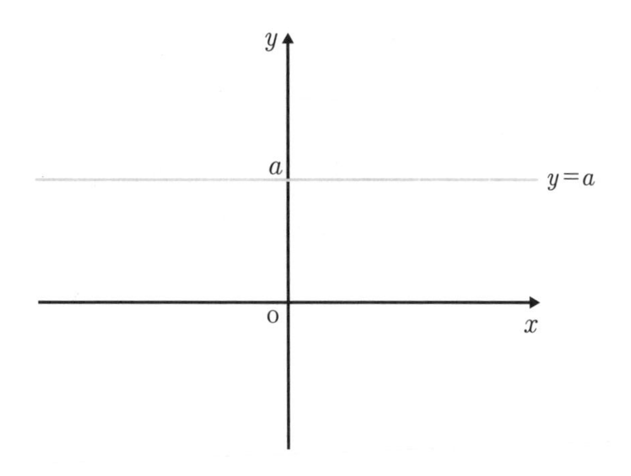

$y=a$ 그래프는 기울기가 0이고 미분이 가능하지만 미분계수의 증가 또는 감소가 없다. 따라서 미분이 가능하다고 극점이 있는 것은 아니다.

그래프의 개형

그래프의 형태를 대략으로 그릴 때는 극값의 변화를 보면서 그리면 빠르다. 좌표평면에서 극점의 위치 및 변화를 알아내면 그래프의 개형을 그릴 수 있는 것이다. 다음 $f'(x)$의 그래프를 보자.

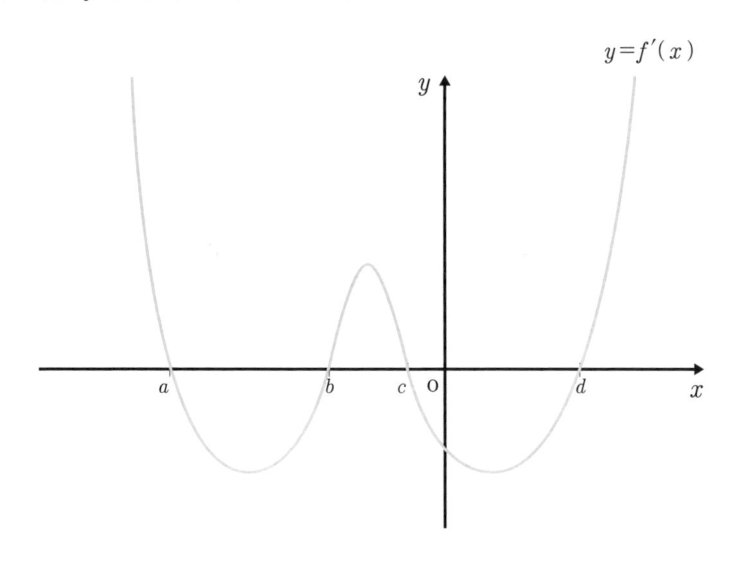

위의 그래프에서 a, b, c, d는 극점을 나타낸다. 그리고 $f'(x)$의 그래프가 사차식인 것으로 보아 $f(x)$는 오차식이다. 또 $f'(x)$의 $y>0$인 부분은 기울기가 양(+)을 의미하므로 증가, $f'(x)$의 $y<0$인 부분은 기울기가 음(−)을 의미하므로 감소인 것을 알 수 있다.

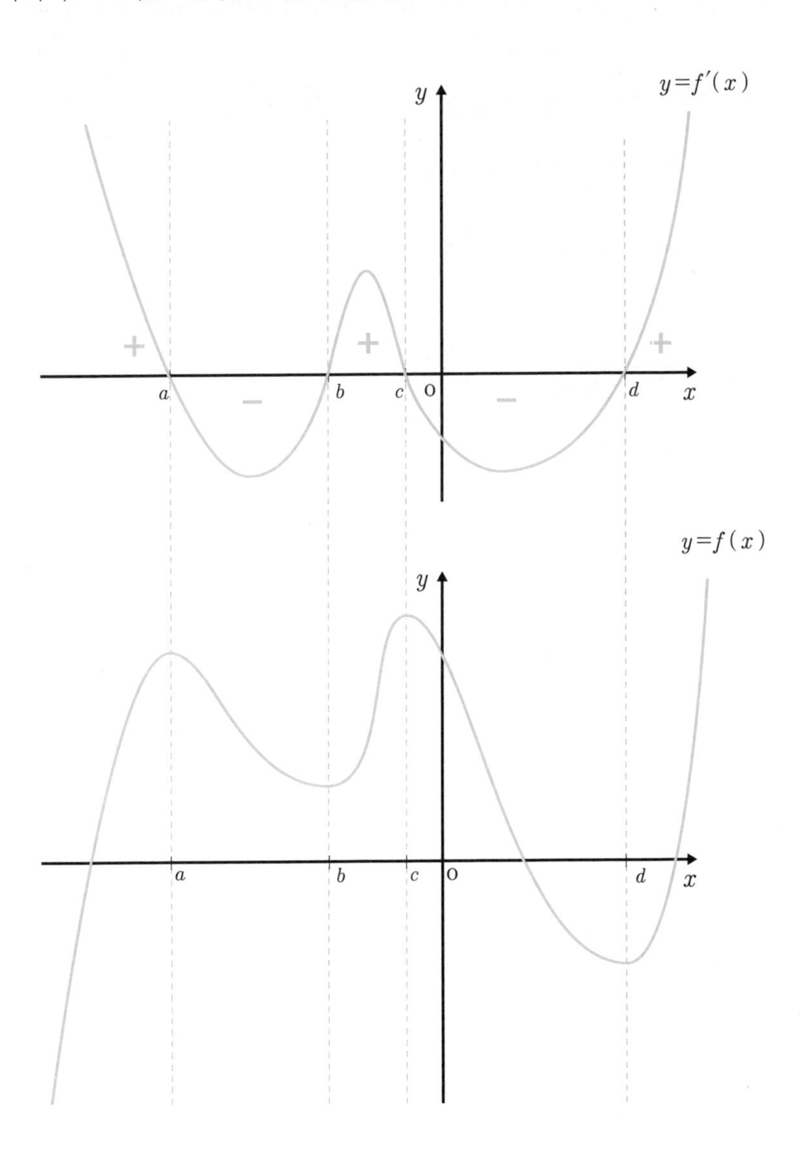

그래프에서 보는 바와 같이 $x=a$와 $x=c$에서 극댓점을, $x=b$와 $x=d$에서 극솟점을 가진다.

실력 Up

문제 $f(x)=ax^3+bx^2+cx+d$일 때 $x=-1$에서 극댓값 1, $x=1$에서 극솟값 2를 가진다고 한다. a, b, c, d를 구하시오.

풀이 $f(x)=ax^3+bx^2+cx+d$는 $x=-1, 1$에서 각각 극댓값 1과 극솟값 2를 가지므로,

$$f(-1)=-a+b-c+d=1 \quad \cdots ①$$
$$f(1)=a+b+c+d=2 \quad \cdots ②$$

$f(x)$의 도함수 $f'(x)=3ax^2+2bx+c$에서 $x=-1, 1$에서 극값 0을 가지므로,

$$f'(-1)=3a-2b+c=0 \quad \cdots ③$$
$$f'(1)=3a+2b+c=0 \quad \cdots ④$$

①의 식+②의 식은 $b+d=\frac{3}{2}$이 된다. ③의 식−④의 식은 $-4b=0$에서 $b=0$이다. 따라서 $b+d=\frac{3}{2}$에서 $d=\frac{3}{2}$. ①의 식에 $b=0$, $d=\frac{3}{2}$을 대입하면 $a+c=\frac{1}{2}$, ③의 식에 $b=0$을 대입하면 $3a+c=0$이며 이를 연립방정식으로 풀면, $a=-\frac{1}{4}$, $c=\frac{3}{4}$이다.

답 $a=-\frac{1}{4}$, $b=0$, $c=\frac{3}{4}$, $d=\frac{3}{2}$

극값의 그래프

극댓값과 극솟값 그래프를 그려볼 때는 증감표에 x, $f'(x)$, $f(x)$를 써넣는다. 그래프를 그리는 순서는 첫째, 미분하여 극솟점과 극댓점을 찾는다. 도함수의 그래프는 양(+)과 음(−)의 부호 변화가 중요하기 때문에 이것을 먼저 구하는 것이다. 둘째, 정의역의 양 끝점을 조사해본다. 다항함수의 미분은 그래프의 개형 파악이 되면 적당한 수를 넣어서 극점의 변화를 알 수도 있다. 그러나 초월함수는 적당한 수를 대입하는 것이 불가능하거나 그래프로 확인하는 번거로움이 있기 때문에 $\lim_{x\to\infty} f(x)$와 $\lim_{x\to-\infty} f(x)$를 확인하여 그래프를 그리는 것이 더 효과적이다. 특히 초월함수와 다항함수의 가감승제로 이루어진 복잡한 형태의 함수는 극한[limit]의 확인이 중요하다.

이를 확인하기 위해 $f(x)=-x^3-2x^2-x-2$의 그래프를 그려보자.

$f'(x)=-3x^2-4x-1=0$에서 $x=-1$ 또는 $-\frac{1}{3}$이다.

x	$-\infty$	$\cdots$	-1	$\cdots$	$-\frac{1}{3}$	$\cdots$	∞
$f'(x)$		$-$	0	$+$	0	$-$	
$f(x)$	∞	↘	-2	↗	$-\frac{50}{27}$	↘	$-\infty$

$f(-1)=-2$, $f\left(-\frac{1}{3}\right)=-\frac{50}{27}$이고, 증감표를 보고 그래프를 그릴 수 있다.

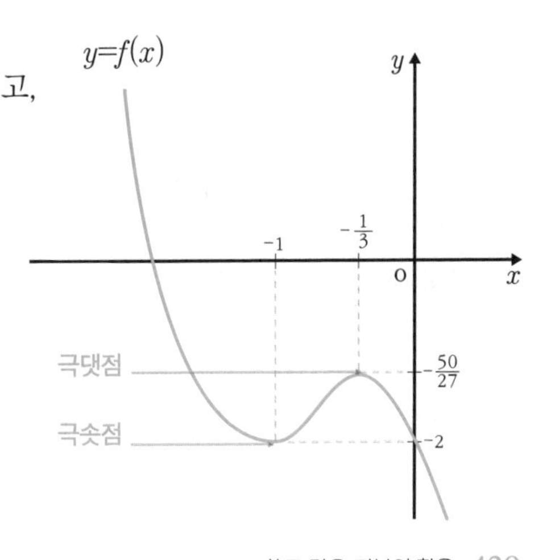

$f(x)=\frac{x}{e^x}$의 그래프를 그려보자. 우선 $f'(x)=\frac{e^x-xe^x}{e^{2x}}=\frac{1-x}{e^x}=0$ 여기서 $x=1$이다. 증감표를 그려보면 아래와 같다.

x	$-\infty$	$\cdots$	1	$\cdots$	∞
$f'(x)$		$+$	0	$-$	
$f(x)$	$-\infty$	$\nearrow$	$\frac{1}{e}$	$\searrow$	0에 수렴

$\lim_{x\to\infty}f(x)=\lim_{x\to\infty}\frac{x}{e^x}=0$, $\lim_{x\to-\infty}\frac{x}{e^x}=-\infty$, 원점을 지나는 것도 그래프에 나타낸다.

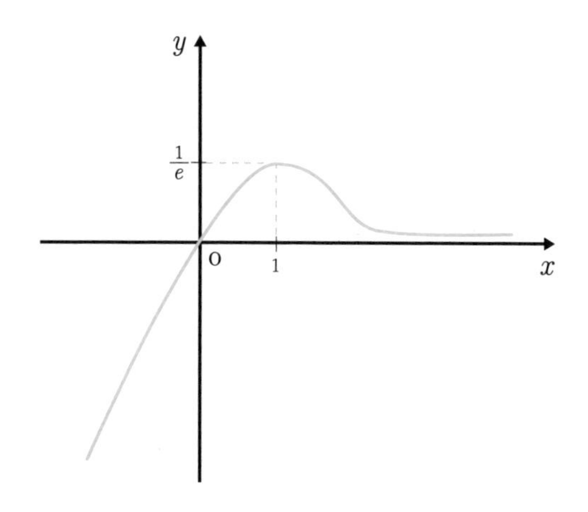

$x=1$일 때 극댓값 $\frac{1}{e}$을 가진다. 그리고 극솟값은 없다.

변곡점

변곡점은 미분을 두 번 했을 때 $f''(x)$의 어떤 점 $x=a$에서 변화가 없는 점, 즉 $f''(x)=0$인 점이다. 이는 극댓점과 극솟점 사이에 있는 점으로, 곡선의 볼록과 오목을 연결하는 전환점이다.

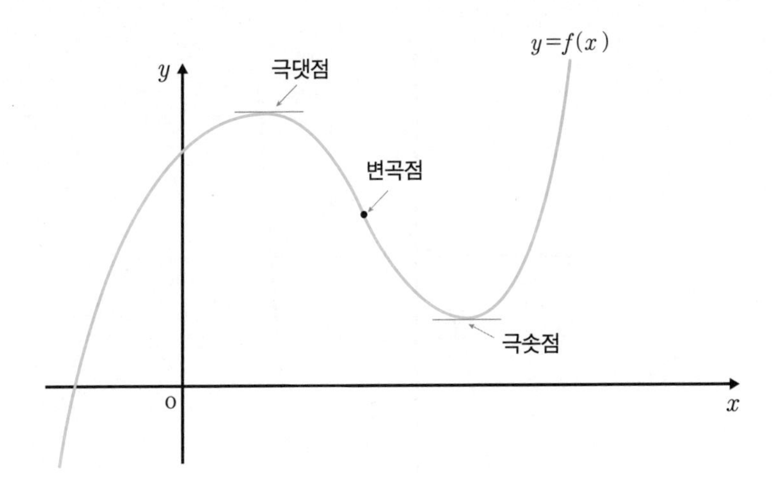

위의 그래프처럼 변곡점을 중심으로 극댓점은 위로 볼록이고 극솟점은 아래로 볼록이다.

변곡점은 극댓값과 극솟값의 검산에 필요한데 다음의 예제를 통해 확인해 보자.

$f(x)=x^5-5x^4+1$의 극점과 변곡점을 구하시오.

$f'(x)=5x^4-20x^3=5x^3(x-4)=0$에서 극댓점은 $x=0$, 극솟점은 $x=4$일 때이다. 변곡점은 두 번 미분하여 $f''(x)=20x^3-60x^2=20x^2(x-3)=0$에서 $x=0$ 또는 $x=3$이 대상이다. 그러나 $x=0$에서 극댓값이므로 변곡점이 될 수 없기 때문에 $x=3$이 되는 점이 변곡점이다. 증감표와 그래프는 다음과 같다.

x	$-\infty$	$\cdots$	0	$\cdots$	3	$\cdots$	4	$\cdots$	∞
$f'(x)$		+	0	−	−135	−	0	+	
$f''(x)$		−	0	−	0	+	320	+	
$f(x)$	$-\infty$	↗	1	↘	−161	↘	−255	↗	∞

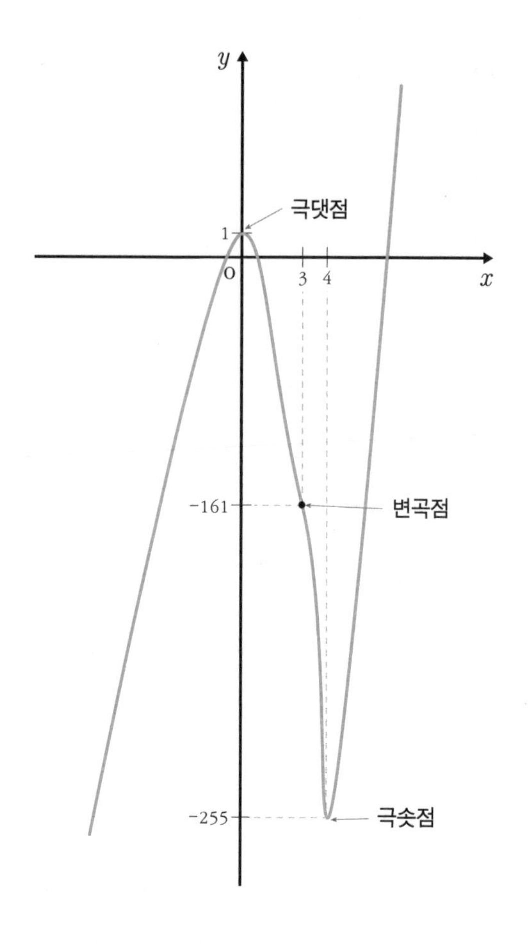

실력 Up

문제 $f(x)=x\ln x-x$의 극값을 조사하시오.

풀이 $f'(x)=\ln x=0$을 만족하는 $x=1$이다. 증감표를 나타내면 다음과 같다.

x	(0)	$\cdots$	1	$\cdots$	∞
$f'(x)$		$-$	0	$+$	
$f(x)$	(0)	↘	-1	↗	∞

$\lim_{x\to\infty} x\ln x - x = \infty$, $\lim_{x\to+0} x\ln x - x = \lim_{x\to+0} x(\ln x - 1) = 0$,

그래프는 다음과 같다.

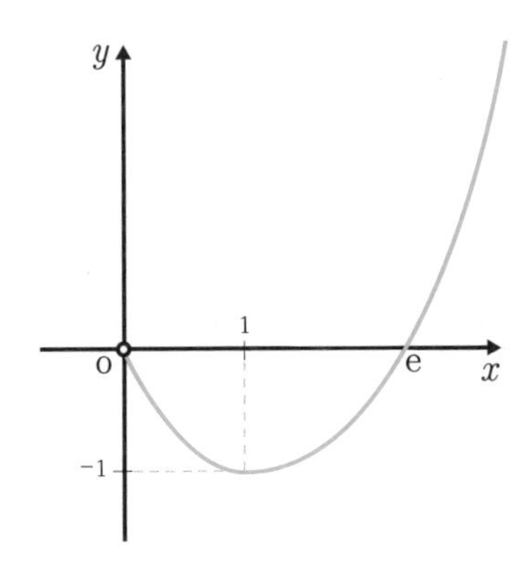

여기서 $x<0$일 때는 $f(x)=x\ln x-x$에서 자연로그의 진수 $x>0$이므로 고려하지 않는 것을 기억하고 그래프를 그려야 한다. 증감표에도 $x<0$의 증감은 기재할 필요가 없다. 따라서 극댓값은 없고 극솟값은 $x=1$일 때 -1이다.

답 극댓값은 없고, 극솟값 -1을 가진다.

로피탈의 정리

로피탈의 정리L' Hospital Theorem는 $x=a$를 포함하는 구간에서 미분이 가능한 함수 $f(x)$, $g(x)$에 대해 $\frac{g(a)}{f(a)}=\frac{\infty}{\infty}$ 또는 $\frac{0}{0}$ 이면 $\lim_{x\to a}\frac{g(x)}{f(x)}=\lim_{x\to a}\frac{g'(x)}{f'(x)}$가 성립하는 정리이다. 즉 $\frac{\infty}{\infty}$ 또는 $\frac{0}{0}$ 형태를 각각 분모, 분자를 미분하여 극한값을 구하는 것이 된다. 로피탈의 정리를 이용하면 극한값을 구하기 위해 분모, 분자를 여러 번 미분하는 것도 가능하다.

$\frac{0}{0}$ 형태의 예를 살펴보자. $\lim_{x\to 1}\frac{x^3-1}{x^2-1}$ 을 보면 분모, 분자가 0임을 알 수 있다. 극한값을 구하는 방법으로 계산하면,

$$\begin{aligned}\lim_{x\to 1}\frac{x^3-1}{x^2-1}&=\lim_{x\to 1}\frac{(x-1)(x^2+x+1)}{(x-1)(x+1)}\\&=\lim_{x\to 1}\frac{x^2+x+1}{x+1}\\&=\frac{3}{2}\end{aligned}$$

이 된다. 로피탈의 정리를 이용해 이 문제를 푼다면 분모, 분자에 미분을 한번 한다.

따라서 $\lim_{x\to 1}\frac{x^3-1}{x^2-1}\overset{\star}{=}\lim_{x\to 1}\frac{3x^2}{2x}=\frac{3}{2}$ 이다.

앞의 풀이방식보다 더 간단하다.

$\frac{\infty}{\infty}$ 형태도 풀어보자. $\lim_{x\to\infty}\frac{4x^2+2x}{2x^2+4x}$ 를 보면 분모, 분자가 ∞임을 알 수 있다. 따라서 분모, 분자에 두 차례 미분하면,

$$\lim_{x\to\infty}\frac{4x^2+2x}{2x^2+4x} \overset{\star}{=} \lim_{x\to\infty}\frac{8x+2}{4x+4}$$

$$\overset{\star}{=} \lim_{x\to\infty}\frac{8}{4}$$

$$=2$$

가 된다. 물론 극한값을 구하기 위해 분모의 최고차항 계수가 2이고, 분자의 최고차항 계수가 4이므로 2가 되기도 한다. 이는 로피탈의 정리를 이용해도 극한값이 나오는 예제인데 로피탈의 정리를 이용하면 식이 더 복잡해지고 극한값을 구하지 못하는 경우가 있다.

$\lim_{n\to\infty}\frac{6^n+5^n+4^n-3^n}{6^n-5^n-4^n-3^n}$ 은 $\frac{\infty}{\infty}$ 형태인 분모, 분자가 지수함수이다. 분모, 분자를 계속 미분하면, 다음과 같다.

$$\lim_{n\to\infty}\frac{6^n+5^n+4^n-3^n}{6^n-5^n-4^n-3^n}$$

$$\overset{\star}{=} \lim_{n\to\infty}\frac{6^n\ln 6+5^n\ln 5+4^n\ln 4-3^n\ln 3}{6^n\ln 6-5^n\ln 5-4^n\ln 4-3^n\ln 3}$$

$$\overset{\star}{=} \lim_{n\to\infty}\frac{6^n(\ln 6)^2+5^n(\ln 5)^2+4^n(\ln 4)^2-3^n(\ln 3)^2}{6^n(\ln 6)^2-5^n(\ln 5)^2-4^n(\ln 4)^2-3^n(\ln 3)^2}$$

$$\overset{\star}{=} \cdots$$

로피탈의 정리를 이용했더니 더욱 복잡한 지수함수가 되고 극한값을 구할 수 없다. 따라서 이런 문제는 분모, 분자를 6^n으로 나누어서 풀어야 한다.

$$\lim_{n\to\infty}\frac{6^n+5^n+4^n-3^n}{6^n-5^n-4^n-3^n}=\lim_{n\to\infty}\frac{1+\left(\frac{5}{6}\right)^n+\left(\frac{4}{6}\right)^n-\left(\frac{3}{6}\right)^n}{1-\left(\frac{5}{6}\right)^n-\left(\frac{4}{6}\right)^n-\left(\frac{3}{6}\right)^n}=1$$

로피탈의 정리는 계산의 간단함으로 사용할 수 있지만 계산과정에서 딜레마에 빠트려 오류를 낳는 단점도 있다. 따라서 무작정 사용하는 것보다는 극한값의 검토를 할 때 사용하는 것이 현명하다.

최댓값과 최솟값의 미분

최댓값과 최솟값의 미분은 함수의 극값에 정의역의 범위를 정한 것이다. 다음의 그래프를 보자.

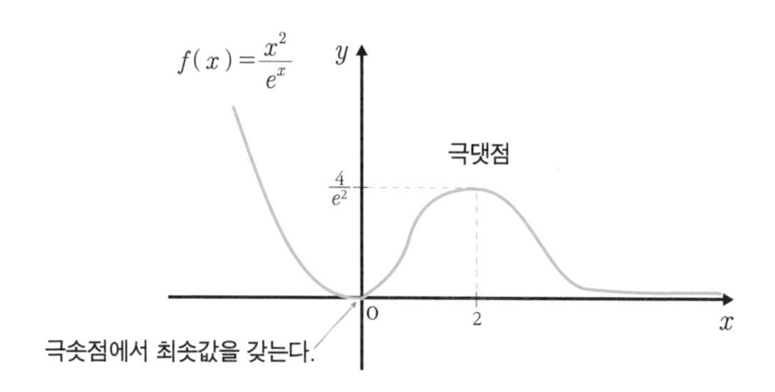

$f(x)=\frac{x^2}{e^x}$ 그래프에서 극댓값과 극솟값은 하나씩 있다. 정의역 x에 대하

여 [$-\infty$, ∞]의 범위에서는 극솟값이 가장 낮은 값인 최솟값이다. 원점일 때가 가장 낮은 값이 되는 것이다. 최댓값은 없다. 무한대로 가기 때문이다.

또 닫힌 구간 [a, b]를 정하면 최댓값과 최솟값을 구할 수 있다. 아래의 그래프는 최댓값과 최솟값을 나타낸 것이다.

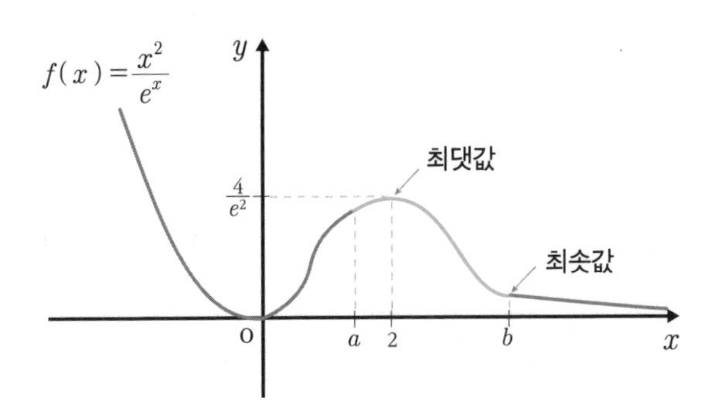

색칠한 구간의 곡선은 닫힌 구간 [a, b]에서 최댓값과 최솟값을 나타낸 것이다. 이처럼 닫힌 구간 [a, b]에서는 최댓값과 최솟값을 구할 수 있다.

$f(x)=\frac{x}{e^x}$ 의 그래프를 보자.

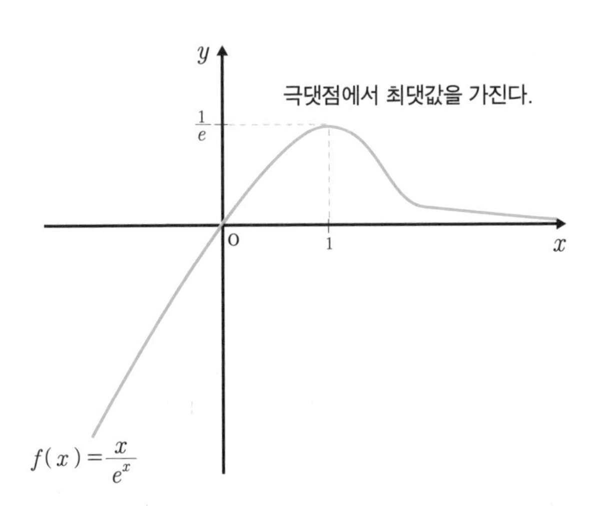

극솟값은 없으며 극댓값은 있다. 그리고 이것이 곧 최댓값이 된다. 닫힌 구간 $[a, b]$의 범위가 주어지면 오른쪽과 같이 나타낸다.

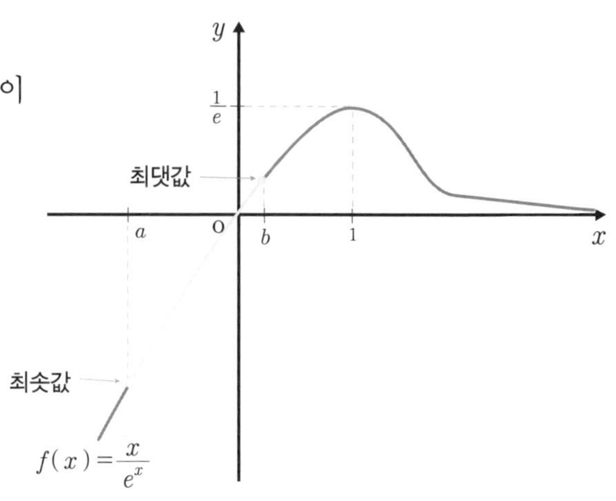

닫힌 구간 $[a, b]$의 범위가 주어지면 극댓값이 최댓값이 되는 것이 아니라 색칠한 구간의 가장 위에 위치한 $x=b$인 점이 최댓값임을 알 수 있다. 그리고 최솟값도 $x=a$인 점이다.

속도 가속도의 미분

물리에서 운동을 한다는 것은 이동하는 것을 말한다. 수학은 이를 조금 더 구체화해 운동을 했을 때 직선운동인지 평면운동인지 공간운동인지에 대해 수리적으로 나타낸다. 이 단원에서는 위치를 미분하면 속도로, 속도를 미분하면 가속도가 되는 원리를 설명할 것이다.

점 P를 나타내는 좌표는 $\mathrm{P}(x)$로 표시하며 x는 좌표 또는 위치이다. x가 변하는 것은 물체가 이동한다는 것을 의미한다. 즉, 물체운동은 시간에 대한 함수화이다. 예를 들어 원점 $(0, 0)$을 시작으로 1초 후에 점 $(1, 1)$, 2초 후에 점 (2, 8), 3초 후에 점 (3, 27)로 이동한다면 '물체의 위치=시간에 따른 이동'이 되어 $x=f(t)$로 나타낸다. 따라서 $x=t^3$이다.

한편 $x=f(t)$에서 $t=a$일 때 위치는 $f(a)$, $t=b$일 때 $f(b)$이다. 그런데 이렇게 이동을 하면 앞으로 간 것인지 뒤로 간 것인지 구별이 되지 않는다. 이를 구별하기 위해 변위를 사용한다. 변위는 '나중 위치−처음 위치'로 구할 수 있다. 다음 수직선을 보자.

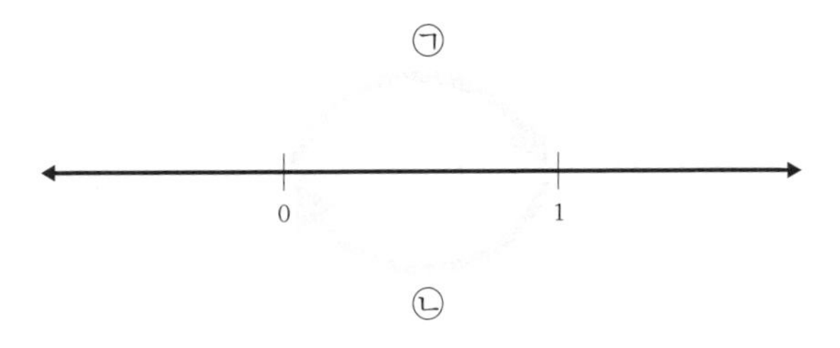

㉠은 0에서 1로 이동한 것을 말하며 변위는 1−0=1이므로 정방향으로 간 것이다. ㉡은 1에서 0으로 이동한 것으로 변위는 0−1=−1, 따라서 역방향으로 간 것이다. 이처럼 변위는 정방향正方向인지 역방향逆方向인지를 구별하는 기준이 된다.

때문에 속도$=\dfrac{\text{변위}}{\text{걸린 시간}}$이며, 속력은 |속도|이다. 속도는 변위에 정비례하지만 양(+)의 부호, 음(−)의 부호를 가지며, 속력은 양(+)의 부호만 가진다. 그러므로 속도가 더 정확한 위치의 방향을 나타낸다고 볼 수 있다.

$t=a$부터 $t=b$까지 평균속도$=\dfrac{f(b)-f(a)}{b-a}$이다. 이것은 평균변화율과 같다. 또 $t=a$에서 순간속도$=\lim\limits_{h\to 0}\dfrac{f(a+h)-f(a)}{h}=f'(a)$이다. 이것은 순간변화율과 같다. 그리고 일반적으로 순간속도$=\lim\limits_{h\to 0}\dfrac{f(t+h)-f(t)}{h}=f'(t)$로

나타낸다.

이를 토대로 위치함수와 속도, 가속도의 구하는 공식을 나타내면 다음과 같다.

위치함수		속도		가속도
$x=f(t)$	미분하면 →	$v=f'(t)$	미분하면 →	$a=f''(t)$

원점을 출발하여 수직선 위를 움직이는 점 P의 t초 후 위치는 t^3-10t^2+16t이다. 이 함수에서 점 P가 마지막으로 원점을 통과할 때의 속도를 구할 수 있을까?

위치함수 $x=t^3-10t^2+16t$로, 미분해 속도 $v=3t^2-20t+16$으로 나타낼 수 있다. 점 P가 마지막으로 원점을 통과할 때를 구하려면 $x=t^3-10t^2+16t=0$으로 놓고 푼다.

$$t^3-10t^2+16t=0$$

인수분해하면

$$t(t-2)(t-8)=0$$

$t=0$ 또는 2 또는 8이다. 여기서 $t=8$일 때 마지막으로 원점을 통과한다.

이에 따라 $v_{t=8}=3\cdot 8^2-20\cdot 8+16=192-160+16=48$이다. 따라서 8초 후 속도는 48이 된다.

이번에는 속도를 미분하여 가속도를 구해보자.

$a=6t-20$의 식이 나온다. 가속도가 10일 때 시각을 알고 싶으면 $a=10$을 대입한다. 이에 따라 $10=6t-20$이며 $t=5$이다. 따라서 점 P의 위치는

t^3-10t^2+16t에 5를 대입하여 -45가 된다.

수직선 위를 움직이는 두 점 P, Q의 시각이 t일 때 위치는 $P(t)=\frac{2}{3}t^3+2t+\frac{4}{3}$, $Q(t)=10t-7$이다. 두 점 P, Q의 속도가 같아지는 순간 두 점 P, Q 사이의 거리를 구하라는 문제가 있다면 위치함수를 각각 미분한다.

$$v_P=2t^2+2,\ v_Q=10$$

속도가 같으므로 $v_P=v_Q$로 놓으면

$$2t^2+2=10$$

$$2t^2=8$$

$t=\pm 2$이며 $t>0$이므로 $t=2$이다.

$P(2)=\frac{32}{3}$, $Q(2)=13$이므로 $Q(2)-P(2)=\frac{7}{3}$이다.

PART 5

적분

적분의 역사

적분은 고대에 원을 비롯한 곡선으로 둘러싸인 도형의 넓이나 입체의 부피를 구해야 할 필요성에서 생겨났다. 예를 들어 배를 만들 때는 배의 유선형에 입각하여 곡선으로 둘러싸인 도형의 넓이나 곡면으로 둘러싸인 도형의 부피를 구해야 한다. 또 미분과 달리 적분은 움직이지 않는 도형에 관한 연구이기 때문에 오래전부터 활발히 연구되어왔다.

적분의 시작은 그리스의 철학자이자 수학자인 안티폰Antiphon, B.C 480~411과 에우독소스Eudoxos, B.C 408~355의 착출법으로, 착출법搾出法은 그리스의 철학자이자 수학자인 브리슨Brison이 창안했다. 도형의 넓이를 구하기 위해 어떤 양을 $\frac{1}{2}$이하의 비율로 점점 줄여나가면 어떤 임의의 양수보다 작게 할 수 있다는 착출법은 아주 기발한 방법이었다.

안티폰은 원 안의 다각형의 변의 수를 늘리면 그 다각형이 원에 가까워져서 원의 넓이를 구할 수 있다고 생각했다. 고대 그리스의 철학자인 아르키메데스[Archimedes, B.C 287~212]는 이를 증명하고 구분구적법을 정의하여 실제로 구의 부피와 겉넓이를 계산함으로써 적분은 진일보했다.

4세기경 중국의 조항지는 적분법을 사용해 두 권으로 이루어진 《철술》을 저술했다. 14세기에는 프랑스의 오렘[N.Oresme, 1320~1382]이 과학과 연계하여 등가속도와 속도의 차이를 인식하고, 등가속도로 움직이는 물체가 이동한 거리를 연구하면서 속도는 동일한 시간 간격 동안 동일한 양으로 증가하는 것을 알아냈다. 케플러[J.Kepler, 1571~1630]는 태양과 궤도 위의 무한한 두 점을 꼭짓점으로 하는 무한히 작은 삼각형이 넓이를 이루는 것을 알아냄으로써 적분 발전에 큰 기여를 했다. 카발리에리[B.Cavalieri, 1598~1647]는 정적분의 기초를 세웠으며, 특히 적분법의 일종인 불가분량법은 유명하다.

17세기에 이르러 적분에 대한 연구는 더욱더 활발해졌다. 도형의 넓이를 사각형화하여 구한 이는 페르마[P.Fermat, 1601~1665]로, 구분구적법을 정리함과 동시에 곡선 아래의 넓이를 구체적으로 구하는 법도 증명했다. 리만[G.W.B Riemann, 1826~1866]은 리만 적분을 정의했으며 물리학에 영향을 주었다. 토리첼리[E. Torricelli, 1608~1647], 배로우[I. Barrow, 1630~1677]는 다항함수를 연구했다. 토리첼리는 무한소 개념을 도입해 포물선의 일부의 넓이를 계산하는 방법을 창안했으며 극한을 도입하고 적분을 통해 가속도, 속도, 거리의 관계를 증명했다.

또 뉴턴[I.Newton, 1642~1727]과 라이프니츠[G.W.V Leibniz, 1646~1716]의 적분 연구는 풍성한 에피소드와 함께 적분 발전에 크게 기여했다. 그중 뉴턴의 업적으로 손꼽히는 것은 물리학의 운동과 속도를 적용한 적분 연구와 유리함수에 관한 적분 연구이다. 라이프니츠는 현대 적분의 기호인 인티그럴($\int$)을 사용해 적분의 계산을 정형화했다.

뉴턴과 라이프니츠는 적분 연구 결과를 놓고 누가 먼저인지에 대한 감정적 대립을 했지만 사실 그들의 연구에는 차이가 있었다. 뉴턴은 무한급수에 관한 적분과 과학의 물체에 대한 운동, 속도를 연구한데 비해, 라이프니츠는 멱급수의 적분을 연구했으며 과학 분야에서 이룬 그의 업적이라면 수학적 표기에 불과했다. 반면에 이들 연구의 공통점이라면 넓이와 부피에 관한 적분을 활발히 연구했다는 점이다.

코시A.L.Cauchy, 1789~1857에 의해 적분은 현대 수학에 근접한 정리가 완성된다. 특히 극한, 연속 개념으로 적분의 원리를 개발한 것은 그의 최대 업적으로, 복소해석학에서 코시 적분 정리는 유명하다. 프랑스의 수학자 르베그H.L Lebesgue, 1875~1941는 측도론과 르베그 적분을 정의했다. 이것은 리만 적분과 함께 적분의 새로운 발견으로 인정받고 있다.

고대 이집트와 그리스를 시작으로 오랜 세월 수많은 수학자들이 적분을 연구해온 이유는 단순하다. 배를 만들어 교역을 하고 다리를 건설하거나 오븐요리를 꺼낼 때 안전한 손잡이 위치를 결정하는 등 일상생활에 필요한 다양한 분야의 구체적 실현을 위해 적분이 필요하기 때문이다. 따라서 적분은 시작이 어렵더라도 배우면 우리가 원하는 미래를 위한 투자가 될 수도 있고 배우면 배울수록 익숙해지는 재미있는 학문이다.

미분보다 먼저 시작된 적분

적분은 한자어로 積分이며 나누어서 쌓는다는 의미이다. 넓이와 부피를 구하는 것과 그래프를 분석하는 것도 적분에 포함된다. 적분은 고정된 도형을 주로 구하기 때문에 미분보다는 오래전부터 연구됐다. 반대로 미분은 순간변화율을 구하기 때문에 움직이는 것을 구한다.

초등학교 삼학년 교육과정에는 삼각형의 넓이를 구하는 공식이 있다. 삼각형의 밑변의 길이와 높이를 안다면 이 공식을 이용해 금방 풀 수 있다.

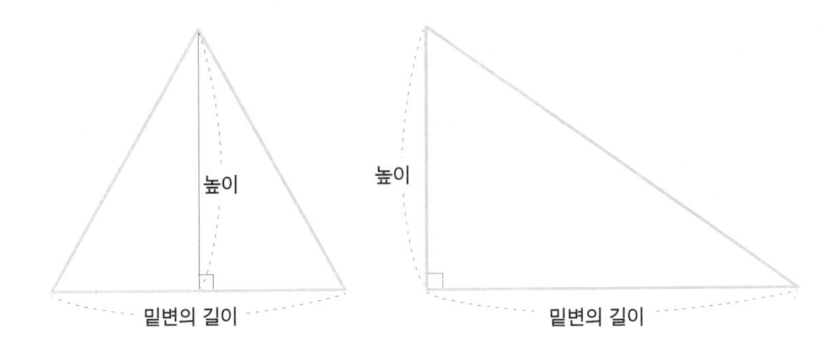

적분의 시작은 이처럼 도형의 넓이를 구하는 것부터이다. 그런데 도형은 삼각형만 있는 것이 아니다. 사각형은 두 개의 삼각형으로 나눌 수 있는데 이는 사각형을 두 개의 삼각형으로 쪼개어 구할 수 있다는 의미이다. 그리고 이는 적분이라고 할 수 있다. 적분의 본래 의미는 도형을 쪼갠 후 다시 합하여 계산하는 것이다.

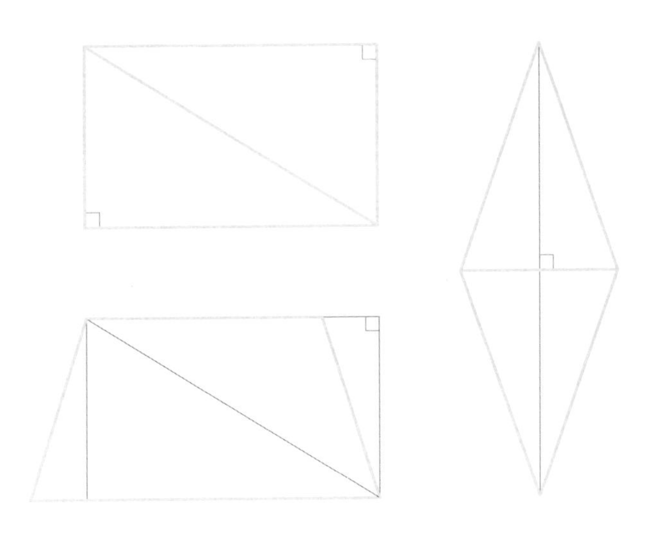

사각형을 두 개의 삼각형으로 나누어서 구할 수 있다

즉 공식에 의지하지 않고서도 두 개의 삼각형으로 나누어 구할 수 있는 것이다. 이것은 오각형을 비롯해 도형이 계속 커지더라도 같다.

그렇다면 원은 어떤 방법으로 넓이를 구할 수 있을까?

원 안에 변의 수가 계속 증가하는 정다각형을 생각해보자.

다음 그림처럼 원 안에 있는 정다각형을 계속 늘리면 정다각형의 넓이는 원에 가까워진다.

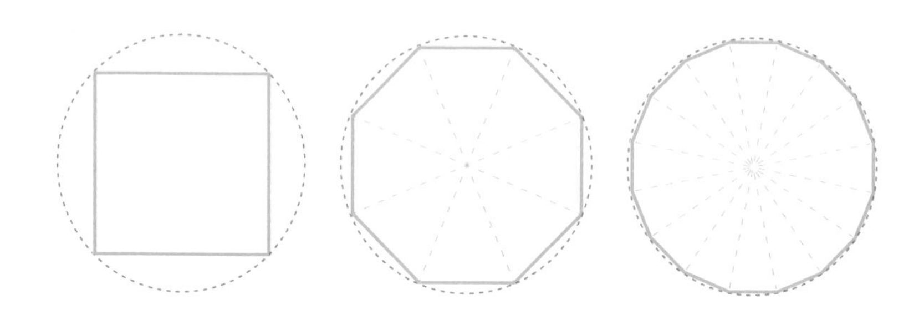

각이 여러 개인 도형일수록 그 도형이 원에 가까워진다는 이러한 내용은 고대부터 계속 연구되어왔다. 따라서 넓이에 관한 적분은 긴 역사를 가지고 있다. 중학교 과정에 나오는 원의 넓이가 πr^2인 것도 적분을 통해 증명할 수 있다. 구의 부피가 $\frac{4}{3}\pi r^3$인 이유와 구의 겉넓이가 $4\pi r^2$인 이유도 적분을 이용해 증명할 수 있다.

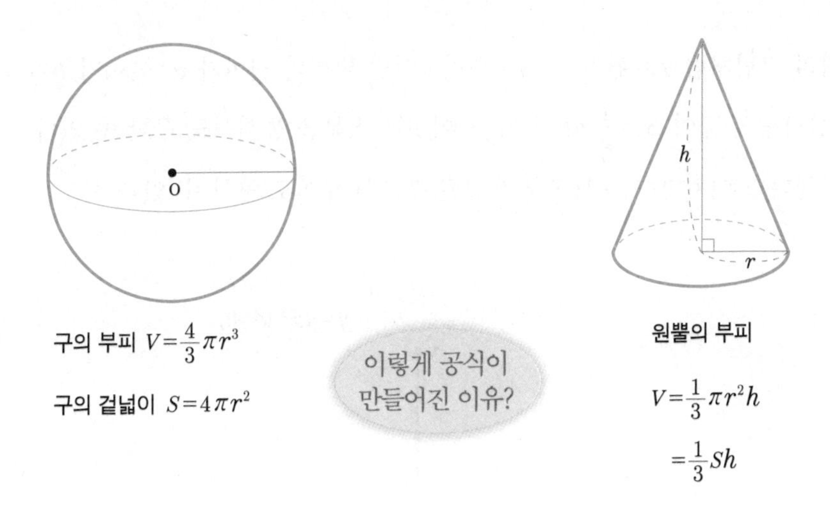

적분을 통해 입체도형의 부피와 겉넓이를 구하는 식을 유도해본다면 도형을 더 깊이 이해할 수 있다. 또한 보다 복잡한 도형도 적분을 통해 부피와 넓이를 구할 수 있다.

속도와 가속도, 위치 역시 그래프를 통해 더 잘 알 수 있다. 뿐만 아니라 함수의 그래프를 적분할 수도 있다. 일차함수는 일반적으로 x절편과 y절편을 정하면 밑변의 길이와 높이를 알 수 있다.

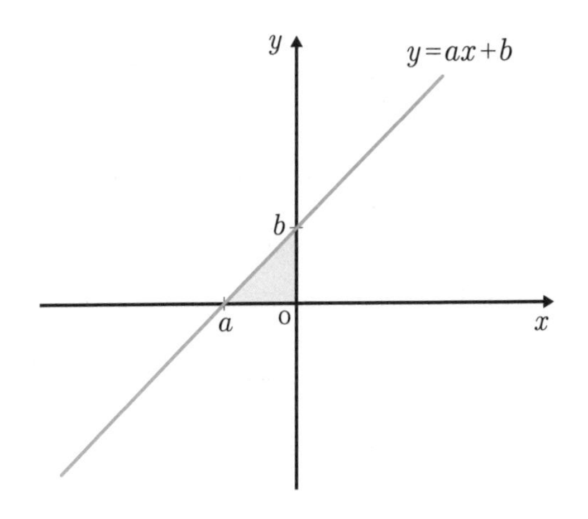

위의 그림처럼 x절편이 a, y절편이 b이면 밑변의 길이가 a, 높이가 b가 되어 삼각형의 넓이 $S=\frac{1}{2}ab$가 된다. 이것은 적분을 통해서도 구할 수 있다.

그렇다면 이차함수 그래프의 색칠된 부분의 넓이도 구할 수 있을까?

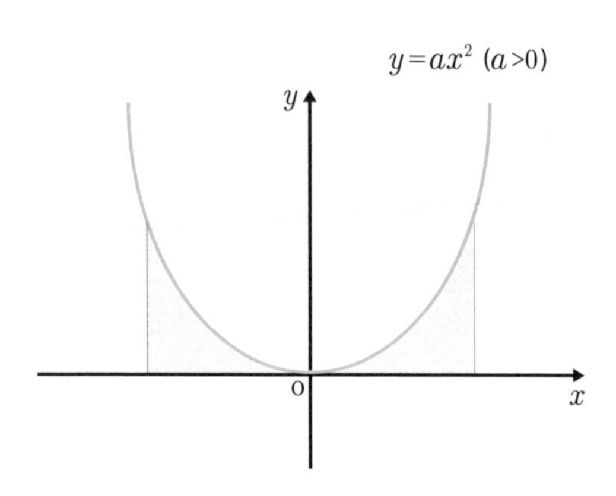

지금은 불가능하다. 색칠된 부분은 공식이 있는 것이 아니고 포물선도 원이 아니기 때문에 구하는 공식도 없기 때문이다. 따라서 넓이를 구하려고 한다면 적분을 이용해야 한다. 그래프의 식과 적분 구간을 알면 적분할 수 있으므로 적분 식을 적용하면 문제를 해결할 수 있다.

적분 구간이 정해지지 않은 적분을 부정적분 indefinite integral, 범위가 주어진 적분을 정적분 definite integral이라 하며 이는 좁은 의미에서 적분을 분류한 것이다. 부정적분을 계산할 줄 알면 정적분은 쉽게 풀 수 있다.

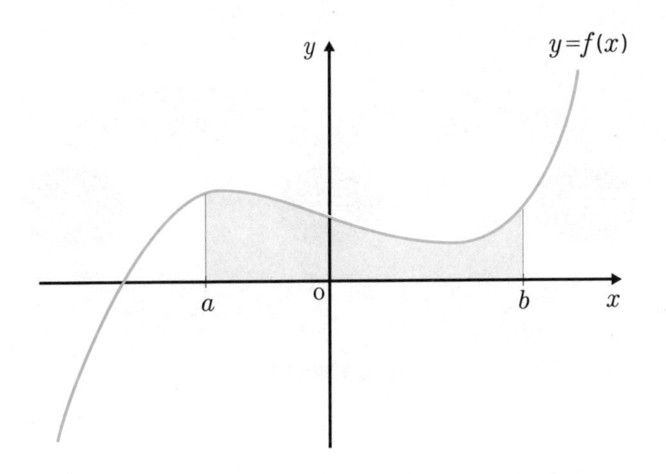

그림처럼 색칠된 부분의 넓이도 적분을 통해 구할 수 있다. 이런 경우 그래프 아래의 색칠된 부분의 넓이를 함수를 통해 적분하면 된다.

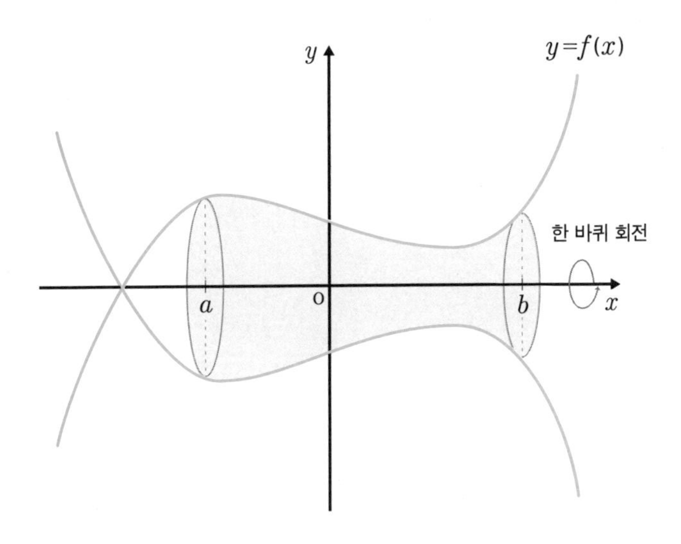

한 바퀴를 회전하면 부피 또한 구할 수 있다. 적분은 이처럼 넓이와 부피를 구할 때 폭넓게 쓰인다.

미분과 거리, 속도, 가속도의 관계는 다음과 같다.

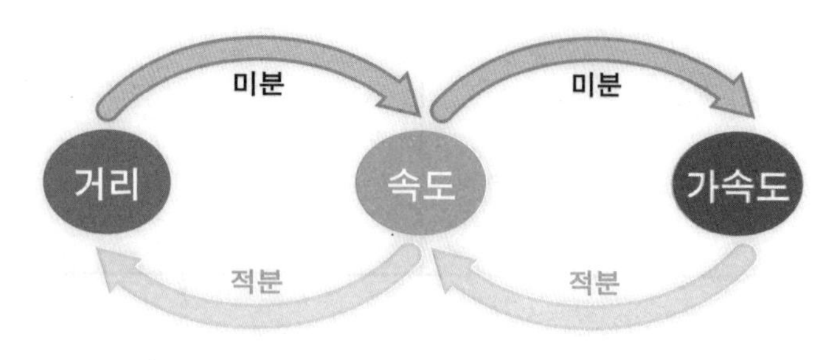

미분과 적분 관계

그림을 살펴보면 알 수 있듯 미분과 적분은 거리, 속도, 가속도가 반대 관계이다. 가속도를 적분하면 속도가, 속도를 적분하면 거리가 되는 것이다. 단 적분할 때는 적분상수 C가 붙는다. 적분은 미분과 반대로 계산이 되어서 뉴턴은 적분을 역미분逆微分이라고도 했다.

1장 적분의 기본! 부정적분

부정적분indefinite integral은 적분에서 가장 기본으로 알아야 할 부분이다. 일차 방정식을 풀기 위해서는 문자와 식을 학습하고 단항식과 다항식을 계산할 수 있어야 한다. 그리고 이차방정식은 인수분해를 할 수 있어야 하듯 부정적분도 적분을 하기 위한 계산의 초기 단계이므로 반드시 알아야 한다. 적분의 계산이 가능해야 다음 단계인 정적분으로 나아가고 계속해서 응용을 할 수 있기 때문이다.

부정적분

함수 $F(x)$의 도함수를 $f(x)$로 할 때 $F'(x)=f(x)$이다. 이때 $F(x)$를 $f(x)$의 부정적분 또는 원시함수라 한다. 기호로는 $\int f(x)\,dx$로 나타낸다. $f(x)$는 피적분함수이며, x는 적분변수이다.

여기서 $\int$은 sum의 약자인 s를 나타내며, 인티그럴integral로 읽는다.

그리고 $f(x)$의 부정적분 중 하나를 $F(x)$로 하면,

$\int f(x)\,dx = F(x) + C$ (단 C는 적분상수)가 된다. 부정적분은 C가 정해지지 않고 적분 구간도 주어지지 않는다.

이제 부정적분과 미분의 관계에 대해 알아보자.

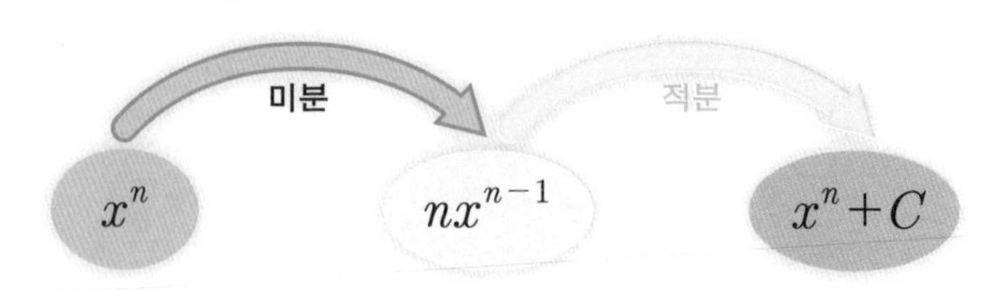

$f(x)$를 x^n으로 할 때 미분하면 nx^{n-1}이다. 거꾸로 nx^{n-1}을 적분하면 $x^n + C$이다. 이것은 계산을 할 때 미분과 적분은 반대관계라는 것을 알려준다. 만약 x^n을 적분하면 어떻게 될까? 이때는 $\frac{1}{n+1}x^{n+1} + C$가 된다.

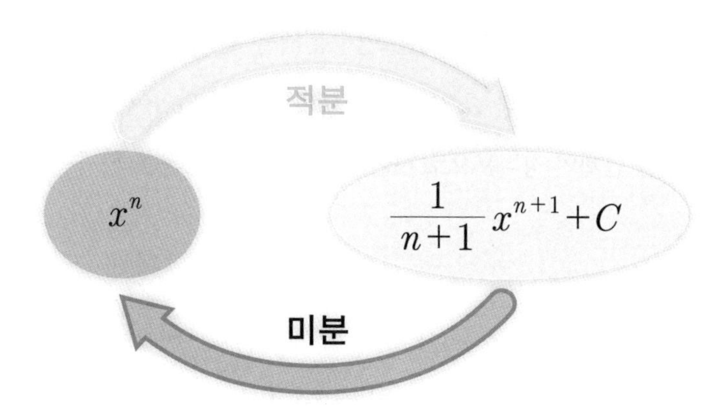

그렇다면 $\frac{1}{n+1}x^{n+1} + C$를 미분하면 x^n이 아니라 $x^n + C$일까? 그에 대한 답변은 다음과 같다.

C는 적분상수이다. 적분상수는 미분하면 0이 된다.

따라서 $\frac{1}{n+1}x^{n+1}+C$을 미분하면 x^n이며 이를 적분하면,

$\frac{1}{n+1}x^{n+1}+C$가 되어야 한다.

다음은 부정적분에서 기억해두면 편리한 성질이다.

두 함수 $f(x)$, $g(x)$에 대해

(1) $\int kf(x)=k\int f(x)\,dx$ (단 k는 실수)

(2) $\int \{f(x)+g(x)\}dx=\int f(x)\,dx+\int g(x)\,dx$

(3) $\int \{f(x)-g(x)\}dx=\int f(x)\,dx-\int g(x)\,dx$

이에 대해 증명해보자.

$F(x)=\int f(x)\,dx$, $G(x)=\int g(x)\,dx$로 하면,

$F'(x)=f(x)$, $G'(x)=g(x)$이므로

(1) 임의의 실수 k에 대해 $\{kF(x)\}'=kF'(x)=kf(x)$

$\therefore \int kf(x)\,dx=kF(x)=k\int f(x)\,dx$

(2) $\{F(x)+G(x)\}'=F'(x)+G'(x)=f(x)+g(x)$

(3) $\{F(x)-G(x)\}'=F'(x)-G'(x)=f(x)-g(x)$

$f(x)=2x+1$를 통해 이 내용이 맞는지 살펴보자. 이 식을 부정적분하면,

$$\int f(x)\,dx = \int (2x+1)\,dx$$
$$= \int 2x\,dx + \int 1\,dx$$
$$= 2\int x\,dx + \int 1\,dx$$
$$= 2\cdot\frac{1}{2}x^2 + x + C$$
$$= x^2 + x + C$$

부정적분 계산을 검토하는 방법은 적분계산한 식을 다시 미분하여 인티그럴 안의 피적분함수가 되는지 확인하는 것이다.

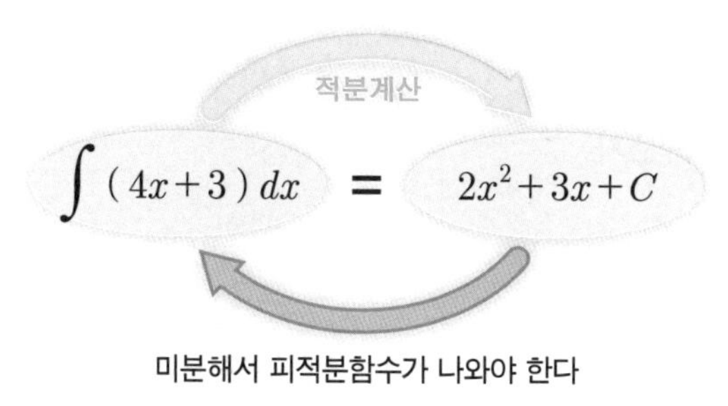

즉 우변의 이차식 $2x^2+3x+C$가 피적분함수 $4x+3$이 되는지 검토하는 것이 중요하다.

실력 Up

문제1 $\int (5x^2+2x+1)\,dx$를 계산하시오.

풀이 $\int (5x^2+2x+1)\,dx = \int 5x^2 dx + \int 2x\,dx + \int 1dx$

$$= \frac{5}{3}x^3 + x^2 + x + C$$

답 $\frac{5}{3}x^3 + x^2 + x + C$

문제2 $\int \frac{x^3}{x+1}\,dx + \int \frac{1}{x+1}\,dx$를 계산하시오.

풀이 $\int \frac{x^3}{x+1}\,dx + \int \frac{1}{x+1}\,dx = \int \frac{x^3+1}{x+1}\,dx$

$$= \int \frac{\cancel{(x+1)}(x^2-x+1)}{\cancel{x+1}}\,dx$$

$$= \int (x^2-x+1)\,dx$$

$$= \frac{1}{3}x^3 - \frac{1}{2}x^2 + x + C$$

답 $\frac{1}{3}x^3 - \frac{1}{2}x^2 + x + C$

Check Point

적분 계산에서 삼차식의 인수분해가 필요할 때가 있다. 따라서 기억하는 것이 문제해결에 빠르다.

(1) $a^3+b^3=(a+b)(a^2-ab+b^2)$

(2) $a^3-b^3=(a-b)(a^2+ab+b^2)$

(3) $a^3+b^3+c^3-3abc$

$=(a+b+c)(a^2+b^2+c^2-ab-bc-ca)$

(4) $a^3+b^3+c^3-3abc$

$=\frac{1}{2}(a+b+c)\{(a-b)^2+(b-c)^2+(c-a)^2\}$

문제 **2**에서는 (1)번 삼차식의 인수분해가 쓰였다.

부정적분에서 $\int(ax+b)^n dx$의 공식

부정적분에서 $\int(2x+1)^2dx$는 전개하면서 풀면 어렵지 않다. 그러나 $\int(2x+1)^5dx$는 금방 풀기가 어렵고 전개를 하다가 틀릴 수도 있다. 하물며 $\int(6x+5)^7dx$를 풀어보려면 검산을 해도 시간이 꽤 걸린다. 그렇다면 이것을 더 빨리 정확하게 풀 수 있는 공식은 없을까?

물론 있다. 하지만 피적분함수의 괄호 안 식이 일차식일 때만 성립한다.

$\int(ax+b)^n dx=\frac{1}{a}\cdot\frac{1}{n+1}(ax+b)^{n+1}+C$(단 $a\neq0$, n은 자연수)이 그 공식이다. 이제 이것을 증명해보자.

$$\int(ax+b)^n dx=\frac{1}{a}\cdot\frac{1}{n+1}(ax+b)^{n+1}+C$$

양변을 미분하면

$$\frac{d}{dx}\int(ax+b)^n dx=\frac{1}{a}\cdot\frac{1}{n+1}\cdot(n+1)(ax+b)^n\cdot a$$

$$(ax+b)^n=\frac{1}{a}\cdot\frac{1}{n+1}\cdot(n+1)(ax+b)^n\cdot a$$

a와 $(n+1)$끼리 약분하면

$$(ax+b)^n=(ax+b)^n$$

좌변과 우변의 식이 같으므로 이 공식은 성립한다.

그렇다면 $\int(2x+3)^7 dx$를 풀어보자.

$$\int(2x+3)^7 dx=\frac{1}{2}\cdot\frac{1}{8}\cdot(2x+3)^8+C=\frac{1}{16}(2x+3)^8+C$$

부분분수의 부정적분

분수함수식을 적분할 때 부분분수식을 접할 때가 있다. 부분분수식은 $\frac{1}{A\cdot B}=\frac{1}{B-A}\left(\frac{1}{A}-\frac{1}{B}\right)$이다. 이 식이 도출되는 방법은

$$\frac{1}{1\cdot2}=\frac{1}{2-1}\left(\frac{1}{1}-\frac{1}{2}\right)=\frac{1}{2}$$

$$\frac{1}{2\cdot3}=\frac{1}{3-2}\left(\frac{1}{2}-\frac{1}{3}\right)=\frac{1}{6}$$

$$\frac{1}{3\cdot 4}=\frac{1}{4-3}\left(\frac{1}{3}-\frac{1}{4}\right)=\frac{1}{12}$$

$$\vdots$$

이다.

식을 계속 전개하면 $\frac{1}{A\cdot B}=\frac{1}{B-A}\left(\frac{1}{A}-\frac{1}{B}\right)$의 규칙이 나옴을 알 수 있다.

$\int\frac{1}{x(x+1)}\,dx$를 풀어보자.

$\int\frac{1}{x(x+1)}\,dx$에서 먼저 $\frac{1}{x(x+1)}$을 부분분수식으로 해결한 후 적분함수를 구해야 한다.

$$\frac{1}{x(x+1)}=\frac{1}{(x+1)-x}\left(\frac{1}{x}-\frac{1}{x+1}\right)=\frac{1}{x}-\frac{1}{x+1}\text{ 이며,}$$

$$\int\left(\frac{1}{x}-\frac{1}{x+1}\right)dx=\ln|x|-\ln|x+1|$$

$$=\ln\left|\frac{x}{x+1}\right|+C$$

여기서 $\int\frac{1}{x}\,dx$와 $\int\frac{1}{x+1}\,dx$는 각각 $\ln|x|$, $\ln|x+1|$이 됨을 유의한다.

삼각함수의 부정적분 공식

삼각함수의 부정적분은 미분법으로 증명할 수 있다. 공식이 있더라도 양변을 미분해 성립여부를 판단하는 것이다. 미분의 증명은 극한을 이용했지만 적분은 이미 성립된 미분 공식을 이용하기 때문에 편리하다. 그리고 삼각함수는 부정적분뿐만 아니라 적분에서 도형의 넓이와 부피를 구할 때 많이 필요하므로 항상 기억해야 한다.

(1) $\int \sin x\,dx = -\cos x + C$

(2) $\int \cos x\,dx = \sin x + C$

(3) $\int \tan x\,dx = \ln|\sec x| + C = -\ln|\cos x| + C$

(4) $\int \csc^2 x\,dx = -\cot x + C$

(5) $\int \sec^2 x\,dx = \tan x + C$

(6) $\int \frac{1}{x^2 - a^2}\,dx = \frac{1}{2a}\ln\left|\frac{x-a}{x+a}\right| + C$

(7) $\int \frac{1}{x^2 + a^2}\,dx = \frac{1}{a}\tan^{-1}\frac{x}{a} + C \ (a \neq 0)$

(8) $\int \frac{1}{\sqrt{a^2 - x^2}}\,dx = \sin^{-1}\frac{x}{a} + C \ (-a < x < a)$

(9) $\int \frac{1}{\sqrt{x^2 + a}}\,dx = \ln\left|x + \sqrt{x^2 + a}\right| + C \ (x^2 + a > 0)$

아홉 가지 공식 중에서 (1), (2), (3), (4), (5)번은 꼭 기억해야 한다. 증명은 좌변과 우변을 미분하면 해결된다. 또 삼각함수가 포함된 적분이라고 해서 꼭 증명이 어려운 것만은 아니다. 식을 간단히 한 후 쉽게 풀리는 문제도 종종 있다. 따라서 식을 단순하게 만드는 것을 중점으로 문제를 풀면 된다.

$\int(2\sin x+x^2)\,dx$을 계산해보자.

$$\int(2\sin x+x^2)\,dx=2\int\sin x\,dx+\int x^2\,dx$$

$$=-2\cos x+\frac{1}{3}x^3+C$$

실력 Up

문제 $f(\theta)=\int(2\sin\theta+2\cos\theta)^2d\theta-\int 8\sin\theta\cos\theta\,d\theta$를 구하시오.

풀이 $\int(2\sin\theta+2\cos\theta)^2d\theta-\int 8\sin\theta\cos\theta\,d\theta$

$$=\int(4\sin^2\theta+8\sin\theta\cos\theta+4\cos^2\theta)\,d\theta-8\int\sin\theta\cos\theta\,d\theta$$

$$=\int(4\sin^2\theta+4\cos^2\theta)\,d\theta$$

$$=\int 4\underbrace{(\sin^2\theta+\cos^2\theta)}_{=1}\,d\theta$$

$$=\int 4d\theta=4\theta+C$$

답 $4\theta+C$

지수함수와 로그함수의 부정적분 공식

(1) $\int a^x dx = \frac{a^x}{\ln a} + C \ (a>0)$

(2) $\int e^x dx = e^x + C$

(3) $\int \frac{1}{x} dx = \ln|x| + C$

(1)의 증명

좌변의 $\int a^x dx$을 미분하면 a^x가 된다. 그리고 우변을 미분하면

$$\frac{a^x \ln a \cdot \ln a - a^x (\ln a)'}{(\ln a)^2} = \frac{a^x (\ln a)^2 - a^x \cdot 0}{(\ln a)^2} = a^x$$

여기서 $\ln a$를 미분하면 0이 되는 것에 주의한다. a는 상수이기에 $\ln a$를 미분하면 $\frac{1}{a}$이 아니라 0이다.

좌변과 우변이 같으므로 $\int a^x dx = \frac{a^x}{\ln a} + C$

(2)의 증명

좌변을 미분하면 e^x, 우변도 미분하면 e^x이므로 $\int e^x dx = e^x + C$

e^x는 미분하면 그대로이고 적분하면 적분상수 C가 더해지는 것 외에는 변화가 없다.

(3)의 증명

좌변을 미분하면 $\frac{1}{x}$, 우변도 미분하면 $\frac{1}{x}$이 되므로 성립한다.

실력 Up

문제 1 $\int 7^x dx$를 구하시오.

풀이 $\int 7^x dx = \frac{7^x}{\ln 7} + C$

답 $\frac{7^x}{\ln 7} + C$

문제 2 $\int (e^x + 9)\,dx$를 구하시오.

풀이 $\int (e^x + 9)\,dx = \int e^x dx + \int 9\,dx = e^x + 9x + C$

답 $e^x + 9x + C$

부정적분에서 극값문제

부정적분과 극값에 관한 관계는 피적분함수와 원시함수의 관계를 알면 문제가 해결된다. $f(x)$와 $f'(x)$ 그래프가 있으면 분석하면서 문제를 풀어야 편리하며, 증감표를 작성한다면 더 정확한 풀이가 된다. 다음 그래프를 보자.

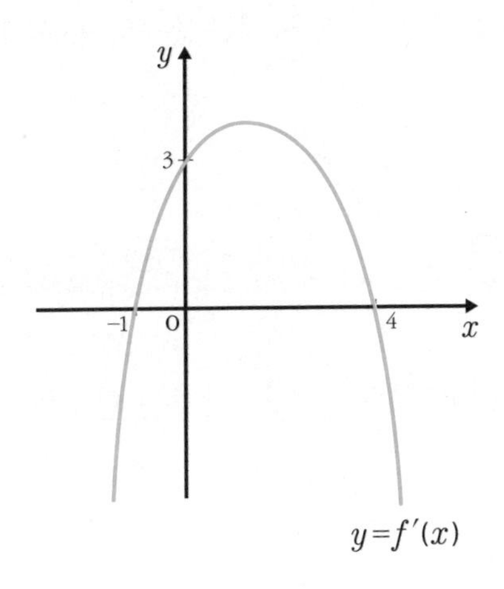

여기서 알 수 있는 것은 피적분함수 $f'(x)$가 포물선 형태를 가지며, 두 점 $(-1, 0)$과 $(4, 0)$이 극값인 극솟값과 극댓값을 가진다는 것이다. 그리고 점 $(0, 3)$을 지나는 것도 알 수 있다. 따라서 $f'(x)=a(x+1)(x-4)$이며, 점 $(0, 3)$을 지나므로,

$$3=a(0+1)(0-4) \quad \therefore\ a=-\frac{3}{4}$$

$f'(x)=-\frac{3}{4}(x+1)(x-4)$이 된다.

$$f(x)=\int -\frac{3}{4}(x+1)(x-4)\,dx$$

$$=\int\left(-\frac{3}{4}x^2+\frac{9}{4}x+3\right)dx$$

$$=-\frac{1}{4}x^3+\frac{9}{8}x^2+3x+C$$

앞서 이야기한 바 있지만 이 경우 적분상수를 꼭 써주어야 한다.

실력 Up

문제 $f(x)=x^2-3x+2$를 도함수로 가지는 함수의 극댓값과 극솟값의 차를 구하시오.

풀이 $f(x)$가 도함수이므로 원시함수 $F(x)$는 $\frac{1}{3}x^3-\frac{3}{2}x^2+2x+C$가 된다.

$f(x)=x^2-3x+2=0$에서 $x=1$일 때 극댓값을, $x=2$일 때 극솟값을 가진다.

$$F(1)-F(2)=\frac{1}{3}\cdot 1^3-\frac{3}{2}\cdot 1^2+2\cdot 1+C-\left(\frac{1}{3}\cdot 2^3-\frac{3}{2}\cdot 2^2+2\cdot 2+C\right)$$

$$=\frac{1}{3}-\frac{3}{2}+2+C-\frac{8}{3}+6-4-C$$

$$=\frac{1}{6}$$

답 $\frac{1}{6}$

치환적분법

치환적분법은 변수 x를 다른 변수로 바꾸어 적분하는 방법이다.

$$\int f(x)\,dx=\int f(g(t))\,g'(t)\,dt \text{ (단, } x=g(t)\text{)}$$

예를 들어 $\int(2x-1)^4 dx$를 풀어보자. 치환적분법으로 푼다면 $2x-1=t$로 놓는다. 여기서 양변을 미분하면 $\frac{dt}{dx}=2$이다. 이에 따라 $dx=\frac{dt}{2}$로 할 수 있다.

$$\begin{aligned}\int(2x-1)^4 dx&=\int t^4\cdot\frac{dt}{2}\\&=\frac{1}{2}\int t^4\,dt\\&=\frac{1}{10}t^5+C\\&=\frac{1}{10}(2x-1)^5+C\end{aligned}$$

계속해서 $\int(x^2+2x+2)^5(x+1)\,dx$를 풀어보자.

$x^2+2x+2=t$로 놓으면 $\frac{dt}{dx}=2x+2$이다.

이는 $dx=\frac{dt}{2x+2}$로 할 수 있다.

$$\begin{aligned}\int(x^2+2x+2)^5(x+1)\,dx&=\int t^5(x+1)\cdot\frac{dt}{2x+2}\\&=\int t^5(x+1)\cdot\frac{dt}{2(x+1)}\\&=\frac{1}{2}\int t^5 dt\end{aligned}$$

$$=\frac{1}{12}t^6+C$$

$$=\frac{1}{12}(x^2+2x+2)^6+C$$

실력 Up

문제 $\int 3x(x^2+1)^3dx$를 구하시오.

풀이 $x^2+1=t$로 놓으면 $\frac{dt}{dx}=2x$이다.

이는 $dx=\frac{dt}{2x}$가 된다.

$$\int 3x(x^2+1)^3dx=\int 3x\cdot t^3\cdot\frac{dt}{2x}$$

$$=\frac{3}{2}\int t^3dt$$

$$=\frac{3}{8}t^4+C$$

$$=\frac{3}{8}(x^2+1)^4+C$$

답 $\frac{3}{8}(x^2+1)^4+C$

여기까지 알았다면 구의 겉넓이는 $4\pi r^2$인데 구의 부피는 $\frac{4}{3}\pi r^3$인 것은 구의 겉넓이를 적분하여 구의 부피가 되기 때문임을 이해했을 것이다. 적분상수 C가 0이 되는 것은 정적분과 넓이를 통해 차차 알게 된다.

범위가 주어지면 정적분

구분구적법

평면도형의 넓이 또는 입체도형의 부피를 구하는 것을 구분구적법이라 한다. 구분구적법은 넓이의 합을 S_n, 부피의 합을 V_n으로 한 뒤 극한 limit을 붙여서 $\lim_{n\to\infty} S_n$ 또는 $\lim_{n\to\infty} V_n$을 구한다. 구분구적법에서는 여러 개의 막대 그래프 모양으로 나누어 평면도형을 구하고, 입체도형은 여러 개의 원기둥 모양으로 나누어 구한다.

여러분은 초등학교 6학년 때 원의 넓이는 '반지름×반지름×3.14'로, 중학교 1학년 때는 πr^2으로 배웠을 것이다. 지금부터 이를 증명해 보려고 한다.

원의 넓이를 구분구적법으로 증명하기 위해 다음과 같이 정사각형, 정육각형, 정팔각형으로 변의 개수를 늘려서 그려보았다.

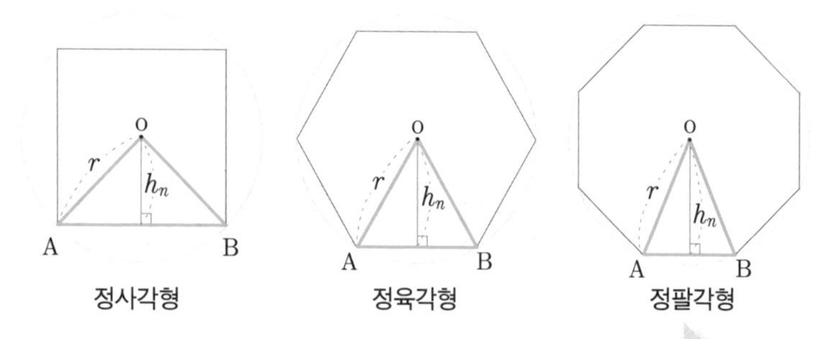

- $\overline{\mathrm{AB}}$의 길이가 점점 짧아진다.
- 삼각형 OAB의 높이인 h_n이 점점 길어지면서 r에 가까워진다

원 안의 정사각형은 원의 넓이를 구하기에는 원과 너무 많은 차이가 있다. 다시 정육각형을 그려보면 정사각형보다는 원의 넓이에 가깝다는 것을 알 수 있다. 정팔각형은 정사각형과 정육각형보다 원의 넓이에 더 가깝다. 이렇게 계속 변의 개수를 늘릴수록 정다각형은 원에 가까워진다.

좀 더 자세히 살펴보자. 가장 먼저 $\overline{\mathrm{AB}}$의 길이가 점점 짧아지는 것을 알 수 있다. 그리고 높이가 점점 길어진다. 즉 변의 개수가 늘어날수록 높이 h_n은 r과 가까워진다.

원의 넓이 S_n = 삼각형 OAB의 넓이 $\times n = \frac{1}{2}\overline{\mathrm{AB}} \times h_n \times n$

정 n각형의 둘레 $\overline{\mathrm{AB}} \times n$을 l_n으로 하면

$$= \frac{1}{2} h_n \cdot l_n$$

극한 limit을 붙이면

$$\lim_{n \to \infty} \frac{1}{2} l_n h_n = \frac{1}{2} \cdot 2\pi r \cdot r = \pi r^2$$

이번에는 구분구적법으로 원의 넓이를 구해보자. 사실 이 방법은 초등학교 6학년 때 원의 넓이를 구하기 위해 썼던 구분구적법이다. 물론 초등학교 6학년 때는 구분구적법이라는 단어를 사용하지 않았지만 적분에서는 구분구적법으로 부른다.

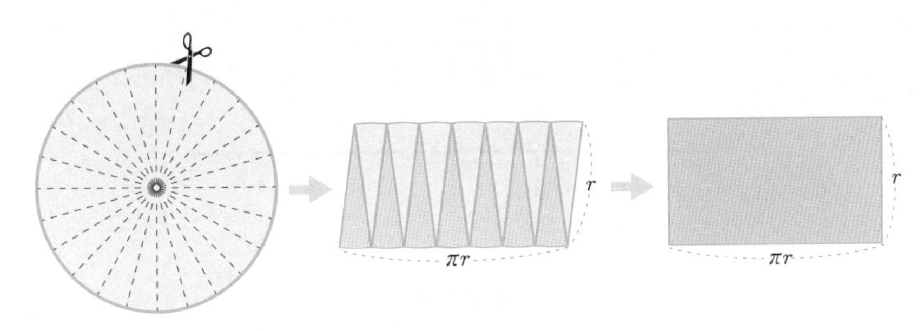

가위로 부채꼴을 하나씩 잘라서 엇갈리게 붙인다

원을 여러 개의 부채꼴로 나누어 가위로 오려서 엇갈리게 붙인다. 원주는 $2\pi r$이기 때문에 가운데 그림처럼 반씩 나누어서 πr로 한다. 그 결과 가운데 그림처럼 직사각형 모양에 가깝게 되는데 이때 위와 아래의 가로의 길이의 합이 $2\pi r$이 된다. 이에 따라 마지막 그림처럼 '가로의 길이×세로의 길이'로 원의 넓이를 구하면 πr^2이 된다.

원의 넓이를 증명할 때 원을 위의 그림보다 더 많이 나누어서 무수히 많은 부채꼴을 그려도 상관은 없다. 무수한 부채꼴로 나누어질수록 세 번째 그림은 직사각형에 더 가까운 모양이 된다.

다음으로 $y=x^3$과 x축과 $x=1$로 둘러싸인 도형의 넓이를 구분구적법으로 구하는 방법을 알아보자.

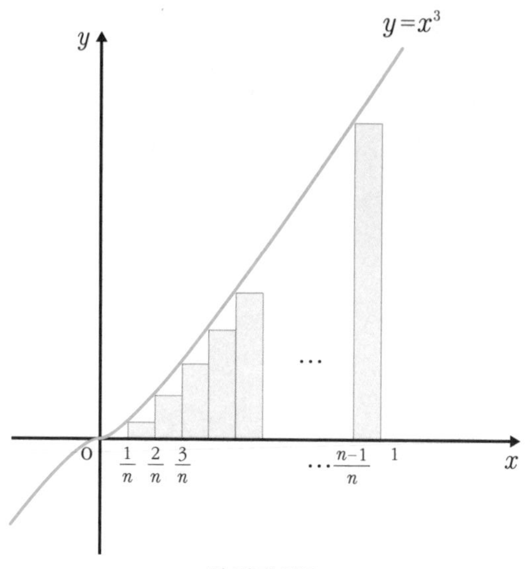

첫 번째 경우

가장 먼저 첫 번째 경우를 생각해보자. 이 경우는 $y=x^3$ 아래에서 직사각형이 n등분되어 나누어진다. 직사각형의 넓이의 합은 $y=x^3$의 넓이보다 작다. 그래프와 직사각형 사이에는 직각삼각형 모양의 틈이 생기기 때문이다. x좌표가 0과 $\frac{1}{n}$ 사이의 직사각형은 나타나지 않으므로 n등분해도 직사각형의 개수는 $(n-1)$개가 된다.

이때 $(n-1)$개의 직사각형은 모두 가로의 길이가 $\frac{1}{n}$로 같다. 하지만 세로의 길이는 각각의 함수식에 따라 다른데, 제일 왼쪽에 있는 직사각형은 점 $\left(\frac{1}{n}, \left(\frac{1}{n}\right)^3\right)$, 두 번째 직사각형은 점 $\left(\frac{2}{n}, \left(\frac{2}{n}\right)^3\right)$, …, 점 $\left(\frac{n-1}{n}, \left(\frac{n-1}{n}\right)^3\right)$으로 나타내면 y좌표가 세로의 길이가 된다.

따라서 직사각형의 넓이의 합을 S_1으로 하면

$$S_1=\frac{1}{n}\cdot\left(\frac{1}{n}\right)^3+\frac{1}{n}\cdot\left(\frac{2}{n}\right)^3+\cdots+\frac{1}{n}\cdot\left(\frac{n-1}{n}\right)^3$$

$$=\frac{1}{n^4}\{1^3+2^3+\cdots+(n-1)^3\}$$

$$=\frac{1}{n^4}\cdot\left\{\frac{n(n-1)}{2}\right\}^2$$

$$=\frac{1}{n^4}\cdot\frac{n^2\cdot(n^2-2n+1)}{4}$$

$$=\frac{1}{4}\left(1-\frac{2}{n}+\frac{1}{n^2}\right)$$

$$=\frac{1}{4}\left(1-\frac{1}{n}\right)^2$$

Check Point

자연수의 거듭제곱의 합에 관한 공식은 적분을 증명하는데 자주 쓰이는 공식이다.

(1) $1+2+3+\cdots+n=\frac{n(n+1)}{2}$

(2) $1^2+2^2+3^2+\cdots+n^2=\frac{n(n+1)(2n+1)}{6}$

(3) $1^2+2^3+3^3+\cdots+n^3=\left\{\frac{n(n+1)}{2}\right\}^2$

위의 세 가지 공식은 수열에서 중요한 공식이며 적분에도 자주 나오기 때문에 꼭 기억하는 것이 좋다. 앞의 구분구적법에서는 세 번째 공식이 쓰였다.

계속해서 소개할 두 번째 방법은 직사각형을 $y=x^3$보다 크게 그려서 더하는 방법이다.

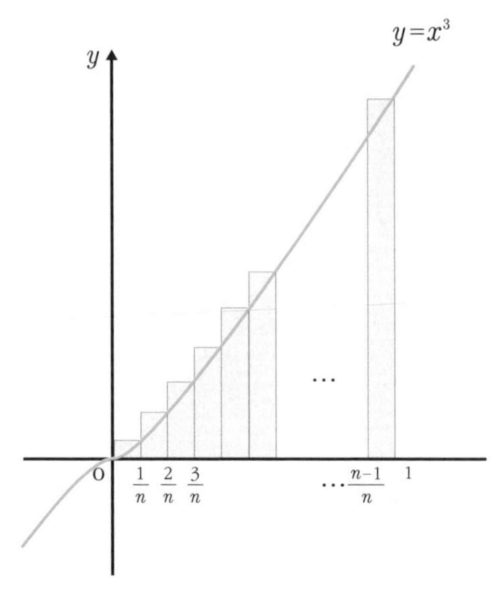

두 번째 경우

$y=x^3$의 그래프보다 위로 조금씩 넓이가 크지만, 가로의 길이는 첫 번째의 경우처럼 $\frac{1}{n}$로 동일하다. 세로의 길이는 $y=x^3$에 따라 쓰면 된다.

직사각형의 넓이의 합을 S_2로 하면

$$S_2=\frac{1}{n}\cdot\left(\frac{1}{n}\right)^3+\frac{1}{n}\cdot\left(\frac{2}{n}\right)^3+\cdots+\frac{1}{n}\cdot\left(\frac{n}{n}\right)^3$$

$$=\frac{1}{n^4}(1^3+2^3+\cdots+n^3)$$

$$=\frac{1}{n^4}\cdot\left\{\frac{n(n+1)}{2}\right\}^2$$

$$=\frac{1}{n^4}\cdot\frac{n^2\cdot(n^2+2n+1)}{4}$$

$$=\frac{1}{4}\left(1+\frac{1}{n}\right)^2$$

S_1, S_2가 정해지고 $y=x^3$의 그래프를 S로 하면,

$$\lim_{n\to\infty}S_1=\lim_{n\to\infty}\frac{1}{4}\left(1-\frac{1}{n}\right)^2=\frac{1}{4},$$

$$\lim_{n\to\infty}S_2=\lim_{n\to\infty}\frac{1}{4}\left(1+\frac{1}{n}\right)^2=\frac{1}{4}$$ 이므로,

$S_1\leq S\leq S_2$ → $\frac{1}{4}\leq S\leq\frac{1}{4}$는 $S=\frac{1}{4}$이 된다.

그래프는 다음과 같다.

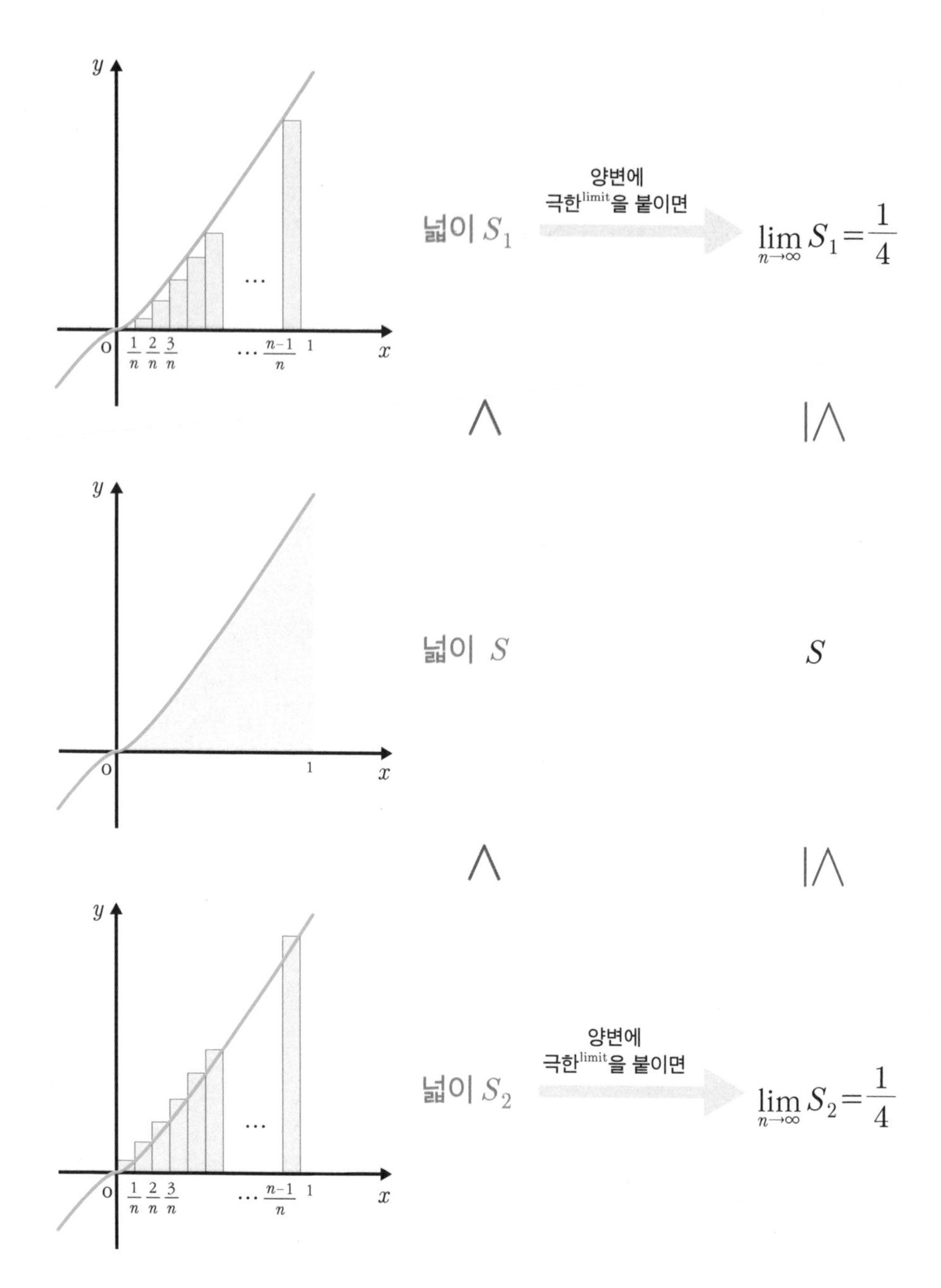
y
O
$\frac{1}{n}$ $\frac{2}{n}$ $\frac{3}{n}$
⋯ $\frac{n-1}{n}$ 1
x
넓이 S_1
양변에
극한limit을 붙이면
$\lim_{n\to\infty} S_1 = \frac{1}{4}$
>
≥
넓이 S
S
>
≥
넓이 S_2
양변에
극한limit을 붙이면
$\lim_{n\to\infty} S_2 = \frac{1}{4}$

계속해서 구의 부피를 구분구적법으로 구해보자.

구의 반지름을 r로 했을 때 구의 지름부터 끝부분까지 n등분하면 $\frac{r}{n}$이 된다.

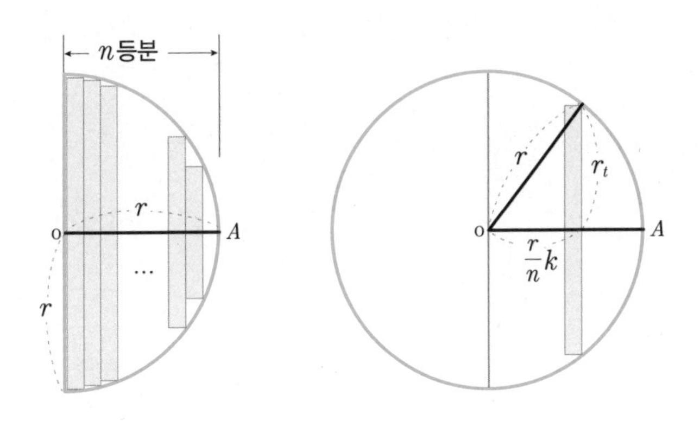

위에서 왼쪽 그림을 보면 직사각형 n개가 큰 순부터 작은 순으로 점점 크기가 작아지면서 나열되어 있는 것처럼 보인다. 왼쪽 맨 앞의 가장 큰 직사각형을 보자.

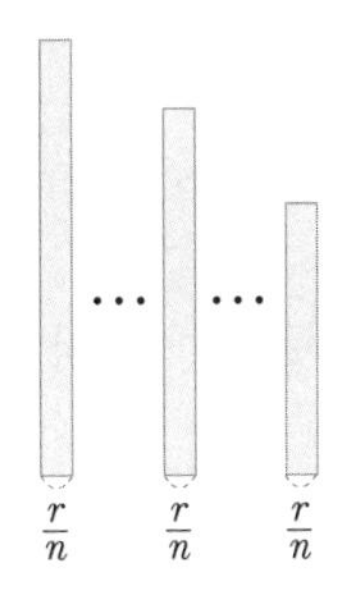

반지름 r을 n등분하였으므로 $\frac{r}{n}$로 일정하다.

직사각형은 점점 작아지지만 가로의 길이는 항상 같다. 여기서 문제되는 것은 세로의 길이이다. 왜냐하면 지금으로선 그 크기를 구할 수 있는 방법을 모르기 때문이다. 그래서 이를 고민한 수학자들은 원의 호의 길이에 있는 점이 이동하면서 세로의 길이를 정할 수 있는 방법을 생각해냈다. 물론 자로 잴 수도 있겠지만 수학적으로 증명하기 위해서 원의 호의 움직이는 점을 생각해낸 것이다. 자로 잰다면 직사각형이 수없이 잘게 나누어질 때 식으로 풀 수 있는 방법이 없다.

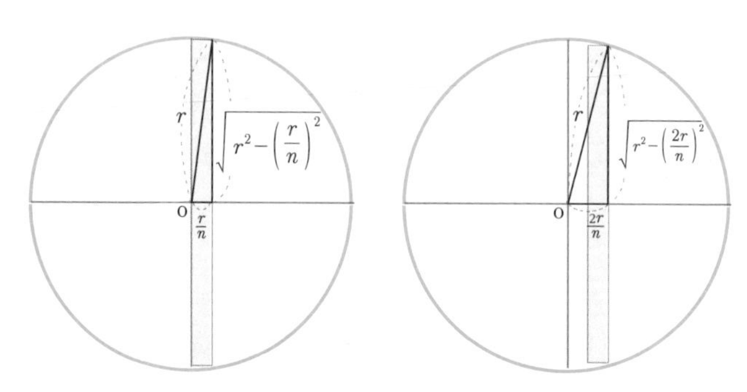

피타고라스의 정리에 의해 세로의 길이를 구한다.

왼쪽 그림에서 가로의 길이는 $\frac{r}{n}$이지만 직각삼각형으로 생각한다면 밑변의 길이도 $\frac{r}{n}$이며, 높이는 피타고라스의 정리에 의해 $\sqrt{r^2-\left(\frac{r}{n}\right)^2}$ 이 된다. 직사각형의 세로의 길이는 직각삼각형의 높이로 생각해도 된다. 오른쪽 그림에도 피타고라스의 정리를 적용하면 밑변의 길이는 $\frac{2r}{n}$이다. 왼쪽 그림보다 $\frac{r}{n}$ 만큼 이동한 것이므로 $\frac{r}{n}+\frac{r}{n}=\frac{2r}{n}$이 된다. 높이는 피타고라스의 정리에 의해 $\sqrt{r^2-\left(\frac{2r}{n}\right)^2}$ 이다.

이렇게 계속 직사각형이 오른쪽으로 가면 맨 마지막에는 $\sqrt{r^2-\left\{\frac{(n-1)r}{n}\right\}^2}$ 이 된다.

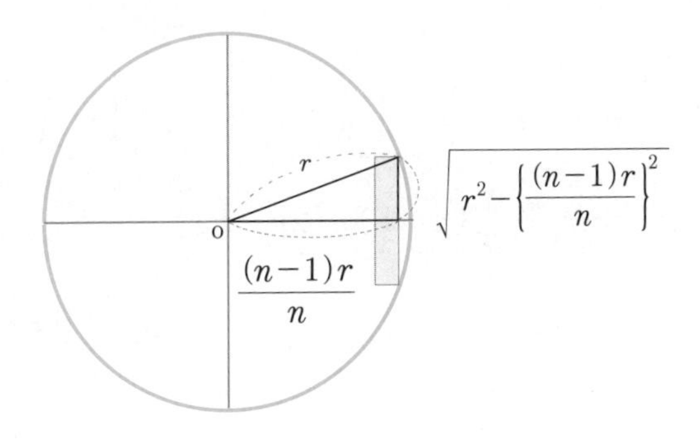

이제까지 구한 직사각형의 세로의 길이이자 직각삼각형의 높이는 원기둥의 반지름이 된다. 구는 여러 개의 원기둥의 합으로 나타낼 수 있다.

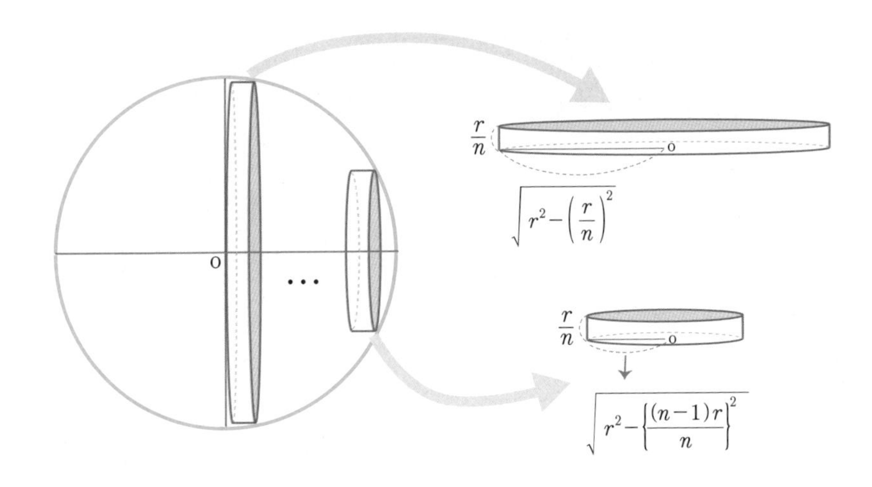

$$V_n=2\left[\pi\left\{r^2-\left(\frac{r}{n}\right)^2\right\}\frac{r}{n}+\pi\left\{r^2-\left(\frac{2r}{n}\right)^2\right\}\frac{r}{n}+\cdots\right.$$

$$\left.+\pi\left\{r^2-\left(\frac{n-1}{n}\cdot r\right)^2\right\}\frac{r}{n}\right]$$

$$=2\pi r^3\left[\left\{1-\left(\frac{1}{n}\right)^2\right\}\frac{1}{n}+\left\{1-\left(\frac{2}{n}\right)^2\right\}\frac{1}{n}+\cdots+\left\{1-\left(\frac{n-1}{n}\right)^2\right\}\frac{1}{n}\right]$$

$$=2\pi r^3\left\{\frac{n-1}{n}-\frac{1}{n^3}\cdot\frac{1}{6}(n-1)n(2n-1)\right\}$$

극한[limit]**을 붙이면**

$$\lim_{n\to\infty}V_n=2\pi r^3\left(1-\frac{2}{6}\right)=\frac{4}{3}\pi r^3$$

이번에는 원뿔의 부피를 구분구분적법으로 구해보자. 밑면의 반지름 길이를 r, 높이를 h로 한다.

다음 그림과 같이 원뿔의 높이를 n등분하고, 각 분점을 지나 밑면에 평행한 평면으로 원뿔을 자른다.

이때, 단면의 반지름의 길이는 위에서부터 $\frac{r}{n}$, $\frac{2r}{n}$, $\frac{3r}{n}$, $\cdots$, $\frac{(n-1)r}{n}$이고, 높이는 모두 $\frac{h}{n}$이다.

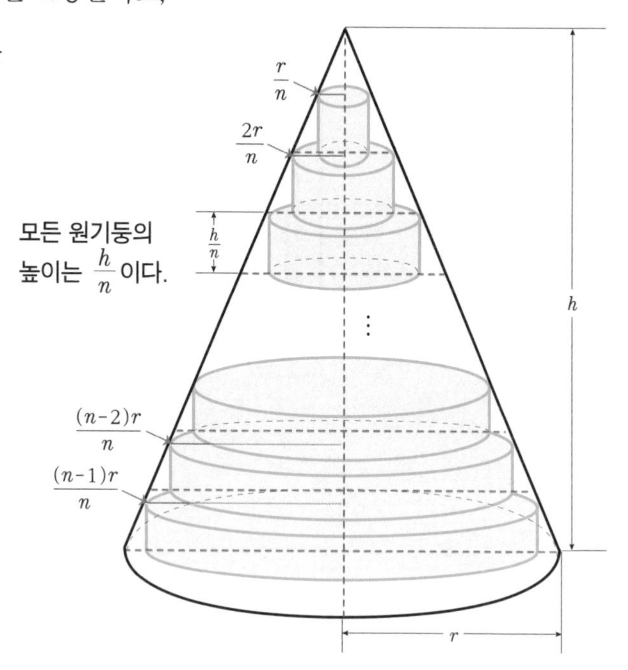

따라서 각 단면을 밑면으로 하고, $\frac{h}{n}$를 높이로 하는 $(n-1)$개의 원기둥의 부피의 합을 V_n으로 하면,

$$V_n=\pi\left(\frac{r}{n}\right)^2\frac{h}{n}+\pi\left(\frac{2r}{n}\right)^2\frac{h}{n}+\pi\left(\frac{3r}{n}\right)^2\frac{h}{n}+\cdots+\pi\left\{\frac{(n-1)r}{n}\right\}^2\frac{h}{n}$$

$$=\frac{\pi r^2h}{n^3}\{1^2+2^2+3^2+\cdots+(n-1)^2\}$$

$$=\frac{\pi r^2h}{n^3}\cdot\frac{(n-1)n(2n-1)}{6}$$

$$=\frac{\pi r^2h}{6}\cdot\frac{n-1}{n}\cdot\frac{2n-1}{n}$$

$$=\frac{\pi r^2h}{6}\left(1-\frac{1}{n}\right)\left(2-\frac{1}{n}\right)$$

따라서 구하는 부피 V는,

$$V=\lim_{n\to\infty}V_n=\lim_{n\to\infty}\frac{\pi r^2h}{6}\left(1-\frac{1}{n}\right)\left(2-\frac{1}{n}\right)=\frac{\pi r^2h}{3}=\frac{1}{3}Sh$$

이에 따라 원뿔의 부피는 밑면의 넓이에 높이를 곱한 후 3으로 나눈 것이 된다. 이로써 모든 원뿔의 부피는 원기둥의 부피의 $\frac{1}{3}$임이 증명된다.

정적분이란?

함수 $y=f(x)$가 구간 $[a, b]$에서 연속일 때 $\int_a^b f(x)\,dx=\lim_{n\to\infty}\sum_{k=1}^{n}f(x_k)\Delta x$이다. 이때 조건이 하나 붙는데 $\Delta x=\frac{b-a}{n}$, $x_k=a-k\Delta x$ 또는 $a+k\Delta x$이

며, 이를 나타낸 것이 정적분이다. 이때 정적분의 a를 아래끝, b를 위끝이라 부른다.

약간은 복잡한 무한급수의 식에 대한 이해력을 높이기 위해 이것을 증명해 보려고 한다.

이 증명이 조금 어렵게 느껴진다면 임의로 선호하는 함수의 그래프를 그리면 된다. 지수함수나 로그함수로 그려도 좋고 차수가 이차 이상의 어떠한 그래프를 그려도 좋다. 여러 그래프로도 증명은 가능하다.

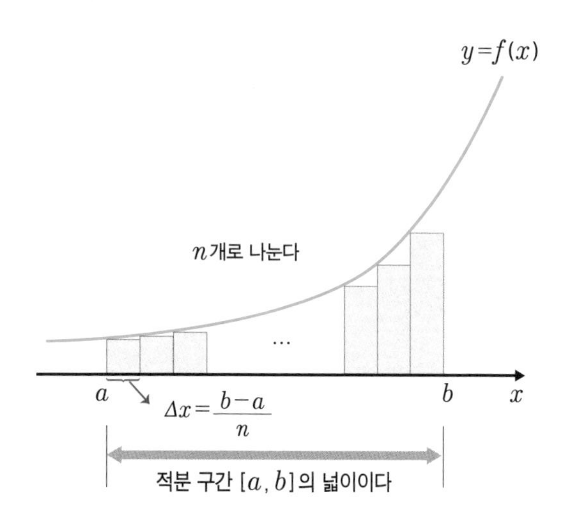

앞의 그래프는 지수함수의 그래프라고 생각해도 무관하다. 정적분을 증명할 때 보통 단조증가함수를 많이 그리는 편이다. 직사각형의 가로의 길이는 구간 a에서 b까지이므로 구체적인 숫자로 정해져 있지 않다. 다만 차이가 $b-a$인 것을 알 수 있다. n등분을 했으므로 직사각형을 균등하게 분할했을 때 가로의 길이는 $\frac{b-a}{n}$이며, n등분을 무한대로 늘리면 매우 작은 도막이 되므로

Δx로 나타낸다.

세로의 길이는 함숫값 $f(x)$에 따라 변하므로 하나씩 천천히 생각해보면 된다.

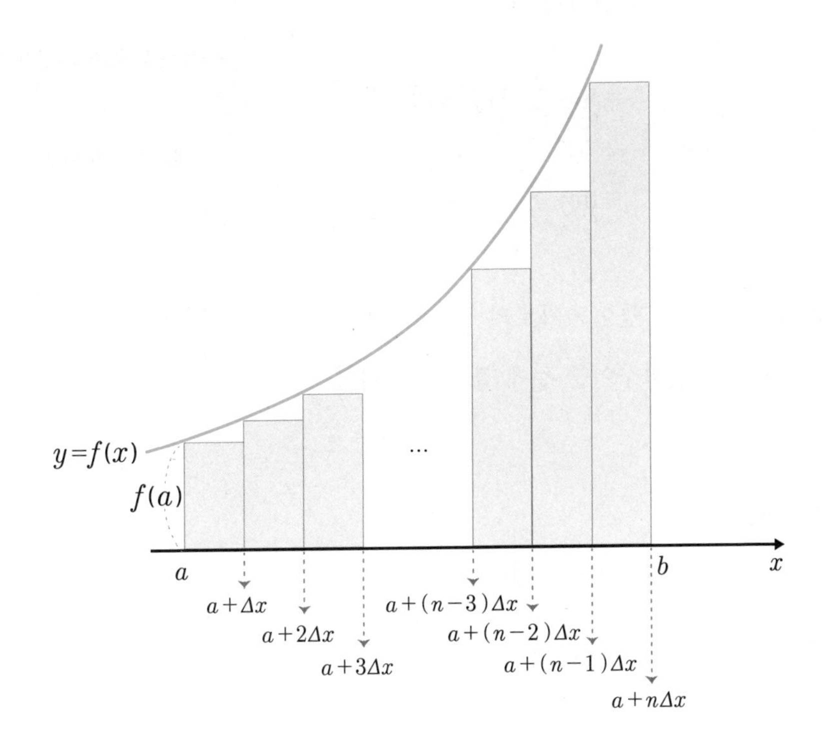

직사각형의 왼쪽에 진하게 칠해진 선이 높이를 나타낸다. 맨 왼쪽의 직사각형은 가로의 길이가 Δx이고, 높이가 $f(a)$이다. 두 번째 직사각형은 가로의 길이가 Δx, 높이가 $f(a+\Delta x)$이다. 세 번째 직사각형은 가로의 길이가 Δx, 높이가 $f(a+2\Delta x)$이다. 이렇게 계속 하면 오른쪽의 마지막 직사각형은 가로의 길이가 Δx, 높이가 $f(a+(n-1)\Delta x)$가 된다.

$$\int_a^b f(x)\,dx = \Delta x \cdot \left\{ f(a) + f(a+\Delta x) + \cdots + f(a+(n-1)\,\Delta x) \right\}$$

$f(a)$를 $f(x_1)$, $f(a+\Delta x)$를 $f(x_2)$, ⋯, $f(a+(n-1)\Delta x)$를 $f(x_n)$으로 하면

$$= \Delta x \left\{ f(x_1) + f(x_2) + \cdots + f(x_n) \right\}$$

무한급수의 형태로 나타내면

$$= \lim_{n\to\infty} \sum_{k=1}^{n} \Delta x f(x_k)$$

곱의 위치를 바꾸어주면

$$= \lim_{n\to\infty} \sum_{k=1}^{n} f(x_k)\,\Delta x$$

따라서 식을 보면 '높이×가로의 길이'로 되어 있어서 어렵게 생각될 때도 있지만 곱의 순서만 바꾸어준 것에 불과한 식이다.

정적분의 성질

정적분의 성질은 세 가지가 있다.

임의의 세 실수 a, b, c를 포함하는 구간에서 두 함수 $f(x)$, $g(x)$가 연속이면,

(1) $\int_a^b kf(x)\,dx = k\int_a^b f(x)\,dx$ (단, k는 실수)

(2) $\int_a^b \left\{ f(x) \pm g(x) \right\} dx = \int_a^b f(x)\,dx \pm \int_a^b g(x)\,dx$ (복호동순)

(3) $\int_a^b f(x)\,dx = \int_a^c f(x)\,dx + \int_c^b f(x)\,dx$

우함수와 기함수의 정적분

우함수는 짝함수로 y축에 대칭인 함수이며, 기함수는 홀함수로 원점에 대칭인 함수이다. 이 두 개의 함수가 정적분을 계산할 때 특성을 가진다.

먼저 우함수는 y축에 대칭이므로 $y=x^2$을 선택하여 그래프를 그려보자.

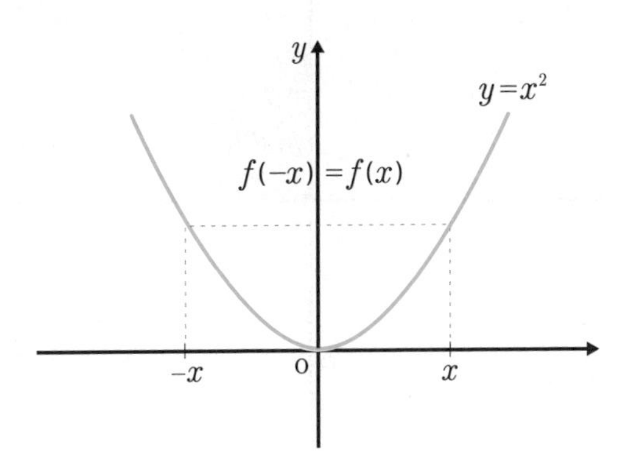

우함수가 그려졌다. 이제 이 우함수의 적분 구간을 정해 x는 $-a$에서 a로 하여 나타내보자.

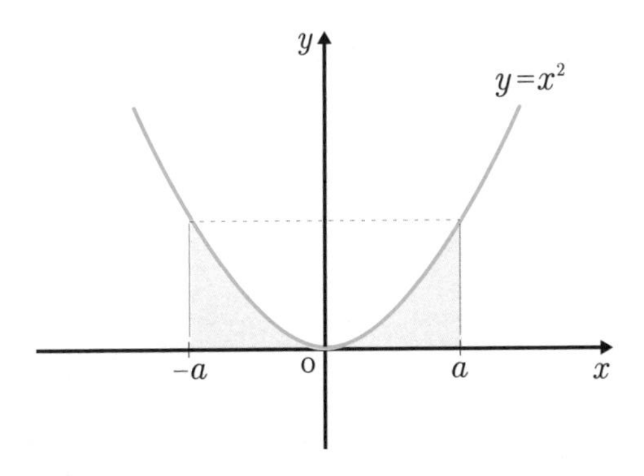

여기서 $\int_{-a}^{a} f(x)\,dx=2\int_{0}^{a} f(x)\,dx$라는 것을 알 수 있다. y축을 중심으로

왼쪽과 오른쪽의 넓이가 같기 때문이다. 이는 우함수의 고유한 성질이다.

우함수에서 삼각함수의 대표적인 $y=\cos x$의 그래프를 살펴보자.

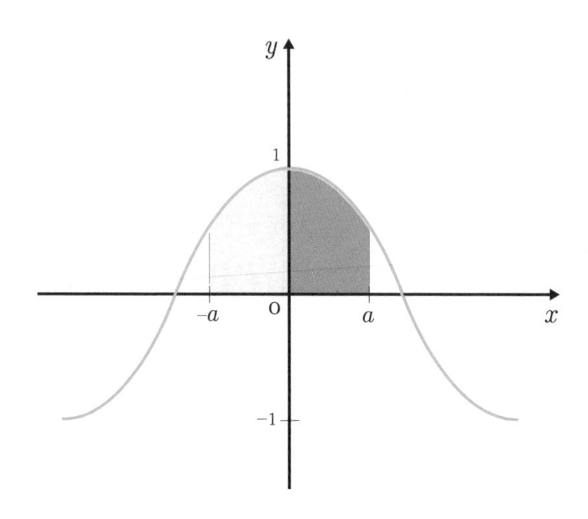

삼각함수 중에서 $\cos x$가 우함수의 성질을 증명하는데 많이 쓰이며 이는 정적분의 성질에서도 마찬가지이다. 왼쪽 도형과 오른쪽 도형의 넓이는 같음을 알 수 있다. 이것도 y축에 대해 대칭이기 때문이다. 따라서 $\int_{-a}^{a} f(x)\,dx=2\int_{0}^{a} f(x)\,dx$가 성립한다.

기함수는 원점에 대칭인 홀함수를 말한다.

$y=x^3$ 그래프를 보자.

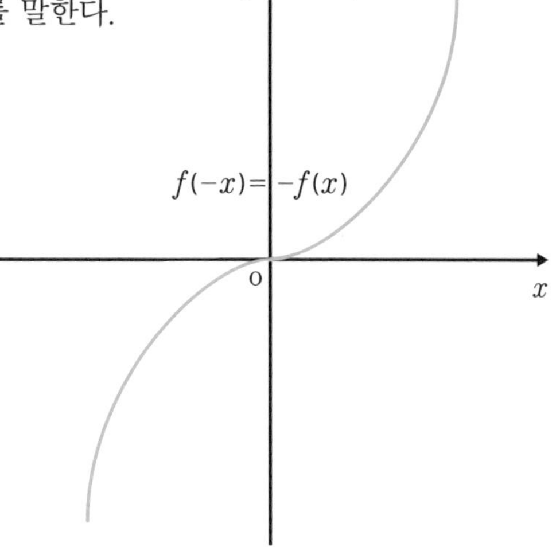

한눈에 기함수의 성질을 파악할 수 있다. 이때 적분 구간을 정해 x를 $-a$에서 a로 하면,

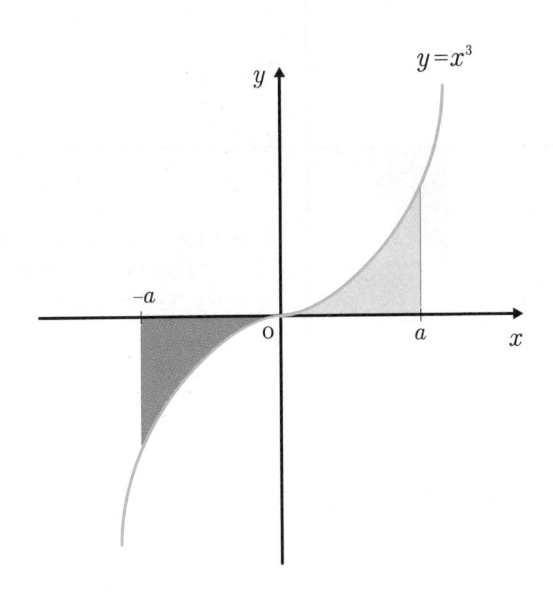

왼쪽과 오른쪽의 넓이는 같으나 서로 더하면 상쇄되어

$\int_{-a}^{a} f(x)\,dx=0$이다.

이를 정적분하면

$$\int_{-a}^{a} x^3dx=\left[\frac{1}{4}x^4\right]_{-a}^{a}=\frac{1}{4}\cdot a^4-\frac{1}{4}\cdot(-a)^4=0\text{이다.}$$

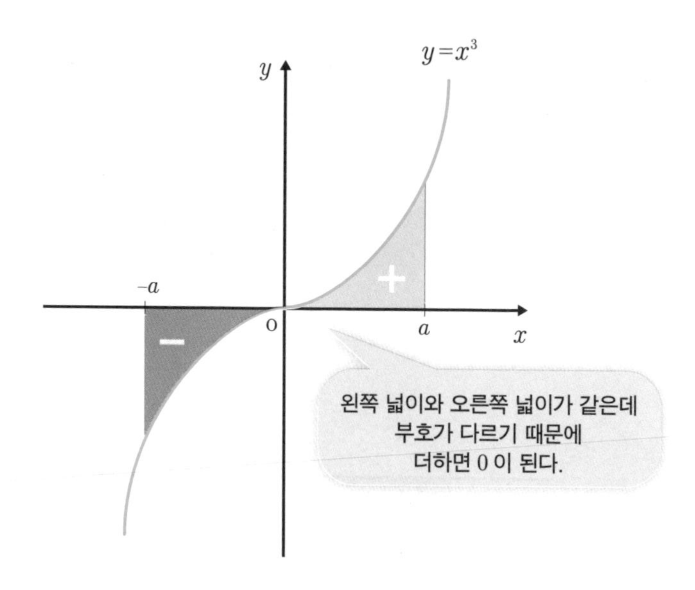

기함수의 성질은 우함수의 성질보다 정적분의 계산을 더 빠르게 해준다. $\int_{-10}^{10} x^7 dx$를 구하려면 주저하지 말고 정적분 계산을 0이라 하면 된다. $\int_{-9}^{9} (x^{11}+x^9+12x)\,dx$를 구한다면 이것도 0이다.

이 몇 가지 예에서 확인했듯 차수가 높은 함수의 정적분에서는 기함수를 쓰면 시간을 많이 절약할 수 있다.

실력 **Up**

문제 $\int_{-3}^{3}(8x^5+3x^3+7)dx$를 구하시오.

풀이 $\int_{-3}^{3}(8x^5+3x^3+7)dx=\int_{-3}^{3}(8x^5+3x^3)dx+\int_{-3}^{3}7dx$

기함수이므로 0이 된다

$=\int_{-3}^{3}7dx$

$=\left[7x\right]_{-3}^{3}$

$=21-(-21)=42$

답 42

정적분에서 삼각치환법의 사용

정적분에서 삼각치환법을 사용하는 이유는 변수를 직접 적분하기 어려울 때 이를 해결하기 위해서이다.

정적분에서 사용하는 삼각치환법은 두 가지가 있다. 피적분함수가 $\sqrt{a^2-x^2}$ $(a>0)$ 형태일 때와 $\frac{1}{a^2+x^2}$ $(a>0)$ 형태일 때이다.

(1) 피적분함수가 $\sqrt{a^2-x^2}$ $(a>0)$ 형태일 때

$x=a\sin\theta$로 치환하여 구한다. $\left(\text{단 } -\frac{\pi}{2}\leq\theta\leq\frac{\pi}{2}\right)$

(2) 피적분함수가 $\frac{1}{a^2+x^2}$ ($a>0$) 형태일 때

$x=a\tan\theta$로 치환하여 구한다. $\left(\text{단 } -\frac{\pi}{2}\le\theta\le\frac{\pi}{2}\right)$

$\int_{-1}^{0}\sqrt{1-x^2}\,dx$를 구해 (1)을 살펴보자.

$x=\sin\theta$로 하면 $x=-1$일 때 $\theta=-\frac{\pi}{2}$, $x=0$일 때 $\theta=0$, $\frac{dx}{d\theta}=\cos\theta$이다.

$$\int_{-1}^{0}\sqrt{1-x^2}\,dx$$

적분 구간을 바꾸고 $x=\sin\theta$를 대입하면

$$=\int_{-\frac{\pi}{2}}^{0}\sqrt{1-\sin^2\theta}\,dx$$

$\frac{dx}{d\theta}=\cos\theta$를 $dx=\cos\theta\,d\theta$로 바꿔 대입하면

$$=\int_{-\frac{\pi}{2}}^{0}\sqrt{1-\sin^2\theta}\cdot\cos\theta d\theta$$

$$=\int_{-\frac{\pi}{2}}^{0}\cos^2\theta\,d\theta$$

반각공식을 이용하여

$$=\int_{-\frac{\pi}{2}}^{0}\frac{1+\cos2\theta}{2}d\theta$$

$$=\frac{1}{2}\int_{-\frac{\pi}{2}}^{0}(1+\cos2\theta)\,d\theta=\left[\frac{1}{2}\theta+\frac{1}{4}\sin2\theta\right]_{-\frac{\pi}{2}}^{0}$$

$$=\frac{1}{2}\cdot0+\frac{1}{4}\cdot\sin(2\cdot0)-\left[\left\{\frac{1}{2}\cdot\left(-\frac{\pi}{2}\right)\right\}+\frac{1}{4}\cdot\sin\left\{2\cdot\left(-\frac{\pi}{2}\right)\right\}\right]$$

$$=\frac{\pi}{4}$$

Check Point

삼각함수의 반각공식은 미분과 적분에서 식을 증명할 때나 계산과정에서 많이 나온다.

(1) $\sin^2\dfrac{\theta}{2}=\dfrac{1-\cos\theta}{2}$

(2) $\cos^2\dfrac{\theta}{2}=\dfrac{1+\cos\theta}{2}$

(3) $\tan^2\dfrac{\theta}{2}=\dfrac{1-\cos\theta}{1+\cos\theta}$

앞쪽의 증명 과정에서는 (2)가 쓰였다.

$\int_{-1}^{0}\sqrt{1-x^2}\,dx$를 그림으로 나타내려면 $\sqrt{1-x^2}$ 을 y로 하고 양변을 제곱해 이항하면 $x^2+y^2=1$인 원의 방정식이 나온다.

여기서 $\sqrt{1-x^2}\geq0$이기 때문에 x축의 윗부분만 고려한다.

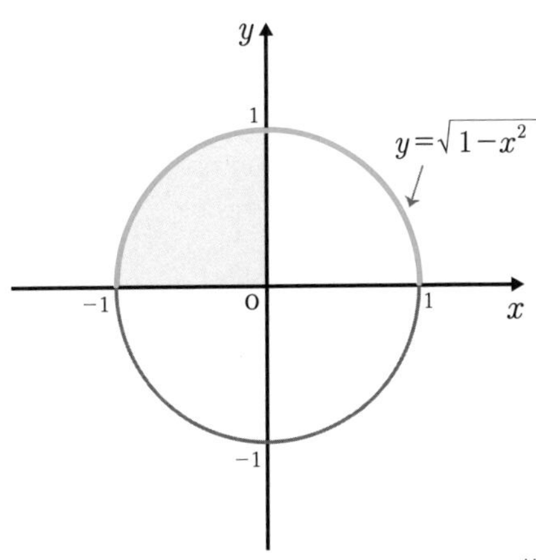

구하고자 하는 부분은 색칠한 부분으로, 반지름의 길이가 1인 사분원의 넓이이다. 따라서 $\frac{\pi}{4}$가 된다. 이처럼 정적분은 그림으로 그리면 어느 부분을 구하는 것인지 알게 된다.

계속해서 $\int_0^{\frac{\sqrt{3}}{3}} \frac{1}{1+x^2}\,dx$를 구해 (2)를 살펴보자.

적분 구간을 생각하기 전에 x를 $\tan\theta$로 놓는다. 이에 따라 $x=0$일 때 $\theta=0$, $x=\frac{\sqrt{3}}{3}$일 때 $\theta=\frac{\pi}{6}$이다.

$$\int_0^{\frac{\sqrt{3}}{3}} \frac{1}{1+x^2}\,dx$$

적분 구간을 바꾸고 $x=\tan\theta$를 대입하면

$$=\int_0^{\frac{\pi}{6}} \frac{1}{1+\tan^2\theta}\,dx$$

분모 $1+\tan^2\theta=\sec^2\theta$로 바꾸면

$$=\int_0^{\frac{\pi}{6}} \frac{1}{\sec^2\theta}\,dx$$

$\frac{dx}{d\theta}=\sec^2\theta$를 $dx=\sec^2\theta\,d\theta$로 바꿔 대입하면

$$=\int_0^{\frac{\pi}{6}} \frac{1}{\sec^2\theta}\cdot\sec^2\theta\,d\theta$$

$$=\int_0^{\frac{\pi}{6}} 1\cdot d\theta$$

$$=\left[\theta\right]_0^{\frac{\pi}{6}}$$

$$=\frac{\pi}{6}$$

이 정적분의 계산도 그래프로 나타내면 어느 부분을 구한 것인지 알 수

있다.

따라서 $\int_0^{\frac{\sqrt{3}}{3}} \frac{1}{1+x^2}\,dx$의 그래프를 그리면,

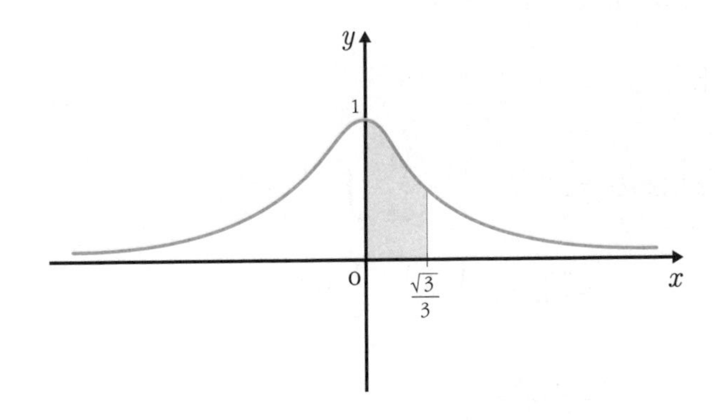

색칠한 부분의 넓이가 $\frac{\pi}{6}$가 된다. 그래프를 그릴 때 분모의 $1+x^2$은 $x=1, 2, 3, \cdots$을 대입하면서 점의 좌표를 표시하면 제1사분면에서 감소하고, $x=-1, -2, -3, \cdots$을 대입하면 제2사분면에서도 감소하는 것을 알 수 있다. 그리고 y축에 대칭이다.

정적분에서 부분적분법의 사용

정적분에서의 부분적분법은 부정적분과 공식이 같다. 차이점은 적분 구간이 있다는 것이다.

$$\int_a^b f(x)\,g'(x)\,dx=\left[f(x)\,g(x)\right]_b^a-\int_a^b f'(x)\,g(x)\,dx$$

$f(x)=u$, $g(x)=v$로 하면 $\int_a^b uv' =\left[uv\right]_b^a-\int_a^b u'v\,dx$인 것이다.

이를 확인하기 위해 문제를 풀어보자.

$\int_1^e x\ln x\,dx$에서 $x=u$, $\ln x=v'$로 하면 v를 구할 수 있을까? 결론적으로 구할 수 없다. 왜냐하면 u와 v'를 잘못 정한 것이다. 이런 경우에는 $\ln x=u$, $x=v'$로 정해보자.

$v=\frac{1}{2}x^2$이다.

$$\int_1^e x\ln x\,dx=\left[\ln x\cdot\frac{1}{2}x^2\right]_1^e-\int_1^e\frac{1}{x}\cdot\frac{1}{2}x^2dx$$

$$=\left(\ln e\cdot\frac{1}{2}e^2\right)-\frac{1}{4}[e^2-1^2]$$

$$=\frac{1}{4}e^2+\frac{1}{4}$$

그래프를 그리면,

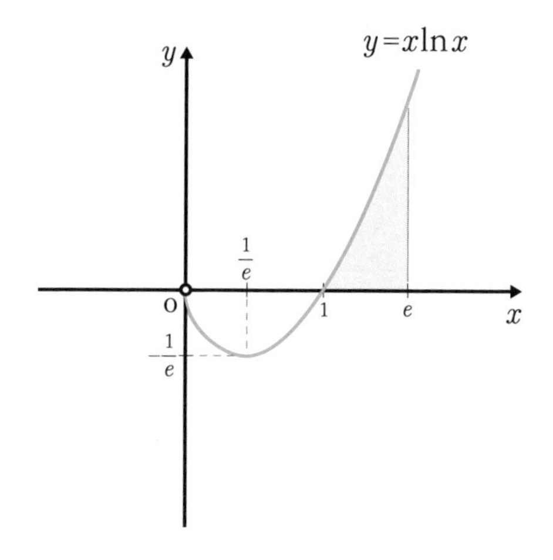

색칠한 부분이 $\frac{1}{4}e^2+\frac{1}{4}$임을 알 수 있다.

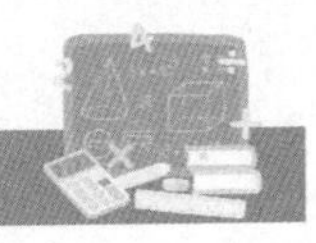

실력 Up

문제 $\displaystyle\int_1^e \frac{(\ln x)^2}{x}dx$를 구하시오.

풀이 부분적분법을 사용하기 위해 $(\ln x)^2=u,\ \frac{1}{x}=v'$로 놓는다.

$$\int_1^e \frac{(\ln x)^2}{x}dx=\left[(\ln x)^2\cdot\ln|x|\right]_1^e-\int_1^e \frac{2}{x}\cdot\ln x\cdot\ln|x|dx$$

적분 구간이 1부터 e까지이므로 절댓값을 없애면

$$=\left[(\ln x)^3\right]_1^e-2\int_1^e \frac{(\ln x)^2}{x}dx$$

이항하여 정리하면

$$3\int_1^e \frac{(\ln x)^2}{x}dx=\left[(\ln x)^3\right]_1^e$$

양변을 3으로 나누고 우변을 계산하면

$$\int_1^e \frac{(\ln x)^2}{x}dx=\frac{1}{3}$$

그래프를 그리면,

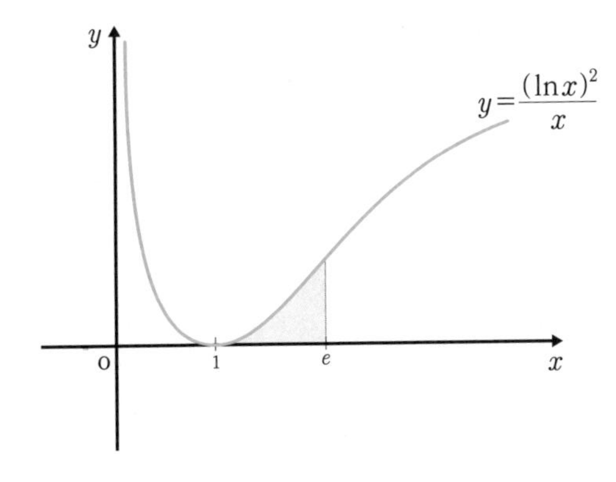

색칠한 부분이 정적분을 구한 부분이 된다.

답 $\frac{1}{3}$

곡선과 좌표축 사이의 넓이

점이 모이면 선이 되고 선이 모이면 면이 된다. 그리고 면이 모여서 입체도형이 된다. 당연한 이야기인지 모르지만 이것은 적분의 원리이다. 다시 한번 적분의 의미를 생각해보면, 적분은 점을 합하여 선이 되었을 때 그 길이를 구하는 것이 된다. 그렇다면 선이 모여서 면을 이룰 때 이 넓이를 구하는 것도 적분이라고 할 수 있을까? 그렇다. 선이 모이면 그것을 합했을 때 면의 넓이가 된다.

도넛[donut]을 잘게 나누어 보자.

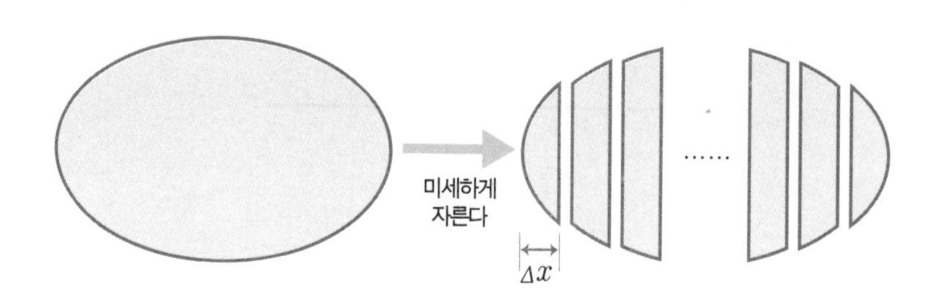

도넛을 미세하게 잘라서 가로의 길이 Δx를 크게 줄이면 가로는 점에 가까워지고 세로는 선분이므로 선분의 모양에 가깝게 된다. 그 선분 하나하나를 $f(x)$로 하자. 이 미세한 선분을 $\int$이라는 수학적 기호를 붙여서 전체를 더한 것이 바로 넓이가 된다.

도넛의 왼쪽을 a, 오른쪽을 b로 하면 그 범위가 정해진 것이고 $\int_a^b f(x)\,dx$로 나타낼 수 있다. 도넛이 수학에서는 타원에 가까우므로 도넛의 장축의 길이와 단축의 길이가 주어진다면 구할 수 있다.

다음으로 정적분에서 넓이는 방향을 나타냈다. x축 위 넓이를 구할 때는 그 넓이가 양$(+)$이며 x축 아래는 그 넓이가 음$(-)$이다.

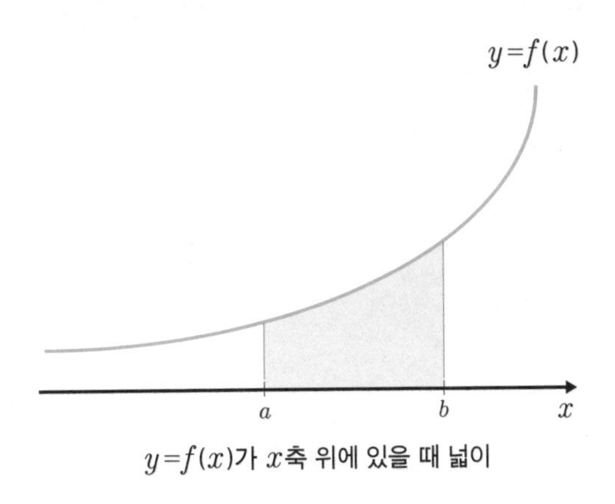

$y=f(x)$가 x축 위에 있을 때 넓이

$y=f(x)$가 x축 위에 있을 때 넓이를 S_1으로 하면

$S_1=\int_a^b f(x)\,dx$가 된다.

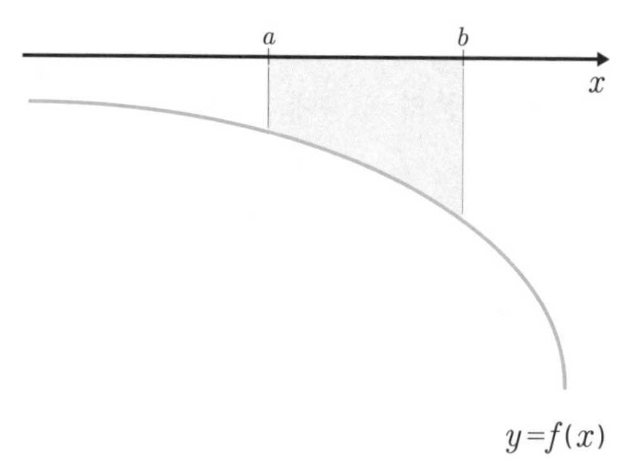

$y=f(x)$가 x축 아래에 있을 때 넓이

$y=f(x)$가 x축 아래에 있을 때 넓이를 S_2로 하면,

$S_2=-\int_a^b f(x)\,dx$가 된다. 음(−)이 붙는 이유는 $\int_a^b f(x)\,dx$를 구하면 음(−)이 되므로 음(−)을 곱하는 것이다.

그렇다면 이런 경우에는 넓이를 어떻게 구할까?

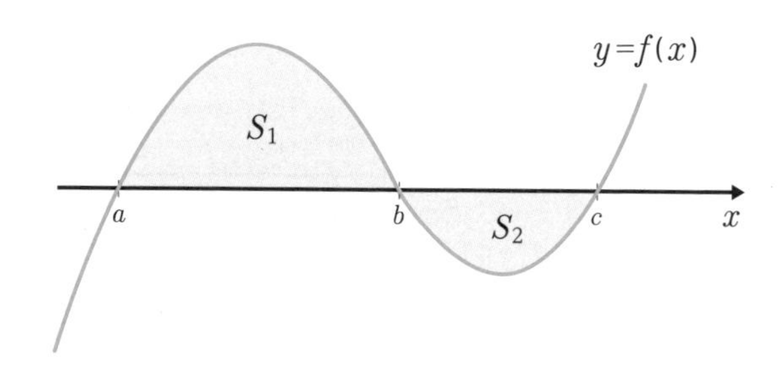

$$S_1+S_2=S_1-S_2=\int_a^b f(x)\,dx-\int_b^c f(x)\,dx$$

음(−)이 붙는다

이것을 달리 $\int_a^b |f(x)|\,dx$로 쓰기도 한다.

이번에는 y축과 이루는 넓이에 대해 알아보자. x축과 이루는 넓이는 $f(x)$가 x축 위에 있을 때 양(+), x축 아래에 있을 때 음(−)이다. 마찬가지로 y축과 이루는 넓이는 $f(x)$가 y축 오른쪽에 있을 때 양(+), y축 왼쪽에 있을 때 음(−)이다.

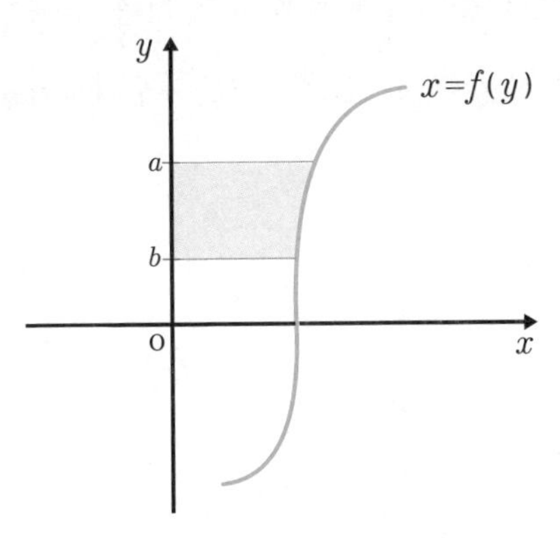

$x=f(y)$가 y축 오른쪽에 있을 때 넓이

$x=f(y)$가 y축 오른쪽에 있을 때 넓이를 S_1으로 하면,

$S_1=\int_a^b f(y)\,dy$가 된다. 주의할 것은 $x=f(y)$ 함수를 적분하는 것이므로 dx가 아니라 dy를 써야 한다는 것이다.

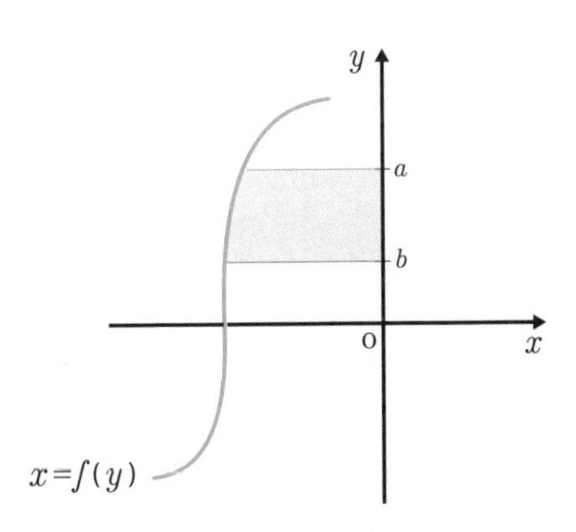

$x=f(y)$가 y축 왼쪽에 있을 때 넓이

$x=f(y)$가 y축 왼쪽에 있을 때 넓이를 S_2으로 하면,

$S_2=-\int_a^b f(y)\,dy$가 된다. 그리고 이 경우에는 두 가지 주의할 점이 있다. $x=f(y)$ 함수를 적분하는 것이므로 dx가 아니라 dy를 써야 한다는 것과 인티그럴 앞에 음$(-)$이 붙는 것이다.

$x=y^2-2y$와 $x=0$으로 둘러싸인 도형의 넓이를 구해보자. $x=y^2-2y$은 포물선 형태의 함수이므로 $x=(y-1)^2-1$로 바꾼다. 이를 그래프로 그려보면 다음과 같다.

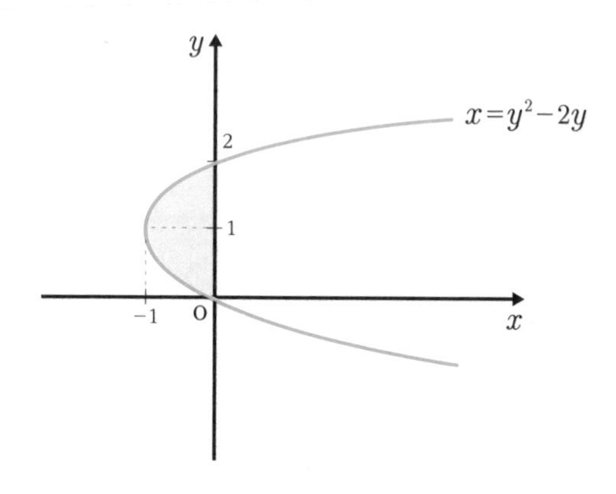

y축 왼쪽에 있으므로 인티그럴 앞에 음수$(-)$를 붙인다.

이런 경우 $x=(y-1)^2-1$은 $x=y^2$의 그래프를 x축으로 -1, y축으로 1만큼 이동한 그래프인 것을 기억하면서 그린다.

$$-\int_0^2 (y^2-2y)\,dy=-\left[\frac{1}{3}y^3-y^2\right]_0^2=-\left(-\frac{4}{3}\right)=\frac{4}{3}$$

계속해서 $x=y^2-2y+3$과 y축 및 두 직선 $y=-1$, $y=2$로 둘러싸인 부분의 넓이를 구해보자.

$x=y^2-2y+3$은 $x=(y-1)^2+2$로 바꾼다. 그래프를 그리면,

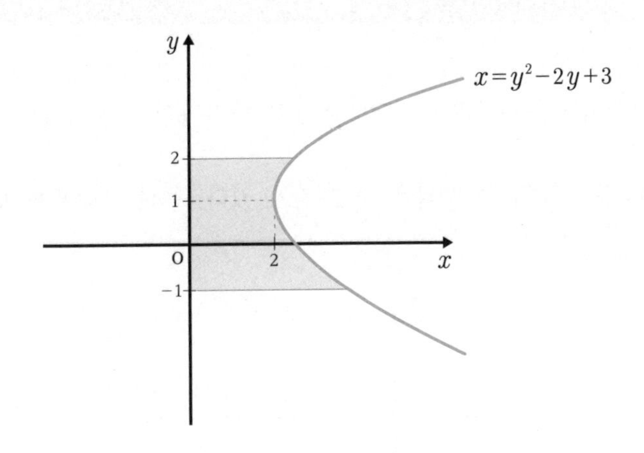

색칠한 부분의 넓이를 구한다는 것을 알 수 있다.

$$\int_{-1}^{2}(y^2-2y+3)\,dy=\left[\frac{1}{3}y^3-y^2+3y\right]_{-1}^{2}$$

$$=\left(\frac{8}{3}-4+6\right)-\left(-\frac{1}{3}-1-3\right)$$

$$=\frac{14}{3}-\left(-\frac{13}{3}\right)$$

$$=9$$

실력 Up

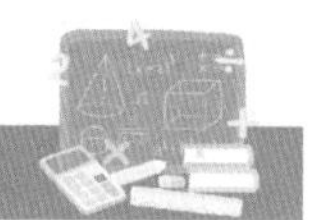

문제 $y=\ln(x+1)$과 y축 및 $y=1$로 둘러싸인 도형의 넓이를 구하시오.

풀이 이 문제를 푸는 방법은 두 가지가 있다. 우선 그래프를 보자.

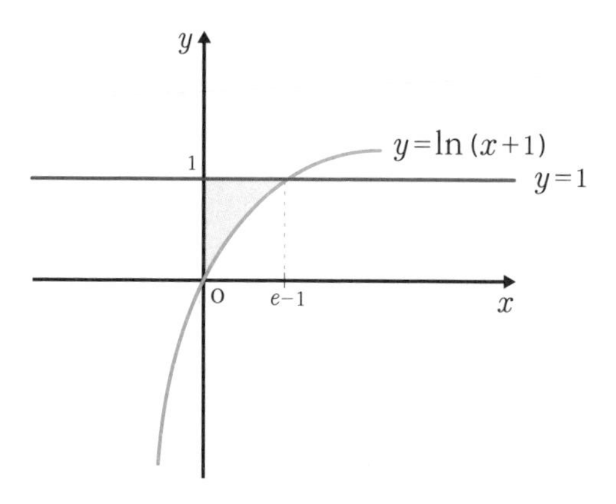

가장 많이 쓰이는 방법은, 구하려는 도형의 넓이가 y축에 붙어있으므로 x를 기준으로 y에 관한 적분을 하는 것이다.

$$\int_0^1 (e^y-1)\,dy=\left[e^y-y\right]_0^1$$

$$=e-1-(1-0)$$

$$=e-2$$

또 다른 방법은 y를 기준으로 x에 관한 적분을 하는 것이다. 이 방법은 계산이 조금 더 복잡한데 검토를 해보는 의미에서 풀어보자.

$$(e-1)\cdot 1-\int_0^{e-1}\ln(x+1)\,dx$$

$x+1$을 t로 치환하고 적분 구간을 바꾸면

$$=e-1-\int_1^{e}\ln t\,dt$$

$$=e-1-\left[t\ln t-t\right]_1^e$$

$$=e-2$$

답 $e-2$

◇◇

곡선과 직선 사이의 넓이

곡선과 직선 사이의 넓이는 곡선이 직선 위에 있을 때 '곡선－직선'을 구하고, 직선이 곡선 위에 있으면 '직선－곡선'을 구하면 된다. 곡선에 관한 함수를 $f(x)$, 직선에 관한 함수를 $g(x)$로 해서 그래프를 그려보자. 이때의 적분 구간을 $[a, c]$로 한다.

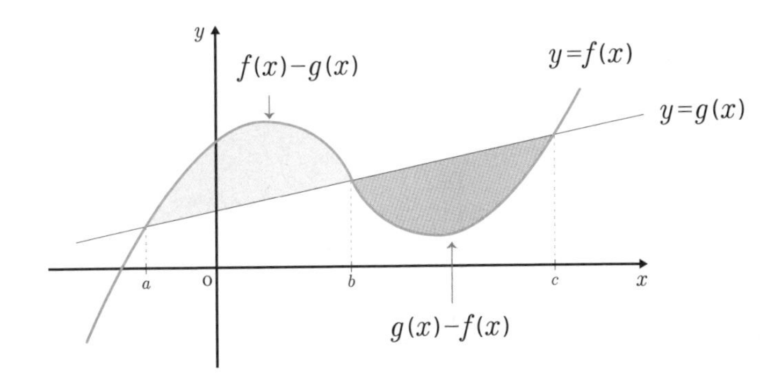

$x=b$인 점을 기준으로 $[a, b]$는 $f(x)-g(x)$를, $[b, c]$는 $g(x)-f(x)$를

구하면 된다. 그림을 토대로 식을 세우면,

$$\int_a^b \{f(x)-g(x)\}dx+\int_b^c \{g(x)-f(x)\}dx$$이다.

$x=y^2+2y-3$과 $x=3y+3$으로 둘러싸인 부분의 넓이를 구해보자. 곡선과 직선의 그래프를 그려보고 두 그래프가 만나는 점을 표시한다.

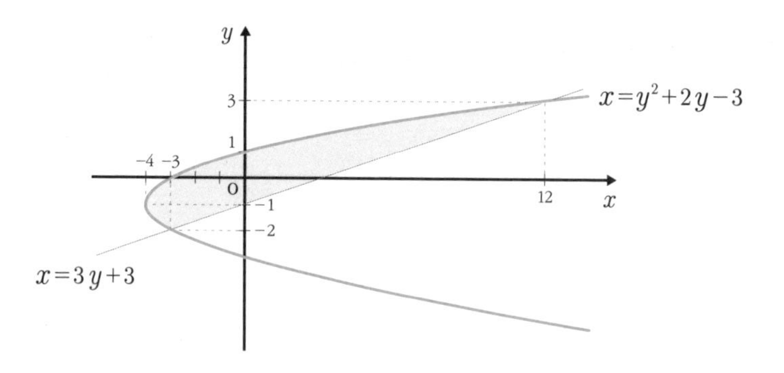

넓이를 구하는 식을 세우면,

$$\int_{-2}^{3}\{(3y+3)-(y^2+2y-3)\}dy$$

$$=\int_{-2}^{3}(-y^2+y+6)\,dy$$

$$=\left[-\frac{1}{3}y^3+\frac{1}{2}y^2+6y\right]_{-2}^{3}$$

$$=\left(-9+\frac{9}{2}+18\right)-\left(\frac{8}{3}+2-12\right)$$

$$=\frac{27}{2}-\left(\frac{14}{3}-\frac{36}{3}\right)$$

$$=\frac{27}{2}+\frac{22}{3}$$

$$=\frac{125}{6}$$

$y=x^3-(a+b)x^2+abx$에서 $a<0$, $b>0$이고 x축과 둘러싸인 두 부분의 넓이가 같다면 a와 b를 구하지 않고도 $a=-b$인 것을 알 수 있다. $y=x^3-(a+b)x^2+abx$를 인수분해하면 $y=x(x-a)(x-b)$이므로 $x=a$ 또는 0 또는 b이다.

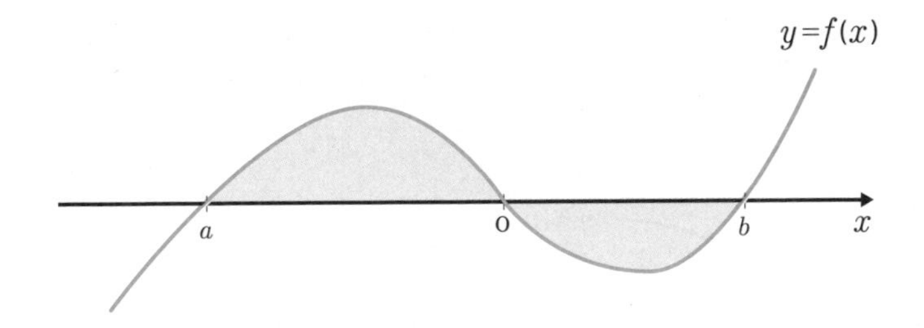

$\int_a^0 y\,dx=-\int_0^b y\,dx$인 것은 이미 알고 있으므로 적분법을 사용하지 않고도 해결할 수 있다. 이 특성은 복잡한 식의 적분법이면 더욱 빨리 풀 수 있는데 쉽게 이해하고 싶다면 그래프를 그리면서 파악하는 것이 중요하다.

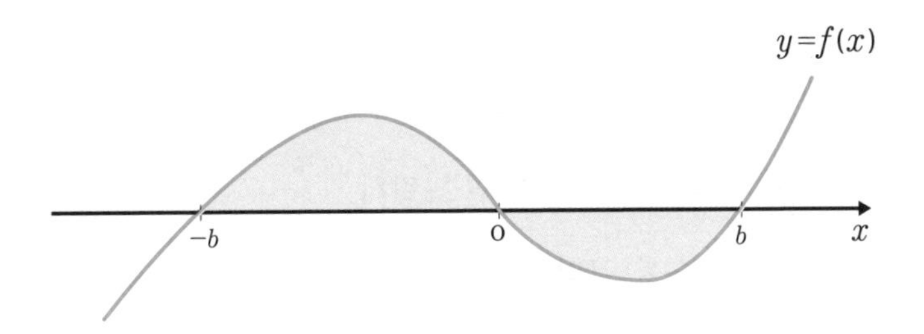

따라서 왼쪽 아래 그래프처럼 a 대신 $-b$로 고쳐서 원점을 기준으로 대칭인 것을 기억한다.

실력 Up

문제 $y=\ln 2x$와 $y=-\ln\frac{x}{2}$, $x=e$로 둘러싸인 도형의 넓이를 구하시오.

풀이 이 문제는 함수의 그래프를 그리는 것이 어려울 수 있다. 그런 경우 $y=\ln 2x$는 진수 $2x$를 1이 되게 하면 쉽게 그려진다. 즉 $2x=1$을 만족하는 $x=\frac{1}{2}$을 지나는 자연로그함수를 그리면 되는 것이다.

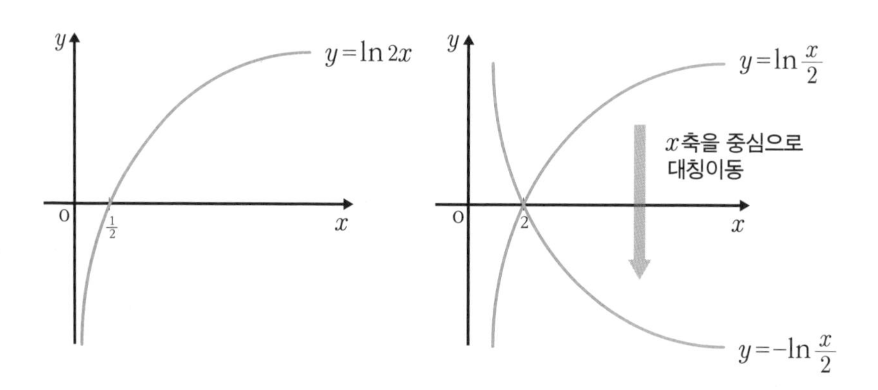

그리고 $y=-\ln\frac{x}{2}$를 그릴 때는 $\ln\frac{x}{2}$를 그린 후 음(−)의 부호가 되게 x축을 중심으로 대칭이동한다. 계속해서 진수 $\frac{x}{2}$에 1이 성립하는 $x=2$이므로 x축 위에 2를 표시한 후 그린다.

이제 세 개의 함수를 그려보면 색칠한 부분이 나타난다.

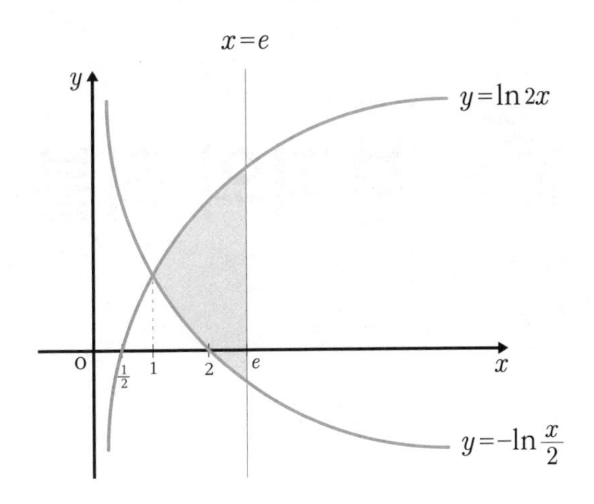

식을 세우면,

$$\int_1^e \left\{ \ln 2x - \left(-\ln \frac{x}{2} \right) \right\} dx = \int_1^e \ln x^2 dx$$

$$= 2\int_1^e \ln x \, dx$$

부분적분법으로 풀면

$$= 2\left[x\ln x - x \right]_1^e$$

$$= 2(e\ln e - e + 1) = 2$$

답 2

4장 부피의 적분

이 단원에서는 x축을 회전하여 회전체를 만들었는지 y축을 회전하여 회전체를 만들었는지를 알아낸 후 부피를 구하는 방법을 소개하고자 한다.

회전체는 옆면이 곡면이다. 그러므로 밑면은 원이며 회전축에 수직으로 자르면 원 모양의 단면이 나온다. 원뿔과 구는 자르는 단면의 위치에 따라 잘린 원의 넓이가 다르다. 그러나 원기둥의 단면은 항상 합동이다.

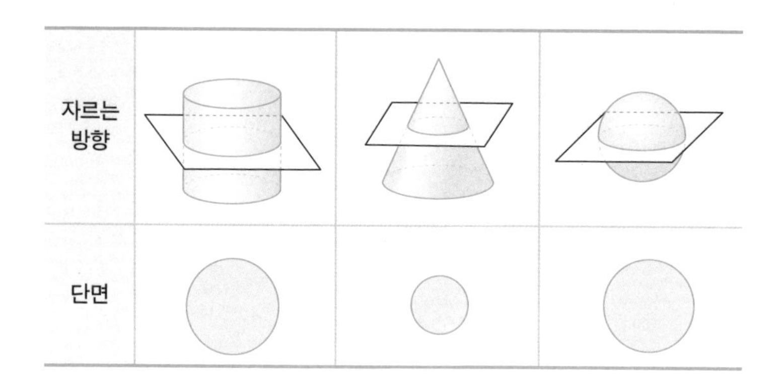

반면에 회전축을 품은 면으로 자르면 그 모양은 다양하다.

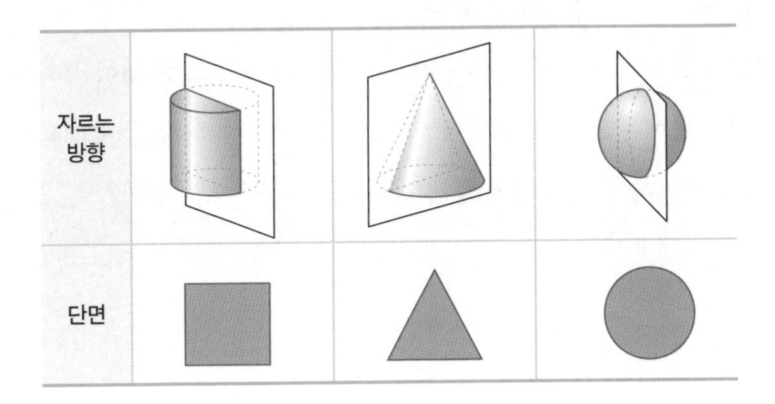

$y=f(x)$ 그래프를 x축을 기준으로 회전하여 나타난 입체도형의 부피를 식으로 구해보자.

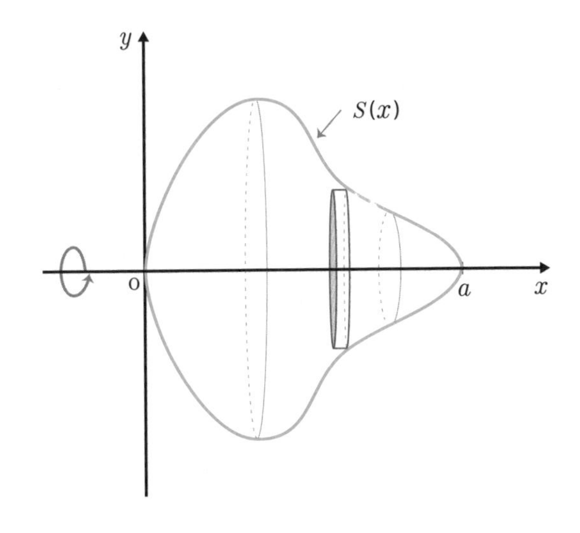

위의 그림처럼 전구 모양의 입체도형은 여러 개의 원기둥을 합한 것과 같다. 원기둥 하나를 표본으로 넓이를 $S(x)$로 하고 구하면 $S(x)=\pi y^2 \cdot dx$가

된다. 인티그럴을 붙여서 그 넓이를 적분한 식으로 나타내면
$V=\int_0^a S(x)\,dx=\int_0^a \pi y^2 dx$이다.

결국 원기둥의 부피를 적분 구간 $[0, a]$까지 계속 더한 것이 부피가 된다.

여러분 중에는 $S(x)=\pi y^2$이 아니라 πx^2이어야 하지 않냐고 묻고 싶은 분도 있을 것이다. 그렇다면 이렇게 정해지는 기준은 무엇일까?

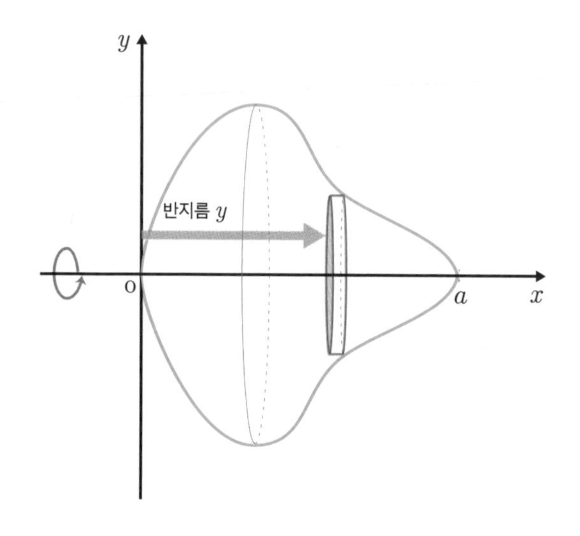

회전체의 반지름이 y축에 평행이면 밑면의 넓이 $S(x)=\pi y^2$이다.

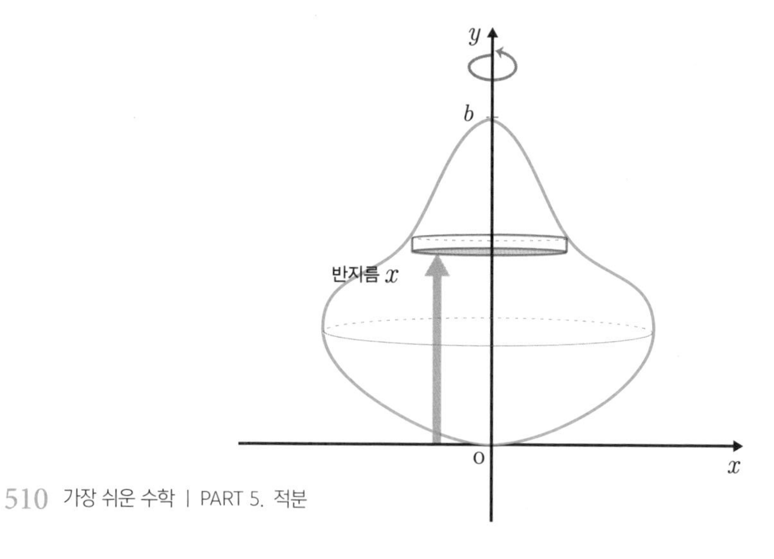

하지만 회전체의 반지름이 x축에 평행이면 밑면의 넓이 $S(x)=\pi x^2$이다.

또한 원기둥에서 생각해야 하는 것은 높이이다. 보통 원기둥은 모양으로 많이 생각하지만 동전처럼 모양인 것도 있다는 것을 기억해두자.

높이는 $\Delta x(dx)$ 또는 $\Delta y(dy)$로 표기하며 여러 등분으로 자를수록 그 높이는 매우 작다. 또 선분에 두께가 있다고 착각하는 사람이 많은데 선분은 길이만 있고 두께는 없다.

이제 원을 회전시켜 구의 부피를 구하는 공식을 유도해보자.

원의 반지름의 길이를 r로 하고 원을 그린 뒤 이 r을 이용하여 좌표를 나타낸다. 이때 원의 방정식 $x^2+y^2=r^2$을 꼭 기억해두자.

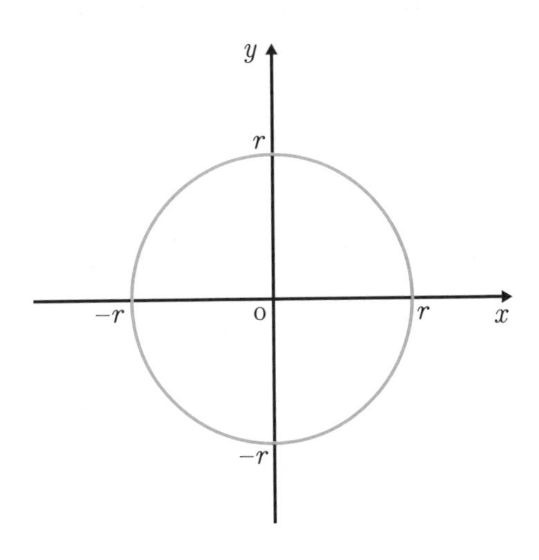

원의 그래프를 그린 후 이번에는 원을 x축 중심으로 회전한다.

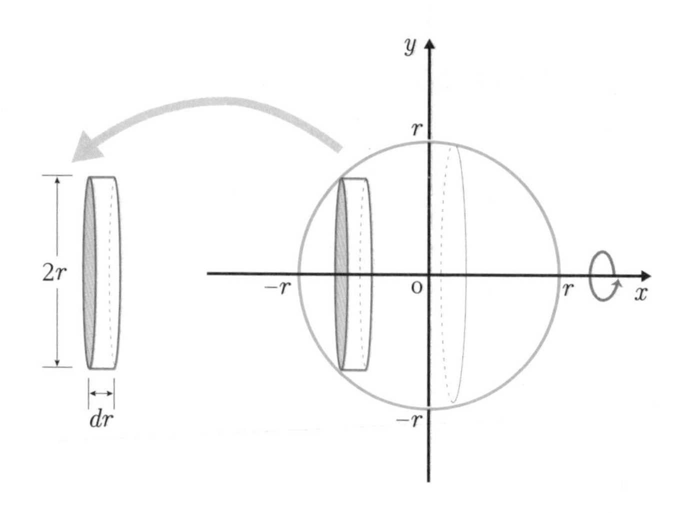

옆으로 세운 원기둥 반지름의 밑면의 넓이는 πr^2이고, 높이는 dx이므로,

$$\pi\int_{-r}^{r} y^2 dx = 2\pi\int_{0}^{r} (r^2 - x^2)\, dx$$
$$= 2\pi\left[r^2 x - \frac{1}{3}x^3\right]_0^r$$
$$= 2\pi\left(r^3 - \frac{1}{3}r^3\right)$$
$$= \frac{4}{3}\pi r^3$$

두 곡선으로 둘러싸인 도형을 x축으로 회전

두 곡선을 $f(x)$, $g(x)$로 하고 적분 구간이 $[a,\ b]$일 때 둘러싸인 도형을 회전하여 회전체를 만든다면, 이를 적분하는 식은 다음과 같다.

$$V = \int_a^b \pi\{(f(x))^2 - (g(x)^2)\}dx$$

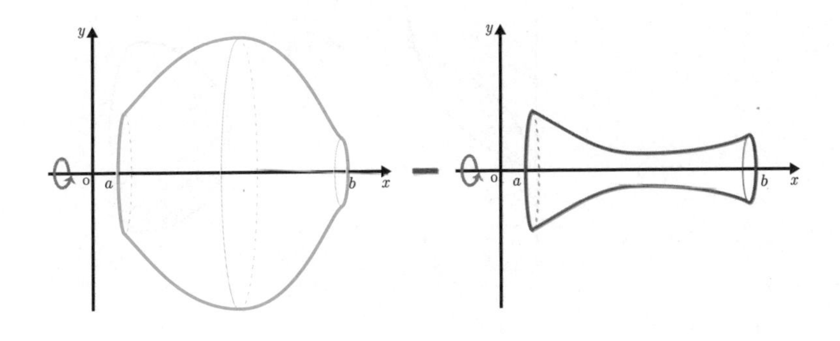

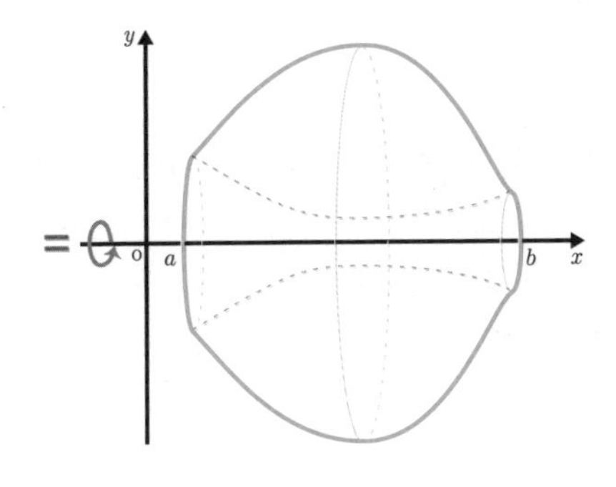

부피를 구할 때는 $f(x)$의 회전체와 $g(x)$의 회전체를 빼준 입체도형을 구해야 한다. 만약 두 곡선의 차를 회전한 입체도형의 부피를 구한다면 $f(x)-g(x)$를 한 후 적분을 하는 것이 아니라 $f(x)$를 회전한 회전체의 부피에서 $g(x)$를 회전한 회전체의 부피를 빼 준 것을 구해야 한다.

이제부터 $y=x^3$과 $y=\sqrt{x}$로 둘러싸인 도형을 x축을 둘레로 회전한 부피를 구해보자.

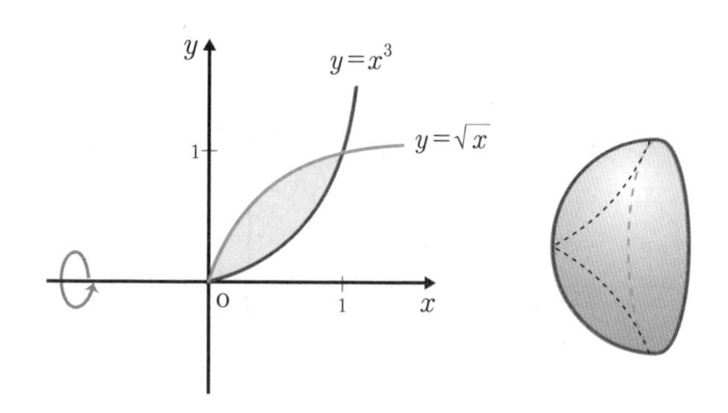

회전한 뒤의 겨냥도는 오른쪽 위의 그림과 같다. 안에 점선이 있는 부분은 비어 있는 상태이다.

입체도형의 부피에 대한 식을 세우면 다음과 같다.

$$V=\pi\int_0^1 \{(\sqrt{x})^2-(x^3)^2\}dx=\pi\int_0^1 (x-x^6)\,dx$$

각각 제곱을 한 후 뺀다

$$=\pi\left[\frac{1}{2}x^2-\frac{1}{7}x^7\right]_0^1$$

$$=\pi\left(\frac{1}{2}-\frac{1}{7}\right)$$

$$=\frac{5\pi}{14}$$

두 곡선으로 둘러싸인 도형을 y축으로 회전

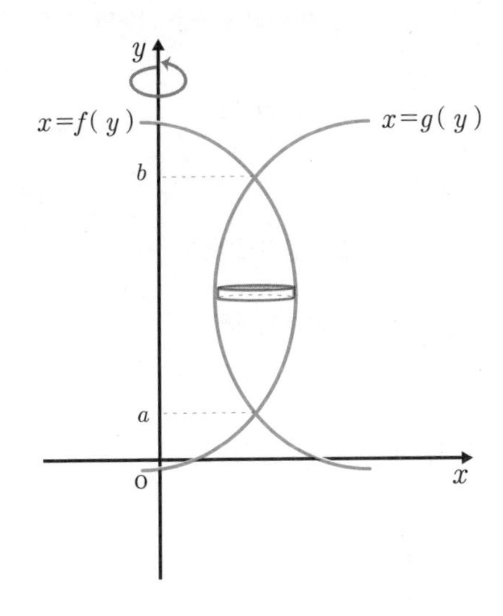

$$V=\pi\int_a^b\{f(y)^2-g(y)^2\}dy$$

예제를 풀며 좀 더 살펴보자. $y=x^3$과 $y=\sqrt{x}$로 둘러싸인 도형을 y축 둘레로 회전하여 생기는 입체도형의 부피를 구하시오.

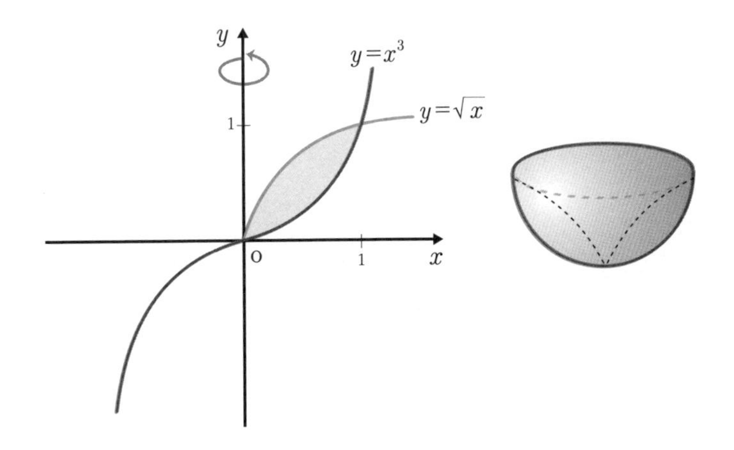

이 경우 $y=x^3$과 $y=\sqrt{x}$를 $x=f(y)$ 형태로 바꾼 후 계산한다.

$$y=x^3$$

양변에 세제곱근을 씌우면

$$y^{\frac{1}{3}}=x$$

양변을 바꾸면

$$x=y^{\frac{1}{3}} \quad \cdots ①$$

$$y=\sqrt{x}$$

양변을 제곱하면

$$y^2=x$$

양변을 바꾸면

$$x=y^2 \quad \cdots ②$$

①의 식과 ②의 식을 부피 계산에 대입하면,

$$V=\pi\int_0^1 \left\{\left(y^{\frac{1}{3}}\right)^2-(y^2)^2\right\}dy$$

$$=\pi\left[\frac{3}{5}y^{\frac{5}{3}}-\frac{1}{5}y^5\right]_0^1$$

$$=\pi\left(\frac{3}{5}-\frac{1}{5}\right)$$

$$=\frac{2\pi}{5}$$

속도, 거리의 적분

직선운동

직선운동에서 위치함수를 미분하면 속도함수가, 속도함수를 미분하면 가속도 함수가 된다. 적분은 거꾸로 가속도 함수를 적분하면 속도함수가, 속도함수를 적분하면 위치함수가 된다.

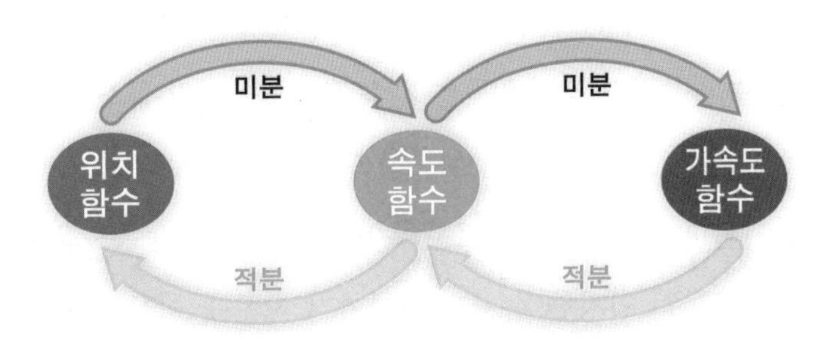

속도함수는 시간 t에 따른 함수로, $v(t)$로 나타낸다. 위치함수는 속도함수

를 적분한 $\int v(t)dt$로 계산이 된다.

직선운동 위에서 속도와 가속도가 등속도운동인지 등가속도운동인지에 따라 그래프는 다르게 나타난다.

등속도운동은 속도가 일정하기 때문에 가속도가 0이다.

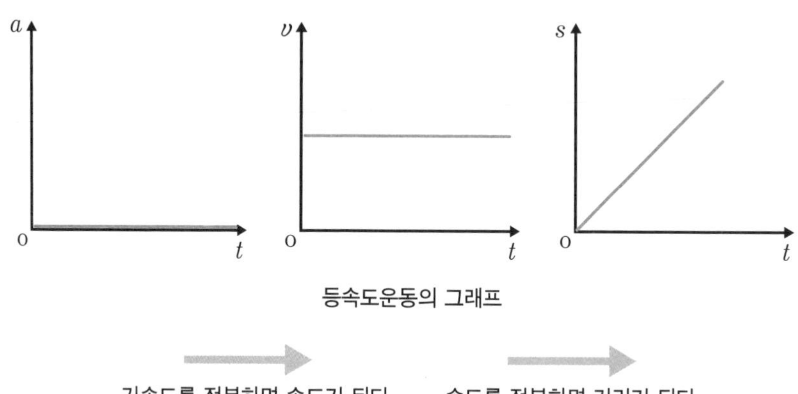

등속도운동의 그래프

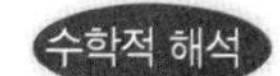

0을 적분하면 상수식이 된다. 상수식을 적분하면 일차식이 된다.

기호를 나타낼 때 시간은 t, 가속도는 a, 속도는 v로 한다.

등속도운동뿐만 아니라 직선운동은 가속도, 속도, 거리에 관한 그래프를 기본으로 그려야 한다. 첫 번째 그래프는 등속도운동이므로 가속도의 변화가 없고 0으로 유지된다. 두 번째 그래프는 속도가 일정하여 등속도운동을 나타내며, 세 번째 그래프는 일정한 속도로 나아가기 때문에 이동거리 s는 시간 t에 따라 일정하게 증가한다.

위의 그래프는 과학에서 설명하는 분석 이외에도 수학적 해석을 나타내고 있다. 여기에서 이야기하는 수학적 해석은 0을 적분하면 상수식이 된다는 것이다. 상수식은 $y=k$(k는 모든 실수)인 함수로, 거꾸로 생각하면 상수식을 미분하면 0이다. 또 상수식을 적분하면 일차함수가 되는 것도 알 수 있다. 이 수학적 해석은 수리적으로 함수식을 검토할 때 매우 중요한 절차이다. 예를 들어 일차식에서 적분했는데 삼차식이 되었다면 그래프도 잘못되었지만 수식도 문제가 있는 것이다.

이제 등가속도운동의 그래프를 보자. 등가속도운동은 가속도가 0이 아닌 일정한 상수값을 가져야 하는데 $a>0$, $a<0$인 경우로 나누어 생각한다. $a>0$일 때 가속도, 속도, 거리의 그래프를 보자.

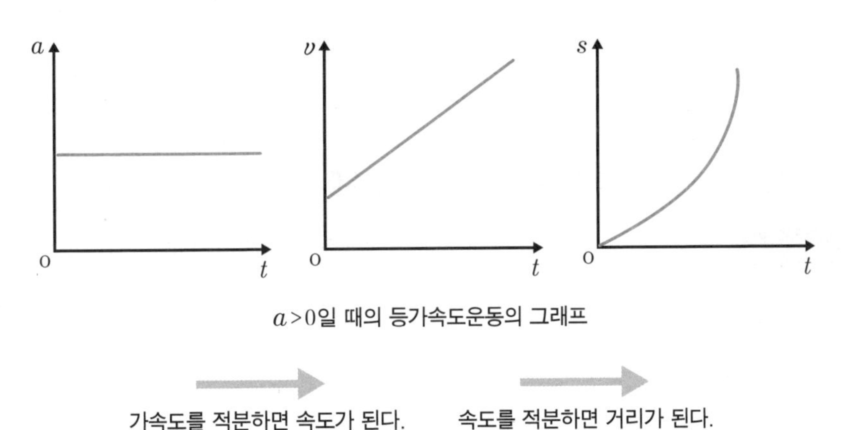

$a>0$일 때의 등가속도운동의 그래프

수학적 해석 상수식을 적분하면 일차식이 된다. 일차식을 적분하면 이차식이 된다.

가속도가 일정할 때는 시간에 따라 속도가 증가한다. 그리고 거리는 급증한다. 수학적 해석으로는 가속도가 $a>0$인 상수식이므로 이를 적분하면 일차식이 된다. 그리고 일차식을 적분하면 거리의 이차식이 나타난다. 시간에 따른 속도가 증가하기 때문에 세 번째 그래프처럼 이차식의 형태가 되는 것이다.

$a<0$일 때 가속도, 속도, 거리의 그래프를 보자.

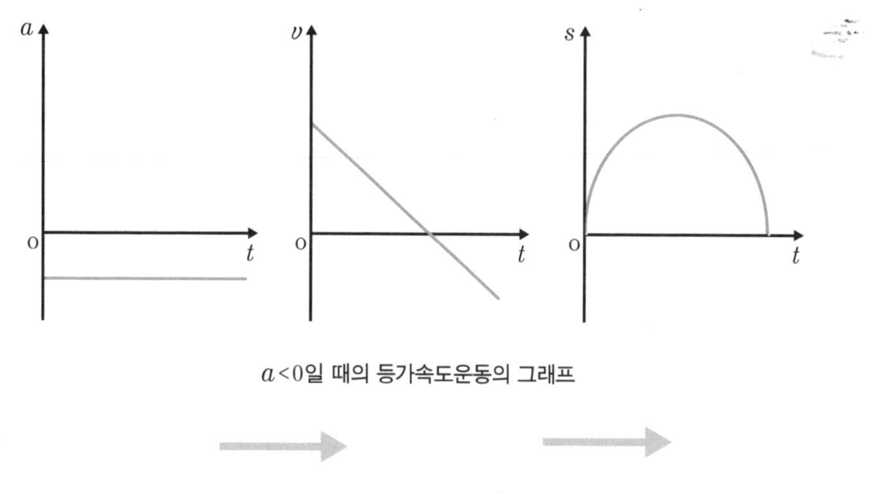

$a<0$일 때의 등가속도운동의 그래프

수학적 해석 　상수식을 적분하면 일차식이 된다. 일차식을 적분하면 이차식이 된다.

첫 번째 그래프는 물체의 가속도가 음수로 일정한 것을 보여준다. 두 번째 그래프는 물체의 가속도가 음수이므로 시간이 점차 지나면서 속도가 0이 되는 점이 존재하는 것을 나타낸다. 그러다가 그 점을 지나면 운동방향이 바뀌게 된다. 세 번째 그래프는 이동한 거리가 극점에 이르다가 운동방향이 바뀌어 제자리에 다시 도달하게 되는 것을 보여준다.

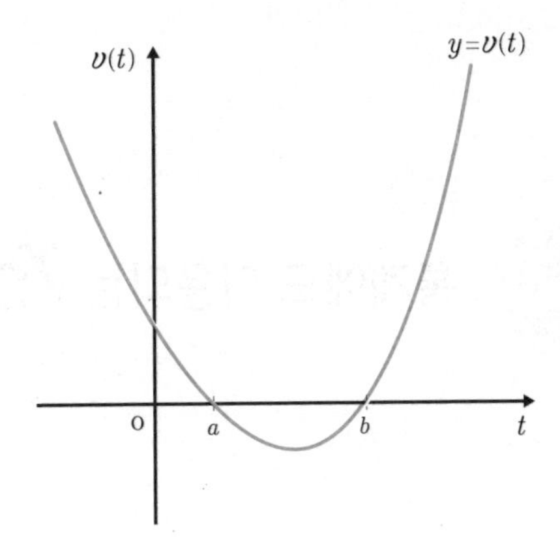

$y=v(t)$ 함수는 속도가 감소하다가 x가 a인 점에서 양(+)의 방향에서 음(−)의 방향으로 바뀐다. 그리고 x가 b인 점에서 다시 양(+)으로 바뀌게 된다. 이러한 속도함수를 적분하면,

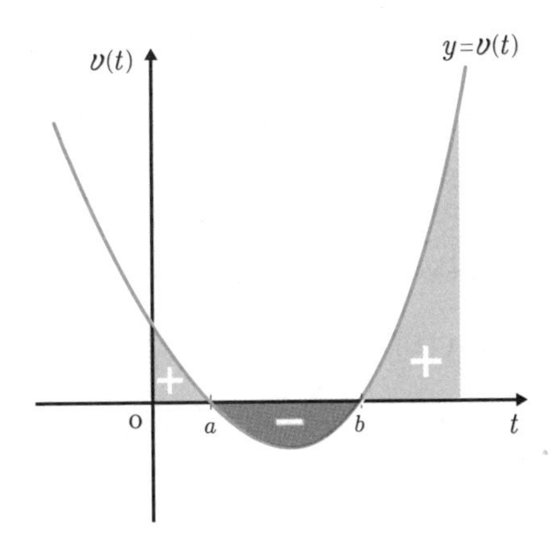

색칠한 부분과 같이 움직인 거리가 넓이로 나타난다. x축 위의 양(+)과 음(−)에 관계없이 넓이를 모두 더한 것은 위치함수의 넓이로서 운동거리를 나타낸다. 즉 얼마나 움직였는지 나타낸 것이다. 반면에 양(+)과 음(−)의 거리를 모두 더한 것은 변위를 나타낸다.

6장 통계에도 이용되는 적분

통계는 미래의 불확실성을 보다 더 확실하게 예측하기 위해 쓰이는 학문이다. 기존의 자료 등을 토대로 기대 이하의 위험risk으로 낮추고자 하는 학문인 것이다.

때문에 통계에서는 그래프의 분석이 중요하다. 통계의 그래프 분석은 표본조사를 통해 결과값을 나타내고 그 결과값을 적분하여 예측하는 것이다. 이 장에서는 다양한 예를 통해 통계가 어떻게 이용되는지, 그 안에서 적분은 어떻게 쓰이는지 간략하게나마 소개하고자 한다.

(1) $\mathrm{P}(a \le X \le b) = \int_a^b f(x)\,dx$

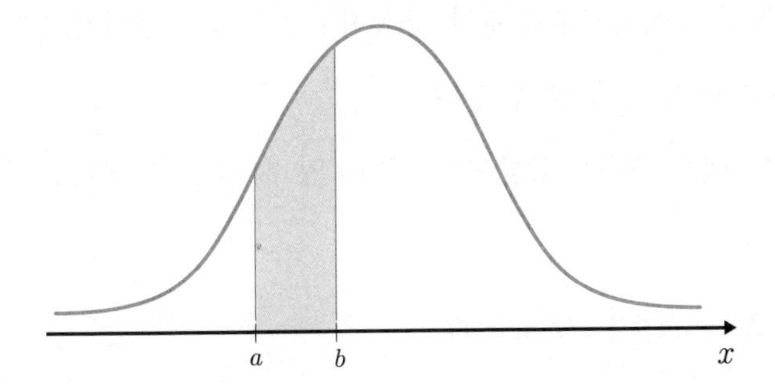

(2) $\mathrm{P}(X \le c) = \int_{-\infty}^{c} f(x)\,dx$

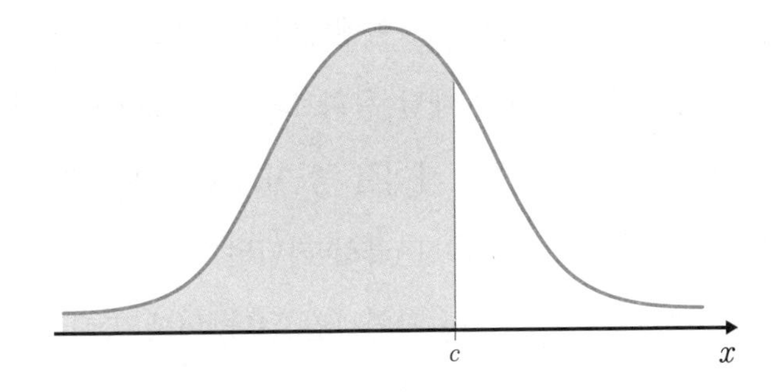

그래프에서 볼 수 있듯 분포를 보고 확률을 구할 때 적분이 쓰이게 된다. 확률밀도함수 Probability density function 의 총합은 1이며

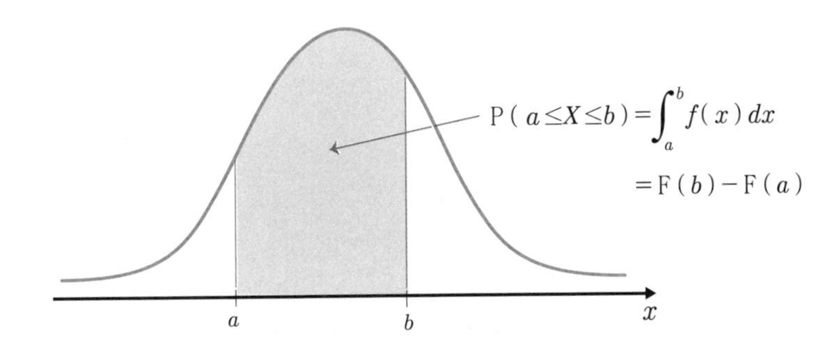

앞의 그림처럼 확률밀도함수에서 구간이 a에서 b로 주어지고 함수식을 알면 그 계산은 어렵지 않게 할 수 있다.

연속확률변수에서 확률밀도함수가 $f(x)$일 때 평균을 구하는 식은 다음과 같다.

$$\mathrm{E}(X)=m=\int_a^b xf(x)\,dx$$

이 또한 적분의 계산이 필요하다. 분포의 고른 정도를 나타내는 분산은 $\mathrm{V}(x)=\int_a^b (x-m)^2 f(x)dx$이며 이 경우에도 적분의 계산이 필요하다.

우리는 휴대폰 통신비 내역 고지서를 이메일이나 우편으로 매달 받는다. 내역서 안에는 시간대별 통화시간과 매달 통화료가 막대그래프로 안내되고 있다. 그 막대그래프는 개개인의 통화 사이클 즉 어느 시간대에 특히 통화를 많이 하는지 파악할 수 있도록 해준다. 따라서 지난달에 통화 지출이 많았다면 막대그래프에서 가장 높은 곳을 찾아 확인하면 된다. 이때 막대그래프의 높이가 통화 지출을 나타내므로 이는 적분이다.

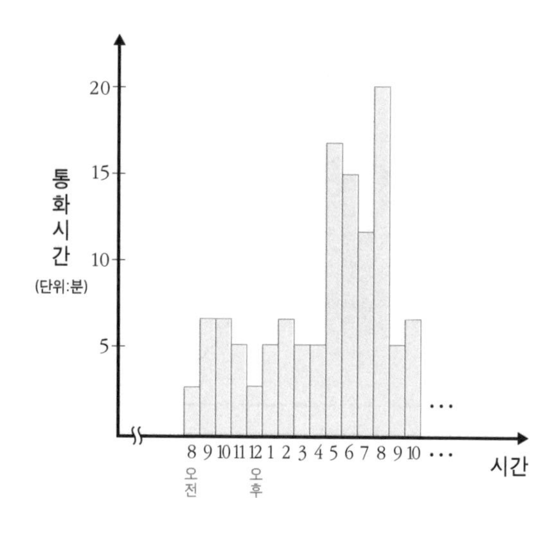

앞의 막대그래프를 보면 오후 4시부터 5시 사이, 오후 7시부터 8이 사이에 통화량이 많은 것을 알 수 있다. 시간을 나타내는 x축은 일정하므로 통화시간을 나타내는 y축이 통화시간에 비례하는 통화량을 나타낸 것이다.

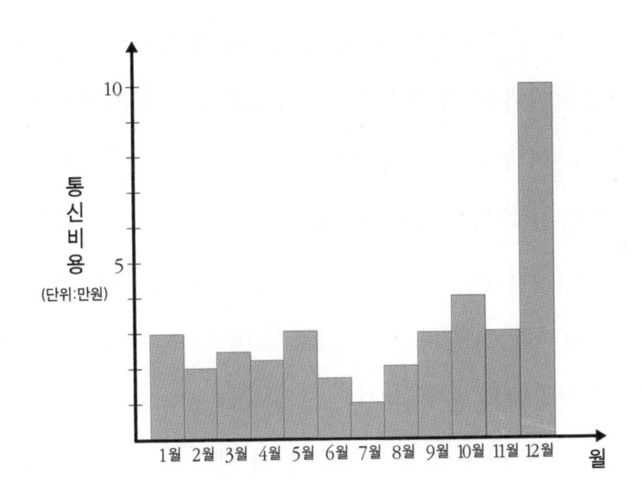

위 그래프는 월별 통신비용에 관한 그래프이다. 만약 통화 지출이 많은 시간에 통화량을 줄였더니 요금의 20%가 감소했다면 통계적으로 20%의 통화량 절감효과를 본 것이다. 이것은 수도요금이나 난방비, 식사비용 등에도 비슷하게 적용된다.

24시간 대형할인매장을 보면 손님이 많은 시간과 적은 시간이 있다. 주말에는 평일보다 고객이 많기 때문에 직원들의 수와 근무강도가 달라지며 성수기와 비성수기의 매출분석을 통해 이익을 증대화시킬 계획도 세울 수 있다. 매출에 관한 막대그래프의 표는 이미 일어난 결과이지만 적분으로 계산한 후 그래프로 나타내어 증가 혹은 감소를 파악함으로써 앞으로의 매출 증대 계획을 세우는 데에 유용하게 쓸 수 있다. 계획을 세울 때 통계의 의사결정분석(수형도라고도 한다)을 통해 세운 대안에 따라 운영계획을 세우고 실천하며 이윤 창출을 시도하게 되는 것이다.

자동차 회사라면 자동차의 특성을 디자인, 승차감, 가격, 서비스 만족도로 분류할 수 있다. 이 네 가지 기준이 구매 고객에게 가장 영향을 미치기 때문이다. 따라서 기업회의에서 디자인이 0.4, 승차감이 0.3, 가격이 0.1, 서비스 만족도가 0.2로 결론이 난다면 디자인이 0.4로 비중이 크므로 디자인에 더욱 치중해 향후 매출 증진 계획을 세우게 된다.

결국 그 기업은 고객들이 디자인을 추구하는 경향을 파악해 회사가 나아갈 방향을 정하는 것이다. 자동차 구매 고객이 비용 즉 가격보다 디자인을 중시한다는 통계 결과에 따른 움직임이다. 이를 위해 실시하는 설문조사는 정규분포를 따르는 표본조사를 통해 그 자료를 얻게 된다.

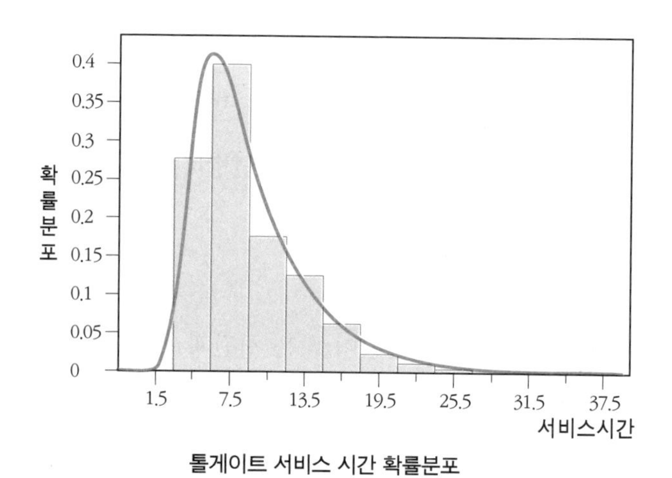

톨게이트 서비스 시간 확률분포

왼쪽 아래 그래프는 톨게이트 관리를 위한 통계자료를 시각화한 것이다. 이는 정규분포를 따르지 않는 얼랑Erlang 분포이지만 수학식에 따르며 이 얼랑 분포는 감마분포gamma distribution의 특수한 경우 중 하나로 $\Gamma(r)=\int_0^\infty x^{r-1}e^{-x}dx$인 식을 가지므로 위의 그래프의 식에 적용한다면 적분이 포함됨을 알 수 있다.

역학적인 유체에 작용하는 힘은 무한급수에서 정적분을 이용한 것이다. 보통 댐의 건설이나 비행기의 엔진에 필요한 식이며, $\lim_{n\to\infty}\sum_{i=1}^{n}P_iA_i$로 나타내며 인티그럴을 붙여서 정적분으로 구할 수 있다. 여기서 P_i 는 압력, A_i는 넓이를 뜻하며 넓이에 일정한 압력을 가한 것을 더한 기본식이다.

이 역학을 통해 통계적으로 유효한지 신뢰성을 검증하는 것도 적분과 통계를 이용했다.

제품의 불량률을 줄이고 튼튼하게 만드는 것은 제조사의 목표이다. 따라서 빈 병을 만드는 제조사의 경우 불량률을 줄이기 위한 우선 목표는 품질관리가 될 것이다.

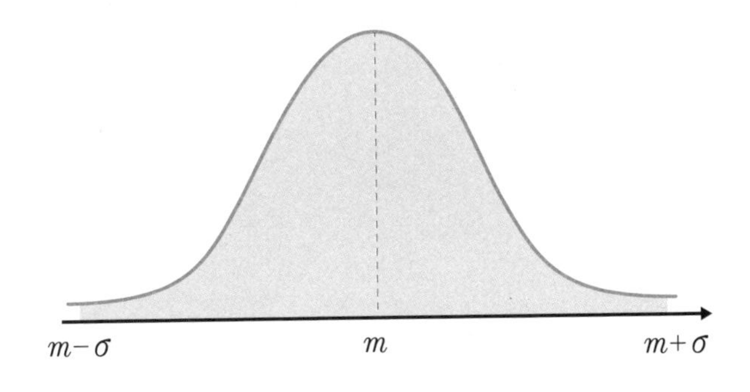

이를 위한 노력의 일환으로 통계 자료가 어떻게 이용되는지 살펴보자. 여기서 시그마(σ)는 표준편차를 의미하여 정상 규격에서 약간 벗어난 것이므로 허용할 수 있는 기준을 의미한다.

색칠한 부분을 99%에 해당하는 정상제품이라 했을 때 색칠하지 않은 1%는 불량품이다. 이 불량품에 대해서는 공정의 개선이 필요하다.

또한 요인분석은 통계 자료를 통해 어느 부품이 이상 있는지 확인하는 작업이므로 대단히 중요하다. 이때 적분 계산을 통해 어느 범위까지 정상제품으로 볼 수 있는지 알아낸다. 그래서 표준편차 sigma는 정상제품의 허용구간을 의미하는 부분이며, 적분에서는 적분 구간이 된다.

이 외에도 통계에서 적분을 이용하는 분야는 아주 많아 통계학에 관심이 있다면 적분 공부는 꼭 필요하다.